Le bestiaire cérébral

François Clarac
et Jean-Pierre Ternaux

Le bestiaire cérébral

Des animaux pour comprendre le cerveau humain

Préface de Jean-Didier Vincent

Illustrations de Jean-Pierre Ternaux

CNRS ÉDITIONS
15, rue Malebranche – 75005 Paris

ISBN : 978-2-271-07385-3

« Un être humain, comme n'importe
quel animal ou végétal, reçoit de ses
parents un certain héritage substantiel,
un certain patrimoine héréditaire. »

Jean Rostand
L'Homme, 1940.

Sommaire

IV
Aux racines de la pensée

Épilogue
« Des hommes et des bêtes »

Préface

Hommes et animaux

Voici un livre délicieux dans lequel le savoir le dispute à l'humour et à la poésie. Nos auteurs ont beau être des mâles humains adultes, on retrouve chez eux la sensibilité féminine d'une Colette dans ses « dialogues des bêtes » qui témoigne d'un amour passionné de l'admirable nature animale.

Le rôle d'un préfacier est de donner au promeneur indolent l'envie irrépressible d'acheter le livre que la curiosité a mis entre ses mains. Avant d'afficher un enthousiasme communicatif, une crainte me vient : suis-je la bonne personne pour une telle mission ? Voir couler le sang des bêtes est en effet insupportable pour beaucoup de nos congénères. Il est facile de comprendre cette répulsion en raison du principe d'empathie pour tout être vivant qui est au cœur même de chaque être humain. Et cependant, le massacre continue avec au premier rang des assassins les chercheurs, les cuisiniers et, à un moindre degré, les chasseurs, qui font plus de bruit que de mal. Or, je dois le confesser, je fais partie de ces meurtriers. Impossible d'invoquer la légitime défense lorsque je me régale d'un aloyau de bœuf cuit sur les sarments de vigne ou d'un lapin chasseur cuisiné par mes soins. Je n'ai par ailleurs que mépris pour ces prétendus chercheurs qui affectent d'être des bienfaiteurs de l'humanité lorsqu'ils ne font que satisfaire leur curiosité sur des animaux (certes anesthésiés) qui n'ont pas donné leur consentement éclairé. Crime d'autant plus détestable qu'il s'accompagne parfois d'une quête avide de renommée, d'une gloire de mauvais aloi chez le chercheur et d'une gloutonnerie démesurée chez le « bouffeur ». Je plaide non coupable pour nous trois, les deux compères auteurs et leur modeste préfacier, au nom de ce plaisir ineffable que procurent la découverte et le savoir. Cette joie est à la fois la raison et la cause qui animent le désir du chercheur. Chaque découverte, chaque grain, aussi infime soit-il, qui augmente la connaissance des choses participe à ce qui est le propre de cet animal raisonnable (*Homo sapiens*). Il n'est donc pas abusif d'affirmer que l'amour de l'humanité est le seul fondement valable de la Recherche.

Dans ce livre qui n'est pas seulement une galerie d'animaux, mais aussi une série de portraits savoureux de savants, le lecteur pourra appréhender ce qui est l'essence même de la biologie, c'est-à-dire le lien substantiel qui unit l'homme à l'animal, au-delà à la terre nourricière dont ils sont tous deux issus.

Comme tout biologiste-chercheur qui se respecte, j'ai connu au long de ma carrière un certain nombre d'animaux qui m'offrirent leur vie, insoucieux que j'étais de sacrifier celle-ci à la quête d'une vérité pour laquelle j'ai peut-être vendu mon âme (« *Ich bin der beist der stets verneint !/Und das mit recht denn alles, was entstcht/Ist wert, das es zu Grunde geht* »). Le recours inévitable à l'animal dans la recherche en biologie a empoisonné la première moitié de ma carrière au point de me sentir soulagé plus tard par l'utilisation de préparations *in vitro* qui ne nécessitaient pas la présence effective de l'animal. Douce hypocrisie, car on feint d'ignorer d'où proviennent les cellules nerveuses cultivées dans des petites boîtes. Doit-on penser aux sanglants abattoirs lorsqu'on dîne d'un plat de viande ? En contrepoint de mon engagement dans la biologie animale, j'avais renoncé à l'exercice de la neuropsychiatrie m'éloignant ainsi du face-à-face avec la souffrance du malade. Cet autre déchirement me conduisit à écrire une *biologie des passions* où j'essayais de faire se rencontrer au laboratoire l'homme et son âme torturée avec l'animal dans sa splendide innocence. Certains critiques me reprochèrent alors de ne montrer dans mon essai que des rongeurs et de faire l'impasse sur les hommes, bêtes passionnées s'il en est et seules vraiment dignes de l'intérêt des lecteurs. J'ai donc choisi d'illustrer un peu mieux mon propos avec un rat de l'espèce supérieure : un Homme. Dans la nécessité d'avoir au moins un exemplaire à ma disposition et dont je puisse user à discrétion, j'ai dû choisir entre mon propre personnage, ce qui m'aurait conduit à de bien pénibles confessions, et l'un de ces courageux écrivains qui se sont pris pour sujet de leurs écritures : les auteurs de mémoires. Rat de ville et de bibliothèque, rat de chambre et d'alcôve, rat d'égout et de salon, rat qui s'avance masqué de noir et le corps dissimulé sous un domino, Vénitien sans doute, mais « *bête parmi les bêtes, avec un peu de déraison en plus* », Jacques Casanova s'est offert à moi avec son attendrissante générosité et son insupportable goût de paraître. Une bête qui parle ce langage fait que nous déraisonnions parfois et qu'il n'y a que cette déraison pour nous éloigner des bêtes » affirme d'ailleurs Casanova dans « l'histoire de ma vie ». Dans cet ouvrage, l'aventurier rend à plusieurs reprises hommage au courage des bêtes. « Les bêtes auraient-elles moins peur parce qu'elles vivent sans la parole ». Hélas, si la parole fait de nous des hommes, elle ne suffit pas à faire de nous des êtres d'amour.

Dans la fourmillante galerie des portraits des grands héros de la geste biologique, on croise l'abbé Lazzaro Spallanzani (1822-1895) à l'occasion d'un réjouissant éloge de la grenouille. Curieusement, Casanova m'avait conduit à Spallanzani par un de ces détours de bibliothèque qui font le charme des promenades littéraires dont sont friands les chercheurs repus de science, comme le sont sans doute François Clarac et Jean-Pierre Ternaux – un duo, soit dit en passant, destiné à faire date dans l'écriture scientifique. Naples fut le théâtre de cette rencontre réunissant un abbé, un libertin et un saint. Trois vies croisées éclairées par les lumières du XVIIIe siècle. Alphonse de Ligure (1696-1787) mort en odeur de sainteté à l'âge de quatre-vingt-onze ans et Lazare Spallanzani (1729-1804), le fondateur de la biologie. Jacques Casanova (1725-1798) qui fût leur contemporain est le Monsieur Loyal de ces deux artistes géniaux du cirque de la Vie : d'un côté le plus « grand confesseur de tous les pénitents » occupé à réconcilier la chair et le diable sous le regard complaisant de Dieu et de l'autre un abbé inventant les procédés de la chair (le sexe, la reproduction, la génération, la douleur). Entre eux, il y a la Femme, une vraie duchesse, une fausse nonne que Casanova a fait jouir – celle-ci finira en tenant la plume du saint, interdit d'écriture – et une vraie nonne, maîtresse/technicienne de l'abbé chercheur. La Naples des Bourbons est le théâtre de ces ébats/débats où l'âme tient ses états. Encore un livre que je n'écrirai jamais. On l'aura compris, les savants biologistes sont des aventuriers de la vie ; à mi-chemin entre le pécheur et le saint, ils conduisent le carnaval des animaux auquel vous convient François Clarac et Jean-Pierre Ternaux.

Vous y ferez connaissance avec les bêtes étranges et d'autres plus familières. En tête vient la sangsue, ce vers qui se nourrit du sang des hommes et qui fut pendant des siècles l'arme favorite des médecins pour rétablir l'équilibre des humeurs, remède souverain contre l'apoplexie. Je me souviens d'une vieille voisine de la campagne qui avait servi en friture à son mari les sangsues prescrites par le médecin et destinées à fluidifier son sang en le suçant par leurs morsures.

Vient ensuite la longue cohorte des savants et leurs animaux, la fine fleur des cabinets de curiosité et des modernes laboratoires. D'abord des vers de tout genre avec le fameux *caenorabdhitis* élégant nématode dont la valeur n'attend pas le nombre des cellules (959 chez l'hermaphrodite, 1 031 chez le mâle) toutes répertoriées et dont les gènes parfaitement identifiés sont identiques à ceux de l'homme. Sa contribution à la génétique mérite un monument. Ce sont ensuite la parade bigarrée et bruissante des insectes, papillons, araignées fourmis et les fameuses abeilles dont on peut admirer l'organisation sociale et les talents manufacturiers ; tant de qualités au service d'une vie stéréotypée, réglée comme du papier à musique. Les auteurs se glissent au sein du défilé pour donner une leçon de biologie – modèle de pédagogie animée – qui fait du livre une introduction simple mais de haut niveau à la biologie moderne et à son histoire. On ne peut être que confondu devant tant de beauté que rend manifeste le style enlevé du texte et des dessins. Je ne referai pas la table des matières qui célèbre dans ses premières pages l'âge d'or des invertébrés. Je cite donc au hasard le criquet, modèle parfait pour l'étude de l'énergie motrice, les crustacés sur lesquels régnèrent Clarac et Moulins, explorateurs des « petits cerveaux ». L'aplysie et son prophète Tauc et sa découvreuse la discrète Angélique Arvanitaki. Des milliers d'auteurs allant, venant et butinant dans la ruche des neurosciences ; Nicole Le Douarin qui tend la main à Bonnet et Spallanzani ; Alfred Fessard et sa torpille qui continue l'œuvre de Galvani et ses grenouilles. J'en resterai là. Cette longue théorie n'est que le reflet trop fugace du plaisir qui emporte le lecteur plongé dans un torrent d'eau rafraîchissante et fait de lui pour quelques moments de science un savant éclairé avec cette conviction : *l'animal est l'avenir de l'homme.*

Jean-Didier Vincent
Membre de l'Institut (Académie des Sciences)

Préambule

Nous savons déjà bien des choses de notre cerveau, certainement pas encore assez, mais... d'où vient tout ce que nous savons ?

Peu de nous-mêmes... et beaucoup des animaux sur lesquels, depuis plusieurs siècles, nous avons expérimenté. Des mammifères, mais pas seulement... Des bêtes fort éloignées de nous, auxquelles nous ne prêtons généralement guère d'attention, jusqu'à des petits vers du sol que nous piétinons chaque jour !

Cela peut surprendre : comment de telles « bestioles » peuvent-elles nous servir à comprendre notre cerveau ? Et pourtant... elles nous ont apporté et apportent toujours aujourd'hui de précieuses informations sur le fonctionnement de notre cerveau...et justement, nous voudrions vous en parler... »

Le monde biologique constitue un ensemble unique dans l'Univers. Il s'est construit sur la base de propriétés fondamentales qui se retrouvent dans l'ensemble du monde vivant, des êtres les plus simples aux animaux les plus complexes. Si les êtres vivants – limitons-nous au règne animal – diffèrent beaucoup les uns des autres, avec une inépuisable richesse de formes, de structures, d'organisation, de fonctionnement, espèces volantes, rampantes, perforantes, nageuses, sauteuses, coureuses, affublées de multiples appendices, de poils, de plumes, d'écailles, de coquilles, de tests, de piquants, pour s'adapter à l'environnement terrestre ou marin. La matière qui compose tous ces animaux, sa structure moléculaire et atomique et les réactions chimiques qui président à l'expression de la vie, sont identiques pour tous.

L'évolution de la matière vivante depuis plus de trois milliards d'années n'a pas été très inventive. Monotone, elle a reproduit d'un animal à l'autre, d'un groupe à l'autre, d'une classe à l'autre, les mêmes processus cellulaires. La variété des molécules organiques qui constituent le vivant n'est pas, quantitativement, très élevée. Cette relative pauvreté biochimique est également constatée au niveau des acides nucléiques, porteurs du code génétique, avec ses seules quatre bases, l'adénine, la guanine, la thymine et la cytosine, que l'on retrouve immuablement conservée chez l'ensemble des espèces animales, tout au long de l'évolution. Cela, pourtant, n'empêche pas l'expression d'une grande diversité de formes, d'organisations et de comportements.

L'unité du monde vivant, caractérisée par une matière organique identique chez toutes les espèces, se traduit à l'échelle moléculaire mais aussi au niveau cellulaire. Tous les êtres, qu'il s'agisse de plantes ou d'animaux, sont constitués de cellules. La cellule est la brique fondamentale du vivant. Au cours du développement, les cellules vont se diviser et s'organiser suivant des schémas architecturaux différents qui caractérisent tel ou tel groupe de plantes ou d'animaux. Les mêmes régulateurs de la division cellulaire sont présents et identiques de la levure à l'être humain, en passant par les plantes. Quelle que soit l'espèce considérée, une enzyme – la kinase CDK/cycline B – est un facteur universel de la division cellulaire. Laurent Meijer, directeur de recherche CNRS à la station marine de Roscoff, a mis en évidence l'effet antitumoral de molécules sécrétées par certaines espèces marines comme les ascidies qui sont capables d'éloigner leurs prédateurs (Galons *et al.* 2010). La molécule, baptisée « roscovitine », isolée à partir d'ascidies, possède des propriétés inhibitrices de la kinase CDK/cycline B et bloque efficacement la division cellulaire. Elle offre aujourd'hui des pistes thérapeutiques innovantes pour traiter chez l'homme les polykystoses rénales et certains cancers. Cette découverte montre bien l'unicité et l'universalité du vivant, malgré une apparente diversité d'expression. Le vivant est un ensemble homogène, dont la cohérence s'exprime à tous les niveaux d'organisation et à tous les échelons évolutifs.

Plus intrigant encore ! Chez des éponges, des animaux sans système nerveux, les plus simples qui soient, le génome a été séquencé par des chercheurs du UCSB's Institute for Collaborative Biotechnologies (Santa Barbara, Californie) : bien des gènes nécessaires au fonctionnement des synapses sont déjà actifs dans ce patrimoine génétique élémentaire. La structure des protéines des éponges suggère des interactions similaires à celles présentes au niveau des synapses des mammifères. Si, même au plus bas niveau de l'échelle évolutive, on trouve des éléments identiques à ceux de l'espèce humaine, alors tous les êtres vivants méritent d'être étudiés comme modèles pertinents pour comprendre le fonctionnement des cerveaux les plus évolués.

C'est dans ce contexte que nous avons écrit cet ouvrage, en essayant de montrer l'intérêt d'étudier et d'analyser la structure et le fonctionnement des cerveaux de différentes espèces pour comprendre un peu mieux les mystères du cerveau humain. Cette quête d'informations dans la diversité biologique, qui ne date pas d'hier, a permis d'avancer dans la compréhension des mécanismes qui président au fonctionnement cérébral normal et pathologique.

Dans ce cadre et sans prétention d'exhaustivité, nous avons choisi de décrire le système nerveux de six invertébrés : la sangsue, l'écrevisse, le criquet, la drosophile, le papillon et l'aplysie, espèces dont l'étude du système nerveux s'est révélée tout à fait bénéfique pour comprendre les mécanismes fondamentaux du fonctionnement cérébral... Ce n'est pas un catalogue à la Prévert, mais des animaux qui ont, du siècle dernier et à aujourd'hui, toujours passionné les scientifiques.

Qu'est-ce qu'un invertébré ? Il n'a pas de vertèbres, pas de colonne vertébrale, par opposition aux vertébrés, plus proches de nous, qui possèdent une colonne vertébrale osseuse... Les invertébrés sont si divers qu'on n'a pas su les caractériser et les classer dans un ensemble homogène. Les contraintes évolutives ont fait apparaître des formes symétriques, pentamériques, enroulées... Cette grande diversité d'architectures s'accompagne d'une grande variabilité des performances comportementales et d'adaptation des processus aux milieux. Ainsi, on identifie chez les invertébrés des nageurs, des rampants, des volants, des sauteurs, des suceurs... Extraordinairement adaptés à leur milieu, ils ont traversé, pour certains, de génération en génération, plusieurs millions d'années... à la grande joie du neurobiologiste, ils présentent bien souvent quelques particularités anatomiques qui leur confèrent un statut de modèle expérimental pour l'étude de leur système nerveux. Les éléments qui constituent leurs cerveaux, bien que « primitifs » par rapport à ceux des vertébrés, sont dans la plupart des cas relativement accessibles. Ainsi, ces espèces animales sont devenues, à un moment ou à un autre de l'histoire des sciences, des animaux emblématiques pour décrire et comprendre le fonctionnement de la cellule nerveuse, élément fondamental constitutif du tissu nerveux.

Cette exploration du système nerveux des invertébrés s'est révélée tout à fait fructueuse pour asseoir de façon rigoureuse les premiers concepts de transmission du signal nerveux le long des prolongements de la cellule nerveuse : les dendrites et l'axone. Ces résultats fondamentaux se sont révélés transposables aux autres espèces, et même à l'homme....

Puis nous quitterons les invertébrés, et leurs formes les plus curieuses, pour aborder le cerveau des vertébrés. Là encore, il serait utopique dans un ouvrage comme celui-ci, de décrire l'ensemble des animaux utilisés par les chercheurs pour pénétrer les mystères de la matière cérébrale. Nous avons choisi d'illustrer les travaux réalisés avec six espèces différentes de vertébrés : la lamproie, la grenouille, la poule, le rat ou la souris, le chat et le singe.

L'horizon est ici particulier avec ces chordés, animaux qui possèdent une lamelle cartilagineuse dorsale, la notochorde, sous le tube nerveux. Cette structure, qui joue un rôle crucial lors du développement, soutient et protège le tube nerveux qui caractérise les formes animales primitives. Chez les vertébrés plus évolués, la notochorde est remplacée à l'âge adulte par la colonne vertébrale. Cet ensemble est si cohérent et bâti sur un plan si reproductible, des poissons aux mammifères, que leurs ressemblances chez les embryons de toutes les espèces ont été à la base d'une théorie défendue par Haeckel proclamant que l'ontogenèse (le développement embryonnaire) résumait la phylogenèse (l'évolution). Cette hypothèse supposait, à tort, qu'un petit mammifère au cours de ses premiers stades passait par l'étape poisson, batracien, reptile, oiseau avant de devenir enfin un mammifère. Et d'ailleurs, pour prouver ses dires, Haeckel avait truqué ses résultats. Avec la colonne vertébrale et le développement des os du crâne, le système nerveux des vertébrés est certainement difficilement accessible au chercheur. L'évolution des technologies depuis la fin du XIXe a permis de lever très rapidement ces obstacles, facilitant ainsi une approche reproductible des fonctions de l'encéphale avec son cortex cérébral et ses structures sous-jacentes.

La zoologie est souvent considérée comme une discipline rébarbative... Grave erreur !... Elle démontre par un classement spécifique et logique la très grande richesse et l'immense variété du monde animal.

Aujourd'hui, partout, on parle de la biodiversité, à la télé, dans les débats publics, dans les assauts politiques, défendre le monde vivant, plus qu'un devoir, est devenu une obligation... Nous soutenons, bien sûr, une telle démarche, mais notre goût et notre respect pour la nature est né il y a bien longtemps... sur les bancs de la faculté... Mais il nous était venu naturellement. Enfants, nous nous y intéressions déjà : combien de pierres avons-nous soulevé pour trouver un insecte ? Combien d'oiseaux avons-nous regardé s'envoler ? Combien de kilomètres avons-nous parcouru pour observer une orchidée qui allait fleurir dans une prairie d'altitude ? Combien de pinèdes avons-nous traversé pour observer une mante religieuse à l'affût ou pour suivre un phasme qu'on n'arrivait pas à distinguer entre les brindilles d'un arbuste qu'il chevauchait... Nos études scientifiques n'ont fait que nous confirmer la richesse de ce monde animal ou végétal. Enfants des villes, nous savions que la proche campagne recélait déjà des trésors...

Ce goût de la nature a été conforté par nos lectures. Nous avons toujours eu une grande tendresse pour ces ouvrages du XVIIe siècle décrivant des cabinets de curiosité et leurs trésors. Ces aristocrates, qui par admiration ou pour seulement se distraire, se sont ingéniés à faire venir par bateau des quatre coins du monde des plantes rares ou des animaux inattendus, capturés au cours de voyages aux bords du monde connu. Souvent, et nous en sommes conscients, ils voulaient affirmer la primauté de leur naissance en plantant autour de leurs demeures les cèdres les plus rares, les ginkgos du Japon ou les plantes de Chine les plus attractives, en faisant découvrir qui une girafe, qui un tigre ou toute autre bête extraordinaire... Ces pratiques de riches faisaient connaître les beautés des régions tropicales et équatoriales que les habitants des pays tempérés ne pouvaient soupçonner... On découvrait peu à peu, avec émerveillement, les richesses animales et végétales.

Le XIXe siècle nous a fait découvrir des grands livres rouges sur les plantes, les fleurs et les animaux... Ces ouvrages, comme ceux de la comtesse de Ségur, où une bonne bourgeoise entraîne dans la campagne, un dimanche de printemps après la messe, ses enfants pour admirer plantes et bêtes... Ce type d'édition est désormais totalement désuet ! Mais la passion affichée pour décrire avec précision et chaleur, le coucou, la primevère, le bouton-d'or ou la reine-des-prés, les exclamations lancées devant une cétoine qui se pose sur les pétales d'une églantine, l'admiration suscitée par un grand machaon qui volette entre les gueules de loup du jardin... sont pour nous autant de faiblesses coupables pour une nature livresque et désincarnée, mais respectée et protégée.

Plus sérieusement, nous avons envie de dédier notre livre à un gamin... D'une douzaine d'années, il parcourt les plaines et les bois du nord de l'Angleterre dans le Shropshire près de Shrewsbury. Il collectionne des coquillages venant d'un ruisseau voisin ou ramasse quelques mues séchées d'insectes... Peu préoccupé par ses études, son père s'inquiète de ce vagabondage qui semble suffisant pour satisfaire l'enfant... Et pourtant, l'apprentissage qu'il pratique là va s'inscrire définitivement en lui et faire de ce petit Anglais turbulent l'un des plus grand de son siècle : Charles Darwin. En souvenir de ce maître de la biodiversité et de l'évolution, notre livre, très humblement, rend hommage à cette diversité animale si utile à l'homme et source de connaissances inépuisables pour mieux nous comprendre nous-mêmes. Du grillon des bois à la loutre d'Alaska, de l'hydre d'eau douce aux lamas de l'Altiplano, ils étanchent notre soif de savoir.

Notre ligne conductrice sera le système nerveux qui, de quelques amas cellulaires chez les cœlentérés comme les hydres, et les anémones de mer, va devenir une chaîne ventrale d'un million de neurones chez les invertébrés pour se complexifier chez les vertébrés en s'hypertrophiant dans l'ensemble céphalique pour devenir enfin, chez les plus évolués, le substrat biologique de la pensée (Vincent, 2007).

Il aura fallu beaucoup de temps pour en arriver là. C'est ce long parcours que décrivent les paléontologistes. À l'époque primaire, toute sorte de formes vivantes, dont les fameux trilobites, des animaux articulés comme des crustacés, mais aussi des brachiopodes, des céphalopodes... Et puis des animaux bizarres apparaissent (Daeschler *et al.*, 2006). Dans les schistes de Burgess dans les Rocheuses canadiennes, vers 500 millions d'années, on remarque une drôle de forme, *pikaia,* un animal comme une anguille de dix centimètres de long. Certains sont persuadés qu'il est à l'origine des vertébrés (Gould, 1989). Il faudra cependant attendre la fin du primaire pour l'explosion des poissons, au dévonien, et la mise en place des vertébrés terrestres, au permien, vers 300 millions d'années.

Le secondaire est célèbre pour ses animaux gigantesques, les dinosaures, qui ont fasciné les imaginations par leur aspect irréel et leur démarche chaotique. On dit qu'ils ont disparu après la chute d'une énorme météorite... Les mammifères, destinés à un avenir bien plus prometteur que les dinosaures, se sont développés à peu près au même moment, mais de si petites tailles qu'il était difficile de les suivre. Ils devaient se faufiler entre les pattes des monstres ! Ces petits « rats » s'épanouiront au tertiaire avec les grandes familles d'ongulés ou de carnivores... Les hommes viendront bien plus tard. Descendants de mammifères arboricoles, ils se séparent des chimpanzés vers 7 millions d'années, deviennent humains vers 3 millions d'années et adoptent une posture bipède, mais on ne sait pas très bien quand... Ce sont vers 2 millions d'années, *Homo habilis, Homo ergaster, Homo erectus*, il y a sans doute moins d'un million d'années... Le cerveau qui oscillait entre 300, 400 jusqu'à 700 cm^3, atteint alors des volumes de 1 200 à 1 700 cm^3 : c'est *Homo Neanderthalis*, qui va disparaître il y a 30 000 ans. Avec une région frontale qui d'un seul coup a pris une place considérable dans la boîte crânienne : c'est *Homo Sapiens.*

Pour aborder la question des modèles animaux en neurobiologie, nous ne suivrons pas l'ordre classique, des formes animales les plus simples aux plus complexes. Notre choix privilégie plutôt l'histoire des sciences et des techniques et celle de la neurobiologie.

1. **Animaux familiers, animaux d'expériences** : nous commencerons en décrivant les premières expériences réalisées sur des animaux à sang froid qui échappèrent aux interdictions de dissection. Ainsi, la grenouille a été un animal pionnier dans les débuts d'investigation du système nerveux. Dès le XVIIIe siècle, tous les savants l'examinent, dans tous les sens et en la coupant de toute part. C'est le premier animal d'étude. Les sangsues dites médicinales ont pompé le sang de générations de malades déjà affaiblis, mais elles ont aussi beaucoup servi la science. Les abeilles et les autres insectes sociaux, compagnons de l'homme depuis plusieurs siècles, ont également apporté des connais-

sances fondamentales quant à l'organisation et le fonctionnement de leur système nerveux. Les abeilles et les fourmis ont fasciné l'homme et le fascinent encore et l'observation de leurs comportements individuels et collectifs a toujours été instructive.

2. **L'âge d'or des invertébrés** : au début des Neurosciences, les scientifiques ont cherché les préparations les plus simples et les plus aisées pour aborder le système nerveux. Au cours de la période 1930 à 2000, les invertébrés ont constitué des modèles de choix du fait de l'accessibilité des éléments constitutifs de leur système nerveux et de certaines particularités anatomiques de leurs cellules nerveuses. L'axone géant de calmar est l'élément le plus célèbre. Grâce à lui, on sait désormais comment s'effectue la conduction nerveuse. D'autres invertébrés possèdent des cellules géantes permettant d'analyser avec une grande précision les propriétés des différents éléments qui constituent la cellule nerveuse – dendrites, corps cellulaires, axones, récepteurs sensoriels, cibles musculaires – et d'étudier les activités de réseaux de neurones isolés dont l'accès se révèle très aisés... L'écrevisse, le criquet et l'aplysie font partie de ces bêtes dont l'étude s'est révélée tout à fait bénéfique pour comprendre le cerveau.

3. **La révolution génétique et ses espèces favorites** : les développements récents de la génétique ont bouleversé et révolutionné notre manière d'analyser et de conceptualiser le vivant. Dans le champ des recherches en Neurosciences, de nouvelles espèces animales dont les systèmes biologiques et la physiologie sont de nature élémentaire ont permis plus facilement non seulement de corréler l'expression des gènes avec les différentes fonctions physiologiques, mais aussi d'établir des relations étroites entre dysfonctionnement génomique et pathologies, qu'il s'agisse de l'animal ou de l'homme. Dans ce cadre, la mouche du vinaigre ou drosophile, certains poissons comme le poisson zèbre et la souris chez les mammifères, constituent la faune expérimentale emblématique de ce domaine d'investigation qui ne cesse de progresser.

4. **Aux racines de la pensée** : L'intelligence n'est pas que de l'homme... Elle existe à divers niveaux dans le monde animal, nous partirons des oiseaux capables déjà de produire des chants très élaborés, nous décrirons le chat et son sommeil pour terminer avec le singe, dont la vie psychique n'a pas fini de nous étonner. Une exploration vertigineuse des substrats cérébraux de nos activités conscientes et inconscientes.

Nous avons écrit cette histoire à deux : deux cerveaux et quatre mains dans le prolongement de notre encéphale ! Nous souhaitons vous distraire tout en vous apportant quelques connaissances nouvelles. Nous avons été tous deux chercheurs, nous avons enseigné et nos travaux respectifs de recherche ont été réalisés grâce à quelques-uns des animaux que nous présentons dans cet ouvrage. L'un de nous s'est intéressé aux processus nerveux impliqués dans la motricité, alors que l'autre a plutôt analysé les mécanismes cellulaires et biochimiques du développement cérébral. Nous avons émaillé notre texte de souvenirs, d'histoires, vécus au cours de notre carrière de chercheur. Lorsque nous évoquons des événements que nous avons partagés, nous utiliserons le « nous ». S'il s'agit de faits vécus par un seul d'entre nous, le « je » sera de rigueur.

François Clarac
et Jean-Pierre Ternaux

I

ANIMAUX FAMILIERS, ANIMAUX D'EXPÉRIENCES

Chapitre premier

LA GRENOUILLE : PREMIER ANIMAL AU SERVICE DES PHYSIOLOGISTES

« La grenouille a été si l'on ose dire, bonne fille pour les physiologistes ; ils l'ont beaucoup utilisée et elle les a bien servis »
Georges Canguilhem

Les cuisses de grenouille font indéniablement partie, et depuis très longtemps, des fleurons de la gastronomie française. Même si les médecins du Moyen Âge s'opposaient à la consommation de cette viande blanche qu'ils considéraient comme contenant un principe gélatineux plus fluide et moins nourrissant que les autres viandes, dès le XVIe siècle, comme le signale Alexandre Dumas dans son *Grand dictionnaire de cuisine*, les grenouilles sont servies sur les meilleures tables de France. Au XVIIIe siècle, un Auvergnat nommé Simon fit rapidement fortune en engraissant des grenouilles envoyées de sa province natale et en les vendant aux maisons réputées de Paris où elles étaient fort à la mode. Cet engouement pour la chair de grenouille ne se limite pas au territoire national, Dumas signale également une forte consommation en Allemagne, en Italie et en Suisse. La grenouille cuisinée ne traverse cependant pas la Manche : les Anglais détestent ce met. Ils caricaturent le Français qui mange des cuisses de grenouille et le baptisent « mangeur de grenouille » (*frog-eater*). L'expression est très rapidement contractée en un vocable affectueux, « *froggys* ».

La consommation de grenouille traverse aussi l'Atlantique. Le Québec en est aussi friand, et les Québécois, eux aussi, sont dénommés « *frogs* » par leurs congénères anglophones ! En Louisiane, sous l'influence des colons français, la ville de Rayne est surnommée « *Frog City* ». Donat Pucheu, chef renommé, commercialise en 1880 la grenouille dans les restaurants de la Nouvelle-Orléans et les frères Weill, originaires de France, l'exportent pour les meilleures tables de New-York. La grenouille est aussi un mets raffiné aux Caraïbes, au Cambodge, en Chine et en Thaïlande.

Les grenouilles sacrifiées depuis le XVIIe siècle sur l'autel de la médecine et de la biologie ne sont, face à cela, qu'une goutte d'eau. Si les grenouilles enchantent ou perturbent nos longues soirées d'été avec leurs croassements incessants, si elles s'offrent, de temps à autre, à nos papilles gustatives raffinées, elles ont également apporté, tout au long de l'histoire de la biologie et de la neurobiologie, des données majeures quant au fonctionnement du système nerveux.

Les Grenouilles de Swammerdam : « esprits animaux » et fonction nerveuse

Le 8 décembre 1664, en visite à Paris, Jan Swammerdam, naturaliste hollandais, réalisa une curieuse expérience en présence du botaniste danois Olaf Borch. Bien loin des règles éthiques actuelles, Swammerdam pratiqua l'extraction du cœur de la cage thoracique d'une grenouille vivante non anesthésiée : la bête, malgré sa blessure sévère, pouvait encore se mouvoir et nager. Mais si l'on retirait le cerveau, tout mouvement cessait irrémédiablement.

De cette expérience sanglante, Swammerdam conclut que le système circulatoire n'était pas nécessaire à l'exécution des mouvements chez la grenouille alors que le cerveau était indispensable pour les coordonner, en particulier pour la nage. Reprenant la grenouille mourante, Swammerdam montra clairement que la stimulation des nerfs avec son scalpel provoquait, à chaque fois, des contractions musculaires. Ces résultats surprenants pour l'époque, avaient déjà été obtenus en 1662, lors d'une expérimentation sur le chien, mais étaient restés confidentiels. La preuve était apportée que le mouvement, en dehors de toute circulation sanguine, n'est possible qu'en présence de connexion nerveuse entre le cerveau et le muscle.

Ces observations contredisaient la théorie dominante prônée par Descartes, affirmant que la mobilité résultait de la transmission des « esprits animaux » du cerveau vers les muscles, au travers de différents vaisseaux. La notion d'« esprits animaux » remontait à l'Antiquité avec les travaux de Galien qui proposait leurs présences dans les différentes cavités cérébrales, et leur descente vers la moelle épinière. On parlait même d'un « pneuma psychique » correspondant à la substance même du cerveau. Les esprits animaux arrivant au niveau des muscles assuraient leurs contractions. Swammerdam, en expliquant que seule l'irritation des nerfs provoquait la contraction musculaire, vidait de sens l'idée même d'« esprits animaux » responsables du mouvement.

Au cours des trois années suivantes, Swammerdam allait perfectionner ses expériences et élaborer de nouvelles théories qui ouvriront des champs innovants dans la compréhension des mécanismes de la transmission du message nerveux. Il affirmera, plus d'une fois, que la grenouille constituait un modèle animal d'excellence pour aborder ces questions, car les nerfs du batracien sont facilement mis en évidence et aisé à disséquer. Ces premiers résultats sur l'irritation des nerfs furent publiés dans un article anonyme en 1665 dans « *In Ranis* » puis dans sa thèse défendue en 1667 où il apporte la preuve que le diaphragme du chien peut être contracté par stimulation de son nerf sectionné.

Ces premières données seront complétées par une série d'observations réalisées sur des préparations isolées, « nerf/muscle ». La dissection est délicate : il s'agit d'isoler le plus gros muscle de la cuisse de la grenouille (le gastrocnémien) et son nerf adhérent, sans provoquer de lésion. En tenant le muscle au niveau des deux tendons, la stimulation du nerf sectionné à l'aide d'un scalpel ou de ciseaux provoque la contraction du muscle, qui reprend immédiatement sa forme initiale lorsque la stimulation cesse. Peu satisfait par une telle démonstration, Swammerdam développa d'autres versions de cette expérience princeps. De façon à observer le degré d'épaississement du muscle et le rapprochement des deux tendons, le muscle est placé dans un tube de verre. Deux aiguilles sont insérées au travers des deux tendons. Lors de la stimulation du nerf sciatique, on observe un déplacement des deux aiguilles vers l'intérieur du tube, concomitant à une augmentation de l'épaisseur du muscle. Lorsque la stimulation cesse, les aiguilles reprennent leurs positions initiales et le muscle sa longueur et son épaisseur de repos. Cette expérience simple mais fondamentale marquait une première approche dans la possibilité de mesurer la contraction musculaire. Elle ouvrait, dans le domaine de la physiologie, une nouvelle ère avec la quantification des phénomènes naturels (Cobb, 2002).

Swammerdam, dans sa démarche expérimentale, souhaitait s'opposer aux théories de Descartes sur la transmission nerveuse et démontrer, à l'encontre des prédictions de ce dernier, que la contraction musculaire n'induit pas d'augmentation du volume musculaire. Ingénieusement, Swammerdam plaça un muscle dans une seringue et mesura son volume dans son état contracté et dans son état relaxé, en observant les mouvements des bulles dans l'aiguille de la seringue. La première expérience réalisée avec un cœur de grenouille disséqué, introduit dans la seringue, montrait sans conteste que les contractions spontanées de l'organe ne modifiaient en rien le volume de la masse musculaire. En améliorant son dispositif expérimental par un orifice dans la seringue donnant directement accès au nerf adhérent du muscle de la cuisse, Swammerdam pensait confirmer rapidement les résultats déjà obtenus pour le cœur, en suivant les contractions du muscle squelettique induites par l'« irritation » du nerf. Les résultats furent décevants : les niveaux de la bulle d'air dans la tête de la seringue variaient très peu. Swammerdam tentera d'expliquer son résultat par diverses interprétations. Et pourtant, la préparation du muscle de la cuisse de grenouille avait apporté un résultat très important : la contraction du muscle ne s'accompagne pas d'un changement de volume.

Swammerdam était conscient de l'intérêt de sa découverte qui remettait totalement en question les hypothèses des « esprits animaux » considérées comme indispensables pour la contraction musculaire. Swammerdam affirmait que les effets observés sur le muscle de la cuisse de grenouille pouvaient être généralisés à tous les autres muscles et devaient pouvoir être retrouvés chez tous les autres vertébrés.

Bien que ses résultats expérimentaux n'aient été publiés que cinquante ans après sa mort, Swammerdam fut très célèbre de son vivant dans toute l'Europe. Il reçut à Amsterdam bien des visiteurs riches et influents de l'époque et leur présenta ses expériences. Le futur Grand-Duc Cosimo III de Toscane lui rendit visite en 1668. Ses relations épistolaires avec des scientifiques prestigieux de l'époque, comme le grand voyageur français et ami, Jean de Thévenot, en partie à l'origine de la fondation de l'Académie des Sciences et l'Anglais Henry Oldenburg, premier secrétaire de la Royal Society, ses visites à l'étranger et ses nombreuses discussions avec ses collègues scientifiques, assurèrent très rapidement la diffusion de ses idées, malgré l'absence de descriptions détaillées de ses expériences.

Avec ses cuisses de grenouille, Swammerdam révolutionnait la science, par ses idées nouvelles mais aussi par une démarche enfin rigoureuse. En mettant au point ses préparations isolées nerf/muscle, il montrait l'intérêt de réduire la grenouille à ses composants spécifiques et de les isoler pour analyser précisément leurs propriétés intrinsèques fondamentales. Pionnier de l'approche réductionniste, Swammerdam affirmait qu'une telle préparation pouvait apporter des informations précieuses dans la compréhension des comportements de la grenouille entière. Son modèle permettait une véritable mesure d'un phénomène biologique et ouvrait la voie à une exploitation pertinente de données quantitatives. La relation entre phénomène biologique et mécanique s'affichait ici comme un fait incontestable.

Ses travaux sont sans aucun doute à la base de la construction de théories plus complexes dans le domaine des sciences physiologiques. Le fait le plus important issu de l'interprétation de ses résultats réside dans l'acceptation que le mouvement est dû à une stimulation externe du nerf : une « irritation ». Ce concept nouveau d'une liaison entre le stimulus et la réponse marque la naissance d'une vision nouvelle des mécanismes qui président à l'organisation des êtres vivants et à leurs comportements. Les travaux de Swammerdam, dont l'influence fut incontestable et durable jusqu'à la naissance des neurosciences, sont à la base de l'idée que la réalisation des comportements d'un organisme vivant s'explique par la somme de tous les stimuli reçus. Cette théorie peut même être considérée à l'origine de toutes les théories de l'apprentissage apparues dès la fin du XIXe (voir chapitre 9), en particulier avec les travaux de Pavlov sur les réflexes conditionnés et ceux de Watson sur les comportements (Jeannerod, 1983).

Tout cela à partir d'une simple expérience sur le nerf de grenouille ! Malgré les démonstrations de Swammerdam, la théorie des « esprits animaux » allait cependant survivre plus d'un siècle. Il faudra bien des expérimentations avec l'animal pour qu'elle disparaisse définitivement.

Quelques années après Swammerdam, Giovanni Borelli (1608-1679), un élève de Galilée, professeur de mathématiques, commence à travailler sur la nature des mouvements animaux en se focalisant sur une interprétation mathématique et physique des fonctions musculaires. Bien que partageant les idées de son prédécesseur, Borelli maintient l'existence d'un fluide dans les nerfs : le « *sucus nerveus spirituosis* » qui contribue au raccourcissement du muscle lors de la contraction.

Dans la première moitié du XVIIIe siècle, beaucoup de scientifiques vont défendre cette théorie, même s'ils connaissent parfaitement les travaux de Swammerdam. Hermann Boerhaave, botaniste et médecin hollandais, éditeur des travaux de Swammerdam, en est un exemple frappant. Formé également à la physique de l'époque, il préférait se ranger à un concept vague mais faux que de partager l'idée de l'« irritation », de l'« agitation », ou encore de la « vibration » qui n'apportait encore aucune explication quant à la nature même des mécanismes de transmission du nerf au muscle. Albrecht von Haller, qui connaissait le travail de Swammerdam et l'admirait, tenta en 1751 de définir la nature de l'irritabilité du nerf. Ses travaux dans ce domaine n'apportèrent aucune explication précise tout en suggérant le rôle de l'électricité.

Il faudra attendre la fin du XVIIIe siècle et les travaux de Luigi Galvani pour en finir définitivement avec la notion désuète d'« esprits animaux ». Les muscles répondent à une stimulation électrique, et Galvani suggère qu'il est probable que le facteur interne responsable des mouvements soit de nature électrique lui aussi. Une nouvelle aventure, toujours avec les grenouilles, va marquer ce tournant majeur de la neurobiologie (voir Clarac et Ternaux 2008).

Les grenouilles de Galvani et l'« électricité animale »

La fin du XVIIe et le début du XVIIIe siècle sont encore fortement marqués par la théorie des esprits animaux (Brazier, 1984). Ces fluides subtils soi-disant émis par le cerveau, s'écouleraient dans les nerfs comme le feraient des liquides dans des tubes, provoquant à la périphérie le gonflement des muscles à l'origine de la contraction musculaire et du mouvement. Il faudra les observations microscopiques du naturaliste hollandais Anthony Van Leeuwenhoek pour remettre en question la nature tubulaire des nerfs. En réalisant des sections fines de nerfs fraîchement disséqués, il montra avec son microscope, le premier décrit dans l'histoire des sciences, que c'était faux. Les nerfs contiennent une substance en leur cœur et l'on voit parfois perler une goutte de fluide au niveau de leurs sections. Cette observation, plusieurs fois répétée, apportait des arguments majeurs pour abandonner la théorie des « esprits animaux ».

Tout au long du XVIIIe siècle, de nouvelles voies de recherche s'ouvrirent, impliquant la chimie puis l'électricité. Ainsi Lavoisier a-t-il montré que la contraction musculaire s'accompagne d'une augmentation de la consommation d'oxygène et, simultanément, de celle de gaz carbonique et de vapeur d'eau. L'idée de l'intervention d'un fluide électrique dans le mécanisme de contraction musculaire et celle d'une possible transmission électrique du message nerveux le long des nerfs prennent naissance avec la découverte de la bouteille de Leyde au milieu du siècle, inventée par hasard en 1746 à Leyde par le juriste Cunéus, le physicien Musschenbroek, et Jean Allaman.

C'est une bouteille en verre, remplie de feuilles en étain chiffonnées en contact avec une tige de laiton traversant le bouchon. Cette tige recourbée en crochet se termine par une boule appelée « bouton ». La paroi externe est recouverte aux trois-quarts de la hauteur par une feuille d'étain. Pour charger électriquement la bouteille, on la tient à la main et l'on présente son « bouton » à l'un des pôles d'une machine électrique en activité. La bouteille de Leyde accumule, « condense », de l'électricité. C'est le prototype de ce qu'on appellera bientôt un condensateur, capable de délivrer des décharges électriques de fortes intensités. C'est l'abbé Nollet, physicien au Collège de Navarre, qui la nommera bouteille de Leyde, en hommage à ses inventeurs. Il en démontrera les effets spectaculaires, en présence de Louis XV, en provoquant la commotion électrique de 300 hommes de sa garde se tenant par la main.

Les décharges de la bouteille de Leyde provoquent de fortes contractions musculaires et des sensations inattendues. Ces effets sur le vivant sont immédiatement exploités, sans argumentation scientifique véritable, pour imaginer qu'elles pouvaient guérir des paralysies et d'autres maladies. De nombreuses guérisons sont même annoncées dans la presse et les machines électriques se multiplient dans les hôpitaux à la fin du siècle. Cet engouement pour la thérapie électrique dépasse le cadre institutionnel des professionnels de la médecine et l'électricité médicale est pratiquée par de nombreux électriciens guérisseurs aux compétences douteuses. La réalité des guérisons obtenues demeurait bien faible et plusieurs personnalités comme l'abbé Nollet et Benjamin Franklin ont dénoncé sévèrement ces pratiques. Si les électriciens guérisseurs expérimentent chez l'homme, les anatomistes et les physiologistes tentent d'appliquer l'électricité sur les muscles et les membres d'animaux. C'est ainsi que la toute jeune « science électrique » fait irruption dans le domaine de la physiologie. En 1756, Leopoldo Caldani est le premier à étudier les effets des décharges électriques sur le cœur et divers muscles. La grenouille se révèle alors l'animal le plus commode et le plus sensible pour mettre en évidence l'action de l'électricité sur le fonctionnement nerveux.

L'idée d'une analogie entre fluide nerveux et fluide électrique fait son chemin. Mais cette similitude d'action ne suffit pas pour prouver les ressemblances ou les différences entre ces deux fluides. Haller, le plus grand spécialiste de l'époque, relance le débat dans ses derniers écrits :

> « Une fibre solide pourrait être la vérité suivie par un courant électrique ; mais les phénomènes du corps animal ne paraissent pas permettre que l'esprit animal soit un fluide électrique. En effet la matière électrique suit d'autres lois : elle ne pourrait pas être retenue par des ligatures, elle ne resterait pas dans le nerf, elle se répandrait dans les espaces voisins destitués d'une matière pareille, et se remettrait en équilibre. »

Avec Luigi Galvani au XVIIIe siècle, les théories évoluent radicalement. Professeur d'anatomie à l'université de Bologne, il s'intéresse aux effets de l'électricité sur les organismes vivants et en particulier aux conséquences de l'application de courants aux nerfs, baptisés par la suite courants « galvaniques » ou courant continu. Les grenouilles qui constituent son matériel animal privilégié vont beaucoup servir. Le laboratoire de Galvani recèle une machine électrique, des bouteilles de Leyde et des grenouilles préparées de manière habituelle c'est-à-dire en ne conservant que les membres inférieurs, avec leurs nerfs cruraux et sciatiques reliés à la moelle épinière.

Il débute ses expériences dès novembre 1780, et ce n'est qu'en 1791, après avoir accumulé un grand nombre de preuves en faveur d'une électricité animale, que Galvani fait connaître ses premiers résultats, obtenus avec sa femme et ses deux neveux. Il n'était pas le premier à appliquer une stimulation électrique aux muscles des organismes vivants ou morts, ni le premier à avancer l'idée de l'existence d'une forme d'électricité spécifique aux êtres vivants. L'hypothèse d'une électricité animale, baptisée à l'époque « fluide neuro-électrique », circulant dans les nerfs et contractant les muscles des pattes postérieures de la grenouille n'était pas tout à fait une nouveauté en cette fin de siècle, mais il a réalisé l'expérience décisive, dès 1786, en montrant qu'une grenouille morte et préparée dans les conditions habituelles pouvait présenter des contractions musculaires, sans aucune source d'électricité, simplement en touchant les muscles et les nerfs à l'aide d'un arc métallique. La grenouille fonctionnait donc comme une bouteille de Leyde, comme un condensateur « électro animal ».

Cette observation, jugée révolutionnaire pour l'opinion publique, transformait une hypothèse en théorie expérimentale dont les conséquences étaient sans conteste tout à fait nouvelles pour la médecine et la physiologie. Personne ne discuta par la suite le titre de « père de l'électricité animale » attribué à Galvani. Ses résultats princeps relatés dans un petit traité de 53 pages, en latin et illustré de quatre planches, *De viribus electricitatis in motu musculari commentarius*, publié dans les comptes rendus de l'Académie des Sciences de Bologne en 1791, conditionnèrent en quelque sorte savants et médecins de l'époque, qui voulurent tous reproduire les merveilleuses expériences de Galvani.

La première observation de Galvani, mentionnée dans ses notes établies en 1781, est étonnante. Ayant placé une grenouille sur la table de dissection sur laquelle se trouvait une machine électrique à une distance relativement grande, un de ses assistants, par mégarde, toucha légèrement avec la pointe de son scalpel les nerfs cruraux internes de la cuisse de grenouille. Instantanément l'ensemble des muscles de la patte postérieure se contractèrent comme pris de violentes réactions tétaniques. Un autre assistant qui observait la scène crut percevoir que ces contractions se produisaient au moment même où jaillissait une étincelle du conducteur de la machine. Galvani tenta alors de reproduire cette expérience pour expliquer la nature de ce phénomène mystérieux et *a priori* totalement aléatoire. Il approcha la pointe de son scalpel de l'un des nerfs cruraux tandis que l'un des assistants faisait jaillir une étincelle de la machine électrique. Le phénomène de contraction musculaire se reproduisit de façon identique. L'expérience fut renouvelée avec différents protocoles expérimentaux. Les résultats étaient évidents : tout dépendait de la façon dont l'opérateur prenait le scalpel. Si l'instrument était empoigné par son manche en os, aucune contraction ne se produisait au moment où jaillissait l'étincelle. En revanche, les contractions musculaires étaient immédiates si le scalpel était attrapé par la lame métallique ou encore si les doigts de l'opérateur touchaient les clous fixant la lame à son manche. Galvani en concluait alors que le phénomène de contraction musculaire nécessitait l'émission de l'étincelle de la machine électrique et la présence d'un corps conducteur de bonne taille.

L'ensemble conducteur formé par l'expérimentateur et le scalpel pouvait être remplacé par un long fil métallique. La question relative au déclenchement de la contraction de la cuisse par une étincelle générée à distance demeurait entière. Comment le fluide électrique émis par la machine pouvait-il être transmis aux conducteurs et à l'animal ? Pour tenter de répondre à cette interrogation, Galvani imagine toutes sortes de dispositifs. Il place la grenouille dans un bocal, de l'autre côté d'un mur traversé par un fil de fer, pour que toute voie de transmission au fluide électrique soit coupée. Les contractions sont néanmoins observées... Y aurait-il transmission du fluide au travers de l'air ambiant ? L'expérience est réalisée en plaçant le bocal sous une pompe à vide... Lors du jaillissement de l'étincelle, que l'air soit extrait ou non du bocal, les contractions ont toujours lieu !

Ce phénomène résista à toute explication pendant de longues années (Brazier, 1959). Il faudra attendre la fin du XIXe siècle pour établir de façon formelle qu'une étincelle électrique entraîne une brève émission d'ondes électromagnétiques. Le fil conducteur relié au nerf crural de la cuisse de grenouille jouait le rôle d'une antenne réceptrice, responsable de la stimulation électrique du nerf.

Galvani n'en resta pas là. Possédant une littérature fort abondante sur les phénomènes électriques et connaissant les controverses sévères qui opposaient l'abbé Nollet et Benjamin Franklin à propos de l'efficacité du paratonnerre, il savait que l'éclair perçu lors de l'orage correspondait à une décharge électrique de nature comparable à celle de l'électricité « artificielle » produite par les machines électriques. Galvani cherchait si l'électricité dite atmosphérique comme l'éclair induisait ou non les mêmes contractions musculaires que celles observées lors du jaillissement de l'étincelle de la machine (Brazier, 1959). Un jour d'orage de 1786, il installa des grenouilles préparées avec leurs fils conducteurs sur la terrasse de sa résidence bolognaise. À chaque éclair, les muscles de la cuisse subissaient de violentes contractions. Lorsque le ciel était menaçant, mais sans éclair, les contractions étaient également observées. Il semblait donc bien que l'électricité artificielle et l'électricité atmosphérique intervenaient identiquement sur les masses musculaires (Ochs, 2004).

Les notes recueillies par Galvani au cours de ces expériences mentionnent également des observations de contractions occasionnelles lors de temps calme. Il raconte :

> « Comme j'avais vu des grenouilles préparées, munies de crochets de cuivre dans la moelle épinière et posées sur les barreaux de fer qui entourent la terrasse de notre maison, montrer les contractions habituelles, non seulement lorsque le ciel était plein d'éclairs, mais aussi parfois lorsqu'il était calme et clair, je pensai que ces contractions prenaient leur origine dans les modifications de l'électricité atmosphérique qui se produisait dans la journée »

Pouvait-on imaginer une lente accumulation de l'électricité atmosphérique dans la grenouille ? Cette question mobilisa Galvani pendant de longues heures d'observation. Une attente totalement vaine puisque rien ne fut observé... Lassé par ce temps perdu, il se mit à placer les crochets de cuivre sur les barreaux de fer de la rambarde et les contractions musculaires apparurent, sans rapport avec les états électriques de l'atmosphère.

> « Cependant comme je n'avais observé la présence de ces contractions qu'à l'air libre [...] je fus sur le point de ramener ces contractions à la pénétration de l'électricité de l'atmosphère dans l'animal, à son accumulation dans

celui-ci et à la sortie rapide au contact du crochet avec les barreaux de fer. Il est facile en effet, lors d'expériences, de se tromper et de penser avoir vu et avoir découvert ce que nous souhaitons voir et découvrir »

En tenace expérimentateur, Galvani retourna à son laboratoire pour confirmer ou infirmer l'hypothèse du rôle de l'électricité atmosphérique. En plaçant la grenouille sur un plateau de fer et en mettant en contact les crochets de cuivre implantés dans la moelle épinière avec le plateau, des contractions musculaires étaient déclenchées. L'électricité atmosphérique était hors de cause ! En variant le choix des métaux, l'un en contact du nerf et l'autre du muscle, c'est-à-dire en créant ce qu'il appellera un « arc conducteur » et par la suite nommé « arc galvanique », des contractions sont mises en évidence à chaque fois que les extrémités libres des deux conducteurs sont mis en contact. Si les métaux sont de même nature, les contractions sont beaucoup plus faibles. Si l'un des fils conducteurs est remplacé par un isolant, rien ne se passe.

Mais alors, qu'elle est la nature et l'origine de cette électricité qui n'est pas produite par une machine électrique et qui ne provient pas de l'atmosphère ? « *Il me semble qu'on pouvait conclure, sans aucune hésitation, que cette électricité... se trouvait dans l'animal préparé* » écrit Galvani.

Les esprits animaux étaient abandonnés et Galvani concluait en formulant l'hypothèse d'une « électricité animale » qui émanerait du cerveau et se déchargerait lorsque le nerf et le muscle sont reliés par des métaux. Cette découverte déclencha une controverse qui anima le milieu scientifique et médical de l'époque. Cette révolution commencée en médecine produisit ses effets les plus marqués dans le domaine de la physique, en particulier lors de la mise en évidence par Volta d'une nouvelle source d'énergie : l'énergie chimique produite par le contact de deux métaux. Cette controverse ne se limitait pas aux seuls aspects scientifiques, mais résultait aussi du contexte politique et des événements révolutionnaires qui touchaient alors la France et l'Italie.

Galvani était un homme de l'Ancien Régime, ennemi des idées républicaines et révolutionnaires, refusant en 1798 de prêter serment à la République Cisalpine (Piccolino, 2006). Au contraire, Volta épousa très rapidement la cause révolutionnaire et s'engagea activement dans les gouvernements de la Lombardie française, Napoléon le nomma sénateur du Royaume d'Italie. Les découvertes de Galvani et celles de Volta mobilisèrent de nombreux savants des écoles de Pavie, Turin, Bologne, Florence et Milan. Après la publication de Galvani, Eusebio Valli, médecin et physicien, publia un petit mémoire sur l'électricité animale où il raconte que la découverte de Galvani l'a empêché de dormir pendant plusieurs nuits. Dans les mois suivants, Valli va véritablement devenir un ambassadeur de l'électricité animale en Europe, avec des démonstrations à Turin, Paris et Londres.

Vers 1792, Volta décida de s'intéresser aux découvertes de Galvani. Méfiant lors de ses premières expériences avec les grenouilles, il est vite convaincu de la véracité des comptes rendus de Galvani. Il devient « converti » et confesse publiquement qu'il est passé de l'incrédulité au fanatisme. Devenu « galvanisé » comme tous, il considérait néanmoins la grenouille davantage comme une bouteille de Leyde électrique que comme un animal. Dans ce contexte, ses expériences consistaient surtout à voir si électricités animale et artificielle pouvaient s'additionner ou se soustraire. Ses conclusions publiées en 1792 dans le *Giornale fisico-medico* apportaient une nouvelle interprétation aux expériences de Galvani, fondée sur le pouvoir électromoteur des métaux. Il fallait alors choisir son camp entre deux théories contraires et deux savants célèbres, biologistes et pouvant être identifiés indifféremment comme supporter de l'un ou l'autre. *In fine,* Galvani et Volta avaient découvert deux choses différentes, l'un l'électricité animale, l'autre les bases de l'électrochimie ouvrant des voies innovantes en matière d'applications.

Un demi-siècle plus tard les résultats et les conclusions de Galvani sont considérés comme les éléments fondateurs d'une physiologie nouvelle. Emil du Bois-Reymond, physiologiste allemand résume l'ensemble des données accumulées à l'époque, en cinq points fondamentaux :

– les animaux ont une électricité qui leur est spécifique, dite électricité animale ;

– elle émane du cerveau et elle est distribuée par les nerfs ;

– c'est la substance interne du nerf qui conduit l'électricité, tandis que la couche externe constitue un isolant qui empêche sa dispersion ;

– l'électricité est reçue par les muscles, qui peuvent être assimilés à un grand nombre de bouteilles de Leyde : la surface externe de chaque fibre musculaire est assimilée à l'armature négative de la bouteille, tandis que la surface interne correspond à l'armature positive. L'arc conducteur est le moyen le plus efficace pour déclencher la décharge de cette bouteille de Leyde ;

– le mouvement musculaire résulte de la décharge de la bouteille de Leyde musculaire via le nerf

Les esprits animaux s'étaient définitivement évaporés !

Nature et propriétés de l'« électricité animale »

Les grenouilles n'ont pas fini d'étonner. Leurs moelles épinières, leurs nerfs sciatiques et cruraux, leurs muscles gastrocnémiens constituent des

modèles expérimentaux de choix pour mieux comprendre le fonctionnement du système nerveux. Ces modèles, largement utilisés par les physiologistes du XVIIIe et du XIXe siècles, apportent des connaissances nouvelles fondamentales sur les mécanismes impliqués dans la mise en jeu des réflexes médullaires, dans le contrôle des activités sensorimotrices, dans la compréhension des mécanismes intimes qui président à la propagation de l'électricité animale le long des fibres nerveuses et à son rôle fonctionnel au niveau de la jonction neuromusculaire. La grenouille, les préparations isolées nerf/muscle ou encore les tronçons de nerf sciatiques maintenus en survie dans des conditions physiologiques, sont emblématiques des découvertes princeps de la neurobiologie. Les débuts de l'électrophysiologie, la révolution conceptuelle de la transmission chimique avec la découverte de l'acétylcholine, un neurotransmetteur important, la mise en évidence de l'ultrastructure de la jonction neuromusculaire résulteront d'études réalisées chez ce batracien. Si aujourd'hui la grenouille est moins utilisée dans les recherches en neurosciences, elle demeure un modèle pédagogique de choix pour l'enseignement des principes fondamentaux de la discipline.

Les travaux de Galvani et de Volta, apportant la démonstration de l'existence d'une électricité animale, génèrent un intérêt tout particulier pour la cuisse de grenouille chez les physiologistes, d'autant plus que ce modèle expérimental est facile à mettre en œuvre. Vers 1840, Carlo Matteucci, formé à Bologne dans le domaine des mathématiques, puis élève du physicien français François Arago à Paris, développe des travaux de physiologie dédiés à la bioélectricité. Il s'intéresse dans un premier temps à l'électricité animale et étudie les propriétés physiques, chimiques et physiologiques de l'électricité produite par l'organe électrique du poisson torpille dont l'organisation anatomique en colonnes n'est pas sans ressembler à l'empilement des disques métalliques de la pile de Volta (voir chapitre 8). Nommé par le Grand-Duc de Toscane en 1840, sur recommandation de son ancien maître Arago, il devient titulaire de la chaire de physique de l'université de Pise.

C'est dans cette ville qu'il montre que sur la surface d'un muscle coupé en son travers, il existe un courant entre la face coupée, correspondant à l'intérieur des cellules, et la surface de muscle non endommagée, représentant le milieu extracellulaire. Matteucci sera le premier à enregistrer et à mesurer un courant d'origine biologique, celui généré par le tissu musculaire. Cette mesure est réalisée grâce à un galvanomètre sensible astatique, c'est-à-dire dont la mesure est débarrassée de l'influence du champ magnétique terrestre, mis au point par son collègue Leopoldo Nobili. Outre la mise en évidence de ce « courant de repos », Matteucci observe que les courants électriques du muscle se modifient au cours de la contraction musculaire et sont capables de s'additionner sur un montage en série, de manière comparable à ce qui est observé avec la pile de Volta. Ainsi, il met au point un modèle expérimental baptisé « patte galvanoscopique » chez la grenouille où le nerf sciatique sectionné de la patte de grenouille est capable de transmettre un courant généré par une pile à un muscle lorsque le nerf est mis à son contact. Dans ces conditions, le muscle se contracte. Cette préparation se comporte comme un véritable détecteur électrique, extrêmement sensible. En 1846, Matteucci invente le kymographe, premier instrument permettant l'enregistrement des phénomènes électriques en fonction du temps. Son utilisation se répand rapidement dans le milieu des physiologistes pour mesurer en particulier l'électricité produite par le muscle et ses changements lors de la contraction musculaire spontanée où provoquée par l'application d'une stimulation électrique artificielle.

Malgré son arsenal technologique innovant, Matteucci échoue dans ses tentatives de détection des courants des nerfs. Ses travaux princeps sur la bioélectricité et la physiologie des muscles, tout comme ceux de Galvani et de Volta, ont certainement directement influencé les recherches de l'école allemande d'Emil Du Bois-Reymond, élève du célèbre physiologiste Johannes Peter Müller à Berlin et Hermann Ludwig von Helmholtz, médecin militaire, successivement titulaire de la chaire d'anatomie et de physiologie, puis de physique à Berlin.

Au printemps 1841, Müller chargea son jeune collaborateur Du Bois-Reymond de vérifier les expériences de Matteucci, car l'existence d'une électrogenèse biologique suscitait encore la méfiance. Les conclusions apportées par ces travaux validaient les découvertes de Matteucci quant à l'existence d'un courant électrique dans les nerfs et les muscles sectionnés, à une exception près, il s'était trompé sur le sens de ce courant, celui-ci étant véhiculé de la surface intacte à la surface de section.

À la même époque, Emil Du Bois-Reymond établit que le courant musculaire ou nerveux diminue pendant l'excitation répétée. Il nomme ce changement « variation négative » qu'il met en évidence grâce à la mise au point d'une électrode non polarisable. En 1867, il précise les mesures du potentiel de repos pour le muscle et le nerf sciatique de grenouille, avec des valeurs respectives de 38 à 82 mV et de 24 mV. Malgré ces avancées sur la mesure des potentiels de repos du muscle et du nerf, les idées concernant le phénomène fondamental de la propagation le long du nerf de quelque chose qui avait été successivement nommée esprits animaux, force nerveuse, influx nerveux, n'avaient pas fait de progrès notables depuis les travaux de Haller. Johannes Müller écrivait dans son traité de Physiologie publié en 1844 :

> « Aujourd'hui encore, on ne sait si, dans l'action des nerfs d'un point à un autre, une matière impondérable s'écoule dans le nerf à une vitesse immesurable...ou bien si l'opération du principe nerveux consiste en une vibration de ce principe nerveux impondérable préexistant dans le nerf, l'oscillation étant provoquée par le cerveau ou par un excitant du nerf [...] Nous n'aurons probablement jamais les moyens de déterminer la vitesse du principe nerveux car il nous faudrait des distances considérables pour mesurer la vitesse d'une action qui, sous ce rapport, ressemble à la lumière. »

Pourtant, en 1850, Hermann Ludwig von Helmholtz propose que la propagation du principe nerveux doit se faire à une vitesse très inférieure à celle de la lumière (Meulders, 2001). Ces considérations théoriques l'amènent à réaliser une série d'expériences pour déterminer la vitesse de l'influx dans le nerf sciatique de la grenouille. Il utilise une méthode du Français Claude Pouillet pour suivre la vitesse d'un projectile. Le courant électrique circule dans le fil de platine d'un galvanomètre jusqu'à ce que le muscle se contracte. Le galvanomètre est devenu un « galvanoscope ».

L'excitation par un choc d'induction est portée tantôt en un point du nerf proche du muscle, tantôt en un point distant de 50 à 60 millimètres du premier. Helmholtz détermine le délai entre la stimulation et le début de la contraction induite dans le muscle gastrocnémien. Ce délai est plus long de 1,5 à 2 millisecondes pour la stimulation du point le plus éloigné du muscle. Toutes choses étant égales par ailleurs, cette différence entre les délais mesurés ne peut être rapportée qu'au temps mis par l'influx pour parcourir la distance qui sépare les deux points de stimulation. Dans ces conditions, la vitesse de l'influx se calcule donc simplement en divisant cette distance par la différence des délais mesurés entre les deux points.

Après avoir présenté ses premiers résultats à Berlin, il publie le 25 février 1850 une première note aux Comptes rendus de l'Académie des Sciences où il explique :

> « J'ai trouvé qu'il faut à l'irritation nerveuse, pour arriver du plexus du sciatique au muscle gastrocnémien d'une grenouille, un espace de temps qu'il n'est pas trop difficile d'évaluer [...] La distance entre les points irrités du nerf étant de 50 à 60 millimètres, l'irritation nerveuse a mis à parcourir cet espace 0,0014 à 0,0020 de seconde (60 millimètres parcourus en 0,0014 de seconde reviendraient à à-peu-près 43 mètres par seconde ; 50 millimètres en 0,0020, à 25 mètres). Les grenouilles avaient été conservées à une température de 2 à 6 degrés centigrades, et la température du laboratoire était de 11 à 15 degrés. Ces dernières données ne sont pas sans intérêt ; en effet, j'ai trouvé qu'à des températures plus basses, correspondaient de moindres vitesses de propagation de l'agent nerveux... »

Une deuxième note est publiée en mai avec une méthode différente, plus précise et moins sujette à discussion. Ces données et celles apportées peu de temps après par d'autres auteurs fournissent enfin une quantification précise de la vitesse de conduction. Helmholtz fait aussi des mesures chez le sujet humain et estime la vitesse à 60 mètres par seconde soit le double de celle qu'il a obtenu sur les nerfs de grenouille. Une conduction aussi lente en étonne beaucoup qui ne peuvent imaginer que l'activité nerveuse ne soit pas instantanée. Cette vitesse prend une toute autre dimension quand se pose la question de la conduction dans le cerveau, c'est-à-dire lorsque les chercheurs ont voulu aborder les temps nécessaires pour produire « la pensée ». Un tel défi est en fait lié aux débuts de la psychophysique (Nicolas, 2001). Cette nouvelle discipline qui consacre la psychologie allemande a pourtant été lancée par un ophtalmologiste hollandais, Donders, qui posait la question : « *La pensée n'aurait-elle pas non plus la vitesse infinie qu'on lui attribue habituellement, et serait-il possible de mesurer le temps nécessaire pour la formation d'une idée ou pour la détermination de la volonté ?* »

Il apparaît aujourd'hui que ces pionniers de la physiologie nerveuse ont su en très peu de temps défricher les premiers mécanismes de fonctionnement des nerfs et des muscles (Brazier, 1984). Ils ont confirmé le premier principe fondamental du fonctionnement nerveux : le réflexe (Canguilhem, 1977).

Après ces découvertes princeps, ces batraciens apporteront encore beaucoup à la compréhension des propriétés intrinsèques des nerfs périphériques et des muscles et du rôle de chacun de ces éléments dans les comportements moteurs. À la fin du XIXe et au début du XXe siècle, les progrès de la physique et de la chimie, alliés à des technologiques nouvelles, permettent d'avancer à grands pas dans la compréhension des mécanismes cellulaires qui contrôlent la propagation de l'influx nerveux dans les axones des neurones.

L'Allemand Julius Bernstein, élève d'Helmholtz et de Du Bois-Reymond détermine la durée de la variation négative ou « *courant d'action* ». En la mesurant, Bernstein peut calculer la vitesse de propagation de la variation négative : 28 mètres par seconde pour le nerf sciatique de grenouille à température ambiante, c'est-à-dire une vitesse à peu près identique à celle déterminée par Helmholtz en mesurant les délais entre la stimulation et la contraction du muscle. La vitesse de l'influx est donc équivalente à celle de la variation négative indiquant qu'il s'agit bien des mêmes phénomènes. En 1871, Bernstein fut le premier à déterminer la forme de l'onde électrique qui se propage le long du nerf. Pour lui, la propagation du potentiel d'action remplace transitoirement le potentiel de repos (Brazier, 1980).

En 1879, Ludimar Hermann définit les processus locaux qui accompagnent la propagation de l'influx nerveux. Selon sa théorie, des courants électriques doivent s'écouler du segment de nerf au repos, positif, vers le segment excité, négatif. Ces courants déterminent une polarisation négative de la région contiguë au segment excité. Cette région devenant négative, à son tour, va exciter par le même mécanisme les points adjacents. La conduction de l'influx nerveux apparaît donc comme une excitation de proche en proche. En 1898, Hermann propose sa théorie du « noyau conducteur » selon laquelle les muscles et les fibres nerveuses seraient composés d'un noyau conducteur et d'une interface isolante constituée par une enveloppe. Une excitation produirait un courant d'action qui polariserait l'enveloppe isolante. Par un mécanisme d'induction, le courant d'action pourrait activer les fibres voisines. L'origine locale de l'excitation serait liée au déclenchement d'une réaction chimique de type explosive dans le noyau conducteur, correspondant à une altération brutale du métabolisme. Bernstein montrera en 1902 que les phénomènes bioélectriques ne sont pas d'origine chimique, mais qu'il existait au sein des fibres un électrolyte préexistant responsable du potentiel de repos et de la « fluctuation négative ». Sa conception s'inspirait fortement des travaux et des hypothèses de Walther Nernst qui avait décrit, en 1888-1889, le potentiel de diffusion entre deux solutions de concentration différentes. Bernstein appliqua alors l'équation de Nernst au potentiel de repos qu'il mesurait.

Parallèlement, en 1890, Wilhelm Ostwald, prix Nobel de chimie en 1909, obtient un potentiel électrique de part et d'autre d'une membrane artificielle semi-perméable aux ions. Bernstein pense alors que le courant observé entre la surface et l'intérieur d'un muscle tranché correspond à la différence de concentration ionique entre l'extérieur et l'intérieur. Cette théorie membranaire, reprise en 1912, proposait un nouveau paradigme pour comprendre la bioélectricité ; elle demeurera inchangée pendant plus de quarante ans jusqu'à ce que l'amélioration des instruments de mesure permette de mieux préciser les différents mécanismes impliqués. La neurophysiologie cellulaire était en train de naître.

Au cours de la première moitié du XXe siècle, les grenouilles et les crapauds vont encore être utilisés avec les techniques électro-physiologiques pour caractériser les propriétés de différents nerfs. Les travaux princeps dans ce domaine sont à mettre au crédit des Américains Joseph Erlanger et Herbert Spencer Gasser qui obtiendront le prix Nobel de médecine et de physiologie en 1944. Dès les premières études du potentiel d'action du nerf entier, réalisées à l'aide de l'oscillographe cathodique qui permet de visualiser, en fonction du temps, les signaux électriques et bioélectriques, Gasser et Erlanger notent que la phase de repolarisation du potentiel de pointe n'est pas régulière. En 1923, ils dégagent les caractéristiques du phénomène. Le nerf sciatique de la grenouille géante, long de plusieurs centimètres, se prêtait merveilleusement bien à ce type d'expérimentation. Gasser, en 1925, résume les résultats de ces expériences dans les termes suivants :

> « L'onde de négativité apparaît sous forme d'une onde simple au voisinage de l'électrode excitante, mais présente un peu plus loin un ou deux ressauts qui deviennent de plus en plus marqués à mesure que la distance parcourue dans le nerf augmente. On a tout de suite l'impression qu'il s'agit d'ondes distinctes appartenant à des fibres douées de propriétés physiologiques différentes ; confondues à l'origine, ces ondes se sépareraient progressivement à mesure qu'elles cheminent dans le nerf en raison de leurs vitesses différentes. »

À quoi seraient dues ces différences de vitesse ? Gasser et Erlanger reprennent ici une hypothèse formulée en 1913 par Louis Lapicque et Paul Le Gendre à la suite d'études sur la chronaxie (durée minimale de courant pour faire contracter un muscle avec une intensité double de la valeur minimale) de différents nerfs et selon laquelle « *les fibres nerveuses sont d'autant plus rapides qu'elles sont plus grosses* ». Cette idée d'une relation étroite entre la vitesse de conduction de l'influx nerveux et le diamètre des fibres fut d'abord confirmée par deux observations : d'une part, le potentiel d'action du nerf phrénique du chien est une onde simple alors que celui du nerf saphène est complexe ; d'autre part, la constitution anatomique du nerf phrénique est simple, toutes les fibres nerveuses du nerf possèdent le même diamètre, tandis que la constitution en fibres du nerf saphène est complexe, les fibres ont des diamètres très variés (Marx, 1969).

Cette découverte allait conduire à l'établissement d'une classification des fibres nerveuses des nerfs périphériques tenant compte de leurs diamètres, de leurs vitesses de conduction, et de leurs fonctions physiologiques (Gasser *et al.*, 1925) : Fibres motrices dirigeant des messages des centres cérébraux vers les muscles avec des vitesses rapides de l'ordre de plus de 100 mètres par seconde, fibres sensorielles véhiculant des messages spécifiques des récepteurs périphériques vers les centres, présentant des vitesses de conduction variables, pouvant être réduite à l'ordre du mètre par seconde pour les fibres fines amyéliniques qui transportent les informations douloureuses.

Ces résultats non seulement apportaient la preuve de l'existence de propriétés intrinsèques différentes pour chaque type de fibres nerveuses qui composent les nerfs mixtes (contenant des fibres motrices et sensitives) mais démontraient aussi que fibres motrices et fibres sensorielles possédaient fonctionnellement les mêmes propriétés et la même structure. La différence majeure entre les deux était uniquement liée au sens du courant électrique. Ainsi, les processus nerveux se complexifiaient tout en se simplifiant fonctionnellement.

Du rêve prémonitoire à la découverte des neurotransmetteurs : la grenouille « neurochimique »

La fin du XIXe siècle est marquée par de fortes avancées dans le domaine de la neuro-anatomie qui va définitivement placer l'étude du système nerveux sur des bases solides. Les travaux de Camillo Golgi et ceux de Santiago Ramon y Cajal apportent des concepts tout à fait nouveaux pour la compréhension des mécanismes cérébraux. Golgi met au point des méthodes à l'aide du microscope. Combiné avec la mise en œuvre de réactions chimiques permettant de colorer le tissu cérébral (réaction « noire » utilisant des sels d'argent), il est alors possible d'observer, sous le microscope, les cellules nerveuses sur des coupes fines préalablement durcies par un fixateur.

La structure de la cellule nerveuse, baptisée alors neurone, est décrite : un corps cellulaire, une arborisation complexe nommée « arborisation dendritique » et un axone, généralement plus long, émergeant du corps cellulaire (ou soma) et se projetant vers d'autres neurones au centre ou à la périphérie du système nerveux central, vers des organes effecteurs comme les muscles ou les glandes. Même si les colorations de Golgi ne marquent que quelques neurones dans le tissu cérébral, l'enchevêtrement des prolongements dendritiques suggère que les neurones constituent un vaste réseau en continuité où les courants sont véhiculés dans les différentes branches. Cette théorie dite « réticulariste » est alors défendue par Camillo Golgi.

Santiago Ramon y Cajal qui améliorera les techniques mises au point par Golgi soutiendra une théorie totalement différente, affirmant que les neurones ne sont pas en continuité, mais en contiguïté (Ramon-y-Cajal, 1972). Cette théorie, ou « théorie du neurone », n'a à ce jour jamais été démentie. Les intuitions de Cajal sont confirmées cinquante ans plus tard avec le microscope électronique et la démonstration de l'existence d'un espace entre les neurones au niveau de leurs contacts synaptiques. Malgré la controverse entre Golgi et Cajal, ils obtiennent conjointement le prix Nobel de Médecine et de Physiologie en 1906. Leurs travaux ont incontestablement révolutionné le domaine de la neurobiologie et généré de nombreuses découvertes, en particulier en ce qui concerne les mécanismes de la transmission du message nerveux entre deux neurones ou entre le neurone et le muscle. La notion de synapse et celle d'une transmission chimique du message nerveux prennent leur origine dans ces travaux princeps de neuro-anatomie.

Dans les années 1920, les mécanismes de transfert de l'information nerveuse au niveau des terminaisons axoniques des neurones demeurent encore largement ignorés. Certains auteurs sont convaincus d'une transmission électrique du message nerveux, d'autres accumulent des arguments en faveur d'une transmission chimique. Rien n'est tranché entre ces deux hypothèses avant les expériences réalisées par Otto Loewi, pharmacologue germano-américain. En 1921, il réalise une expérience, désormais célèbre, sur le contrôle du rythme cardiaque. La légende veut que le protocole de cette expérience lui apparût au cours d'un rêve prémonitoire dont il sut au réveil reconstruire le contenu. Il stimula électriquement le nerf vague d'une grenouille intacte. Ce nerf originaire du tronc cérébral innerve le cœur. Dans son dispositif expérimental, il avait canalisé le liquide dans lequel un premier cœur était immergé pour l'amener vers un second cœur de grenouille, non stimulé électriquement. Dans ces conditions expérimentales, il enregistra le rythme cardiaque des deux cœurs, le premier étant nommé « donneur », le second « receveur ». La stimulation électrique provoqua immédiatement le ralentissement de la fréquence des battements du cœur « donneur ». Cette réponse, liée à la stimulation électrique du nerf vague, provoqua quelques secondes plus tard un ralentissement du rythme cardiaque du cœur « receveur », à la suite du transfert du liquide du premier vers le second. Cette observation suggérait qu'un message concernant la fréquence à laquelle battait le premier cœur avait été transmis au second par le liquide de perfusion, message portant en lui les caractéristiques d'un ralentissement (Donnerer et Lambeck, 2006).

La seule explication plausible de cette observation devait être la présence d'une substance chimique libérée dans le liquide de perfusion du premier cœur et transférée au second cœur par le flux de liquide. Ce composé chimique avait dû se dissoudre dans le liquide de perfusion en quantité suffisante pour produire un effet physiologique sur le cœur « receveur ». On pouvait alors affirmer que la stimulation des fibres nerveuses du nerf vague induisait la libération d'une substance chimique capable de ralentir le rythme cardiaque. Plus tard Loewi identifia ce composé : l'acétylcholine (ACh), un messager chimique ou neurotransmetteur, activant la contraction musculaire.

L'expérience de Loewi sur les battements cardiaques fut couronnée de succès et marqua le début d'un travail de recherche consacré à la compréhension des mécanismes chimiques intervenant dans la transmission des messages nerveux entre deux neurones. Aux cours d'expériences ultérieures, il stimula d'autres nerfs, en particulier le nerf accélérateur cardiaque du système nerveux sympathique et démontra que la mise en jeu des fibres de ce nerf provoque une accélération de la fréquence des battements cardiaques. Le liquide dans lequel le cœur stimulé était plongé était capable d'induire une augmentation du rythme cardiaque sur un second cœur non stimulé. Une fois de plus, Loewi identifia la molécule impliquée dans cette accélération du rythme, molécule qu'il baptisa épinéphrine (EP) ou encore adrénaline. Cette substance est produite par les glandes surrénales. Ainsi la régulation du rythme cardiaque par le système nerveux implique l'action de deux molécules : l'acétylcholine qui diminue le rythme cardiaque et l'adrénaline qui l'accélère.

Les travaux de Loewi qui obtint le prix Nobel de Médecine et de Physiologie en 1936 avec son collègue Henry Dale, également spécialiste des molécules neurotransmettrices, sont, sans conteste, fondamentaux en neurobiologie. Ils ouvrent un champ nouveau dans l'étude des mécanismes de la transmission des messages nerveux au niveau de la jonction neuromusculaire et au niveau des synapses centrales. Il marque les prémisses d'une nouvelle discipline au sein de la neurobiologie (Dupont, 1999) : la neurochimie et l'avènement de nouveaux concepts impliquant la participation de molécules chimiques spécifiques dans le traitement de l'information nerveuse (Donnerer, Lembeck, 2006). Une fois de plus, la grenouille n'est pas étrangère à cette nouvelle orientation de la neurobiologie.

Des œufs de batraciens au service de la neurobiologie moléculaire

La découverte des neurotransmetteurs synthétisés dans les neurones dits « présynaptiques » s'accompagne très rapidement de la mise en évidence sur les membranes des neurones « postsynaptiques » de récepteurs spécifiques à ces molécules. D'un point de vue biochimique, ces récepteurs sont des protéines ancrées dans la membrane des neurones, présentant des densités élevées au niveau de la synapse. Les mécanismes de liaison des molécules de neurotransmetteurs sur leurs récepteurs et ceux plus intimes impliquant des seconds messagers ou des changements de perméabilité des canaux ioniques, sont décryptés. Ces avancées induisent secondairement le développement d'une neuropharmacologie dont les applications ne sont pas sans conséquences sur le traitement de nombreuses maladies neurologiques. L'utilisation des œufs de batraciens par les neurobiologistes, comme les œufs de xénope, cousins proches des grenouilles, mais de beaucoup plus grande taille, ont certainement contribué à des avancées majeures dans le domaine de la neurobiologie moléculaire.

Le genre xénope regroupe de nombreuses espèces de batraciens qui vivent en Afrique au sud du Sahara. Il s'agit de grenouilles, amphibiens anoures (sans queue) aux couleurs ternes, dépourvues de langue. Les pattes postérieures sont musculeuses et palmées et leurs trois doigts se terminent par des griffes cornées. Les femelles de xenopus *Laevis*, les plus connues, peuvent atteindre douze à quatorze centimètres et les mâles, sept à dix centimètres. Le xénope est aujourd'hui l'amphibien le plus utilisé en biologie. Il s'élève facilement en aquarium et sert abondamment dans les laboratoires pour étudier le développement embryonnaire, le cycle cellulaire (mitose et méiose) ou encore les mécanismes mis en place par la cellule lorsque l'ADN est endommagé. L'ovocyte de xénope, ou cellule sexuelle femelle, est polarisé avec un hémisphère animal très pigmenté et un hémisphère végétatif dépigmenté. Les progrès récents dans le domaine du génie génétique ont permis d'isoler les ARN messagers (ARNm) codants pour une protéine donnée. Les ARNm qui codent pour certains canaux ioniques ou certains récepteurs aux neurotransmetteurs ont pu être clonés. Leur injection dans l'ovocyte de xénope dont la taille est relativement importante (1 à 2 mm) à l'aide d'une micropipette de verre finement étirée, permet l'expression, au niveau de la membrane de l'ovocyte, de la protéine codée par l'acide nucléique injecté.

En utilisant la technique du *patch clamp* mise au point par Erwin Neher et Bert Sakmann à Göttingen en 1976, qui leur valut le prix Nobel de Médecine et de Physiologie en 1991, il est possible d'étudier les mécanismes de fonctionnement des récepteurs et de leurs canaux ioniques associés et de tester les effets de ligands potentiels, agonistes ou antagonistes des récepteurs exprimés. La méthode consiste à réaliser des enregistrements électrophysiologiques à l'aide d'une micropipette de verre dont la pointe mesure environ 1 micromètre, remplie d'une solution ionique de composition définie, mise en continuité électrique avec la membrane isolée d'une cellule excitable (neurones, cellule béta du pancréas) ou encore avec la membrane d'un ovocyte de xénope ayant reçu une injection intracellulaire d'ARNm. Dans ces conditions, les courants ioniques peuvent être détectés et l'ouverture et la fermeture des canaux peuvent être déterminées en fonction du temps. Neher et Sakmann furent les premiers à mesurer l'activité d'une seule molécule canalaire, en l'occurrence le canal récepteur de l'acétylcholine, neurotransmetteur impliqué au niveau de la jonction musculaire.

Cette méthode a également permis de caractériser les propriétés de nombreuses molécules capables de se lier aux récepteurs des neurotransmetteurs. Certaines d'entre elles ont enrichi l'arsenal thérapeutique utilisé pour soigner les maladies neurodégénératives et les maladies d'origine neurologique.

Éloge de la grenouille

Dans la sphère scientifique, les éloges des grands savants et aujourd'hui des grands chercheurs constituent une des traditions les plus ancrées dans les académies et dans tous les grands organismes de recherche ou les fondations prestigieuses. Elles sont généralement adressées *post mortem*, ou lors de remises de médailles et de prix récompensant des travaux de recherche inédits. Arago au XIXe siècle est resté célèbre, entre autres, en prononçant à l'Académie des Sciences des éloges vibrants de Fresnel, Volta et Ampère.

Aucun hommage solennel n'a été rendu à celles qui, trois siècles durant, ont donné leur corps à la science et participé de façon éclatante à la progression des connaissances dans le domaine de la biologie. Le site *Ampère et l'histoire de l'électricité* a réparé cet oubli, en élevant un monument moral à la grenouille méconnue. Nous nous associons à cet hommage, très sensibles aux apports fondamentaux de la grenouille et des onze animaux dont nous allons parler plus loin. Les grenouilles et bien d'autres animaux ont grandement participé à une meilleure connaissance du système nerveux et de son fonctionnement, elles se sont également distinguées dans d'autres secteurs de la biologie et de la physiologie.

Il est vraisemblable que sans elles, William Harvey n'aurait jamais découvert les grands principes de la circulation sanguine et l'existence de deux circuits fermés : la petite et la grande circulation. C'est en utilisant des animaux à sang froid comme la grenouille et le crapaud, qui présentent des mouvements du cœur plus lents que ceux des mammifères, qu'Harvey montrera que le sang est expulsé par le cœur dans les artères et y retourne en utilisant les veines. Il mourra avant d'avoir trouvé ce que devient le sang entre les artères et les veines, mais ses observations furent néanmoins fondamentales.

Cette énigme concernant la circulation devait être résolue, toujours avec la grenouille, par les recherches princeps de Marcello Malpighi, titulaire de la chaire de médecine théorique à Pise (1656), puis médecin personnel du pape Innocent XII (1691). Le microscope en est à ses premiers balbutiements et Malpighi en sera un des premiers utilisateurs dans le domaine de la biologie. En observant au microscope le poumon d'une grenouille, Malpighi observe des vaisseaux très fins, les capillaires, qui relient les petites veines aux petites artères. C'est au travers des poumons que le sang des veines passe dans les artères. Si Malpighi est fier de sa découverte, il ne se glorifie pas d'avoir utilisé un grand nombre de nos chers batraciens. À ce sujet il écrit : « *J'ai presqu'entièrement sacrifié la race des grenouilles, chose qui ne s'était jamais produite, même au cours de la furieuse bataille entre les rats et les grenouilles décrite par Homère.* »

Dans le domaine de la biologie, le XVIIe et le XVIIIe siècle ont été, entre autres, marqués par l'émergence des théories de la « génération » c'est-à-dire de la reproduction des êtres vivants. Les concepts formulés dans ce domaine ont suscité des querelles passionnées dans le milieu scientifique. Une des grandes questions relative aux mécanismes de la reproduction concerne le rôle de la semence mâle dans le processus de fécondation. Là encore, la grenouille qui se reproduit rapidement et dont la fécondation est externe et donc facilement observable, apporte beaucoup. Lorsque les œufs sont pondus par la femelle, ils sont immédiatement recouverts par la semence du mâle qui les féconde. Jan Swammerdam, bien que très mobilisé par les questions relatives au transport des « esprits animaux » dans les nerfs, fut le premier à décrire les différents stades de la maturation de l'œuf fécondé de grenouille, en pratiquant des observations sous une lentille grossissante. Ses résultats montrant les divisions cellulaires au sein de l'œuf fécondé, retranscrits sous forme de schémas, sont publiées, en 1679 à Leyde, dans un manuscrit intitulé *Biblia naturae*.

En 1768, Lazzaro Spallanzani, titulaire de la chaire d'histoire naturelle à l'université de Pavie, inscrit son nom comme pionnier de l'insémination artificielle en laboratoire. Il réfute tout d'abord la théorie de la génération spontanée des cellules en 1768 et prouve que les microbes proviennent bien de l'air et sont tués par ébullition. Ces travaux participent à la remise en cause de la théorie de la génération spontanée dont la contestation ne sera définitivement achevée que bien plus tard, avec les recherches de Louis Pasteur. En ce qui concerne la reproduction, Spallanzani découvre qu'elle requiert un spermatozoïde et un ovule. Son expérience majeure réalisée en 1768 ne manque pas de cocasserie. Il dispose sur des grenouilles mâles une petite culotte de cuir souple, non sans difficulté car l'animal met tout en œuvre pour s'en débarrasser. À ce sujet il écrit : « *Ce qui assure le tout, c'est que j'ai donné des bretelles à ces culottes. Je les fais passer sur les bras de la grenouille mâle, sous la tête, entre son corps et celui de la femelle.* »

Dans ces conditions expérimentales tout à fait étonnantes, les femelles accouplées avec ces mâles affublés de caleçons libèrent des œufs qui ne se transforment pas en têtards mais pourrissent dans l'eau du bassin. À l'intérieur des caleçons, Spallanzani recueille une liqueur transparente qu'il conserve avec précautions. En disséquant des grenouilles femelles, il prélève des œufs vierges dont il sait qu'ils ne peuvent se développer spontanément et les humecte de la semence des mâles « culottés ». Après plusieurs jours, il constate que des œufs fécondés se développent aussi bien que ceux qui sont naturellement fécondés par les grenouilles mâles. La première insémination artificielle était réalisée et Spallanzani venait de ruiner l'hypothèse d'une fécondation à distance. Le contact direct de l'ovule de la femelle et du spermatozoïde du mâle est nécessaire à la fécondation. Cette expérience pionnière sera rééditée chez le chien.

Dans le domaine de la physiologie de la reproduction, la grenouille ne se contente pas de cette entrée retentissante sur la scène scientifique. Elle fut aussi la partenaire idéale pour décrypter les processus cellulaires impliqués dans la parthénogenèse, c'est-à-dire la possibilité d'une reproduction sans l'intervention du mâle. Ces travaux sont l'œuvre de Jean Rostand, écrivain, biologiste, historien des sciences, un des premiers vulgarisateurs dans le domaine de la biologie, fils du célèbre auteur dramatique Edmond Rostand. En réalisant un traumatisme approprié sur un œuf non fécondé de grenouille, comme par exemple un choc thermique, il est possible d'obtenir une division cellulaire de cet œuf sans participation de la semence du mâle (Rostand, 1953). Ces expériences impliqueront l'utilisation de quelques milliers de crapauds et grenouilles, auxquels Rostand rend hommage dans ses écrits :

> « On peut étudier chez la grenouille tous les problèmes. Les gens croient que la grenouille est un petit sujet mais ce n'est pas un petit sujet. Il y a toute la biologie dans la grenouille. On peut étudier les cellules, les spermatozoïdes, les ovules, la parthénogenèse... Enfin même la mutation et l'hérédité... On peut tout étudier sur la grenouille qui constitue un fragment privilégié du monde vivant. »

La participation de la grenouille aux travaux concernant l'électricité ne s'arrête pas aux études majeures décrites dans ce chapitre. Après les découvertes de Heinrich Hertz concernant l'existence d'ondes électromagnétiques (1888), de nombreux scientifiques et inventeurs tentent de mettre au point un système permettant de détecter ces ondes mystérieuses qui seront utilisées pour la télégraphie sans fil ou TSF. Cette quête technologique aboutira, en 1912, avec l'invention du « détecteur physiologique » du professeur Lefeuvre, titulaire de la chaire de physiologie à l'université de Rennes. Le cœur du dispositif de Lefeuvre n'est autre qu'une grenouille dont on enregistre l'activité électrique du muscle gastrocnémien. Le muscle se contracte à la réception du signal hertzien. Ainsi, le signal Morse peut être décrypté sur l'enregistrement musculaire : un trait long se traduit par une contraction soutenue dans le temps, alors qu'un point bref correspond à une courte contraction. Animaux de choix pour les physiologistes, pendant plus de trois siècles, elles ont été délaissées pour d'autres espèces dont nous allons longuement parler.

L'utilisation de modèles génétiques va devenir la règle afin d'étudier les processus moléculaires impliqués dans le fonctionnement et le dysfonctionnement des êtres vivants. Que les grenouilles soient des animaux à sang froid a permis l'isolement des nerfs et des muscles et de les garder en vie de nombreuses heures. Aujourd'hui, nos emblématiques spécimens restent encore utilisés pour les travaux pratiques des étudiants, pour enseigner les bases fondamentales de la physiologie et de la neurophysiologie. Mais ce n'est pas un modèle expérimental totalement abandonné. Elles fascinent encore pour leurs propriétés très particulières de métamorphose : elles passent d'un stade larvaire nageur et aquatique à un stade adulte terrestre et sauteur. Cela correspond à un bouleversement complet des structures, à une réorganisation complète des réseaux de neurones. Par exemple, les réseaux spinaux nécessaires à la nage se modifient complètement, si certains neurones perdurent, leurs propriétés changent et de nouveaux se trouvent impliqués pour permettre le saut.

Rappelons aussi que la grenouille a été le premier animal cloné, bien avant la brebis Dolly (1996). En 1952, les Américains R. Briggs et T. G. Kings réalisent un transfert de noyau de cellules embryonnaires de grenouille dans un ovocyte « dénoyauté ». Ils étudient les propriétés des cellules générées dans l'œuf, sans objectif revendiqué de clonage et observent la naissance de quelques têtards. Dix années plus tard, en 1962, le biologiste britannique J. B. Gurdon annonce le clonage d'une grenouille à partir d'une cellule différenciée de l'intestin. Quelques têtards se développent mais cette expérience est violemment controversée : les cellules utilisées pour le transfert de noyau étaient-elles

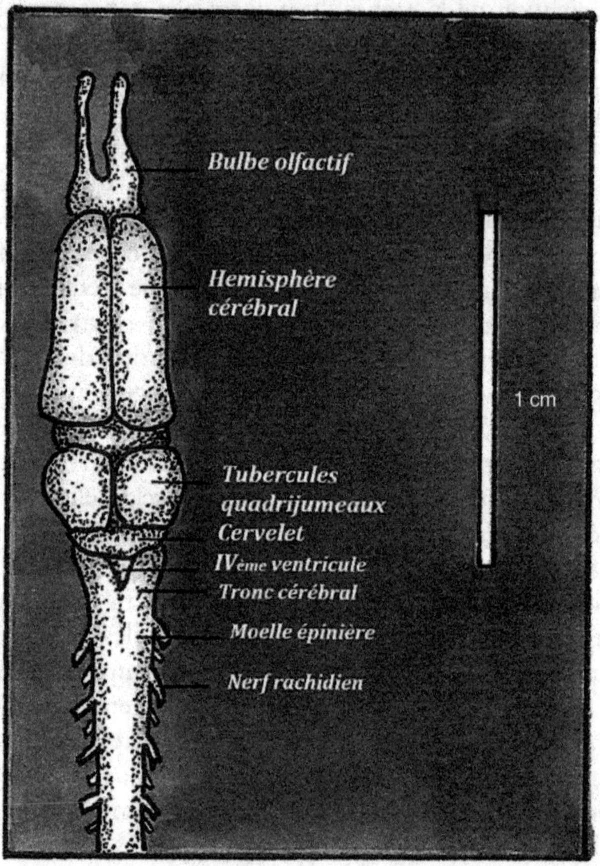

Cerveau de grenouille vu de dessus.

véritablement différenciées ? Gurdon récidivera en 1970, en apportant la preuve d'un véritable clonage.

Au cours de ces dernières années, la grenouille intéresse encore en physiologie, en neurobiologie, avec des applications dans le secteur de la santé humaine. Une équipe canadienne vient de mettre au point un modèle amphibien pour l'étude du développement du contrôle de la respiration. Ce domaine est particulièrement sensible car les progrès de la médecine ont permis la survie de bébés nés prématurément qui présentent des apnées respiratoires associées à l'immaturité des circuits nerveux responsables de la commande respiratoire. Comprendre les processus de maturation de ces réseaux de neurones implique des études expérimentales chez l'animal. Des préparations de troncs cérébraux isolés de rongeurs, comme le rat, ont été utilisées pour étudier la maturation des systèmes neuronaux contrôlant la respiration au cours du développement. La préparation de tronc cérébral isolé de grenouille se révèle aujourd'hui comme un modèle animal plus avantageux techniquement car plus facile d'accès tout en possédant les mêmes principes fondamentaux de développement et de fonctionnement du contrôle nerveux de la respiration.

La grenouille est aussi un des animaux emblématique et complètement stupide de la Fontaine. En écrivant sa célèbre fable : *« La grenouille qui veut se faire aussi grosse que le bœuf »*, jamais La Fontaine n'aurait pu imaginer que cette vision ridicule de la société puisse un jour se révéler partiellement exacte !

« Une grenouille vit un bœuf
Qui lui sembla de belle taille.
Elle, qui n'était pas grosse en tout comme un œuf
Envieuse, s'étend, et s'enfle, et se travaille,
Pour égaler l'animal en grosseur »

En 2004, Nicolas Chartrel et ses collaborateurs, chercheurs à l'Institut Fédératif de Recherches Multidisciplinaires sur les Peptides de l'université de Rouen, ont écrit eux aussi une très belle histoire avec la grenouille, ses problèmes de taille et de nourriture. En utilisant des extraits de cerveau de grenouille et des techniques sophistiquées de biologie moléculaire, ils ont pu identifier un peptide homologue à celui des mammifères, déterminer la présence et la structure de son récepteur spécifique et tester ses effets physiologiques chez différentes espèces. Le peptide 26Rfa injecté dans le cerveau par voie intra-cérébroventriculaire provoque une augmentation importante de la consommation de nourriture chez la souris. Cette découverte pourrait déboucher sur la construction de nouvelles molécules susceptibles d'être utilisées dans le traitement des troubles alimentaires chez l'homme. La découverte de ce nouveau peptide, à partir du cerveau de grenouille, permettrait de contrôler la prise alimentaire chez les mammifères.

Plus étonnant encore, il arrive effectivement que certaines grenouilles accroissent fortement leur taille, comme dans la fable. Les femelles de crapaud buffle gonflent leurs corps avec de l'air au moment de la reproduction pour refuser certains mâles. L'équipe d'un Australien, B. L. Phillips (Bruning *et al.*, 2010), a montré que les femelles de *Bufo marinus* utilisent ce curieux moyen lorsqu'elles se sentent attaquées au moment de la reproduction Les mâles chantent pour attirer les femelles, arrivés dans la mare, ils attrapent avec leurs pattes antérieures le corps de toutes les femelles qui passent. Les femelles en gonflant sont capables de choisir leurs mâles.

Afin de vérifier cette hypothèse, les chercheurs ont placé un ballon dans la cavité thoracique de cadavres de femelles et l'ont gonflé pour mesurer la pression. Grâce à des hormones sexuelles, ils ont poussé les crapauds à s'accoupler avec des femelles mortes pour mesurer la force avec laquelle ils s'agrippaient. Des femelles privées chirurgicalement de leur capacité à gonfler n'ont pas été capables de se débarrasser du plus petit mâle.

Si La Fontaine revivait aujourd'hui, il verrait que la grenouille ne voulait pas imiter le bœuf, mais conquérir sa liberté sexuelle ! Il n'en croirait pas ses yeux.

Chapitre 2

SANGSUE ET AUTRES VERS : PETITS SYSTÈMES POUR GRANDES FONCTIONS

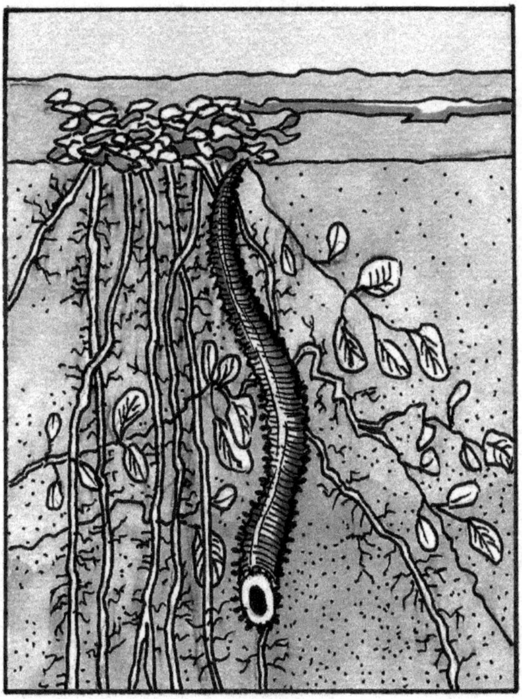

Le terme de « vers » ne signifie pas grand-chose. Tout ce qui est long, rond et avance par contractions au sol est nommé « vers ». Bien des vers n'en sont pourtant pas... Les vers de farine ne sont-ils pas des larves d'insecte ?

Chez les animaux multicellulaires, les embryons possèdent trois feuillets primitifs dont la maturation va construire une architecture adulte, spécifique de l'espèce considérée. Les vers présentent ce schéma classique d'organisation et de développement. L'*ectoderme*, feuillet externe, constitue une enveloppe de protection alors que l'*endoderme*, couche interne, est à l'origine du tube digestif avec un pore antérieur, la bouche et un autre à l'opposé, l'anus. Le *mésoderme*, couche intermédiaire, creuse une cavité ou cœlome qui donnera naissance aux muscles et aux organes internes.

Des anneaux, des vers plats et des vers ronds...

Si l'on se réfère aux classifications des zoologistes, ces animaux se situent au bas de l'échelle évolutive, avec une organisation des plus simples. Dans leur forme primitive, ils sont tous composés de segments, ou métamères, semblables, et ces structures se répètent de segments en segments. On pourrait considérer que ces organismes sont constitués d'une série d'éléments accolés possédant chacun un fonctionnement indépendant. Mais, malgré tout, le tube digestif, le système sanguin dorsal et la chaîne nerveuse ventrale qui construisent des liaisons vitales au sein de l'organisme entier, en font des êtres individualisés.

Ces vers à symétrie bilatérale sont divisés en vers annelés (ou *annélides*) avec une tête suivie d'un ensemble de segments armés chacun de soies fines ou d'appendices, en vers plats (ou *plathelminthes*) sans tête distincte et sans appendices, et en vers ronds (ou *nématodes*) au corps non segmenté, dépourvus d'appendice et munis d'une épaisse cuticule blanchâtre.

En fonction de la distribution des soies à la surface de leurs peaux, les annélides sont eux-mêmes regroupés en trois classes principales : les *Polychètes* (du grec *polys* = plusieurs, et *chaete* = long poil), dont les

Néréis, l'arénicole, la sabelle, le spirorbe, l'aphrodite épineuse, où les soies peuvent être portées sur des organes particuliers, les parapodes. Les *Oligochètes* (du grec *oligos* = peu), dont le ver de terre, le ver d'eau douce ou Tubifex, qui possèdent des soies de très petite taille sans parapodes. Enfin des animaux nus, les *Hirudinées* (du latin *hirudo* = sangsue), ou sangsues, présentant un corps musculeux, aplati dorso-ventralement et portant deux ventouses sur le premier et le dernier segment.

La particularité des annélides réside dans leur squelette rigide et segmenté. Chaque partie du corps peut changer de forme sans modifier les autres. Chez les vers de terre, le diamètre et la longueur de chaque segment peuvent varier isolément. Chez les vers marins comme les néréis, chaque côté des segments peut se contracter indépendamment. La paroi corporelle des annélides est formée de plusieurs couches dont la plus externe, secrétée par l'épiderme, constitue une cuticule. Sous l'épiderme, d'épais muscles circulaires et longitudinaux assurent le déplacement de l'animal. La sangsue, comme son nom l'indique, se nourrit du sang des vertébrés qu'elle accumule dans son jabot, comme une réserve de nourriture. Cette particularité, qui la classe d'emblée, dans l'imaginaire collectif, dans la catégorie « *des vampires d'eau douce* » a hanté toute l'histoire occidentale de la médecine, de l'Antiquité jusqu'à récemment.

D'un point de vue strictement anatomique, la sangsue se compose de 34 segments, mais seuls 21 d'entre eux sont visibles. Ses deux ventouses, antérieure et postérieure, lui servent pour se fixer sur un substrat et pour se déplacer. À la différence du lombric, elle est incapable de se régénérer lorsqu'un ou plusieurs segments sont détachés du corps. La chaîne nerveuse ventrale enfermée dans un sinus sanguin comprend vers l'avant quatre ganglions fusionnés en deux masses qui constituent leur véritable cerveau. Les ganglions supra-œsophagiens ont un rôle neurosécrétoire, alors que les ganglions sous-œsophagiens constituent la structure nerveuse essentielle avec un centre sensoriel qui reçoit toutes les informations originaires de la partie antérieure de l'animal, de la ventouse et des trois mâchoires. Ces deux masses ganglionnaires sont reliées par un collier nerveux entourant l'œsophage. Chaque segment du corps est innervé par un ganglion. Enfin, les sept derniers sont fusionnés en un ganglion caudal volumineux contrôlant la ventouse postérieure. Les ganglions segmentaires contiennent environ 400 neurones, excepté les ganglions 5 et 6, équipés d'environ 700 neurones responsables du contrôle de la reproduction. Dans chaque ganglion, les corps cellulaires des cellules nerveuses sont regroupés en 6 follicules enveloppés par des cellules d'emballage, les cellules microgliales.

Le lombric, possède des organes photorécepteurs et chaque soie externe est associée à des mécanorécepteurs. Bien que la sangsue n'ait aucune soie, sa peau recèle néanmoins des organes sensibles. Les Polychètes prédateurs, tels les *Néréis*, possèdent des yeux bien développés.

On ne peut terminer cette leçon de zoologie sans évoquer l'animal le plus étrange qui soit : la bonellie (*Bonellia viridis)*, parée d'une cuticule d'un vert fluorescent. Cette étrange bestiole appartient au groupe des Échiuriens dont l'étude semble réservée à quelques spécialistes distingués. La bonellie se cache, dit-on, dans la mer Rouge, dans les sables de Méditerranée ou dans l'océan Atlantique... La vie entière de cet animal est extravagante, du stade larvaire à sa reproduction. À la naissance, c'est une larve minuscule emportée par les courants marins... La suite de sa vie va dépendre uniquement de l'endroit où elle va se poser.

Si la petite larve tombe sur un sol déserté sans aucune bonellie femelle autour, elle deviendra femelle et en deux ans atteindra une taille exceptionnelle, passant de quelques millimètres à près de 10 cm avec une très longue trompe pouvant dépasser un mètre. Cette trompe, qui se termine par une fourche dentelée, repose sur le sol et sert à capter la nourriture. Mais si la larve tombe sur une femelle, et plus précisément, sur sa trompe, elle se transformera en mâle dont la taille n'excédera jamais plus d'un à trois millimètres ! Les femelles possèdent une substance masculinisante, qui transforme la petite larve asexuée en un tout petit mâle. Il sera ensuite aspiré par la trompe pour atteindre le sac génital où il passera le reste de sa vie. La femelle le nourrira et ensemble ils féconderont près d'un millier d'œufs. Ce cas de dimorphisme sexuel extrême avec une femelle d'un mètre accouplée à un mâle 200 000 fois plus petit, est tout à fait surprenant...

Les humeurs et la sangsue

De l'Antiquité au XIXe siècle, dans la lignée d'Hippocrate, les médecins basent essentiellement leur savoir sur les « humeurs » (Vincent, 1986). Les critères de bonne santé corporelle correspondent à un bon équilibre entre toutes les substances liquides présentes dans le corps. La santé de l'esprit ou celle du corps dépend de la stabilité existant entre les quatre humeurs : le sang, la pituite ou phlegme, la bile jaune et la bile noire, l'atrabile. Ces substances, produites par le cerveau, les poumons, la vésicule biliaire et la rate, sont en relation étroite avec les quatre éléments de l'Univers – le feu, l'air, la terre et l'eau – eux-mêmes associés à une qualité propre de l'environnement : le chaud, le sec, le froid et l'humide. Cette conception, prémisse lointaine des théories sur le milieu intérieur de Claude Bernard et sur l'homéostasie de W. Cannon, permet de classer les individus en quatre tempéraments fondamentaux : le bilieux (chaud et sec), l'atrabilaire (froid et sec), le flegmatique (froid et humide) et le sanguin (chaud et humide). Le déséquilibre qu'entraîne la prédominance trop marquée de l'une de ces humeurs ou l'influence exclusive d'un élément provoque non seulement des maladies physiques, mais aussi des troubles psychiques. À ce sujet, Hippocrate écrit :

> « Il y a essentiellement santé quand ces principes (les humeurs) sont dans un juste rapport de crase *[crase : mélange régulier des humeurs]*, de force et de quantité et que le mélange en est parfait... Il y a maladie quand un de ces principes est soit en défaut soit en excès, ou, s'isolant dans le corps, n'est pas combiné avec tout le reste. Nécessairement quand un de ces principes s'isole et cesse de se subordonner, non seulement le lieu qu'il a quitté s'affecte, mais celui où il s'épanche s'engorge et cause douleur et travail. Si quelque humeur flue hors du corps plus que ne le veut la surabondance, cette évacuation engendre la souffrance. Si, au contraire, c'est en dedans que se font l'évacuation, la métastase, la séparation d'avec les autres humeurs, on a fort à craindre, suivant ce qui a été dit, une double souffrance, savoir au lieu quitté et au lieu engorgé » *(De l'art médical).*

Cette théorie supposait que retrouver la santé après une maladie n'était possible que par un retour à l'équilibre des différentes humeurs. On croyait qu'un malade avait trop de « sang mauvais ». Pour faciliter cette phase de récupération, il fallait donc l'extraire. Le liquide rouge pouvait être retiré à l'aide de lancettes, mais plus simplement encore en utilisant des sangsues... On a attribué aux médecins syriens une des premières utilisations de sangsues. Ces animaux verts olive, de 3 à 6 cm, avec le long du corps quatre lignes jaunes séparées au milieu par un trait noir paraissaient repoussants. Elles étaient conservées dans des bocaux en verre appelés « perchoirs à sangsue ». Placées à un bout à l'aide d'une ventouse, elles mordaient la peau en faisant une plaie en forme de triangle puis elles émettaient un liquide anticoagulant, l'hirudine, qui gardait fluide le sang ingéré.

À l'époque classique les saignées et les lavements se multiplient... Dans le *Malade imaginaire*, Molière parle à l'envi de *purgare*, de *saignare* et de *repurgare*... Mme de Sévigné dans ses multiples relations épistolaires montre combien la saignée était habituelle et répétée. Elle critique ce mode de traitement. Quand en avril 1685 on réalise une saignée sur le comte de Grignan, son gendre de cinquante-trois ans, elle écrit à sa fille : « *Ne le faites point tant saigner ; les médecins sont cruels* » (III, 197).

Elle-même ne supporte pas d'être ainsi mutilée, elle a des veines de « *mauvaise qualité* » et ses médecins pratiquent mal la saignée sur elle :

« *Je n'ai point de veines* », s'inquiète-t-elle en septembre 1676. Lorsqu'elle croit avoir une maladie grave, elle fera venir M. Sanguin (on n'invente pas le nom !), le seul hostile à la saignée : « *Il n'y a qu'à voir ces messieurs pour ne vouloir jamais les mettre en possession de son corps... J'ai pensé vingt fois à Molière* », ajoute-t-elle (II, 406). La saignée la fait souffrir mais surtout elle a peur d'en rester « *estropiée* » (III, 254). Quand, pour supprimer la douleur d'un rhumatisme qui l'a même empêchée un temps d'écrire, on veut lui enlever du sang, elle refuse.

Peu à peu cependant la saignée a moins d'adeptes, et est définitivement abandonnée au XIXe siècle. Elle a pourtant un dernier adepte qui va en user et abuser : François Broussais. Après un stage dans les hôpitaux de Saint-Malo et de Brest, il est, au début de sa carrière, chirurgien sur la frégate *La Renommée* puis sur *L'Émile* avec Robert Surcouf. Après avoir terminé ses études à Paris, il parcourt toute l'Europe comme médecin militaire avec la Grande Armée... Il considère que la plupart des maladies chroniques viennent d'inflammations aiguës, le plus souvent du tube digestif, il parle alors de gastro-entérite. Pour guérir ses malades, il les met à une diète sévère complétée par des saignées. Les organes enflammés en sont, soi-disant, décongestionnés. Il publie ses conceptions thérapeutiques en 1808 dans *L'Histoire des phlegmasies ou des inflammations chroniques*. Pour lui, il paraît qu'on importa en France plusieurs millions de sangsues à des fins thérapeutiques. Le médecin Charles Victor Daremberg dira à ce sujet : « *Si Napoléon décima la France, Broussais la saigna à blanc* ! ». Nommé Professeur à la Faculté de Médecine de Paris en 1831, titulaire de la chaire de pathologie et de thérapeutiques générales, Broussais s'est alors tourné vers les théories de Gall et des localisations cérébrales.

La sangsue pour explorer le système nerveux

Les vers vont être très tôt objets de science et d'expériences. Franz von Leydig est le premier à mettre en évidence, au XIXe siècle, des fibres géantes dans la chaîne nerveuse du lombric. Il mentionne également la présence de corps cellulaires de très grande dimension chez la sangsue. Au XIXe siècle, de grands anatomistes du système nerveux se sont penchés sur les structures nerveuses des invertébrés. Le plus connu d'entre eux est, sans doute, Gustav Retzius. Né à Stockholm et fils de l'anatomiste Retzius, il commence ses études à l'université en 1860 et les continue à l'institut Karolinska. Docteur en médecine en 1871 à l'université de Lund, il devient professeur d'histologie au Karolinska. Également journaliste et profondément attaché au progrès social, il se positionne politiquement en grand libéral, au sens romantique du siècle. Dans le domaine scientifique, il écrit un grand nombre d'articles aussi bien dans le champ de l'anatomie que dans ceux de la zoologie, de l'embryologie ou encore de la botanique... Étudiant l'anatomie du système nerveux de la sangsue, il donne son nom à une énorme cellule nerveuse, présente de part et d'autre de tous les ganglions. Ce Suédois éclectique dessinait aussi de manière remarquable, précisant avec élégance les moindres détails de ses observations effectuées sur ses préparations anatomiques colorées au bleu de méthylène. Si, en 1856, le pathologiste allemand Rudolf Virchow décrit pour la première fois la présence d'un tissu conjonctif qui remplit les interstices entre neurones et qu'il désigne sous le nom de « névroglie » (littéralement de la « glu », une sorte de colle), Retzius signale également l'existence de ce type cellulaire au sein des ganglions nerveux de la sangsue. Soixante-dix ans plus tard, Kuffler et Potter étudient la physiologie de ces cellules particulières en s'aidant des premières descriptions effectuées par le Suédois (Clarac et Pearlstein, 2007).

À la fin du XIXe siècle, la cellule nerveuse acquiert enfin son statut anatomique définitif. Elle présente un corps cellulaire de petite taille (plusieurs dizaines de microns) d'où émergent des prolongements cellulaires constituant une dense arborisation dendritique. L'un de ces prolongements, nommé axone, est généralement le plus long (plusieurs centaines de microns). La théorie du neurone, avec son anatomie toute particulière, sera présentée en 1891 par von Waldeyer, anatomiste allemand, également père du terme « chromosome ». Sa contribution à l'acceptation de la théorie du neurone se limite à l'écriture d'une revue de synthèse où il rassemble l'ensemble des faits résultants des observations micro-anatomiques accumulées jusque-là par les histologistes, dont le plus grand de tous, l'Espagnol du nord : Santiago Ramon-y-Cajal. Waldeyer apprend l'espagnol pour pouvoir lire directement l'œuvre de Cajal, et il devient, avec le Suisse von Kölliker, un de ses proches amis. Il l'initie aux techniques d'histologie utilisées par les Allemands qui formaient à l'époque l'une des meilleures écoles dans le domaine (la théorie de Waldeyer fut publiée dans une série d'articles dans le grand journal médical allemand, le *Deutsche Medizinische Wochenschrift*).

Tout compte fait, Waldeyer n'avait personnellement rien découvert... et Cajal qui avait son franc-parler, ne se cachait pas pour le dire : « *bien qu'il ait soutenu la théorie par le prestige de son autorité, il n'y a pas contribué par une seule observation personnelle, se limitant à une exposition brillante courte des preuves objectives apportées par His, Kolliker,*

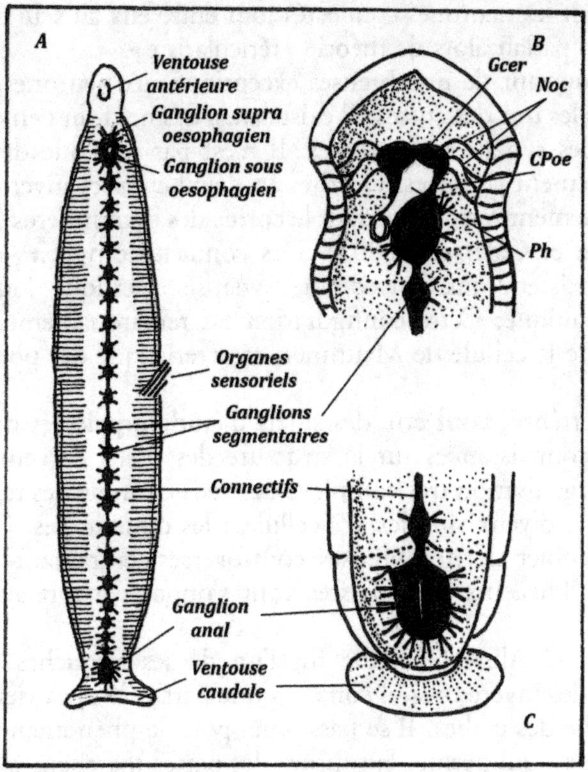

Système nerveux de la sangsue. Gcer : ganglion cervical. Noc : nerf oculaire. CPoe : collier péri-œsophagien. Ph : pharynx.

Retzius, Van Gehuchten et moi-même, et il a inventé le terme de neurone qui devait faire fortune. ».

Il est vrai que les travaux de Cajal, qui utilisaient après l'avoir amélioré la coloration aux sels d'argent inventée en 1873 par Camillo Golgi, apportaient d'innombrables preuves, collectées chez diverses espèces et à différents âges, aussi bien au niveau central que périphérique, de l'identité des cellules nerveuses et de leur isolement anatomique (Ramon-y-Cajal, 1972). Les connexions entre neurones s'établissent en des contacts privilégiés nommés par Charles Sherrington des « synapses ». Il n'y a pas de continuité entre les cellules nerveuses, mais seulement contiguïté. Il existerait un espace entre deux neurones, qui n'avait pas pu à l'époque être mis en évidence, les techniques étant encore trop sommaires. Cette bataille sur les relations entre cellules nerveuses fut violente. La théorie neuronique a mis du temps à être acceptée, elle a eu des détracteurs célèbres. Le plus connu fut certainement Golgi lui-même, qui imaginait les neurones connectés tous entre eux au sein d'un réseau continu, on parlait alors de théorie « réticulariste ».

Il y a pourtant de nombreuses exceptions aux neurones complètement isolés les uns des autres : il existe ainsi des neurones en continuité, reliés par des synapses électriques. Il n'est pas rare que deux cellules soient réellement couplées. Décrites en détail chez les invertébrés, elles ont été également retrouvées dans le cortex des mammifères (les cellules FS, Hestrin et Galarreta, 2005). Des contacts complexes entre deux neurones existent aussi, avec une synapse électrique jouxtant une synapse chimique. Cette configuration est remarquablement illustrée au niveau de la cellule de Mauthner, caractéristique des poissons (voir chapitre 8).

Les invertébrés vont être des sujets d'étude privilégiés pour approfondir les connaissances sur la structure des tissus nerveux. Cajal va analyser l'organisation très complexe des yeux de mouches regroupés en un ensemble d'yeux simples à 7 cellules : les ommatidies. Ces travaux vont être l'objet de nombreuses controverses, entraînant des débats passionnés. Plusieurs histologistes vont s'opposer à tort aux idées de Cajal.

L'Allemand Albrecht Bethe fut l'un de ses farouches opposants. Spécialiste des invertébrés, il consacra une partie de sa carrière à l'étude de la marche des crabes. Il se passionna pour le phénomène réflexe de l'« autotomie » qui permet la rupture des pattes marcheuses sous l'effet d'un choc ou d'une blessure sans aucune lésion apparente. Si Bethe supprimait une patte, les autres appendices locomoteurs intacts suffisaient pour induire une marche aux allures différentes, mais néanmoins coordonnée. Les ablations pouvaient être poursuivies... car l'animal possède huit pattes marcheuses ! Au regard d'une telle plasticité, Bethe soutenait l'idée de l'implication d'un réseau où toutes les impulsions nerveuses, véhiculées à grande vitesse, s'organisaient centralement pour générer une réponse nouvelle immédiate.

Le Hongrois Stephan von Apathy, fut aussi un des plus violents combattants des théories de Cajal. Spécialiste de l'étude des neurones, il avait avec succès mis au point une coloration particulière, permettant de visualiser les neurofibrilles, longs filaments qui parcourent tous les prolongements des cellules nerveuses. Ses recherches, développées essentiellement sur la sangsue, apportaient des arguments qui semblaient irréfutables quant à la continuité de ces éléments fibrillaires au passage d'une cellule à une autre. Ses observations s'érigeaient en tout point contre la théorie de la contiguïté formulée par Cajal.

Un des grands défenseurs de la théorie du neurone a été sans doute le Norvégien Fridtjof Wedel-Jarlsberg Nansen, personnage exceptionnel

(Edwards, Huntford, 1998). Explorateur au pôle Nord, océanographe, mais aussi diplomate, il reçut le prix Nobel de la Paix en 1922 pour ses contributions en tant que Haut-Commissaire de la Société des Nations. Parmi ses multiples activités, il avait eu le temps de consacrer une partie de sa carrière scientifique à l'enseignement et à la recherche dans les domaines de la zoologie puis de l'océanographie, en tant que professeur à l'université Royale Christina d'Oslo. Il avait étudié les cellules nerveuses et avait très vite adhéré à cette nouvelle théorie. Il décrit des cellules nerveuses indépendantes les unes des autres. En 1886, il se rend à Pavie pour s'initier à la technique de coloration de Golgi. De passage à la station marine de Naples, il est le premier à appliquer cette méthode pour identifier les neurones des invertébrés marins.

La sangsue n'est pas un animal facile à étudier. C'est un paquet de muscles extrêmement puissants et très difficiles à étirer. Pendant bien longtemps sous l'impulsion du prix Nobel Henry Dale et de ses découvertes relatives à l'acétylcholine, le muscle dorsal de sangsue a été la préparation idéale pour les pharmacologues, en particulier pour mesurer, avec une très grande sensibilité, les quantités d'acétylcholine, le neurotransmetteur de la jonction neuromusculaire. Dale, dans les années 1910, avait montré que la muscarine mimait les effets de la stimulation des nerfs parasympathiques. Au cours d'expériences menées chez le chat spinalisé, c'est-à-dire dont la moelle épinière est déconnectée de l'encéphale, il avait observé que la chute de pression artérielle générée par l'acétylcholine était bloquée par l'atropine. Ce phénomène nommé effet « muscarinique » par Dale allait conduire à la mise en évidence de deux types distincts de récepteurs cholinergiques. Les récepteurs muscariniques sont présents sur les glandes, les muscles lisses et les fibres musculaires cardiaques alors que les récepteurs dits nicotiniques sont spécifiquement localisés sur les cellules ganglionnaires et les muscles squelettiques. Ces découvertes majeures allaient susciter toute une série de travaux, en particulier pour mettre au point des techniques permettant de mesurer l'acétylcholine présente dans divers extraits de tissus biologiques.

Le premier dans ce domaine fut Hermann Fühner, pharmacologiste allemand. En 1917, utilisant les contractions du muscle dorsal de sangsue comme détecteur de la présence d'acétylcholine dans un fluide biologique, Fühner observa que les effets relativement faibles de l'acétylcholine sur le muscle pouvaient être amplifiés d'un facteur un million si le muscle était traité avec une faible concentration de physostigmine, encore nommée ésérine. Cette substance pharmacologique bloque la dégradation de l'acétylcholine en choline et en acide acétique. La mise au point de ce dosage biologique extrêmement sensible, beaucoup plus que celui du cœur de grenouille, utilisé dès 1915 par Reid Hunt, allait susciter un engouement tout particulier dans le petit monde des « cholinergistes ».

Dans les trois années qui suivirent cette mise au point technique, vingt-quatre articles signés par Dale et Wilhelm Feldberg, les leaders dans le domaine, et leurs proches collaborateurs, furent édités. En 1933, H. C. Chang et J. H. Gaddum publient dans le Journal de Physiologie de Londres un article princeps qui compare les différentes méthodes de dosage biologique de l'acétylcholine. En 1934, Feldberg et Vartiainen, utilisant le muscle dorsal de la sangsue, estiment à 3 millions de molécules par ganglion le nombre de molécules d'acétylcholine libérées au niveau d'une seule synapse suite à une unique stimulation des fibres pré-ganglionnaires.

Le dosage de l'acétylcholine a résisté à toutes les modes, jusqu'à la fin du XXe siècle où il a été supplanté par les méthodes isotopiques utilisant des traceurs radioactifs ou encore par les techniques de chimiluminescence, moins polluantes. Il n'en demeure pas moins que les sensibilités atteintes avec le dosage biologique sur le muscle dorsal de sangsue ésérinée sont tout à fait comparables à celles obtenues avec ces techniques plus modernes.

Pour aborder la préparation entière de sangsue et pratiquer sa dissection pour atteindre ses structures nerveuses, il a fallu mettre en œuvre une pharmacologie spécifique, qui empêchait les fortes contractions musculaires. C'est dans les années 1960 que la sangsue va devenir une préparation de choix dans la recherche des propriétés nerveuses. Si les contractions musculaires sont supprimées, l'approche des ganglions est aisée. La glie, composée de dix cellules géantes, est transparente et les cellules nerveuses des ganglions sont assez facilement identifiables. Une des premières investigations menée sur la sangsue a consisté à définir le rôle de ces fameuses « *kolossal* » cellules de Retzius. Charles Lent, en 1973, propose qu'elles interviennent dans la production du mucus qui entoure la peau de l'animal (Lent, 1973). Enregistrant à la fois la cellule et la quantité de mucus produit, il prouve en la stimulant que plus la cellule est activée plus elle produit de mucus. Il démontre aussi que cette production est associée à l'intervention de la sérotonine. Il semble d'ailleurs que cette substance contenue dans les cellules de Retzius des ganglions céphaliques et dans les divers interneurones commande à elle seule l'ensemble des activités nerveuses qui contrôlent la prise de nourriture, en stimulant les neurones et les organes impliqués dans les comportements alimentaires.

Les invertébrés ont longtemps été considérés comme des animaux où tous les comportements se limitaient à des réponses simples stéréotypées. On pensait que n'importe quelle stimulation externe induisait des réactions immédiates assurant l'adaptation au milieu environnant. Cette vision n'était pas fausse mais très incomplète, on sait aujourd'hui que même à ces niveaux élémentaires, les différents systèmes nerveux possèdent une activité propre qui détermine des évolutions originales et des facultés adaptatives particulières. La sangsue a été un modèle animal particulièrement adéquat pour décrire les circuits nerveux à la base des réflexes. Par ailleurs, l'analyse expérimentale des mécanismes responsables de la locomotion chez la sangsue a permis d'établir une cartographie détaillée et fonctionnelle des réseaux de neurones commandant les différents muscles.

Si l'on touche ou presse la peau d'une sangsue, cette stimulation induit des réflexes locaux. La peau se contracte, formant une série de rides mouvantes, alors que l'animal essaie de s'échapper. Les cellules à l'origine de ces réponses réflexes ont été identifiées et classées en fonction de leur forme, de leur taille et de leurs caractéristiques électriques... Ainsi, quatorze neurones par segment, disposés symétriquement par rapport à la ligne médiane de l'animal, interviennent dans la réponse réflexe. Ces derniers, suivant le stimulus qui les met en jeu, ont été nommés par des lettres différentes. Six d'entre eux portent la lettre T pour « *touch* » ou toucher, quatre ont été baptisés P pour « *pressure* » ou pression et quatre autres ont été nommés N pour « *nociceptive* » ou douloureux. L'activité électrique de chacun de ces neurones a été analysée. Les neurones T répondent aux stimulations par des potentiels de pointe plus fins et plus petits que ceux détectés pour les deux autres types de neurones. Si on stimule la peau de la sangsue, les cellules T, qui possèdent un seuil très bas, répondent à un contact même faible. Au contraire, la mise en jeu du neurone P nécessite un appui plus élevé et le maintien d'une certaine pression. La cellule N possède un seuil encore plus important et ne répond qu'à des stimulations de très fortes intensités. Chacune de ces cellules innerve une partie bien délimitée de la peau et n'est activée qu'à une stimulation portée dans la région considérée. La cellule T présente deux branches sensorielles bien distinctes. Si on stimule la première même faiblement, la réponse de la cellule est régulière. Si on stimule fortement la peau innervée par l'autre branche, on obtient alors une réponse immédiatement suivie par une longue inhibition qui rend le neurone insensible pendant quelques secondes. Cette compétition entre les deux branches sensorielles favorise, au niveau segmentaire, une localisation précise des réponses tactiles.

Le système moteur de la sangsue est composé de muscles circulaires, longitudinaux ou obliques commandés par dix-sept paires de motoneurones. Deux d'entre eux ont été plus particulièrement étudiés : les cellules L pour « *large motoneurone longitudinal* » sur lesquels convergent les informations en provenance des différentes cellules sensorielles et les cellules AE pour « motoneurone du muscle *annulus erector* » qui, en faisant contracter les muscles annulaires de la peau, sont responsables de la formation des rides lors d'une stimulation cutanée. Dans les deux cas étudiés, l'axone des motoneurones considérés qui se terminent sur les muscles, utilise l'acétylcholine (ACh) comme neurotransmetteur à la jonction neuromusculaire. Dans ce réseau réflexe, les contacts entre les cellules sensorielles et les motoneurones se font dans la partie centrale du ganglion là où les prolongements cellulaires (axoniques et dendritiques) s'enchevêtrent pour former ce que l'on appelle « un neuropile ».

Deux réflexes principaux interviennent dans chaque segment, l'un rapide le raccourcit, l'autre plus lent induit un bombement de chaque anneau. Les différents neurones forment la chaîne réflexe qui possède les deux types de synapses : chimiques et électriques. La cellule T est couplée électriquement avec la cellule L. Si la cellule N ne présente qu'une seule synapse chimique avec les motoneurones L et AE, la cellule P transfère ses informations sensorielles au motoneurone grâce à un double contact : électrique et chimique.

Si un ganglion de sangsue est isolé par dissection et placé dans un bain de liquide physiologique maintenu à une température de 2 °C, les synapses chimiques ne sont plus actives. Néanmoins, les cellules T et parfois les cellules N induisent toujours des réponses réflexes. Cet état observé *« in vitro »* se produit aussi dans la nature, pendant l'hiver où les connexions nerveuses continuent à fonctionner malgré l'hostilité du milieu. Ces résultats décrits par Kuffler et Nicholls (1976) concernaient des neurones identifiés, inclus dans des circuits simples et à l'origine de réponses immédiates et automatiques.

Réseaux de neurones : reptation et nage chez la sangsue

Les travaux sur la nage des sangsues réalisés dans les années 1970 vont mettre en évidence des systèmes beaucoup plus complexes dont on n'imaginait pas l'existence (Kristan, 2008). On savait que les ondulations sinusoïdales produisant la nage résultaient de cycles de contractions et de relâchement de deux types de muscles. L'observation de la sangsue en train de nager montre plusieurs stades. Tout d'abord le corps s'aplatit grâce à la contraction tonique des muscles circulaires dorso-ventraux. Les muscles longitudinaux, ventraux et dorsaux (DLM et VLM) vont alors se contracter alternativement, suivant une période inférieure à la seconde, en générant une courbure rythmique du corps.

Grâce à la mise au point de préparations « semi-intactes », il a été possible d'étudier l'activité électrique des cellules nerveuses des ganglions centraux tout en conservant les parties caudales de l'animal sur lesquelles on pouvait visualiser les mouvements de nage. Ainsi, ces préparations ont permis de montrer que les contractions alternées sont commandées, au niveau de chaque segment, successivement par six paires de motoneurones excitateurs et par cinq paires de motoneurones inhibiteurs. Un décalage de phase de près de 20 % entre chaque segment assure le déplacement d'une onde d'avant en arrière qui traverse la totalité du corps. Ces travaux ont également définitivement montré que les récepteurs périphériques n'étaient pas nécessaires pour produire le rythme.

Dans les années 1970-1980, plusieurs études ont trouvé les réseaux à l'origine de ce rythme (Stent *et al.*, 1978, Freisen et Pearce, 1993). Il s'agit d'un ensemble d'interneurones de petite taille dont les corps cellulaires n'excèdent par 10 à 15 m de diamètre, présents entre le 2e et le 16e segment de l'animal. Six interneurones inhibiteurs, disposés par paires dans les segments considérés, ont été dénombrés et classés sous les chiffres 27, 28, 33, 60, 115 et 123. Une cellule supplémentaire excitatrice porte le numéro 208. Chaque interneurone projette antérieurement et postérieurement sur six segments, sauf la cellule 208 qui a une innervation beaucoup plus large et diffuse. Ces interneurones règlent l'alternance droite/gauche et le décalage de phase entre les segments.

Ces activités épisodiques de nage peuvent être déclenchées par différentes stimulations sur l'animal et par des courants d'eau. Les messages sensoriels initiés lors de ces stimulations empruntent les prolongements des neurones P et N qui contactent directement des neurones déclencheurs, nommés Tr1 et Tr2 (pour *« trigger »* ou déclencheur). Ces neurones ont leurs corps cellulaires localisés à l'avant dans le ganglion sous-œsophagien mais leurs axones envahissent tous les segments jusqu'à la queue. La mise en jeu électrique de ces neurones Trs induit de courtes séquences de nage. Si l'activité des Trs est soutenue, d'autres neurones interviennent et agissent sur toute la séquence. Dans le ganglion sous-œsophagien il existe certains neurones qui empêchent la nage, les neurones SIN, alors que d'autres la rendent plus intense, les neurones SE1.

Après le contrôle sensoriel et le déclenchement de l'activité au sein du réseau, un troisième niveau intervient dans la cascade des événements cellulaires assurant le rythme. Il s'agit ici des neurones stimulateurs « *gating* » ou neurone 204 et 205. Ces derniers, situés dans la chaîne nerveuse entre les ganglions 9 et 16, contrôlent l'ensemble du système.

Mis en jeu, ils surveillent le rythme d'ensemble des ganglions en induisant une fréquence de nage très précise.

Ainsi, le comportement de nage comprend un ensemble de neurones en fait très redondants, localisés dans tous les segments et coordonnés par d'autres neurones présents à l'avant de l'animal. Chaque cellule a son propre rôle favorisant ainsi certaines étapes de la contraction ou de la relaxation musculaire.

La chimie du circuit est maintenant connue : le glutamate est le neurotransmetteur des cellules P et TR1, de la cellule 204 et des interneurones 28, 115 et 208. Mais la nage de la sangsue peut aussi être induite par une substance la sérotonine (5HT) produite par les cellules 21 et 61. Stimulées par les cellules sensorielles T, P et N, elles présentent une connexion excitatrice avec les mêmes interneurones que les cellules 204/205.

Les études relatives à l'exploration neurochimique de ces réseaux continue aujourd'hui par la caractérisation détaillée du rôle de chacun des éléments du circuit. Le grand avantage des invertébrés se confirme parfaitement ici, car l'on peut, d'une expérience à l'autre, retrouver la même cellule ou le même groupe de neurones afin de parfaire l'analyse de leurs propriétés et mieux comprendre l'étendue de leurs actions.

Les sangsues savent se déplacer autrement. Elles rampent en utilisant aux mieux leurs deux ventouses, la buccale comme la caudale. Ce déplacement comprend deux phases, l'une d'extension et l'autre de contraction. L'animal est contracté et fixé au sol par ses deux ventouses très rapprochées. Il relâche sa ventouse buccale, s'étend au maximum vers l'avant en se fixant le plus loin possible. Il se contracte à nouveau, relâche sa ventouse caudale qu'il vient replacer tout près de l'autre. Il avance ainsi par une série d'étirements et de contractions, jouant en alternance de ses ventouses. Kristan a étudié les réseaux de neurones mis en jeu. Plus récemment, en utilisant une technique très sophistiquée de colorants cellulaires sélectifs, il a pu dissocier les neurones impliqués dans la nage de ceux utilisés pour la reptation. Il a ainsi coloré 130 à 150 neurones sur les 160 connus. La stimulation de la peau est capable d'induire soit la reptation soit la nage, et les travaux de Kristan ont montré que certains groupes cellulaires fonctionnent dans les deux comportements alors que d'autres sont réservés à l'un ou l'autre des modes de locomotion. Le neurone 208, après une stimulation de la peau, commande la reptation, mais si cette cellule est inhibée, la sangsue nage. Ces résultats ont été confortés par des données obtenues sur des systèmes analogues chez bien d'autres invertébrés. Ainsi ce vers, situé très bas dans l'échelle évolutive a beaucoup apporté dans la connaissance du fonctionnement nerveux.

On aurait pu croire que les sangsues n'étaient plus élevées aujourd'hui que pour quelques scientifiques en recherche de propriétés nerveuses particulières... Il n'en est rien ! La sangsue est un animal toujours précieux. Sa salive contient près d'une trentaine de substances actives comme « l'hirudine », et la « caline » qui fluidifient le sang, ou la « destabilase » qui dissout la fibrine et empêche ainsi les caillots sanguins de se former... Elle sert aussi d'anesthésique endogène, à l'origine d'une pharmacopée tout à fait originale. On parle aujourd'hui « d'hirudothérapie ». Ces petites bêtes sont utilisées dans les services de chirurgie plastique lors de réimplantation d'organes ou de greffes de peau. Elles aideraient à rétablir la circulation veineuse...

Reproduction, régénération et mémoire

Bien que les annélides soient hermaphrodites, leur reproduction est sexuée, et lors de l'accouplement, le sperme, transféré d'un animal à l'autre, est accumulé dans le réceptacle séminal. C'est seulement ensuite que les œufs sont fécondés par la semence mâle qui suit deux sillons creusés dans les replis de la cuticule. Chez les Oligochètes et les Hirudinées, les œufs sont relâchés dans un cocon secrété par le *clitellum*, le sperme est alors émis et ils sont fertilisés. Chez un certain nombre d'espèces à maturité sexuelle, des modifications ont lieu. L'animal se métamorphose, on parle d'« épitoquie » ; il se met à nager en pleine eau. En peu de temps, tout change, les yeux grossissent, l'animal plus massif s'élargit et se tasse. Les soies sont remplacées par deux larges rangés de palettes natatoires. Ils changent de couleur : certains de blancs deviennent rouges, d'autres bleutés. L'importance des variations épitoques est fonction des espèces et des régions. À Arcachon les deux formes coexistent. Ces changements sont sous contrôle hormonal. Le facteur inhibiteur humoral de l'épitoquie est fourni par les cellules neurosécrétrices des ganglions cérébroïdes. Une fois épitoques, les néréides benthiques se mettent tous à nager simultanément et migrent en surface. Ces transformations se produisent à dates fixes (Bentley *et al.*, 1999). Le cas le plus célèbre est celui du « palolo » impliquant le vers, *Eunica viridis*, qui habituellement parcourt les fonds :

> « Nous sommes dans les régions coralliennes, une nuit, la partie postérieure sexuée se détache à maturité et monte en surface. Le phénomène a lieu avec régularité le troisième jour exactement qui suit le dernier quartier de la lune d'octobre, les animaux sont très nombreux en surface ; on observe de très longs lambeaux blanchâtres, on ne peut en voir ni le début ni la fin ; plus ou moins translucides à la surface de la mer, ils se laissent entraîner par les

courants mais semblent agités par des oscillations propres...la surface de la mer semble émettre de la lumière, on dirait un scintillement surnaturel. Les pêcheurs locaux se regroupent, arrivent en barque et ramassent ce précieux produit qui certainement possède quelques propriétés magiques. C'est une nourriture des dieux... »

Les planaires sont des vers plats, ou « plathelminthes », de la classe des Turbellariés. Le nom évoque leur forme en feuille ou en ruban. Animaux libres (les autres vers plats, comme la douve du foie et le ténia, sont des parasites que l'on place dans deux autres classes, les Trématodes et les Cestodes), ils sont de taille variable, vivant à peu près dans tous les milieux, dans les eaux douces, en mer ou dans les lieux humides, sur la terre ferme, au milieu des feuilles mortes. Il existe dans les forêts tropicales des animaux très colorés, de grande taille. Tous à symétrie bilatérale, non segmentés (ou métamérisés), ils ne possèdent pas d'appareils respiratoire ou circulatoire et leur système nerveux comme leur appareil excréteur sont très rudimentaires. Leur tube digestif est fermé sans orifice anal. Hermaphrodites, ils s'accouplent pourtant et donnent naissance à une larve nageuse (nommée « *protrochula* ») qui tombe sur le sol pour finir son développement. Les planaires possèdent deux propriétés remarquables qui ont fait, un temps, leur célébrité. Elles ont un grand pouvoir de régénération par scissiparité : un animal coupé en morceaux donne naissance à autant d'animaux qu'il y a de fragments. Elles sont aussi capables de jeûner très longtemps, plus d'un an. Les individus réalimentés récupèrent rapidement leur aspect normal. Au milieu du XXe siècle, on a cru pouvoir expliquer les mécanismes moléculaires de la mémoire grâce à ces petites bêtes.

La régénération des êtres vivants, qui englobe tous les processus de réparation ou de repousse au cours desquels un être vivant retrouve son intégrité, est un des sujets les plus fascinants de la biologie. Cette particularité a été étudiée pour la première fois il y a près de 300 ans lorsqu'en 1712 Réaumur présenta à l'Académie des Sciences ses travaux sur la repousse de la pince d'écrevisse. En 1740, Abraham Trembley, naturaliste genevois, découvrait que des hydres d'eau douce, coupées en morceaux pouvaient se régénérer complètement. De nombreux auteurs célèbres ont abordé ce domaine fascinant. Citons pour exemple Charles Bonnet et Spallanzani qui décrivirent le phénomène respectivement chez les vers et les salamandres..

On en sait beaucoup plus aujourd'hui. Le phénomène a pour origine des cellules souches capables de régénérer tout ou partie de certains organismes. Ce phénomène a lieu de façon limitée chez l'être humain, lorsqu'à la suite d'un choc ou d'une coupure, le derme est arraché et ne protège plus les parties internes du corps ou lorsque des vaisseaux sanguins sont ouverts. Il se produit alors un processus de reconstruction qui permet de fermer la plaie et de reconstruire le derme initial. Cette cicatrisation est une régénération. Si chez l'enfant elle est extrêmement rapide, elle devient très lente chez le vieillard. En règle générale, le pouvoir de régénération devient de plus en plus faible lorsqu'on s'élève dans l'échelle phylogénétique. Chez les vers, elle permet une reconstruction totale de l'animal à partir d'une toute petite partie.

Si on coupe un petit fragment de planaire, l'animal recréera dans son intégralité la partie manquante. Seule une découpe à la hauteur du pharynx inhibe le processus de régénération pour la partie caudale. Chaque partie régénérée forme alors un véritable « clone » de la planaire initiale, le code génétique de ce qui repousse reste le même dans les différents fragments. Cette reconstitution crée une sorte de « potentiel d'immortalité » qui persiste pour une même lignée génomique. La taille de l'être vivant régénéré diminue le plus souvent. L'orientation de l'animal reste, en général, conservée : à la hauteur de la tête régénère une tête et à la place de la queue, une queue. Il y a une véritable polarisation qui permet à chaque cellule de « connaître » son orientation dans la planaire.

Le mécanisme de régénération est très complexe et encore mal établi. Cet animal possède dans son corps des « néoblastes » ou cellules souches qui sont capables de se transformer en n'importe quelles autres cellules du corps. Normalement, elles sont situées dans le mésoderme, entre l'épiderme et les tissus musculaires. Après section du corps de l'animal, ces cellules en forme de fuseau sont activées par un processus chimique complexe et rejoignent la région de la section où va débuter le processus de régénération. La plaie se ferme en fabriquant un épiderme temporaire sous lequel s'accumulent des néoblastes qui, en se développant dans les différents tissus, seront capables de reconstruire les organes manquants et ainsi de recomposer l'ensemble de l'animal. Le système nerveux, comme le reste, pourra être complètement reformé.

Au milieu du XXe siècle, les processus biologiques impliqués dans les comportements mnésiques commencent à être étudiés scientifiquement. Une des voies d'étude a été l'exploration des aspects génétiques et moléculaires de la mémoire. Certains ont pensé que les substrats biologiques de la mémoire pouvaient se situer au niveau des acides nucléiques ou dans certaines très grosses molécules du cerveau (Chapouthier, 2006). L'ADN a été tout de suite exclu, étant réservé au code génétique lui-même. On a plutôt cherché du côté des ARN. Toute une série d'études sur les taux de purine ou de pyrimidine, bases composant l'ARN messager, ont été réalisées. Hyden, en 1959, propose que la

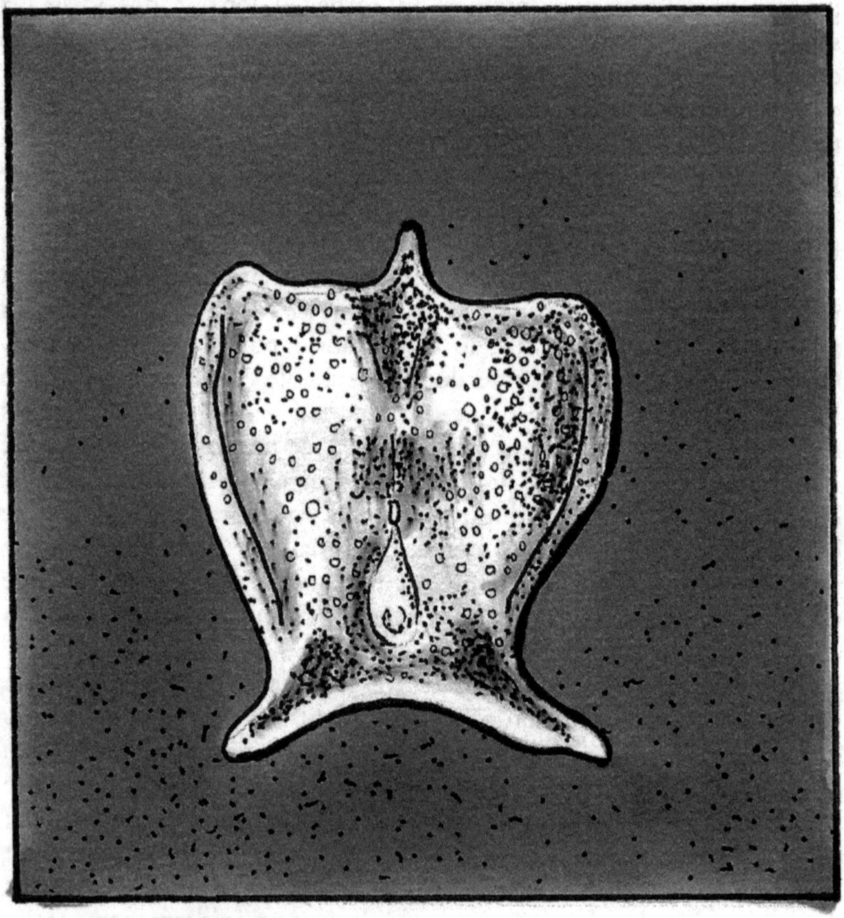

variation dans l'équilibre des différentes bases puisse correspondre à la trace mnésique. Les macromolécules du cerveau n'échappèrent pas à ce type d'analyse, sans apporter de preuves décisives sur leur implication. Les propriétés de régénération de la planaire ont alors intéressé certains chercheurs qui y ont vu un moyen d'analyser la mémoire. McConnell *et al.* (1959), ayant conditionné ces animaux, ont pu obtenir les mêmes réponses apprises sur les deux animaux obtenus après section en deux du premier. Comme les planaires peuvent présenter des comportements cannibales et manger des morceaux entiers d'un congénère, McConnell a expliqué que ces planaires qui avaient subi au départ de nombreux tests d'apprentissages, les conservaient même après régénération, ou même les transmettaient à celles qui les avaient mangées ! Plus encore, en ajoutant à l'eau du milieu un enzyme détruisant l'ARN, une RNAse, il lui semblait que la mémoire du conditionnement disparaissait. En fait, on s'est aperçu par la suite que ces expériences présentaient de telles erreurs que leurs conclusions ont été abandonnées.

Les extraits d'ARN ne peuvent être les agents responsables des changements de comportements. Dans le cas des planaires, les effets observés pourraient être dus à la présence d'impuretés. Depuis cette époque, on mène des recherches plus modestes sur les corrélats chimiques des processus mnésiques au niveau des grands systèmes de médiateurs cérébraux. Cependant, des études réalisées pendant cette période « planaire » ont pu être réutilisées depuis. Par exemple des peptides comme la scotophobine se sont avérés utiles dans les interprétations non spécifiques de l'action de certaines molécules sur les processus mnésiques. D'une manière générale la synthèse des protéines semble jouer un rôle non négligeable dans la mise en mémoire non spécifique.

Les vers ronds parasites et *Caenorhabditis elegans* : la « 2 CV » de la neurogénétique

Nous connaissions les nématodes, ces vers ronds, mais on n'avait jamais entendu parler de celui-là, aujourd'hui l'un des invertébrés les plus célèbres des laboratoires de neurosciences ! Enfants, on nous tourmentait souvent à propos de vers ! Une amie de la famille attentive, mais qui généralement n'était là que pour annoncer des catastrophes, pouvait lancer cette formule inquiétante : « *Mais cet enfant, n'a-t-il pas des vers* ? » Nos mères examinaient nos petits derrières et devant l'évidence, l'amie devenait plus sévère qu'un avocat général, elle ajoutait d'un ton sépulcral et accusateur : « *Il n'y a qu'à le regarder ce petit, il a le teint anémié et les yeux cernés...* » Nos mères ne savaient plus où se mettre et pour plaire à la visiteuse essayait d'aller dans son sens : « *C'est vrai, il m'inquiète en ce moment... il réussit moins bien à l'école...* » On répétait alors, comme si c'était un crime : « *Il a des vers !* »...

Nous étions terrorisés car cela voulait dire 24 heures de diète à boire une purgation affreuse... Ces tout petits vers ronds parasites étaient des oxyures nichés dans notre tube digestif...

De la même famille, on connaissait aussi les ascarides, plus dangereux car ceux-là habitaient le gros intestin des mammifères (*Ascaris lumbricoides*). Plus grave encore, beaucoup plus spectaculaire et répandue très généralement dans toutes les zones intertropicales du globe, la filaire de Bancroft (*Wuchereria branchofti).* C'est en cours de zoologie qu'on nous a montré les effets dévastateurs de ce parasite des vaisseaux lymphatiques de l'Homme, qu'elle bouche complètement. Le patient atteint par la piqûre d'un moustique ne peut plus bouger. Il est assis sur un banc, l'air hagard... ses jambes sont gonflées, énormes... on parle « d'éléphantiasis ».

On connaissait aussi la trichine (*trichinella spiralis*), un tout petit vers rond parasite de la plupart des mammifères, mais surtout du porc, qui provoque une maladie grave avec des douleurs abdominales, des vomissements et même des atteintes cardiaques, « la trichinose ». Ce parasite reste confiné dans la viande et se transmet par la consommation de viande crue ou pas assez cuite. Cette parasitose est découverte au milieu du XIXe siècle par le paléontologiste américain, Joseph Leidy. Il se pourrait comme l'écrit dans son *Guide des égarés* le philosophe juif du Moyen Âge Maïmonide, que la trichinose ait été l'un des facteurs qui a conduit aux interdits religieux dans l'islam et le judaïsme contre la consommation de porc et des autres animaux qui se nourrissent de déchets. De tels préceptes alimentaires, casher et halal, auraient ainsi empêché le développement de ces pathologies, cependant une telle suggestion reste controversée.

Dans la famille des nématodes, le *Caenorhabditis elegans* n'est pas un parasite. Ce petit vers rond non segmenté, mesurant un millimètre chez l'adulte, vit dans la terre à l'état naturel. Il est apparu comme modèle animal dans les laboratoires de génétique dans les années 1970 grâce au biologiste Sud-Africain, Sydney Brenner, pour étudier les processus génétiques impliqués dans la formation des organismes pluricellulaires. Lorsqu'il a obtenu le prix Nobel en 2002, il intitula sa conférence « *"Nature's gift to Science" : Les cadeaux de la nature à la Science* ». Il a obtenu cette prestigieuse distinction avec deux collègues, John Sulston et Bob Horvitz, et a proposé qu'un quatrième soit associé, le vers lui-même ! Au cours de ses travaux, dès le départ, Brenner, a annoncé l'intérêt du modèle :

> « Une partie des succès de la biologie moléculaire ont été obtenus grâce à l'utilisation d'organismes extrêmement simples (bactéries, phages...) manipulables en grand nombre... Nous souhaiterions nous attaquer d'une façon similaire au problème du développement cellulaire, et opter pour l'organisme différencié le plus simple possible, auquel seront appliquées les méthodes analytiques utilisées en génétique microbienne... Nous pensons avoir identifié un bon candidat, sous la forme d'un petit ver nématode : *Caenorhabditis briggsae* ».

En fait, il choisira une espèce voisine ; le système nerveux de *Caenorabdhitis elegans* est fort simple. Constitué de 302 neurones dont le nombre et la position sont constants d'un individu à un autre, le vers est transparent, ce qui permet d'observer les neurones. Les caractéristiques

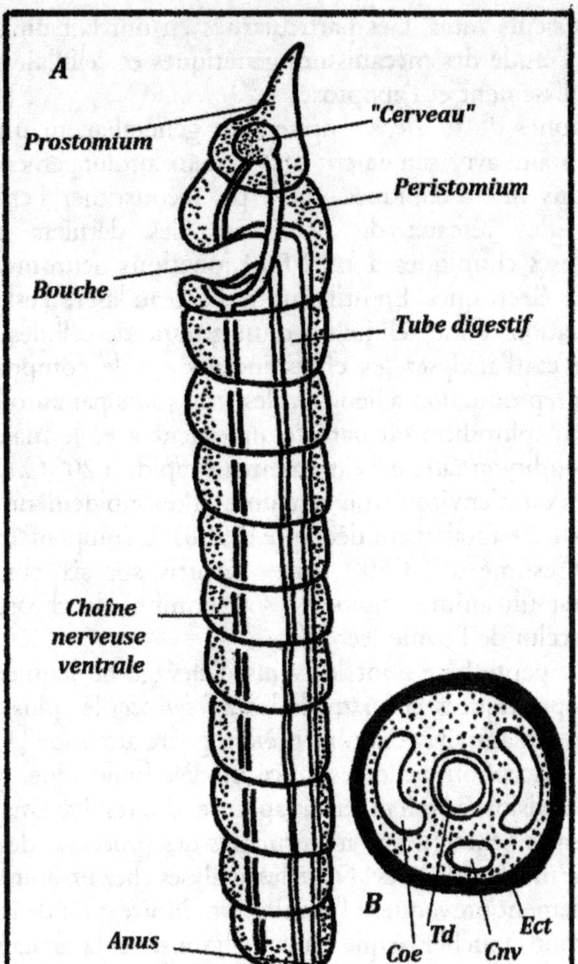

Organisation générale du système nerveux des annélides. A : schéma général. B : Coupe transversale. Ect : ectoderme. Coe : cavité cœlomique. Td : Tube digestif. Cnv : Chaîne nerveuse ventrale.

cellulaires de l'animal sont constantes. Dès le stade embryonnaire, l'animal possède un nombre fixe de cellules et de noyaux, propriété nommée « eutélie ». L'adulte « mâle » est composé de 1 031 cellules, tandis que l'« hermaphrodite » en possède 959. Au cours de la vie du vers, certaines cellules se multiplient, puis 131 d'entre elles meurent par apoptose (mort programmée). À certains stades de son développement, le vers peut produire des larves très résistantes capables de survivre pendant plusieurs mois. Ces particularités en ont fait un candidat de choix pour l'étude des mécanismes génétiques et cellulaires impliqués dans le vieillissement et l'apoptose.

Les neurones de *C. elegans* présentent généralement une morphologie élémentaire avec seulement un ou deux prolongements. À l'aide d'observations microscopiques, on a pu reconstituer l'ensemble des connexions des réseaux de neurones. Ces derniers comportent 7 000 synapses chimiques dont 2 000 jonctions neuromusculaires et 600 synapses électriques. En utilisant un faisceau laser, il est possible de réaliser l'ablation d'une cellule ou d'un groupe de cellules par photo-inactivation et d'analyser les effets induits sur le comportement de l'animal. La reproduction a lieu tous les trois jours par autofécondation chez les hermaphrodites ou par accouplement avec le mâle. Le développement embryonnaire est extrêmement rapide à 20° C. La durée de vie d'un vers est d'environ trois semaines. Très rapidement, le génome de *C. elegans* a été totalement décrypté (1998). L'équipement génétique du vers est estimé à 13 500 gènes répartis sur six chromosomes. *C. elegans* est un animal diploïde : son nombre de chromosome est identique à celui de l'ovule fécondé.

Voilà une petite bête dont les soins d'élevage ne requièrent pas de méthodes sophistiquées et auxquels les *aficionados* les plus convaincus des mouvements antivivisection ne prêtent guère attention ! Qui pouvait imaginer, à l'exception des pères de ce modèle biologique, que cet être vivant quasi invisible à l'œil nu, allait apporter des résultats majeurs quant aux mécanismes génétiques et moléculaires des processus de développement des réseaux de neurones ! De telles analyses chez un animal qu'on ne voit pas facilement provoquent l'admiration. Notre goût de la nature fait que nous aimons toucher ce que nous analysons... et la caractérisation du vers au microscope électronique semble relever du tour de force !

La survie de l'animal nécessite la présence d'au moins trois neurones, M4 qui permet le relâchement du pharynx, et le couple de neurones qui contrôle l'osmolarité du milieu intérieur et sa densité en sels minéraux. Cette particularité apporte un avantage majeur quant à l'approche expérimentale, car il est possible de réaliser diverses manœuvres ciblées sur bien d'autres neurones sans affecter les fonctions vitales. Les gènes impliqués dans la mort cellulaire ont été identifiés. Il s'agit des gènes nommés ced3 et ced4, mais un gène favorisant la survie des cellules, baptisé ced9 a également été mis en évidence. Des équivalents de ces gènes, présentant des séquences en acides aminés tout à fait comparables, responsables de l'apoptose et de la survie des cellules, ont été retrouvés chez l'homme (Gally, Bessereau, 2003). Une découverte tout à fait étonnante, et fondamentale pour la théorie de l'évolution.

Le séquençage du génome de *C. elegans* a confirmé le haut degré de conservation qui existe entre le système nerveux d'un nématode et celui des vertébrés, y compris l'homme. En dehors du canal sodium sensible au potentiel, l'ensemble des gènes codant pour les récepteurs et des canaux ioniques connus chez les vertébrés sont présents chez le nématode. Dans bien des cas, alors que les gènes sont multiples chez les vertébrés pour construire une seule protéine, il n'y en a qu'un chez *C. elegans*, ce qui facilite la sélection des mutants et l'étude des effets de leur invalidation. À l'inverse, *C. elegans* possède quarante gènes codant pour les sous-unités du récepteur nicotinique à l'acétylcholine, alors que les vertébrés n'en contiennent que seize.

C. elegans a également permis d'identifier pour la première fois des molécules spécifiques, sécrétées par les neurones et impliquées dans les mécanismes d'attraction des cônes de croissance axoniques vers leurs cibles. La nétrine et ses récepteurs UNC-5 et UNC-40/DCC qui a été mise en évidence chez le nématode est également présente dans le système nerveux des vertébrés où elle joue un rôle majeur dans la maturation des connexions au sein des réseaux de neurones. *C. elegans* continue à occuper une place de tout premier plan dans l'étude des mécanismes contrôlant la mise en place des synapses, la libération des neuromédiateurs et les phénomènes connexes d'adaptation.

Les processus nerveux à l'origine d'un comportement moteur comme celui de la locomotion ont pu également être précisés grâce au mutant unc-4. Dans ce cas particulier de mutation, les vers peuvent se mouvoir vers l'avant mais plus vers l'arrière. Chez *C. elegans*, le système moteur possède deux modules d'action, l'un vers l'avant et l'autre vers l'arrière. Chaque module est constitué de neurones de commande qui innervent une classe spécifique de motoneurones responsables de la contraction, induisant respectivement un mouvement avant ou arrière. Chez les mutants unc-4, les motoneurones impliqués dans la marche arrière sont innervés par des interneurones qui commandent la marche avant. L'expression aberrante d'une ou plusieurs molécules induit la formation de connexions inappropriées avec les interneurones adéquats.

Les recherches menées chez *C. elegans* ne s'arrêtent pas là ! Certains scientifiques vont plus loin en explorant les éventuelles potentialités du vers dans l'étude de certaines pathologies humaines. Dans ce contexte, un modèle invertébré de myopathie de Duchenne a été construit et le rôle capital de la signalisation calcique dans la progression de la maladie a été démontré. Un modèle de la maladie de Huntington a pu aussi être réalisé. Son originalité réside ici dans la possibilité d'étudier les effets délétères au niveau de certains neurones de la forme toxique de la huntingtine. Toujours plus loin... On discute aussi des perspectives offertes par *C. elegans* pour identifier de nouveaux composés pharmacologiques susceptibles de corriger les dysfonctionnements induits par les mutations du vers.

Dans l'aventure des sciences biologiques *C. elegans* a d'ores et déjà vécu de grands moments. Quelle ne fut pas la surprise des scientifiques lorsqu'ils découvrirent dans les débris de la navette spatiale Columbia, après son dramatique lancement en février 2003, des spécimens de *C. elegans* toujours vivants ! Leur participation dans la quête de l'espace n'est pas compromise puisque qu'en 2009 un groupe de chercheurs de l'université de Nottingham, Derby, ont programmé une série d'expériences dans la Station spatiale internationale, dédiée à l'étude des effets de l'absence de gravité sur le développement et la physiologie des muscles. Ces recherches ont pour objectif de déterminer les mécanismes génétiques impliqués dans l'atrophie musculaire qui se développe chez les spationautes au cours de longs voyages dans l'espace. Ce travail devrait aider à mieux comprendre les mécanismes impliqués dans les pathologies induites chez les malades continuellement alités et grabataires.

Malgré la distance évolutive qui sépare le nématode des mammifères, près de 550 millions d'années, les données acquises sur le système nerveux de *Caenorhabditis elegans* démontrent, de façon tout à fait exceptionnelle, l'existence d'une fascinante conservation des propriétés moléculaires et cellulaires des neurones. Le décryptage du génome du nématode apporte tous les jours des données précieuses sur les fonctions des gènes identifiées, données immédiatement transposables aux mammifères.

Construite dans les années 1970 autour de la personnalité de Sydney Brenner, la communauté des scientifiques utilisant le nématode comme modèle animal de référence s'est très vite agrandie. Outre les trois premiers pionniers qui ont déjà inscrit leurs succès au palmarès de l'histoire des sciences, d'autres se sont illustrés avec ce vers emblématique : en 2006, Andrew Fire et Craig Mello obtiennent le prix Nobel de Médecine et de Physiologie pour leurs travaux relatifs aux interférences des RNA chez *C. elegans* et en 2008 Martin Chalfie le prix Nobel de Chimie pour son travail dédié à la « *Green Fluorescent Protein* » chez le nématode (GFAP). Depuis 2003, cette communauté de chercheurs a décidé d'enrichir quotidiennement une base de données ouverte : « *the WormBase database* », rassemblant l'ensemble des données génétiques et moléculaires acquises dans le monde par les différentes équipes de recherche travaillent sur le modèle de *C. elegans.*

Caenorhabditis elegans pourrait être solennellement baptisé « la 2 CV » de la neurogénétique moderne. Sa simplicité morphologique

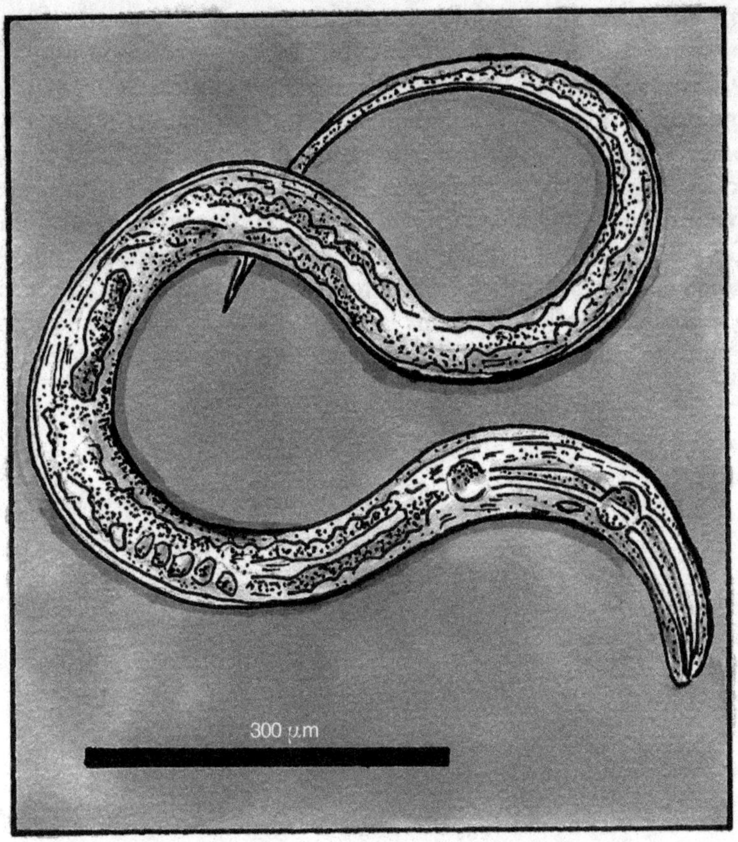

Caenorhabditis elegans observé en microscopie optique.
13 500 gènes répartis sur 6 chromosomes.
Le nombre de cellule est fixe : 959 cellules chez l'hermaphrodite et le lignage cellulaire est connu.

qui pourrait à première vue le reléguer dans les espèces de bas étages, cache, nous l'avons vu, des propriétés exceptionnelles qui font de son génome et de ses cellules nerveuses des modèles pertinents pour comprendre la programmation, le développement et les fonctions du système nerveux de l'ensemble du monde animal. D'autres pourraient aussi conclure en disant que cet animal qui vit sous nos pieds est construit de bric et de broc, mais finalement possède en lui tout ce qu'il faut pour fonctionner comme tous les autres êtres vivants. Au regard de la drosophile et de la souris qui constituent des modèles plus sophistiqués, véritables Rolls de la neurogénétique moderne, le *C. elegans* peut être assimilé à cette emblématique 2 CV Citroën grise que les plus âgés d'entre nous ont bien connue et parfois réparée sans mode d'emploi, avec logique et bouts de ficelles... Nous avons parcouru la plupart des pays d'Europe avec un tel engin. Nous filions comme le vent quand le mistral nous poussait, n'avancions pas quand la tramontane était de face, un orage obligeait de nettoyer les cosses de la batterie, l'eau ayant fait quelques dégâts... N'y a-t-il pas là aussi quelque similitude avec le bricolage du génome de la bête pour comprendre son fonctionnement ?

Ces vers ont été et demeurent encore incontestablement utiles pour décrypter les mécanismes nerveux fondamentaux et leurs implications comportementales. Mais voyons la suite !... Un voyage dans l'évolution d'un monde animal qui nous réserve encore bien des surprises !

Chapitre 3

PAPILLONS, ABEILLES, FOURMIS... LES INSECTES SOCIAUX

Les hommes, surtout les enfants, ont des relations curieuses avec les insectes. Ils les aiment et les méprisent tout à la fois. Ces animaux ont été particulièrement étudiés. Il y a encore quelques décennies, tous les enfants goûtaient aux plaisirs d'une chasse aux papillons, de la capture de sauterelles ou de scarabées, au cérémonial de l'euthanasie avec le coton hydrophile imbibé d'éther, à l'accrochage solennel du trophée au fond d'une longue boîte à insecte... Une telle aventure est aujourd'hui bien trop rare, les traitements agricoles ont décimé bien des espèces... Car l'insecte est aussi l'ennemi de l'homme, une petite bestiole pas très sympathique, qui vole, rampe ou s'accroche, qui dévaste parfois les récoltes, qui pique et irrite et que l'on écrase volontiers, sans scrupule, sous le pied chaussé ! Ou dans la main quand c'est un moucheron... L'insecte peut être aussi l'objet de zoophobies marquées, à l'origine d'émotions démesurées et de réactions spontanées incontrôlées. Pourtant on admire, au printemps, une vanesse du charbon avec ses reflets orange qui volette sur un buisson d'ajonc, on s'exclame quand une bête à bon dieu se pose sur la main d'un enfant, mais d'autres s'effrayent lorsqu'un frelon s'approche d'une lampe un soir d'été. Une de nos filles lorsqu'elle dénichait une toute petite *« mourmi »* sur les tomettes de la cuisine ne retrouvait son calme que lorsqu'elle l'avait « écrabouillée ». Adolescents, quand nos parents voulaient nous récompenser, nous avions le droit, le dimanche après-midi, d'aller à la première séance de cinéma. Un film nous a marqué à vie. Son titre était déjà intriguant : *Quand la marabunta gronde...*

Dès le début la peur s'installe... les chemins d'une jungle épaisse, et ces millions de fourmis avançant inexorablement et détruisant tout sur leur passage. La musique ajoutait à la terreur, et la salle de cinéma semblait elle aussi envahie par les vagues noires de fourmis... L'explosion du barrage fut une véritable délivrance. La plantation était détruite mais l'effroyable armée avait été enfin noyée. Nous n'avions pas lu à l'époque le texte de l'ingénieur Armand Reclus, voyageur et explorateur français du XIXe siècle, qui avait parfaitement décrit le passage de la *marabunta :*

« On dirait un tapis brunâtre et vivant qui se meut et s'agite tout en restant adhérent au sol dont il dessine les moindres accidents… Leurs noires légions couvrent jusqu'à cent pieds carrés de terrain ; elles ne connaissent ni obstacles ni ennemis ; où elles sont passées, il ne reste plus rien : de tout animal au-dessous de la taille d'un rat, il ne faut que cinq minutes pour faire un squelette admirablement nettoyé ; une couvée de poussins n'a pas le temps de s'enfuir, les chiens et les porcs se sauvent éperdus. Quand elles s'approchent d'une maison, il faut leur laisser la place : par les fentes des portes, des fenêtres, des murs, par les interstices des toits, elles envahissent le logis, elles pénètrent partout ; bienheureux si l'on peut, à la hâte, sauver les victuailles ; par contre, une ou deux heures après, on retrouve la case absolument purgée de toutes les vermines qui l'infestaient. Une visite de cazadores est le meilleur des balayages. »

Dans ce chapitre nous avons choisi de parler des espèces d'insectes les plus évoluées. Les comportements des insectes, qu'il s'agisse d'individus solitaires ou organisés en véritables sociétés, sont parfois très proches de ceux des humains ou des animaux proches, comme les mammifères supérieurs. Nos petites bestioles ont apporté beaucoup dans la compréhension des mécanismes qui président au langage, à la cognition et à la vie en société, traits caractéristiques de notre propre espèce.

Le langage chimique des insectes : histoire et découverte des phéromones

On a longtemps considéré que le langage était le vecteur spécifique de la communication entre les individus de l'espèce humaine. On sait aujourd'hui que les grands singes sont capables de mémoriser un très grand nombre d'items et qu'ils parlent presque (voir chapitre 12). Chez les insectes, en particulier chez les espèces dites sociales, qui vivent au sein d'une communauté formée de nombreux individus, la communication est essentielle pour assurer l'équilibre. Cette communication n'utilise pas la parole mais emprunte le sens chimique pour générer, véhiculer et recevoir les messages émis par chaque individu. Le sens chimique, mis en évidence chez les insectes, se traduit par la production de substances au profil moléculaire très particulier et très spécifique, véritables signatures permettant des relations très étroites entre individus.

Cette histoire commence à la fin du XIXe siècle, avec les observations de l'entomologiste Jean-Henri Fabre au Harmas, dans son mas provençal de Sérignan en Provence. Dans ses *Souvenirs entomologiques* (Fabre, 1920), traduits en quinze langues, il conte une fameuse soirée où son fils Paul a fait connaissance avec les grands paons de nuit :

« Ce fut une soirée mémorable. Je l'appellerai la soirée du grand Paon [...]une femelle quitte son cocon en ma présence [...] je la cloître aussitôt, sous une cloche métallique. Bien m'en prit. Vers les neuf heures du soir [...] à demi déshabillé, petit Paul va, vient, court, saute, trépigne, renverse les chaises comme affolé. Je l'entends m'appeler : viens, clame-t-il ; viens voir ces papillons, gros comme des oiseaux ! La chambre en est pleine ! »

En fait Fabre avait gardé un cocon de paon femelle pour voir la naissance de ce papillon : « *vêtu de velours marron et cravaté de fourrure blanche* ». Par simple curiosité, il avait conservé l'animal en le plaçant sous une cloche métallique dans la chambre de son fils. Et le soir :

« Les grands papillons volent autour de la cloche, stationnent, partent, reviennent, montent au plafond [...] Venus de tous les points et avertis je ne sais comment, voici [...] quarante amoureux empressés de présenter leurs hommages à la nubile née le matin dans les mystères de mon cabinet. ».

Pendant plus de huit jours, tous les soirs, viendront des dizaines de mâles attirés par cette femelle. Très vite, Fabre s'étonne qu'autant d'animaux accourent alors qu'il y en a si peu dans les environs. Pourquoi et comment ces papillons sont-ils attirés ? Il pense que les antennes ont détecté une odeur, un signal. Il les sectionne chez certains : sur les seize partis, pas un seul ne sera revu ! Sur d'autres, il supprime une rangée de poils du thorax, dans ce cas peu reviennent... Malgré ces premières observations au demeurant très pertinentes, la question ne sera pas résolue facilement. Pour expliquer une telle énigme, il s'intéresse à un papillon voisin du grand paon, le petit paon, le minime, qui possède l'avantage d'être diurne. Les mêmes causes produisent les mêmes effets et la femelle du petit paon attire avec autant de succès un grand nombre de mâles, alors que le recensement de ces derniers dans la région du Ventoux montre bien une grande rareté.

Après de nombreuses expériences, Fabre ne peut apporter d'explication formelle aux faits observés mais avance néanmoins une conception tout à fait nouvelle : l'olfaction chez l'animal implique deux mécanismes différents :

« En son ensemble, l'olfaction aurait ainsi deux domaines : celui des particules dissoutes dans l'air et celui des ondes éthérées. Le premier seul nous est connu [...] Le second, bien supérieur en portée dans l'espace nous échappe complètement, faute d'outillage sensoriel nécessaire. Le grand paon et le minime le connaissent au moment des fêtes nuptiales. Bien d'autres doivent y participer à des degrés divers, suivant les exigences de leurs genres de vie. »

Avec la mode des rayons X découverts par Wilhelm Rœntgen en 1895 et dans une comparaison qu'il veut frappante, Fabre propose une analogie entre cet effet olfactif si puissant et inodore, et les rayons X : « *Comme la lumière, l'odeur a ses rayons X. Que la science, instruite par la bête, nous dote un jour du radiographe des odeurs et ce nez artificiel nous ouvrira tout un monde de merveilles.* »

Fabre s'enthousiasme des particularités de la nature ; naïvement, peut-être, mais il avait mis là le doigt sur un phénomène qu'on ne décrira sérieusement que plus de cinquante ans après ! Durant cette période, on s'intéresse beaucoup plus aux animaux supérieurs et on découvre les hormones, des substances directement relâchées dans le sang. Ce sont deux physiologistes anglais, William M. Bayliss et Ernest Starling, son beau-frère, qui découvrent une substance produite par le pancréas qui contrôle l'activité du tube digestif. Ils donnèrent à ces substances internes qui régulent l'activité de tous nos organes le nom d'hormone.

Chez les insectes, des travaux parcellaires posent les mêmes questions. Karl von Frisch confirme le rôle des antennes. En 1932, Bethe (voir chapitre 5), l'homme des crustacés, remarque la présence d'hormones chez les insectes. Il décrit également des substances externes et parle alors d'ectohormones qui devraient jouer le même rôle. A. Pickens, un Anglais s'intéressant aux insectes sociaux, remarque qu'ils produisent des substances lorsqu'ils s'attirent, et parle d'hormones sociales. Pierre-Paul Grassé soutient cette explication. Après la Seconde Guerre mondiale, les discussions reprennent autour des substances émises par les reines des abeilles. Jeannine Pain qui travaille sur les relations entre reines et ouvrières émet l'hypothèse que la reine libère une substance particulière : une ectohormone.

Le biochimiste allemand Peter Karlson et l'entomologiste suisse Martin Lüscher publient en 1959 dans la revue *Nature* un article princeps qui signe la découverte de nouvelles substances biologiques qu'ils désignent sous le terme de Phéromone. Cette dénomination provient de deux mots grecs, *Pherein*, transférer, et *Hormön*, exciter. Ces substances sont définies comme suit : « *Les Phéromone sont sécrétées à l'extérieur par un individu qui les transmet à un second individu de la même espèce ce qui déclenche chez lui des réactions spécifiques comme un comportement original ou un processus développemental.* »

La même année, Karlson s'associe au prix Nobel d'A. F. J. Butenandt et publie un exposé complet, *Pheromones (ectohormones) in insects*. Extrêmement actives, elles agissent en quantités infinitésimales, si bien qu'elles peuvent être détectées, ou même transportées, à plusieurs kilomètres, jouant le rôle de véritables messagers entre les individus d'une même espèce. Elles transmettent aux autres insectes des informations essentielles qui constituent le support d'un véritable langage chimique.

Butenandt avait obtenu le prix Nobel de Chimie en 1939 pour son travail sur les hormones sexuelles des mammifères. Par la suite, il s'est intéressé aux insectes et a synthétisé le bombykol, une des phéromones sexuelles du Bombyx du mûrier, celle qu'avait soupçonnée Fabre. À partir d'un demi-million d'insectes, son équipe extrait 12 mg de substance. L'identification de ce composé a demandé plus de 20 ans de recherches et a permis la fabrication d'un produit de synthèse identique au bombykol naturel. La femelle le fabrique à partir de l'acide hexadécanoïque. C'est cette substance qui attirait les mâles chez Fabre. On a pu montrer qu'elle est produite par des soies du corps capables de libérer ces molécules. La mise en jeu d'une centaine de soies suffit pour prévenir les antennes plumeuses d'un mâle à plus d'une dizaine de kilomètres. En général les femelles n'émettent pas une seule substance mais un ensemble plus complexe, constitué de nombreuses molécules.

Parallèlement à ces travaux, J. Pain et M. Barbier ont démontré que les hormones des reines d'abeille forment également un complexe composé de plusieurs molécules. Ils opposent la Phéromone I (substance de la reine ou acide 9-oxo-2-décénoïque) qui inhibe la construction des loges du nid à la Phéromone II qui comprend un ensemble de substances (acide azélaïque, acide sébacique, acide phenyl-acetique...), induisant une très forte attraction autour de la reine et inhibant le développement des ovaires chez les ouvrières. Ces substances attirent également les mâles au moment du vol nuptial.

L'Américain Ed. O. Wilson écrit en 1963 dans la revue *Scientific American* un article de vulgarisation sur les phéromones de fourmis. Si une goutte de sucre est déposée à quelques distances d'un nid, en quelques minutes la goutte est repérée et avalée. Un véritable chemin a été tracé entre le nid et la source de nourriture, la nouvelle s'est répandue par contact antennaire et chacun est venu recueillir le précieux liquide. Wilson décrit anatomiquement les glandes qui produisent les substances capables de marquer la piste sur laquelle les fourmis se déplacent. Il s'agit des glandes de Dufour, de Pavan ou les glandes poison, toutes situées dans la partie postérieure de l'abdomen.

Les glandes anales et les glandes mandibulaires émettent des liquides utiles qui préviennent un autre membre de la colonie d'un danger ou d'un événement imprévu : ce sont les substances d'alarme.

Après ces premiers travaux, on assiste à une véritable explosion des connaissances dans le domaine. On trouve alors des phéromones partout dans le règne animal, chez les invertébrés aussi bien que chez les vertébrés. La démonstration de leur rôle spécifique comme élément de communication entre les individus est établie. Émises dans l'air, elles sont très volatiles, dans l'eau, elles se dissolvent facilement. Ce sont de petites molécules composées d'une longue chaîne carbonée saturée ou non saturée possédant des fonctions alcool, aldéhyde ou cétones. Elles n'ont rien de commun avec les hormones qui, elles, provoquent des réponses par voie interne et sont sécrétées par des glandes endocrines agissant à l'intérieur du corps. Ce langage chimique agissant à courte distance supplée souvent une sensibilité sensorielle plus ou moins défaillante.

On distingue deux grands types de phéromones. Les premières sont dites « incitatrices » et possèdent la propriété d'agir sur le comportement. Les secondes sont dites « modificatrices » générant une action immédiate, en intervenant à court terme. Prenons un exemple chez l'abeille et son couvain. Les larves produisent une phéromone, dite de couvain, qui a un effet profond sur les nourrices qui s'occupent d'elles. Découvertes récemment par l'équipe d'Yves Le Conte, de l'INRA d'Avignon, cet ensemble de molécules qui constituent les phéromones modificatrices, stimule la glande nourricière des abeilles. Ainsi ces larves agissent sur les adultes alors qu'inversement les adultes contrôlent les larves.

La reine de la ruche produit sa propre phéromone modificatrice qui agit sur ses ouvrières, inhibant le développement de leurs ovaires et leur taux d'hormones juvéniles. Elle est donc la seule responsable de la descendance de la colonie. Les butineuses plus âgées émettent une phéromone à destination des plus jeunes pour retarder l'âge du butinage. Au moment de la reproduction, la femelle attire le mâle en émettant une phéromone qui agit immédiatement sans provoquer d'effet à long terme. La répartition des tâches dans cette société si adaptable est ainsi réglée par le jeu complexe de ces substances ; chaque caste manipule et modifie l'autre en émettant ses propres phéromones.

Le classement de ces substances prend également en compte la nature des fonctions qu'elles contrôlent. En dehors des phéromones qui permettent les contacts interindividuels, des allomones, substances bénéfiques pour l'espèce qui les émet, sont particulièrement destinées à éloigner une autre espèce. C'est le cas par exemple de l'acide formique qu'émettent les fourmis pour chasser des intrus. Des kairomones, destinées à une autre espèce mais bénéfiques à l'espèce qui les reçoit, ont également été identifiées. Un des meilleurs exemples dans ce domaine est celui du moustique, attiré par les phéromones émises par l'homme qui dort. Exemple malheureux et pourtant bien établi !

Les phéromones sont impliquées dans l'ensemble des comportements de la vie animale. Au repos ou dans toutes les activités journalières, elles jouent un rôle fondamental pour attaquer ou se défendre. Les phéromones d'attaque sont chez l'abeille l'acétate d'iso amyle, $(CH3)_2$ $CH\ CH_2\ CH_2\ OCO\ CH_3)$, une substance volatile produite par des cellules situées autour de la poche à venin. Quand on est piqué par une abeille, ces glandes mises à nu continuent à émettre le signal d'attaque, si on est près d'une ruche, il vaut mieux s'en écarter au plus vite car d'autres congénères peuvent arriver. Un animal prévient d'un danger par des phéromones d'alarme tous les congénères de son espèce. En général les animaux vivant en groupe ou en colonie émettent beaucoup plus de phéromones que les solitaires. Souvent, ces substances s'associent à des végétaux, provoquant avec eux des réactions spécifiques. C'est le cas du houblon qui peut être envahi par des pucerons qui produisent une hormone d'alarme le bêta-farnésène. La plante réagit alors en induisant son inhibiteur. Les chrysopes, ces petits névroptères si délicats aux ailes vertes dont les femelles pondent leurs œufs au bout d'un long filament, sont attirés par cet inhibiteur et leurs larves, lorsqu'elles écloront, pourront se nourrir de pucerons !

On peut utiliser les phéromones comme leurre biologique. Par le biais d'un produit attractif de synthèse, l'objectif est de capturer et de détruire un grand nombre d'insectes ravageurs des cultures. Cette méthode est spécifique et respectueuse de l'environnement. Par exemple, les cerises rouges du café émettent des signaux chimiques qui attirent leurs ravageurs : le scolyte. Les chercheurs copient cette odeur par synthèse afin de capturer un maximum de prédateurs lorsqu'ils se précipitent en quête des premières cerises. Ainsi, l'odeur synthétique, plus compétitive que celle des cerises encore peu abondantes, est diffusée dans des pièges sur les cultures de café. On peut être plus performant encore, en créant un « attracticide », véritable piège foudroyant. La phéromone est alors mélangée à un insecticide. Cet appât, placé sur les cultures, attire les mâles et les tue dès les premiers contacts. Aujourd'hui, cette méthode est en plein essor.

Ce langage à base de phéromone, présent chez les mammifères, existerait-il aussi dans l'espèce humaine ? (Vergriete, 2007). On a pu montrer que les hamsters sont attirés par les différentes odeurs produites, celles des parents comme celles des étrangers, ces relations entre diversité génétique et spécificité des odeurs fait qu'en général, les individus ne s'accouplent pas avec de proches parents. Les phéromones favorisent la diversité génétique car les gènes donnent à chaque individu une odeur unique qui le caractérise. Des études similaires chez les humains ont montré que ces propriétés sont applicables à notre espèce.

Entre la mère et l'enfant, outre les travaux récents qui montrent le rôle fondamental de la sécrétion de l'hormone ocytocine dans le processus comportemental d'attachement, les phéromones sont également nombreuses à intervenir. Il s'agit là d'odeurs corporelles à fonctions sociale et physiologique. Elles assurent une relation fusionnelle entre la mère et son nouveau-né et permettent au bébé d'« être bien » protégé par le corps maternel. Du point de vue physiologique, les phéromones régularisent le métabolisme de l'enfant : les glandes disposées autour des mamelons maternels émettent des odeurs qui favorisent l'appétit de l'enfant. C'est ainsi que l'enfant refuse le sein d'une femme artificiellement parfumée : il ne reconnaît plus le message olfactif qui déclenche le réflexe de succion.

La vie des abeilles et leurs relations avec les fleurs

Les abeilles sont parmi les insectes les plus appréciés du public malgré leurs piqûres intempestives. Elles symbolisent une communauté travailleuse, active, sous la responsabilité d'une seule reine qui pond inlassablement. Elles sont connues depuis les temps les plus reculés. Pas vraiment domestiques, ce sont plutôt des animaux privilégiés, utiles. Dès la préhistoire, les hommes ont recueilli des abeilles pour leur miel. Elles fournissaient aux Égyptiens leur principale source de sucre, et il n'est pas rare de voir sur les tombes des apiculteurs au travail. Dans les vieilles traditions, l'abeille représente la sagesse et l'immortalité de l'âme. On la trouve dans les attributs d'Artémis, dans les tombeaux des

Mérovingiens, dans celui de Childéric. Elle représente aussi la monarchie absolue, et figure sur les armoiries des Capétiens comme sur celles de Napoléon.

Le miel était un produit de luxe qui entrait dans la composition de nombreuses potions médicales. Il pouvait également être utilisé comme cosmétique ou comme parfum. La cire pouvait servir comme onguent, elle faisait partie des produits d'embaumement.

La ruche est une société extrêmement bien organisée, divisée en différentes castes établies suivant l'âge et la maturation sexuelle. Après la période larvaire où l'insecte reste dans sa cellule octogonale, il se transforme en nymphe avant de devenir une véritable abeille. Elle va alors réaliser successivement toute une série de tâches. Pendant les trois premiers jours, elle nettoie la ruche. Puis elle devient nourricière et distribue de la gelée royale aux larves et aux futures reines. Du 11e au 20e jour, elle s'occupe du pollen ; elle peut pendant cette période devenir bâtisseuse et construire les rayons nécessaires à la vie de la ruche ou fermer par un opercule chaque cellule de la réserve de miel. Normalement, du 18e au 21e jour, elle garde la ruche, se plaçant à l'entrée et chassant d'autres abeilles, des bourdons ou même des guêpes qui voudraient s'y introduire. Enfin, la dernière activité et la plus longue, est dédiée au butinage qu'elle pratique jusqu'à la fin de sa vie. Tout ainsi est réglé, minuté et parfaitement adapté.

Une telle société s'appuie sur une distribution du travail et une coordination de toutes les activités individuelles. Cependant la division des tâches chez les insectes sociaux est très flexible : le nombre d'individus appartenant aux différentes castes et la nature des travaux à accomplir peut varier en fonction des besoins de la colonie, en étroite relation avec l'environnement. Dans la mesure du possible, ce sont les individus les plus adaptés qui accomplissent un travail donné, mais suivant les cas, des individus de castes différentes peuvent réaliser une autre activité.

Les ouvrières qui communiquent entre elles par contacts tactiles antennaires, olfactifs ou chimiques peuvent réaliser de véritables « danses » pour indiquer une source florale. Karl Von Frisch, par des études prolongées sur le comportement des abeilles entre 1920 à 1948, a mis en évidence le fait que les abeilles utilisent un véritable langage pour communiquer. Il s'agit de signaux constituant un code précis et spécifique à l'espèce (von Frisch, 1987). Si une abeille éclaireuse a trouvé une source de nourriture, elle régurgite en partie sa récolte de nectar tout en réalisant des séries de mouvements stéréotypés. Sur le rayon, l'abeille commence par un court trajet rectiligne ne dépassant pas cinq rangs d'alvéoles. Ensuite, elle fait un demi-cercle la ramenant au point de départ, refait encore un trajet rectiligne et décrit un nouveau demi-cercle symétrique au premier ; elle répète les mêmes trajets plusieurs fois. Sur les parties rectilignes, elle agite son abdomen qui vibre rapidement de gauche à droite tout en émettant un bourdonnement rythmé. Les abeilles attirées par l'odeur du nectar se mettent alors à suivre la danseuse en lui palpant les antennes afin de recevoir les messages qu'elle veut communiquer. Les cercles signifient quelque chose et la danse en rond concerne uniquement les butins à courte distance, moins de 25 mètres. Lorsque la découverte est plus éloignée, l'éclaireuse fait une danse plus compliquée encore : c'est la danse frétillante dès que la distance est d'au moins 100 mètres. Les informations échangées à ce moment-là, sont topographiques et renseignent sur la distance et la direction de la source de nourriture.

La direction de la source s'exprime par la direction donnée au parcours rectiligne. Cette correspondance ne peut avoir lieu que si la danse se fait à l'horizontale et en vue du Soleil, comme cela se produit sur la planchette d'envol. La précision de l'angle dessiné par la danseuse vis-à-vis du Soleil est remarquable, l'erreur n'excédant pas plus ou moins 3° d'angle. Si l'explication est donnée à l'intérieur de la ruche, il faudra que le message soit transposé mais les angles sont conservés. Le Soleil est donc ici utilisé comme une boussole. Pour se diriger, l'abeille tient également compte du temps écoulé depuis la découverte de la source, et les réceptrices ajusteront progressivement les angles mémorisés pendant la danse. Karl von Frisch a montré que pour s'orienter d'après le Soleil, les abeilles se suffisent d'un coin de ciel bleu. L'abeille exécute en moyenne 40 tours par minute si la distance à indiquer est autour de 100 mètres, 24 tours s'il s'agit de 500 mètres.

Les expériences de von Frisch ont été largement contestées dans les années 1980, on disait que les informations données aux recruteuses n'étaient pas exactes et que plus que l'orientation des danses, c'était l'olfaction qui jouait le rôle principal. En 1992, Axel Michelsen et Wolfang H. Kirchner mettent au point un petit robot de la forme d'une abeille, relié à un ordinateur et téléguidé par un programme informatique (Michelsen *et al.*, 1992). Ils ont pu lui faire effectuer des danses dans des ruches afin de savoir si ce modèle pouvait influencer ses partenaires biologiques. Ce robot a été recouvert de cire et placé dans la ruche afin de s'imprégner de l'odeur des abeilles pour qu'il soit reconnu comme l'une des leurs. Les chercheurs ont programmé le robot pour qu'il exécute un certain nombre de danses, dans lesquelles pouvaient être contrôlées indépendamment la vitesse du frétillement et la fréquence du bourdonnement grâce aux ondes acoustiques de petites ailes artificielles. On demandait au robot d'indiquer par une danse un lieu où on était sûr qu'il n'y avait pas de source de nectar. Le robot a été capable d'« envoyer » les abeilles là où les expérimentateurs le voulaient, et sans indices olfactifs. Von Frisch avait raison ! L'utilisation de cet artifice a même permis de préciser sa théorie en montrant qu'en fait, la partie essentielle de la danse était la ligne droite verticale pendant laquelle l'abeille agite son abdomen et émet un bourdonnement. Il semble que ce soit la combinaison du son et du frétillement de l'abdomen qui indique à la fois la distance et la direction de la source de nectar.

Des recherches plus récentes encore, conduites par des équipes germano-britanniques (Riley *et al.*, 2005), ont utilisé un petit radar qui a confirmé la justesse des idées de von Frisch. Après avoir été renseignées par la danse, les abeilles sont capturées, puis relâchées munies d'un système permettant de suivre leurs trajets individuels. La direction et la distance enregistrées à partir de la ruche indiquent que les abeilles se dirigent là où les a envoyées l'abeille éclaireuse. Si on relâche les abeilles « renseignées » à un autre endroit que celui du rucher, elles prennent la direction et parcourent la distance qui auraient été les leurs à partir de la ruche, ce qui démontre que ces deux paramètres topographiques sont devenus endogènes. Les données recueillies par le radar vont dans le même sens que les interprétations de von Frisch, déduites d'observations empiriques.

La vie des butineuses est extrêmement bien réglée. Les abeilles sont fidèles aux fleurs qu'elles ont choisi de visiter pour y trouver le nectar ou le pollen. Lorsqu'une butineuse a trouvé la fleur qui lui fournit les substances recherchées dans un endroit donné, elle retourne toujours au même lieu, sur les mêmes fleurs de la même espèce. Il semble que ce choix ne se fasse pas au hasard et que l'abeille connaisse très rapidement toutes les particularités de la fleur qu'elle explore. On parle de « constance florale ». Très fidèle aux fleurs sélectionnées, quand ces fleurs-là ne donnent plus les produits recherchés, la butineuse persiste encore et revient « vérifier » qu'elle ne peut plus rien récolter... Après deux ou trois jours, elle s'intéresse à nouveau aux danses de la ruche et ira explorer d'autres sources de nourriture.

Le laboratoire d'Hildebrand (Riffel *et al.*, 2009) qui s'est intéressé à une espèce solitaire, le sphinx du tabac (*Manduca sexta*), travaille à Tucson, une paisible petite cité d'Arizona. Cette petite ville du Sud-Ouest Américain se situe au cœur d'une région semi-désertique, célèbre pour ses paysages riches en cactus géants, les *saguaros*. Durant les mois d'été, la végétation florale se résume surtout aux *Datura wrightii* qui possèdent un port étalé et buissonnant pouvant atteindre entre 0,4 et 1,5 mètre de haut. Les feuilles, plutôt molles, sont légèrement luisantes, simples, caduques. En les froissant, un parfum s'échappe, proche de celui de l'arachide. Les tiges cassantes et gorgées d'eau portent des fleurs grandes tailles, en forme d'entonnoir de près de 20 cm de long, souvent teintées de violet. On rencontre aussi l'Agave de Palmer, de taille moyenne, formant une rosette de feuilles vert bleu rigides. Originaires des régions d'altitude d'Arizona et de Sonora, les agaves présentent une croissance lente et ne fleurissent qu'après plusieurs années. Elles ne le font qu'une seule fois, avant de mourir. La grande hampe florale porte de nombreuses fleurs tubulaires.

Les études d'Hildebrand ont montré que les papillons préfèrent les daturas du fait de la richesse de leur nectar. Le sphinx du tabac est très sensible aux effluves du datura, une « odeur » composée de plus de soixante molécules différentes, identifiées par Hildebrand et son équipe. Mieux encore, une à une chaque molécule du complexe a été isolée en utilisant un chromatographe en phase gazeuse. Seules neuf d'entre elles ont une signification pour le papillon. On a pu montrer que dans le cerveau de l'insecte, dans son lobe antennaire, ce motif de neuf molécules différentes stimule les glomérules (réseau de neurones du système olfactif) et définit l'odeur du datura. Grâce à ce codage, les sphinx repèrent leurs fleurs nourricières même à grande distance, et malgré les changements incessants de l'environnement. Lorsque les daturas ne sont plus en fleurs, les papillons apprennent à se nourrir des fleurs d'agave qui se sont épanouies sur les espaces désertiques pierreux.

Les insectes en général, et les abeilles en particulier, jouent un rôle essentiel dans la pollinisation des végétaux. La plupart des plantes à fleurs étant hermaphrodites, on aurait pu penser que la solution de reproduction la plus simple aurait été que les fleurs s'autofécondent (autogamie). En fait, pour assurer la pérennité et la stabilité de l'espèce, le croisement entre fleurs est nécessaire. Il arrive d'ailleurs souvent que les étamines soient mûres bien avant le pistil. À côté de la dispersion par le vent, il existe des plantes entomophiles : quand un insecte visite une fleur, il emporte avec lui des grains de pollen dont il déposera une partie sur les stigmates d'une autre fleur de la même espèce. Les papillons pollinisent plus particulièrement les fleurs à corolle profonde comme les œillets ou les chèvrefeuilles. Les abeilles, couvertes de poils, rentrent souvent à la ruche toute jaune. Ces pollinisatrices augmentent considérablement les rendements des fruits dans les vergers et des plantes fourragères dans les champs. Cette fonction biologique est aussi réalisée par les oiseaux comme les oiseaux-mouches au long bec pointu ; ils peuvent plonger au fond des corolles afin d'y puiser le nectar. Leur tête, en se frottant aux étamines, récupère du pollen. Les fleurs qui attirent les oiseaux (ornithophiles) sont souvent roses ou rouges, couleurs que les oiseaux perçoivent le mieux. Quand la pollinisation s'effectue par l'intermédiaire de chauves-souris, elle touche certains cactus aisément reconnaissables par des fleurs larges, très pâles et odorantes, ce qui facilite leur repérage par les mammifères nocturnes.

Plus de 70 % des cultures comme les champs d'arbres fruitiers, le café, le cacao, les légumes, les oléagineux et toutes les épices, soit près de 35 % de ce que nous mangeons, dépendent essentiellement ou totalement d'une pollinisation animale. Seules des cultures comme le blé, le maïs ou le riz n'en ont pas besoin.

Le problème le plus préoccupant aujourd'hui, et qui fait débat dans l'opinion publique, touche la survie des abeilles. Ce « syndrome d'effondrement des abeilles domestique*s* » se caractérise par une disparition inexpliquée. Elles ne rentrent pas dans leur ruche. On ne retrouve pas les cadavres dans la ruche ou à proximité. L'alerte a été donnée dès les années 2000 au moins en Europe, puis vers 2006 aux États-Unis, avec une aggravation du phénomène au cours de l'année 2007. Les abeilles « disparaissent » massivement, fait nouveau et incompréhensible chez ces insectes sociaux ; les pertes sont brutales : une colonie entière peut périr en une seule nuit. Une reine abandonnée semble en bonne santé et souvent elle continue à pondre, alors qu'il n'y a plus assez d'ouvrières pour s'occuper du couvain. Aucune explication satisfaisante n'a encore été trouvée. Les spécialistes accusent l'utilisation abusive de produits chimiques pour protéger les cultures. Ces produits sont retrouvés dans les ruches et on sait que les pesticides affaiblissent les abeilles. Mais la présence d'insectes prédateurs, introduits fortuitement dans de nouveaux territoires, peut également être responsable de ce phénomène.

Des frelons asiatiques originaires de Chine ou du Japon s'attaquent aux butineuses des espèces européennes domestiques et peuvent détruire une ruche en quelques heures. Un frelon géant du Japon (*Vespa Mandarinia Japonica*) fait des ravages effrayants. Son venin est mortel, il contient des enzymes capables de détruire les os et les tissus humains. Au Japon pourtant ce frelon ne semble pas capable de telles destructions. L'explication est la suivante. Lorsque des fermiers japonais ont importé des abeilles européennes, leurs colonies qui ne sont pas habituées à se défendre contre de tels attaquants, meurent très rapidement. Une trentaine de frelons peuvent ravager une ruche de 30 000 abeilles en trois heures à peine. Les frelons trois fois plus gros que les abeilles pillent la ruche en s'emparant des larves qui nourriront les leurs. Pourtant, une espèce au Japon est capable de résister aux frelons. Cinq fois plus petites, elles ont développé une stratégie remarquable de défense. Elles se contentent d'encercler le premier arrivant en formant un essaim autour de lui ; elles vibrent alors de tout leur corps, ce qui élève la température de l'essaim, en particulier en son centre où le frelon est prisonnier. La température monte jusqu'à 45 °C, une chaleur fatale au frelon, l'abeille japonaise supportant, elle, 48 °C. L'éclaireur disparu, les autres frelons ne viendront pas, et si un autre tentait l'aventure, il subirait le même sort. Il existe aussi une espèce d'abeille, chypriote cette fois, qui sait résister au frelon. Lorsque le frelon éclaireur arrive, les abeilles forment un essaim autour de lui. En se massant, elles l'empêchent de respirer. Le frelon qui utilise ses trachées remplies d'air pour ses mouvements de l'abdomen, ne peut plus bouger, les abeilles le bloquent complètement et l'animal meurt étouffé en quelques minutes.

La fragilité des ruches et les causes de disparition des abeilles sont multiples. Les frelons sont certes un facteur aggravant, mais non une cause première. Les transports intempestifs d'animaux d'un continent à un autre induits par la mondialisation sont néfastes aux espèces. Alors qu'on fête Darwin, on ne retient pas l'idée fondamentale qu'il a développée. Il a montré que l'évolution a sélectionné un certain nombre d'espèces associées à un certain milieu, les changer ainsi brutalement d'habitat en les plongeant dans un biotope dont elles ne connaissent rien, c'est supprimer l'équilibre initial et les mettre en danger.

D'autres ennemis attaquent les abeilles, ainsi le *varroa*, un acarien qui suce le sang des nymphes. C'est un nuisible très commun mais les colonies atteintes ne présentent pas l'effondrement caractéristique. On a pensé aussi à des champignons unicellulaires tels que le *nosema apis*, qui envahit le tube digestif et provoque la dysenterie ; enfin on connaît des virus qui engendrent des symptômes comparables à de tels effondrements. Les faits sont là : au moins un tiers des différents stocks des États-Unis, d'Europe et d'ailleurs, ont disparu. Dans certains cas, 90 % des ruches sont atteintes. Avec le recul des pollinisateurs, certains experts craignent une baisse des rendements agricoles, déjà localement observée avec des conséquences imprévues chez les espèces sauvages. De nombreux livres commencent à nous alerter. Einstein aurait dit que sans les abeilles, l'Homme n'aurait plus que quatre ans à vivre (J. S. Vié, 2008).

L'environnement et la survie des espèces deviennent aujourd'hui des secteurs extrêmement sensibles pour lesquels la recherche s'engage dans de nouvelles voies, plus proches de la demande sociale. La sonnette d'alarme a été tirée par les scientifiques en ce qui concerne la perte de biodiversité liée aux phénomènes de réchauffement climatique. Les abeilles, qui n'échappent pas à ces processus délétères, constituent aussi, aujourd'hui, un animal de choix pour étudier les effets de l'environnement sur la conservation et la disparition des espèces. À la lumière de données récentes, force est de constater que les abeilles des « villes », à l'abri des traitements chimiques agricoles, comparées aux abeilles des

« champs », sont de meilleures productrices de miel et que la santé des ruchers installés dans les zones urbaines est incontestablement meilleure qu'à la campagne. Malgré les taux très élevés de CO_2 dans les zones urbaines, la production de miel « Béton » de Saint-Denis provenant de ruchers installés sur le toit de la mairie, baptisé ainsi par les jeunes des cités et vendu par le Syndicat d'Initiative, montre des rendements plus élevés que ceux mesurés pour des ruchers campagnards installés dans le département de l'Oise. Son analyse chimique, oh surprise, montre également, la présence de pollen issu d'espèces végétales tropicales ! Une erreur d'analyse ? Non, un butinage régulier des plantations de la grande surface de chez Truffaut à proximité du stade de France. Les abeilles se portent donc très bien dans les grandes villes. Paris en est un exemple frappant, elles trouvent là une grande variété de fleurs sans faire des kilomètres et les risques d'empoisonnement par les pesticides y sont faibles. On y dénombre plus de 300 ruches déclarées ! Pas besoin d'aller très loin pour butiner les fleurs du parterre du Grand Palais, du jardin des Tuileries, du palais du Luxembourg ou encore du parc Montsouris... Mais que dire de cette apiculture de ville totalement atypique ? Ne faudrait-il pas œuvrer pour lui faire retrouver son caractère champêtre ?

Les abeilles et leurs « petits cerveaux »

Les insectes évoqués dans ce chapitre sont capables d'activités extrêmement élaborées. On est loin des « machines » de Descartes qui, comme tous ceux de son époque, considéraient ces animaux comme de simples systèmes à réflexes. Un grand nombre d'arguments plaident aujourd'hui en faveur d'une complexité inimaginable il y a quelques années. Nous prendrons encore l'abeille comme modèle pour démontrer la présence d'une véritable cognition élémentaire chez ces insectes (Menzel et Giurfa, 2006). Nous avons déjà noté leurs capacités adaptatives au milieu environnant, leurs façons d'explorer l'espace et de trouver la nourriture là où les fleurs ont poussé. Les abeilles savent aussi se repérer dans l'espace et retrouver facilement leur ruche, elles voient le monde en couleur, perçoivent et discriminent des formes et sont capables de détecter des mouvements avec une très grande précision. Leur sens olfactif très puissant leur permet de dissocier un grand spectre d'odeurs. Du fait de telles capacités, ces animaux sont très largement utilisés expérimentalement.

La richesse de leur répertoire comportemental vient de la structure même de leurs cerveaux. Menzel *et al.* (2006) intitulaient récemment un article « *Small Brains, Bright Minds* » (petits cerveaux, esprits intelligents).

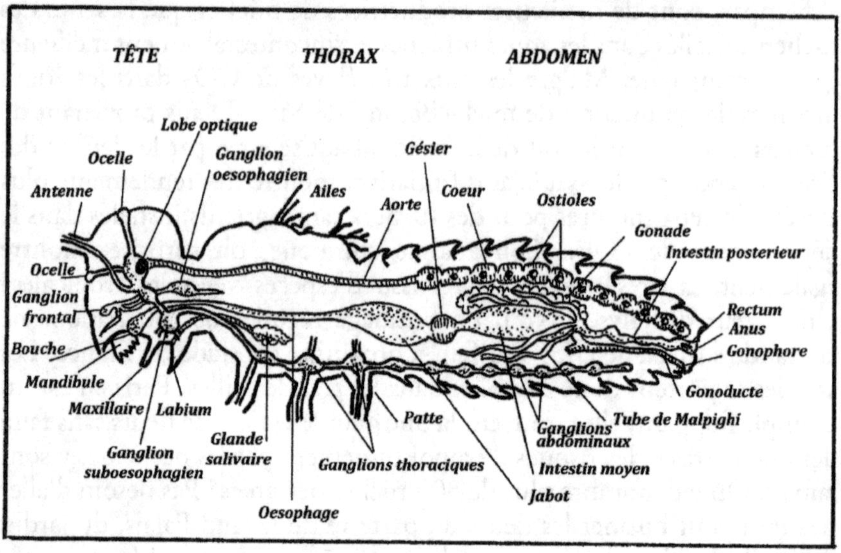

Le cerveau de l'abeille possède un tout petit volume, pas plus d'un centimètre cube. Il contient pourtant autour de 960 000 neurones. Ces auteurs l'ont divisé en trois systèmes de fonctionnement : au centre, des milliers de fibres nerveuses complètement enchevêtrées correspondant à des réseaux internes où sont traitées les informations spécifiques, on parle de « neuropiles » ; des neurones particuliers identifiés qui jouent un rôle privilégié dans certains mécanismes sensori-moteurs et enfin des centres d'intégration supérieurs où convergent les informations élémentaires et où s'organisent les fonctions d'apprentissage et de mémorisation.

On distingue parmi toutes ces structures les lobes optiques qui comprennent trois neuropiles successifs (la lamina, la medulla et lobula plate), qui traitent successivement l'information visuelle. Le lobe antennaire avec le neuropile olfactif primaire. Le lobe protocérébral, dont la fonction est encore mal connue. Au centre, deux structures proéminentes et symétriques, les corps pédonculés composés chacun de quatre lobes, deux calices, un lobe alpha et un lobe bêta, responsables des réponses induites par les signaux sensoriels. Ces réponses s'élaborent dans les neuropiles localisés dans les parties latérales du cerveau : les cornes latérales. Le volume de cette région augmente chez l'abeille avec l'âge de l'ouvrière ; il est beaucoup plus développé au stade du butinage. Chaque calice est divisé en trois compartiments, la région des lèvres, celle du collier et celle de l'anneau basal. Chacun de ces compartiments reçoit des afférences sensorielles spécifiques : les lèvres et l'anneau basal les informations olfactives, le collier les informations visuelles. On trouve à la surface des calices des neurones appelés cellules de Kenyon dont les axones sont reliés entre eux mais aussi aux lobes alpha et bêta. Avec le lobe alpha et bêta, elles recueillent toutes les entrées sensorielles. Une fine couche de cellules gliales sépare le corps pédonculé du reste du cerveau, où on trouve aussi des cellules de Kenyon. Les lobes alpha et bêta constituent les régions de sortie.

Le corps central, au centre du cerveau, a des fonctions mal connues du fait de la complexité de ses structures neuronales. On le considère comme régulant l'éveil, comme un relais sensoriel entre les deux hémisphères cérébraux, essentiel aux différents comportements. Toutes les sous-structures du corps central sont reliées entre elles par des neurones dits de « grand champ », recevant une vaste collecte d'informations. Le ganglion sub-œsophagien est un relais entre le cerveau principal et la chaîne ventrale du système nerveux. Il regroupe toutes les informations gustatives mais surtout contrôle l'ensemble des programmes moteurs dont les structures de commande se situent le long de la chaîne nerveuse segmentaire.

Chez l'abeille, la vision est particulièrement fondamentale pour connaître le monde floral. Les trois dernières secondes avant de se poser sur une fleur suffisent à l'abeille pour en retenir la couleur. À la différence de la vision colorée humaine qui est due au fonctionnement de trois types de récepteurs sensibles à trois radiations bleues, vertes et rouges, celle de l'abeille, aussi trichromatique (trois couleurs) résulte de la mise en jeu de récepteurs plus sensibles aux courtes longueurs d'onde, c'est-à-dire à l'ultraviolet, au bleu et au vert. Ces insectes semblant ignorer les nuances, le fonctionnement de leur système visuel pourrait être construit sur le principe du « tout ou rien ». Martin Giurfa professeur à Toulouse a démontré que la vision en noir et blanc (achromatique) dépend chez l'abeille uniquement du photorécepteur vert. Si ce photorécepteur n'est pas activé, l'abeille ne peut pas mettre en jeu l'ensemble de son système visuel. Ainsi, la catégorisation visuelle reposerait chez l'abeille sur le photorécepteur vert et sur la vision en noir et blanc.

La voie olfactive de l'abeille est sujette à des effets de convergence et de divergence remarquables. Elle se compose de 90 000 neurones olfactifs capables de capter les différentes odeurs. Ils se connectent au niveau du lobe antennaire aux « glomérules olfactifs », unité fonctionnelle du lobe antennaire. Chaque lobe antennaire comprend 160 glomérules. Si on utilise l'imagerie calcique, on obtient pour chaque odeur un motif particulier d'activation. Les lobes antennaires relaient l'information sensorielle de l'antenne vers les centres supérieurs du cerveau de l'insecte. Ils comprennent près de 1 130 interneurones (les NP ou neurones de projection), certains excitateurs, d'autres inhibiteurs (300 inhibiteurs,

830 excitateurs). Ils projettent dans les corps pédonculés, constitués des 50 000 cellules de Kenyon (CK). Cette structure est l'aire de la mémoire. Il existe au niveau des glomérules un système d'intégration olfactif qui s'élargit au niveau des pédoncules. Chaque NP se projetant sur quelque 600 CK (divergence) et chaque CK recevant les projections d'une dizaine de NP (convergence). Les réponses dans le NP sont très organisées alors que celles dans les cellules de Kenyon sont brèves et très dispersées. Dans une étude électro-physiologique chez le criquet, le groupe de Gilles Laurent a démontré que les réponses olfactives aux odeurs induisaient des activités électriques oscillantes qui se synchronisaient momentanément suivant le type d'odeur (Laurent, 1996).

Grâce aux méthodes de coloration des neurones, on a pu beaucoup mieux comprendre les mécanismes du codage olfactif. Chez une jeune abeille non expérimentée chaque odeur est codée suivant un motif spatial d'activation glomérulaire. Quand un mélange de deux odeurs est présenté, la représentation au niveau des glomérules n'est pas identique à la somme des deux odeurs analysées séparément (Joerges *et al.*, 1997). Si on propose un mélange encore plus complexe, l'image est de plus en plus compliquée, car il existe des relations inhibitrices entre chaque odeur. Dans les cas d'apprentissage, Faber *et al.* (1999) ont montré que des changements qualitatifs s'opèrent. On apprend à une abeille à répondre à une odeur renforcée (c'est-à-dire à un essai suivi d'une récompense) et à inhiber sa réaction si l'odeur n'est pas renforcée. Hammer (1997) a montré qu'un neurone particulier est responsable de ce mécanisme de renforcement. Ce neurone, en tout point remarquable, s'insère dans un ensemble de quinze éléments nerveux identiques, dont les corps cellulaires sont situés dans le neuromère 1 au niveau du ganglion sous œsophagien. On le nomme VUMmx1 du fait de sa localisation anatomique. Il répond aux sigles « *ventral unpair median du neuromère maxillaire 1* ». En fait les prolongements de ces neurones vont se répartir symétriquement dans toutes les structures impliquées dans le conditionnement, les lobes antennaires, les calices des corps pédonculés et le lobe protocérébral. Ce neurone possède la particularité d'être mis en jeu à chaque fois que les antennes ou la langue sont stimulées à l'aide d'une solution sucrée. Il va donc être particulièrement utile et efficace pour renforcer la réponse aux odeurs. Hammer a confirmé expérimentalement cette mise en jeu tout à fait particulière. Au lieu de renforcer la réponse à la stimulation sucrée après une odeur, il a stimulé électriquement le neurone VUMmx1. Dans ce cas, l'excitation de la cellule suit immédiatement la stimulation olfactive. Il s'agit d'une expérience de conditionnement virtuel, l'animal immobilisé reçoit une odeur suivie par la mise en jeu du neurone. Cette association réalisée

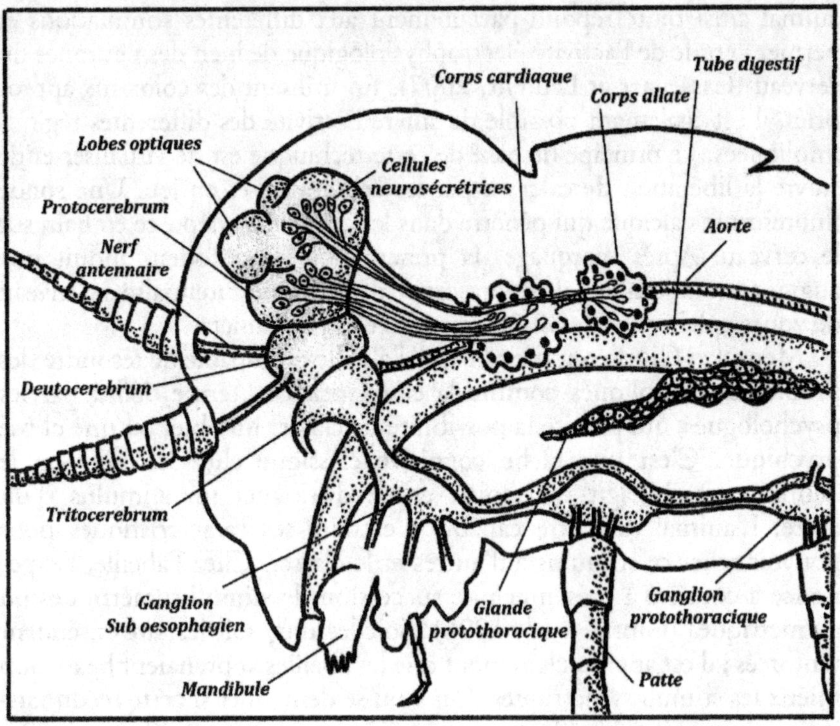

permet de lier l'odeur au neurone. Ainsi, il y a renforcement de solution sucrée bien que l'abeille n'ait jamais reçu de renforcement spécifique. Cet exemple est remarquable car il nous montre une propriété fondamentale du système nerveux, caractérisée par la possibilité de modifications et d'apprentissages cellulaires à plus ou moins long terme.

Le comportement le plus couramment utilisé au laboratoire pour analyser les processus d'apprentissage et de mémorisation chez l'abeille est celui qui l'incitation à tirer la langue ! On immobilise l'animal dans un tube pour le faire répondre à un stimulus olfactif. Il ne peut que bouger ses antennes et agiter le proboscis (la langue). Si on touche une abeille affamée avec une solution sucrée, elle étire sa langue pour pouvoir lécher la solution. Mais si on émet une odeur auprès d'elle, elle ne réagit pas. On peut alors parfaitement obtenir un réflexe conditionné comme Pavlov en associant une odeur (SC, stimulus conditionnel) à la solution sucrée (Stimulus inconditionnel, SI). Cette préparation est simple et elle permet d'étudier les bases physiologiques de l'apprentissage olfactif. Avec une dissection extrêmement fine, réalisée sous microscope, il est aujourd'hui possible d'enlever la cuticule qui protège le cerveau et de le dégager. Un animal ainsi traité répond parfaitement aux différentes stimulations et permet l'étude de l'activité électrophysiologique de bien des neurones du cerveau (Cassenaer et Laurent, 2007). En utilisant des colorants appropriés, il est également possible de suivre l'activité des différentes régions impliquées. Le principe de base de cette technique est de visualiser et de suivre la libération de calcium par les cellules mises en jeu. Une sonde fluorescente calcique qui pénètre dans les cellules est déposée en bain sur le cerveau. Après marquage, la présentation d'une odeur induit une augmentation localisée de fluorescence dans le lobe antennaire, au niveau de zones sphériques de 30-50 micromètres de diamètre.

Menzel et Giurfa ont montré que l'abeille est capable de résoudre des problèmes compliqués comme la catégorisation, terme défini par les psychologues, qui précise la possibilité de classer un objet ou une chose psychique. C'est une tâche cognitive classique chez le singe ou le dauphin où il s'agit de choisir et de distinguer un stimulus d'un autre. L'animal doit être capable d'extraire ses caractéristiques pour pouvoir relier ce stimulus à d'autres et le classer. Chez l'abeille, l'expérience a consisté à présenter une succession de stimuli symétriques ou asymétriques (Giurfa *et al.*, 1996). Soit les uns, soit les autres, étaient renforcés ; il est apparu clairement que les abeilles apprenaient beaucoup mieux les stimuli symétriques. On a pu se demander si cette reconnaissance supposait véritablement une abstraction avec une composante cognitive associée au concept de symétrie ou si simplement il s'agissait d'un mécanisme élémentaire lié à la reconnaissance de lignes verticales ou horizontales plus ou moins bien disposées. Cette expérience est fort intéressante car elle a montré que les abeilles préfèrent des plantes à structure symétrique qui ont ainsi plus de chance d'être pollinisées.

La deuxième expérience a abordé les concepts d'équivalence, de similitude et de différence (Giurfa *et al.*, 2001). On étudie les réactions visuelles d'abeilles confrontées à une figure puis à une série de stimuli dont un identique à la figure déjà présentée. On place les animaux devant un labyrinthe en Y : à l'entrée, une figure (soit un cercle de couleur jaune ou bleu, soit un dessin avec des lignes blanches et noires verticales ou horizontales), et à l'intérieur, une série de plusieurs figures. Elles doivent apprendre à choisir toujours le stimulus qui correspond à l'échantillon vu à l'entrée. Quand le test est réussi, elles sont récompensées. Pour compliquer l'expérience, on change les stimuli ; les abeilles entraînées avec les couleurs sont testées avec les lignes et inversement. Dans tous les cas les abeilles choisissent dans le labyrinthe la figure placée à l'entrée même si c'est la première fois qu'elles sont confrontées à ce type de test. Ces animaux sont capables de résoudre des problèmes difficiles, ce qui confirme, de façon évidente, leurs capacités cognitives.

Les insectes sociaux : la stigmergie et l'auto coordination

Les fourmilières, les termitières et les ruches sont des réussites architecturales extraordinaires. La littérature et les écrivains animaliers de tous pays se sont souvent extasiés sur l'intelligence de ces constructeurs ingénieux. L'aptitude qu'ils ont à résoudre collectivement certains problèmes, comme le choix d'une source de nourriture ou d'un site de nidification, la façon dont se fait la division du travail au sein d'une colonie, fait croire à une organisation redoutable et sans faille sous la direction d'un chef mystérieux et infaillible (Theraulaz *et al.*, 2003). L'intelligence de ces bêtes serait-elle exceptionnelle ? Elles géreraient et contrôleraient tout, de la ponte des œufs à l'accumulation de la nourriture...

On pourrait, parmi tous ces insectes sociaux, trouver des descriptions plus extraordinaires les unes que les autres. Nous prendrons ici un exemple puisé dans la vie des fourmis champignonnistes coupeuses de feuilles : les « *Atta* ». Elles représentent un des modèles les plus complexes de vie commune. Très répandues en Amazonie comme dans les forêts humides de l'extrême sud des États-Unis, elles jouent non seulement un rôle dans l'équilibre écologique des régions qu'elles habitent, mais aussi économique, en défoliant les forêts et en attaquant les cultures. Grâce à de puissantes mandibules, comparables à de véritables cisailles, elles tranchent les feuilles. Cette récolte végétale n'est pas destinée à leur nourriture comme on pourrait le supposer. Les choses sont ici beaucoup plus élaborées ! Les « *Atta* » utilisent les tiges et les feuilles récoltées, pour réaliser un substrat biologique permettant de cultiver les champignons dont elles se nourrissent. Les végétaux utilisés sont d'abord choisis, un choix qui peut d'ailleurs varier d'une période à une autre, comme si elles souhaitaient éviter d'épuiser une espèce particulière. Armées de leurs mandibules redoutables, les fourmis découpent des feuilles, de jeunes pousses d'arbre, des tiges en pleine maturité ou des arbres vieillissants tombés au sol. Si au cours de la saison des pluies elles trouvent des branches au sol gorgées d'eau, elles se précipitent pour les découper en milliers de petits morceaux. Certains films animaliers montrent le chantier parfaitement réglé où des milliers de scalpels vivants dépècent les pousses et les ramures végétales pour les transformer en petits fragments, néanmoins gigantesques comparés à leur taille. Le transport est organisé. Des rangées d'insectes portent chacun, dressé en l'air, un fragment verdâtre rectangulaire, triangulaire ou carré qu'ils véhiculent vers la fourmilière... Suivant le dénivelé du sol, ils avancent à un rythme saccadé, en double ou simple rangée. Rien ne les arrête, on dirait une marche infernale vers un objectif parfaitement fixé !

Une reine vit longtemps pour un insecte, entre quinze et trente ans. Elle pond un nombre d'œufs faramineux, 150 millions dit-on ! La reine exceptionnellement ailée est fécondée en une seule fois au cours du fameux vol nuptial, où les mâles montent à plus d'une trentaine de mètres. Ils mourront immédiatement après. Selon les espèces, les colonies peuvent compter de quelques centaines d'individus à 4 à 8 millions. Dans ce cas, une seule fourmilière présente alors des dimensions gigantesques atteignant parfois plus de 600 m^2. Ces habitats démesurés sont facilement repérables au sol bouleversé, totalement nettoyé, avec un grand nombre de coupes d'arbres.

La nouvelle reine est partie du nid, avec dans son jabot une minuscule parcelle du champignon original. Après l'accouplement et le retour sur terre, elle va cultiver une première chambre à champignon. C'est à ce moment-là qu'elle fonde sa colonie. Elle régurgite son champignon « amorce » et l'imbibe de gouttelettes de déjections fécales comme substance fertilisante. Elle y incorpore de minuscules morceaux de matières organiques trouvées autour du nid. La culture de champignon commence à pousser et à occuper la chambre, elle va pondre une dizaine d'œufs. C'est le tout début. La période est délicate, car la réussite de la colonie dépend de ces premiers instants. Il faut d'abord que le champignon conservé dans son jabot puisse être ensemencé de façon correcte, que l'essaimage et l'accouplement soient réussis, que la température extérieure soit convenable et que les prédateurs ne viennent pas tout détruire... Les violentes pluies de ces pays peuvent aussi noyer le nouveau nid... Les taux de réussite sont très bas. Ces premiers moments réservés à la culture du champignon et à la maturation des œufs dépendent entièrement de la reine. Elle suit, jusqu'à leur maturité, ses premières larves nourries par le champignon. Les nouvelles ouvrières nées prennent le relais pour les soins du champignon, les nouveaux œufs et les larves. La colonie devient prospère, la reine pond régulièrement, l'évolution de la colonie devient exponentielle. Les ouvrières creusent alors les chambres suivantes qui hébergeront de nouvelles cultures de champignons... Et d'immenses colonies se construisent... Quelle histoire remarquable !

Voilà donc quelques observations qui valident tous les superlatifs utilisés par l'homme pour décrire ces sociétés animales hautement organisées... Pourtant nous devons déchanter : les scientifiques nous apprennent une toute autre vérité... Jean-Louis Deneubourg, entomologiste, chercheur à Bruxelles, révèle : « *Individuellement les insectes sont bêtes, collectivement, ils sont intelligents.* »

Nous qui nous considérons trop souvent comme des êtres vivants à l'intelligence supérieure, il serait parfois salutaire que nous réfléchissions avec plus d'attention, à cette phrase lapidaire qui caractérise les insectes.

En 1959, le biologiste français Pierre-Paul Grassé, en référence au comportement des termites, se rend compte qu'il n'y a pas un organisateur suprême dans les colonies d'insectes mais qu'il existe une sorte d'auto-organisation entre les milliers d'individus. Il parle alors de « stigmergie » qu'il définit comme la « *stimulation des travailleurs par l'œuvre qu'ils réalisent* ». Le terme vient de deux racines grecques *stigma*, « signe » et *ergon*, « travail ». Il montre qu'un insecte, lorsqu'il agit, marque l'environnement par des signaux spécifiques, perçus par lui-même mais aussi par ses congénères, ce qui va déterminer leurs prochaines actions. On aurait à faire ici à une sorte d'intelligence distribuée qui ne permettrait d'atteindre un but que grâce à une coopération entre individus. Pour bien comprendre ces processus d'auto-organisation qui assurent la mise en œuvre de comportements collectifs, il faut s'adresser à d'autres disciplines scientifiques où ces phénomènes sont régulièrement rencontrés. Des éléments d'un système s'organisant « spontanément » sont bien connus en physique et en chimie sous le nom de « *structures dissipatives* », découvertes par le physicien et chimiste belge d'origine russe, Ilya Prigogine, prix Nobel de Chimie en 1977.

L'auto-organisation est devenue aujourd'hui un concept-clé pour comprendre comment se comportent les insectes sociaux comme l'a montré avec Deneubourg, Guy Theraulaz du CNRS de Toulouse. Elle caractérise des processus au cours desquels des structures spatiales, comme les nids, les réseaux de pistes, ou des décisions collectives, comme la sélection d'une source de nourriture ou le choix d'un chemin pour y accéder, émergent au niveau collectif à partir de la multitude d'interactions entre individus. Aucune règle de comportement ne dépend d'une information globale. Les règles qui spécifient les interactions entre individus sont exécutées sur la base d'une information purement locale. Les insectes sociaux ont développé au cours de l'évolution une forme d'intelligence collective basée sur des comportements individuels très simples, déjà présents chez certaines espèces d'insectes solitaires (Theraulaz *et al.*, 1998). La complexité des structures et des comportements collectifs réalisés n'implique pas l'existence de procédures cognitives complexes au niveau de chaque individu.

Ces auteurs l'ont démontré de façon très brillante en utilisant des robots capables de réaliser des opérations fort simples grâce à des signaux mécaniques élémentaires en relation avec l'environnement (Martinoli *et al.*, 2002). Plusieurs robots associés peuvent réaliser des opérations très élaborées comme les insectes sociaux !

Il n'y a pas de corrélation entre la très grande organisation des structures produites et les capacités cérébrales, même si elles possèdent des capacités qui ont été trop longtemps ignorées. Les constructions réalisées par ces insectes sociaux sont des structures décentralisées, fondées sur la coopération d'unités autonomes au comportement relativement simples et probabilistes. Ces échafaudages réalisés par des insectes équipés de systèmes sensoriels leur permettent de répondre à toute sorte de stimulations : celles émises par leurs congénères comme celles provenant de l'environnement. Les phéromones jouent aussi un rôle essentiel dans l'activité des congénères. La signification des stimulations reçues dépend de leur intensité et du contexte dans lequel elles ont été émises ; elles peuvent être attractives ou répulsives, inhibitrices ou activatrices. Deneubourg rapporte :

« Dans les sociétés d'insectes, le "projet" global n'est donc pas programmé explicitement chez les individus, mais émerge de l'enchaînement d'un grand nombre d'interactions élémentaires entre individus, ou entre individus et environnement. Il y a en fait intelligence collective construite à partir de nombreuses simplicités individuelles. Quelques exemples permettront de mieux comprendre cette impressionnante différence entre la simplicité des règles individuelles et la complexité des réponses collectives. »

La division du travail dépend de la flexibilité comportementale de chaque individu. Un modèle biologique plausible comme le concept de « seuil de réponse » peut l'expliquer. Selon ce modèle, chaque individu possède un niveau de réponse caractéristique et lié aux tâches à accomplir dans la colonie. Si un stimulus dépasse le seuil pour un insecte donné, il intervient et réduit ce stimulus. Les seuils de réponse varient : plus un individu se consacre à une tâche, plus le seuil associé baisse. L'individu se spécialise. Dans les sociétés d'insectes, mais pas seulement chez elles, les communications entre individus ont souvent un caractère amplifiant : lorsqu'un individu est actif en un endroit, il stimule ses congénères à se comporter de la même manière que lui. Ce type de communication conduit la colonie d'insectes à développer l'activité de ses membres et donc à réaliser une tâche efficacement.

Prenons un exemple de fonctionnement d'une colonie de fourmis et imaginons un objet tombé sur sa piste habituelle vers la nourriture ; ses individus vont chercher immédiatement à contourner l'obstacle. Les fourmis n'ont pas l'intelligence de réfléchir au meilleur coté, au plus court ou au plus aisé. Elles choisissent un côté au hasard. Lorsqu'elles arrivent de l'autre côté, les fourmis venant d'en face trouvent statistiquement plus de fourmis venant du côté le plus court, qui correspond à un temps de trajet moins long ; grâce à un marqueur odorant, elles vont choisir ce chemin. On voit donc que la réussite des fourmis tient du parfait équilibre entre l'exploration et l'exploitation, entre une réaction négative et positive du système menant à son équilibre dynamique.

De nombreux chercheurs ont emprunté les principes définis chez les insectes sociaux pour faire des algorithmes et des paradigmes d'ingénierie capables de résoudre certains problèmes. De telles recherches sont souvent regroupées sous l'appellation de « système multi-agent » (SMA). Theraulaz et Eric Bonabeau (1995) du Centre national d'études des Télécommunications à Lannion (CNET) ont pris pour exemple la construction collective chez les guêpes, et ont développé un modèle numérique permettant de reproduire les différentes phases de construction d'un nid. Dans ce modèle, les insectes suivent des règles simples et n'interagissent pas directement entre eux. Les architectures obtenues correspondent à celles produites par les sociétés de guêpes. Il apparaît donc que pour fabriquer un nid collectif, ces insectes n'ont pas besoin de communiquer directement entre eux : ils se coordonnent à travers l'architecture qu'ils construisent. Ils sont stimulés et réagissent aux formes géométriques qu'ils voient progressivement s'élaborer autour d'eux par leurs compagnons. Les chercheurs ont montré que la construction d'une architecture d'aspect organisé requiert un type particulier de programme comportemental, ou algorithme, qui s'effectue par étapes successives. Celles-ci sont définies par des configurations locales stimulantes créées au cours d'une étape donnée qui sont différentes de celles produites au cours d'une étape antérieure ou ultérieure afin d'éviter une désorganisation ou un blocage de l'activité collective de construction.

On ne peut que s'émerveiller de la vie de ces insectes et l'organisation totalement décentralisée de leurs comportements ne fait que renforcer cette admiration. Ils font partie de notre monde, nous devons les respecter et de les protéger !

Les poètes en ont parlé et nous ont mis en garde... Écoutons avec attention le message de Maurice Maeterlinck, en 1901 dans « La vie des Abeilles » : « *À qui les a connues, à qui les a aimées, un été sans abeilles semble aussi malheureux et aussi imparfait que s'il était sans oiseaux et sans fleurs.* »

II

L'ÂGE D'OR DES INVERTÉBRÉS

Chapitre 4

L'ÉCREVISSE, LES GRANDS CRUSTACÉS ET LEURS RÉSEAUX DE NEURONES

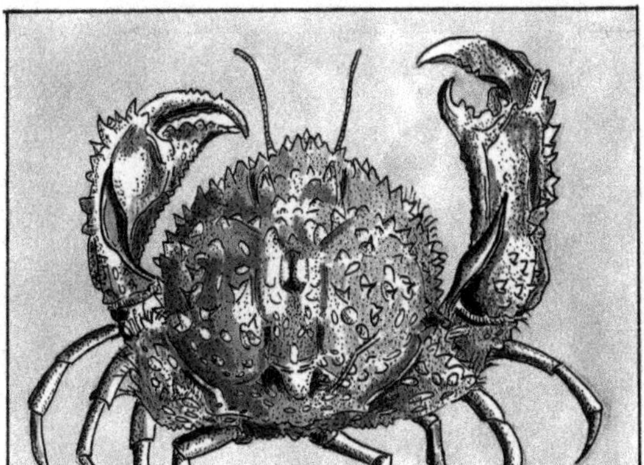

L'écrevisse est un crustacé caparaçonné comme un chevalier du Moyen-Âge. Cette armure calcaire n'empêche pas l'agilité, mais donne néanmoins l'impression de mouvements stéréotypés. De couleur verdâtre, on la rencontrait autrefois dans tous les ruisseaux de l'hexagone. De quelques centimètres de longueur à plus d'une quinzaine, elle a eu le malheur de s'avérer comestible et d'offrir une chair raffinée ! Même si elle peut fuir... Elle marche lentement, à la recherche de nourritures en décomposition. Ainsi on l'attire facilement, plutôt de nuit, en utilisant de la charogne ou un simple chiffon rouge. Les espèces autochtones ont presque toutes disparu de notre pays. Dans son milieu naturel, elle se nourrit aussi de petits animaux vivants ainsi que de particules végétales, c'est une nettoyeuse du fond des rivières. Si vous en voyez une dans un cours d'eau c'est qu'il est propre et sain ! Suivant les espèces, la carapace qui protège l'avant de son corps peut avoir diverses couleurs, du clair au rougeâtre. Le système circulatoire lacuneux est contrôlé par un cœur dorsal puissant. Le sang se perd dans les muscles. Il est bleu, l'hémoglobine est ici remplacée par de l'hémocyanine, un pigment à base de cuivre. L'abdomen articulé plus étroit s'étend vers l'arrière et peut, par une série de secousses, assurer la fuite. L'écrevisse possède cinq paires de pattes, quatre d'entre elles sont utilisées pour la marche, et la première terminée par des pinces hypertrophiées dressées vers l'avant lui donne l'aspect d'un monstre préhistorique. Cet animal curieux se déplace en tout sens.

L'écrevisse vit une dizaine d'années et se reproduit en automne. Les œufs fécondés n'écloront qu'au printemps ; les femelles dites « grainées » ont leurs œufs collés sous l'abdomen à la hauteur des palettes natatoires... les petits ne restent pas très longtemps avec leur mère. Leur carapace épaisse oblige les écrevisses à se développer en abandonnant leurs peaux, par mues successives, rapprochées quand elles sont jeunes, annuelles quand l'animal est adulte. L'ancienne carapace se fragmente et l'animal, tout mou, s'extirpe de son ancienne enveloppe protectrice. Le calcaire de la carapace n'est pas perdu, il a été conservé et accumulé dans une glande qui le secrétera à nouveau pour solidifier la nouvelle mue.

Durant ces heures cruciales, l'écrevisse, très fragile, se cache ; elle serait mangée toute crue par bien des prédateurs. Elle possède une autre propriété curieuse : elle peut pratiquer une automutilation de ses pattes. Au cours de combats ou d'accidents, un de ses membres peut se coincer ou être lésé. Grâce à cette propriété originale « d'autotomie », un dispositif à la base de la patte sectionne la partie distale, ne laissant à la bête qu'un moignon bien refermé. Sans aucune perte de sang, l'animal retrouvera automatiquement une marche normale mais avec une nouvelle coordination entre les pattes.

Ces particularités ont construit l'histoire scientifique de l'écrevisse, qui débute en 1880 avec Thomas Huxley. Cet Anglais célèbre, grand défenseur de Darwin, lui consacra un ouvrage entier : « *The crayfish, an introduction of the study of zoology* ». Champion de l'anatomie comparée, il montre que la description scientifique des différents principes d'organisation et de fonctionnement de l'écrevisse peut apporter des informations essentielles, applicables à l'ensemble du monde animal. Dans sa préface il écrit :

> « J'ai désiré montrer comment l'étude minutieuse d'un animal parmi les plus communs et les plus insignifiants conduit, étape par étape, à des informations originales comme à des données globales qui répondent aux questions les plus complexes de la zoologie et donc à celles des sciences biologiques en général. »

Notre ouvrage s'inscrit dans ce type de démarche. Rassembler l'ensemble des données obtenues chez différentes espèces et tirer les lois génériques relatives à la structure et au fonctionnement du système nerveux des organismes, les plus simples comme les plus complexes, est ici notre objectif.

La chronique de l'écrevisse se poursuit avec un autre pionnier qu'une majorité de personnes, même parmi les spécialistes les plus éminents, sera certainement surprise de découvrir dans ce contexte. Il s'agit de Sigmund Freud, l'élève de von Müller et ami de von Helmholtz. Dans les années 1870-1880, Freud est l'élève du grand neurologiste Ernst von Brücke et étudie les cellules nerveuses de l'écrevisse. Il publie un important article où il démontre que les fibres nerveuses, les axones, sont originaires d'un corps cellulaire. Ce résultat qui nous paraît aujourd'hui sans intérêt majeur, replacé dans son contexte historique, n'avait rien d'évident. La thèse qu'il publie traite d'ailleurs de la structure nerveuse chez les invertébrés. Ce n'est qu'après des études poussées sur ce sujet qu'il viendra à Paris travailler à l'ombre de Jean-Marie Charcot.

Avec les premiers travaux de Freud sur le système nerveux de l'écrevisse, elle devient chef de file historique de la grande famille des crustacés.

Histoires de crustacés

Les crustacés ont une curieuse place dans le cœur du public. Ils sont le plus souvent ignorés, à part quelques spécimens particuliers, occasions de réjouissances gastronomiques. La plupart, comme la langouste ou le homard, sont marins et sont l'objet de convoitise exceptionnellement cuisinés comme mets de luxe. Ce sont aussi des animaux de vacances, avec les crabes qui pincent les enfants sur la plage... Symbole parfois de malédiction, comme le crabe en métaphore du « cancer » qui ronge le corps jusqu'à le détruire...

À la Belle Époque, les crustacés faisaient les délices des salons privés à Paris, de La Pérouse ou de La Tour d'Argent, avec « la bisque de homard » ou « le buisson d'écrevisse » où les multiples pattes de ces arthropodes étaient dressées en l'air... On imagina longtemps quelques vertus aphrodisiaques à ces chairs raffinées, dues certainement aux mélanges d'épices qui accompagnaient leurs cuissons... À part quelques biologistes spécialisés dans l'étude des animaux marins, les crustacés ont été peu étudiés chez nous. Les grands scientifiques du comportement ont eu plus les yeux tournés vers les insectes que ce soit les papillons, les abeilles ou les fourmis... Certes à côté du million d'espèces et plus d'insectes, les crustacés paraissent peu nombreux, on en compte aujourd'hui autour de 50 000 espèces. Le public ne connaît vraiment que ceux de très grosse taille qui forment le groupe des décapodes, à dix pattes. Pourtant, dans l'embranchement des arthropodes, le sous-embranchement des crustacés présente une diversité de formes et d'organisation des plus variées : citons, par exemple, la balane, fixée sur les rochers de bord de mer dont on ne voit à marée basse que les plaques calcaires, elle fait partie de ces fameux cirripèdes qu'a tant étudiés Darwin et qui lui ont fait toucher du doigt la variété animale. Le cloporte violacé d'un à deux centimètres qui se cache dans les vielles remises et se met en boule dès qu'on l'approche. Évoquons les milliards d'animaux planctoniques qui constituent la nourriture des baleines, le krill, sorte de toute petite crevette vivant dans les couches supérieures de l'océan, ou fixée sous la surface de la banquise, formant parfois des nuages gigantesques de plusieurs millions de tonnes d'individus, étendus à perte de vue. Chaque animal au corps translucide possède des organes luminescents qui le rendent visible la nuit dans l'eau. Pensons aussi aux arthropodes terrestres, le crabe des cocotiers, dont l'envergure atteint un mètre, pattes étendues, et connu pour sa capacité à casser des noix de coco grâce à ses fortes pinces, ou enfin au plus grand arthropode actuel, le crabe géant du Japon, le macrocheire, vivant dans les eaux du Pacifique, *Macrocheira kaempferi* dont le poids peut atteindre 20 kg et l'envergure 3,7 mètre.

Dans l'histoire de ces gros crustacés, il s'est produit au siècle dernier, sans coup férir, un surprenant transfert de population avec le déplacement des « crabes royaux » (*Paralithodes camtschaticus*)... Ces Lithodidae, de la même superfamille que les bernard-l'hermite, se trouvent depuis quelques années sur l'étal des poissonniers. Autrefois, ils hantaient seulement la mer de Béring et les régions situées autour du Kamchatka. On en ramasse aussi beaucoup en Alaska et il est très apprécié à Vancouver ou Seattle.

Désormais, ces crabes royaux ont trouvé d'autres espaces. À la suite d'un programme russe planifié avec un soin tout particulier, on a transféré le crabe royal d'est en ouest. Dans les années 1960, des milliers de crabes ont été transportés par train de l'extrémité de la Sibérie aux mers les plus froides du nord de l'Europe. Dès le milieu des années 1970, on a commencé à récolter des crabes royaux dans les eaux de Norvège. Au printemps 1992, d'importantes quantités furent capturées pour la première fois dans ces régions. À l'automne de la même année, le crabe royal fut mis à l'ordre du jour de la Commission sur les pêcheries russo-norvégiennes pour contingenter les récoltes.

Durant l'automne 2002, la Norvège a commencé la pêche commerciale du crabe royal. Le quota fut fixé à 100 000 individus mâles.

Ces animaux, qui ont peu de prédateurs et se nourrissent très facilement, se développent de façon totalement anarchique. Les poissons ont énormément diminué... Mais les pêcheurs ne s'en plaignent guère, car les crabes possèdent une grande valeur marchande qui rend leur prise bien plus avantageuse que toute autre. Cette situation est aujourd'hui tout à fait alarmante. Quand certains voient cette progression rapide comme une menace pour les écosystèmes, d'autres la considèrent comme une bénédiction économique. Sans prédateur naturel, les crabes royaux pourraient atteindre les côtes atlantiques de l'Europe occidentale où seules les eaux chaudes de Gibraltar pourraient les arrêter... Nous savons maintenant qu'ils forment des amas énormes. Aucun n'avait été dénombré ailleurs que dans leurs régions d'origine jusqu'au milieu du XXe siècle, alors qu'il y en aurait aujourd'hui 20 millions dans la mer de Barents ! Une aberration écologique qui semble perdurer... Mais jusqu'à quand et vers quelle catastrophe ?

Peu savent que certaines langoustes tropicales, les langoustes de Cuba, effectuent des migrations annuelles. Elles voyagent sur des centaines de kilomètres en file indienne sur le sol océanique en eau peu profonde. Elles se tiennent par les pattes avant à l'abdomen de celle qui les précèdent et marchent seulement sur leurs pattes arrière. Ces animaux parcourent de très grandes distances dans le golfe du Mexique. Cette migration est encore mal connue, mais l'on pense qu'elle serait liée à la reproduction de l'espèce. Elle débute juste avant la ponte des œufs que les femelles fertiles produisent par milliers dans les eaux profondes. L'éclosion donne des larves, minuscules animaux flottants, à la merci des courants marins et des prédateurs. Ce stade larvaire dure une année avant la transformation en petites langoustes qui se mettent alors à marcher sur le fond. Avec l'aide des courants marins, elles reviennent sur les côtes pour vivre protégées, cachées dans des rochers ou sous des herbiers d'algue.

Les grands crustacés sont le plus souvent carnivores mais ce régime alimentaire n'est pas exclusif et les fragments végétaux font aussi partie du menu. Nous avons assisté dans un aquarium à l'attaque d'un homard contre un petit crabe vert. La lutte a été brève, le homard d'un bleu profond est arrivé d'un bond, plaçant ses énormes pinces de part et d'autre de la proie pour l'empêcher de fuir. Il a saisi la petite carapace hexagonale avec ses pattes thoraciques et l'a plaquée au sol. Quelques instants après, le crabe prisonnier était soulevé et dirigé vers les puissantes mandibules. Quelques secondes suffirent pour broyer la carapace et déchirer les parties molles... Le crabe fractionné a été consommé en peu de temps. Les petites particules alimentaires saisies par les pattes mâchoires et les maxillipèdes, s'orientaient vers l'orifice buccal. On prenait conscience du nombre très élevé des appendices bucaux du homard par les ondes coordonnées de courants d'eau qui dirigeaient la nourriture vers l'œsophage. Cette vision avait quelque chose d'effrayant. À la station marine de Roscoff, des centaines de homards sont conservés dans d'immenses vasques de granit. La légende dit qu'au moment des fêtes, des personnes un peu éméchées et vacillantes, à la recherche d'une pièce pour un festin futur, seraient tombées dans un des bassins de rétention et n'auraient jamais été retrouvées... Les homards auraient fait place nette !

Ces crustacés sont bien équipés, ils possèdent dans leur estomac des dents puissantes, deux dents latérales et une dent médiane, qui finissent de presser, d'écraser et de briser la nourriture ingérée. La digestion chimique commence ensuite, lorsque la nourriture passe dans le pylore. La première partie de la digestion est assurée par un système nerveux périphérique dont nous allons parler plus loin, « le système stomatogastrique ».

Les homards sont des animaux aux mœurs très agressives (Kravitz, Nuber, 2003). Les jeunes mâles se battent régulièrement. Ils s'approchent l'un de l'autre en projetant leurs deux pinces différentes en avant : l'une plus aplatie coupe, l'autre plus massive et bombée broie. Si on met deux homards dans un aquarium, ils ne commencent en général pas par s'affronter. En revanche, si on matérialise un emplacement par deux ou trois pierres, ils y voient la présence d'un refuge, d'un nid. L'un d'eux s'en empare et le défend contre l'autre. Le combat est assez bref, et dans la plupart des cas, le plus gros repousse l'autre et des rapports de dominance se créent. Le plus massif lève ses pinces le plus haut possible, son abdomen est relevé vers l'arrière et il se projette sur son adversaire un peu à la manière des sumotoris au combat. Les palettes natatoires qui battent alors très rapidement aident à la poussée vers l'avant. La sérotonine, neurotransmetteur de certains des neurones du crabe, intervient dans la régulation de ce comportement en favorisant la posture agressive générale. Si on injecte de la sérotonine à un animal dominé, il peut devenir dominant.

Des crabes de l'île Christmas au vieux polonais de Plymouth

Les écrevisses peuvent reculer, comme dans les vers d'Apollinaire « *Incertitude, ô mes délices/Vous et moi nous nous en allons/Comme s'en vont les écrevisses/À reculons, à reculons* » mais l'agencement des sept articulations de chacune des pattes leur permet aussi de se déplacer en tout sens, bien que leur marche familière soit la marche avant. Elles ont ainsi un avantage tout à fait exceptionnel lorsqu'elles rencontrent un ennemi : elles peuvent prendre une direction insolite qui leur donnera les quelques dixièmes de seconde nécessaires pour échapper à l'adversaire. L'animal soulève ses pinces et utilise ses huit pattes marcheuses, quatre de chaque côté. Le corps, on dit le céphalothorax, est soulevé en position oblique. Il peut aller très vite sur le sable, mais est cependant gêné par cette multitude d'appendices. On connaît également le « *ghost crab* », le crabe fantôme, qui va tellement vite qu'on a du mal à le voir passer sur les plages de la côte nord-ouest d'Australie, il n'utilise que trois pattes une d'un côté et deux de l'autre sur lesquelles il s'appuie en oscillant et en poussant.

Mais l'exemple le plus fascinant peut être observé tous les printemps sur l'île Christmas de l'océan Indien. Pendant près d'un mois, les villages de l'île sont littéralement envahis par un crabe rouge (*Gecarcoidea natalis*). D'environ 10 cm de large, ils exhibent une carapace d'une superbe couleur lie de vin. Ramassés, hauts sur pattes, ils sortent de la forêt traversent les routes et les maisons, et rejoignent les plages pour se reproduire. Terrestre, cet animal a besoin d'eau pour sa reproduction et le développement dc ses larves. Procession à déplacement latéral, sur un front de plusieurs kilomètres, les mâles ouvrant la marche, les gros devant et les petits derrière, suivis par les femelles. Ils sont partout, traversent rues, voies ferrées et même habitations, dans l'indifférence générale. 100 000 crabes meurent écrasés chaque année. C'est tout à fait négligeable, moins de 1 % de la population adulte ! À leur arrivée sur les plages, ils plongent à l'eau, reprennent des forces en se réhydratant. Les couples construisent leurs terriers, où les femelles rejoignent les mâles pour l'accouplement. Puis les animaux font le chemin en sens inverse...

Chez notre petit crabe côtier, la marche est totalement dépendante de la traction des pattes avant et de la poussée exercée par les pattes arrière. Le dernier segment, le dactyle, s'enfonce dans le sable pour tirer ou s'appuie sur une anfractuosité de rocher pour pousser. À l'intérieur du corps, un ganglion nerveux, le ganglion étoilé, règle toutes les commandes motrices nécessaires à la contraction des muscles qui permettent les mouvements des appendices locomoteurs. Jeune chercheur à Marseille, j'ai commencé ma thèse de doctorat sur les crabes et leur marche latérale. Le but de mon travail consistait à explorer et à comprendre les mécanismes neuromusculaires et articulaires qui président à l'exécution de ce type de marche. Nous pensions que la marche latérale était permise par l'agencement des articulations des différentes pattes et que la coordination était assurée par des récepteurs sensoriels situés à la base de chacune d'elles. Une de mes filles, sans doute marquée par ces drôles d'animaux, a prononcé le mot « cabe » avant celui de maman ou papa ! Quand plus tard on lui demandait ce que faisait son père, elle répondait avec assurance : « *Il apprend aux crabes à marcher de travers !* »

À Marseille, les crabes sont des « favouilles », conservés dans des casiers en bois où ils grouillent les uns sur les autres. Les poissonnières du Vieux Port les vendent pour la soupe ou la bouillabaisse. Verdâtres, s'ils viennent de muer, jaunes ou rougeâtres si leur mue est plus ancienne, j'en ai souvent acheté... Mon apprentissage pour les saisir avait porté ses fruits et je plongeais la main sans appréhension dans les casiers, pour les attraper les uns après les autres. Pour ne pas se faire pincer, il suffit de prendre la carapace par-derrière. Devant cette habileté acquise, j'entendais avec l'accent : « *Eh bé mon beau ! Ça ne vous mord pas là-dedans ! Que vous plongez la main comme un brave... Moi je me demande pourquoi je les vends, ça rapporte rien et ça m'encombre. Quand on m'en commande j'aime pas les attraper... Prenez tout ce qu'il vous faut. Vous allez les faire avec du riz ? Ah non... c'est pour la soupe de poisson...* »

Je bafouillais quelque chose, et je n'expliquais rien. Je choisissais des crabes bien verts, bien plus faciles à disséquer. Je prenais les plus vifs et les plaçais dans un grand aquarium.

J'ai par la suite travaillé sur les écrevisses... On en trouvait dans toutes les piscicultures à truites où elles étaient engraissées avec les viandes d'équarrissage. Les vendeurs en commandaient dans les pays de l'Est des tonnes qu'ils stockaient dans des bassins à eau courante pour fournir les restaurants avoisinants C'était une des sorties du dimanche avec les enfants. Ils allaient pêcher dans les bassins des truites affamées qui se laissaient prendre sans difficulté pendant que je choisissais des *Astacus leptodactylus*, des écrevisses aux pieds blancs, les plus grosses de 25 à 30 cm, avec d'énormes pinces. Dans ces eaux oxygénées, les animaux survivent longtemps. Je les conservais dans un sac humide puis les stockais provisoirement à la maison dans le bidet de la salle de bain en laissant un filet d'eau courante... J'y ajoutais un « sucre » associé à une pompe à vélo et chaque personne se rendant aux toilettes avait pour mission de donner quelques coups de pompe pour aérer l'eau plus ou moins stagnante.

En fait si cette espèce permettait de faire des études anatomiques, elle était impropre à la physiologie. Mon premier travail avait consisté à trouver et à décrire les capteurs sensoriels présents dans les pattes de l'écrevisse. Je savais par des travaux précédents qu'il existait au niveau des articulations des tiges conjonctives ou tendineuses qui étaient innervées. Chez les invertébrés, les corps cellulaires des neurones sensitifs sont localisés en périphérie. J'ai donc, pendant une année entière, disséqué des pattes d'écrevisse pour trouver la disposition et l'agencement de ces groupes cellulaires. J'utilisais une méthode mise au point par Bethe qui avait longuement étudié à la station marine de Naples. Il suffisait d'utiliser une solution de bleu de méthylène diluée qui se fixait sur les neurones alors que les structures avoisinantes restaient claires. Il avait adapté la méthode de Paul Erlich, un scientifique allemand, prix Nobel de Médecine en 1908 et connu pour ses travaux en hématologie et en immunologie, également considéré comme le père de la chimiothérapie. Cette méthode a eu un succès considérable, elle a permis de connaître l'anatomie nerveuse de l'ensemble des invertébrés, en particulier des invertébrés marins. De mon temps, le maître était un polonais juif, émigré en Angleterre et qui vivait à la station marine de Plymouth, Jerzy Stanislas Alexandrowicz. Cet homme qui avait eu des fonctions officielles au ministère de l'Éducation de Pologne avait perdu toute sa famille dans les camps de concentration, pendant la guerre. Prisonnier des Russes et réfugié au Moyen-Orient, il avait abouti en Angleterre et obtenu un poste à la station marine de Plymouth. Là, il réalisait des préparations de récepteurs d'étirement de l'abdomen de la plupart des grands crustacés. Ces données ont permis à Stephen Wilhelm Kufler d'étudier dans les années 1955 l'activité intracellulaire de ces neurones, l'un tonique, l'autre phasique, de montrer l'intervention d'une fibre nerveuse inhibitrice qui bloque la décharge des potentiels d'action.

J'ai eu le privilège de rendre visite à Alexandrowicz à Plymouth. La station créée en 1888 par le zoologiste Edwin Ray Lankester avait un air attachant, vieillot. Tout était couvert de rouille, l'humidité marine suintait, des bruits de pompes, des baquets, des aquariums, des tenues de pécheurs... J'étais attendu, je suis monté au premier étage, je l'ai aperçu appuyé sur une paillasse de carreaux blancs. Il s'est à peine levé mais m'a réservé un bon sourire ; il s'est exprimé dans un français parfait avec un fort accent du nord de la Pologne :

> « Mon cher ami, je vous ai mis sur la platine, la préparation que j'ai dessinée dans mon article de 1951. Le récepteur d'étirement y est au complet avec ses deux cellules sensorielles ; vous avez les fibres nerveuses qui l'innervent qui sont bleu plus clair, une est beaucoup plus fine, c'est l'axone du motoneurone inhibiteur. J'ai eu un mal fou à le conserver entre le temps de la fixation et du montage entre lame et lamelle... »

Je ne savais que dire. C'était d'une étrange beauté, l'éclairage jaune qui entourait les cellules en forme d'outre avec un chevelu très fin au sommet... Le spectacle me laissait sans voix... J'avais naturellement lu l'article avec le dessin qu'il avait très précisément réalisé (Alexandrowicz, 1951) ; là c'était en couleur avec différents bleus, certaines parties à peine teintées, de vrais pastels, d'autres d'un franc bleu outremer, ou bleu cyan ; bleu indigo. La base des neurones tournait au bleu de Prusse. Emporté par mon enthousiasme, n'ayant pas encore ouvert la bouche, j'ai touché la lame en verre qui portait la préparation. Elle n'était pas fixée, et d'un geste maladroit, je l'ai fait tomber. De quelques centimètres, heureusement, elle n'était pas brisée.

Les yeux d'Alexandrowicz se sont arrondis comme ceux d'une carpe, comme si un événement effrayant avait failli se produire... J'étais moi-même épouvanté. J'ai repris la pièce anatomique, l'ai remise et fixée sur la platine. Le vieux Polonais d'un geste brusque m'a repoussé. Il voulait s'assurer que le vernis qui maintenait l'agencement de la préparation n'avait pas bougé. De longues minutes se sont écoulées... Je marmonnais des excuses. Il s'est enfin tourné vers moi et m'a parlé gravement : *« Faites attention mon jeune ami ! Inutile de vous excuser. Elle aurait été abîmée, je vous aurais demandé de repartir immédiatement, j'aurais été bien incapable de continuer à discuter avec vous après la perte de cette pièce unique... Elle est en parfait état* – il m'a souri – *nous pouvons continuer, expliquez-moi ce que vous faites...* »

L'incident était clos, il m'a montré d'autres pièces, j'en avais apporté aussi... Nous nous sommes quittés heureux, moi très impressionné par ce vieillard si habile et si délicat qui avait survécu à tant d'horreurs. Les mécanorécepteurs de crustacés nous avaient rapprochés, sans que jamais nous ayons abordé quelques questions intimes. J'avais pourtant l'impression de l'avoir compris.

J'ai moi-même travaillé dans une station marine, en Écosse, à St Andrews où j'ai retrouvé sur les homards les mêmes structures que celles que j'avais observées chez le crabe. J'ai complété ce travail par des enregistrements électro-physiologiques où j'analysais l'activité électrique des nerfs qui émergent du récepteur périphérique. Il fallait là trouver le nerf ultime avant qu'il ne rejoigne sa branche centrale. Je passais deux crochets de platine que je soulevais hors de l'eau, j'enduisais le tout de vaseline pour que rien ne se dessèche. Après amplification des signaux électriques, j'envoyais les réponses sur l'oscilloscope et le signal était également dérivé sur un haut-parleur. Chaque fois que je soulevais le nerf hors de l'eau j'entendais un crépitement très bruyant, c'étaient l'ensemble des unités sensorielles qui « parlaient ». Si avec une pince j'augmentais ou diminuais l'angle de l'articulation qu'elles commandaient, je mettais en jeux d'autres cellules, ce qui me confirmait le rôle du récepteur que j'enregistrais. En combinant ainsi anatomie et physiologie, je réalisais une cartographie des mécanorécepteurs impliqués dans la marche que ce soit chez le crabe ou le homard.

Rentré à Marseille, je cherchais à comprendre comment ces informations générées par les différentes pattes s'intégraient à la commande centrale et coordonnaient l'ensemble des muscles de marche. Comment l'animal faisait-il lorsqu'il changeait de direction ? Pendant ce temps, d'autres expériences prouvaient l'existence dans différentes chaînes nerveuses d'invertébrés, de réseaux de neurones organisant la commande motrice. L'espèce d'écrevisse sur laquelle je travaillais, trop fragile, n'était pas utilisable pour une étude du système nerveux. Je savais qu'aux États-Unis les chercheurs utilisaient une espèce qui semblait résister à tout : l'écrevisse rouge *Procambarus Clarkii.*

Originaire de la Louisiane, elle serait arrivée en Europe à la suite du naufrage d'un bateau dans l'embouchure du Guadalquivir, au sud de l'Espagne. En quelques années, ces animaux beaucoup plus agressifs que les espèces autochtones et peu troublés par les changements d'environnement, ont remonté les fleuves ibériques, sont arrivés en France et occupent les trois quarts du pays... Ils sont redoutables, passant dans les prairies humides, traversant les champs, supportant toute sorte de pollution, ils ont occupé tous les milieux. Pour passer l'hiver, ils creusent des galeries, provoquent des fondrières dans les chemins et détruisent des digues de protection comme ils l'ont fait en Camargue... C'est certainement un animal nuisible au sens strict, car il détruit l'équilibre biologique en perturbant la biocénose, c'est-à-dire l'équilibre des associations d'animaux et des végétaux au sein d'un même biotope... Pour le chercheur, il se révèle un animal extrêmement utile puisqu'on peut isoler son système nerveux et le maintenir vivant pendant de très longues heures, permettant ainsi l'étude détaillée des propriétés des différents neurones de la chaîne ganglionnaire.

La pince, les palettes natatoires de l'écrevisse et les réseaux de neurones

La connaissance de la physiologie neuromusculaire de l'écrevisse date de Charles Richet, prix Nobel de Médecine et de Physiologie en 1913 pour avoir décrit l'anaphylaxie. Esprit curieux, il s'intéressait à tout et se passionnait pour les invertébrés. Il a, à la fin de sa vie, plongé dans le spiritisme où il pensait puiser quelques réalités scientifiques. Il considérait que l'écrevisse était l'invertébré le plus intéressant à étudier, les insectes étant trop petits et les autres, des animaux marins bien difficiles à se procurer à Paris. Il a conduit l'expérience suivante : il a stimulé électriquement le nerf périphérique de l'écrevisse qui contrôle le muscle qui ferme la pince. En utilisant une stimulation de faible intensité et croissante, il a observé, dans un premier temps, que le muscle se contractait. En augmentant progressivement l'intensité du courant, l'effet sur la contraction chutait brutalement et le muscle se relâchait. Richet concluait que l'augmentation du courant de stimulation avait généré un effet inhibiteur. Cette hypothèse s'est révélée exacte, les muscles des crustacés sont innervés par un petit nombre de motoneurones excitateurs, un ou deux à la dizaine et, dans la plupart des cas, par trois motoneurones inhibiteurs pour chaque patte.

Durant toute la première partie du XXe siècle, la pince d'écrevisse ou d'autres grands crustacés va devenir un modèle privilégié d'étude. C'est C. A. G. Wiersma qui a analysé dans les années 1930 à 1960 cette innervation motrice. Ce Hollandais, arrivé en Californie au laboratoire Caltech, en 1934 avec un de ses condisciples, Van Harreveld, à l'initiative de Thomas Hunt Morgan qui, chargé d'organiser le nouveau département de Biologie, allait apporter des données fondamentales sur les différents types de motoneurones et sur les différentes fibres musculaires des crustacés (Clarac, Pearlstein, 2007). Il a montré qu'au bout de la pince, le muscle qui l'ouvre ne possède que deux neurones moteurs : l'un excitateur, l'autre inhibiteur. Il a caractérisé les relations des trois neurones inhibiteurs d'une patte qui réduisent la contraction due aux excitateurs. Parmi ces trois, l'un est remarquable : il innerve l'ensemble des muscles, même s'ils possèdent des fonctions opposées. On a très longtemps cherché son rôle. On l'enregistre facilement car on le trouve dans tous les tracés musculaires électro-physiologiques d'une patte. Les muscles possèdent deux types de fibres, certaines toniques mises en jeu durant la posture et les mouvements lents, d'autres dites rapides réalisent les mouvements de fuite et toutes les réactions violentes. Werner Rathmayer, un Allemand professeur à Constance, a démontré que le neurone inhibiteur commun intervenait au cours des mouvements rapides. Innervant les fibres lentes, il les bloque, empêchant leurs contractions graduelles dans des actions brusques. Ainsi, l'inhibition bloque l'activité des fibres lentes tout en laissant s'exprimer l'ensemble des fibres rapides, permettant la genèse de contractions très brèves. Chez les vertébrés, il n'existe pas de motoneurones inhibiteurs ; la décision de la commande musculaire se décide au niveau de la moelle épinière et résulte de l'ensemble des actions excitatrices et inhibitrices spinales. Chez l'invertébré, la commande d'un mouvement peut être modulée au niveau du muscle lui-même.

Wiersma a aussi étudié les interneurones situés dans le système nerveux central en les identifiant soit au niveau du collier péri-œsophagien soit dans les connectifs abdominaux. Il a tout d'abord remarqué qu'il existait dans la chaîne nerveuse, de chaque côté de l'animal, deux paires de fibres de très grand diamètre, l'une centrale, l'autre latérale. Les premières se présentent d'un seul tenant et parcourent toute la chaîne, des ganglions cérébroïdes à l'extrémité de l'abdomen, le telson. En les stimulant, on déclenche un réflexe de fuite qui propulse l'animal vers l'arrière avec des séquences de flexions et d'extensions extrêmement rapides. La paire de fibres géantes latérales est composée de l'assemblage de cellules segmentaires géantes réunies par des jonctions étroites. Si elles sont mises en jeu, elles induisent également un comportement de fuite mais cette fois-ci, la direction est opposée.

L'animal effectue une série de secousses abdominales dirigeant la carapace vers le haut puis vers l'avant. Ces réponses sont tout à fait fonctionnelles. Les fibres médianes sont mises en jeu essentiellement par l'avant de l'animal et les fibres latérales par l'arrière. Ces travaux, débutés dans les années 1936, ont été poursuivis pendant plus de cinquante ans pour déchiffrer le fonctionnement des systèmes neuroniques impliqués et pour élucider le rôle des cascades d'interneurones. Une des jonctions entre cellule a été particulièrement analysée. Il s'agit de celle assurant la

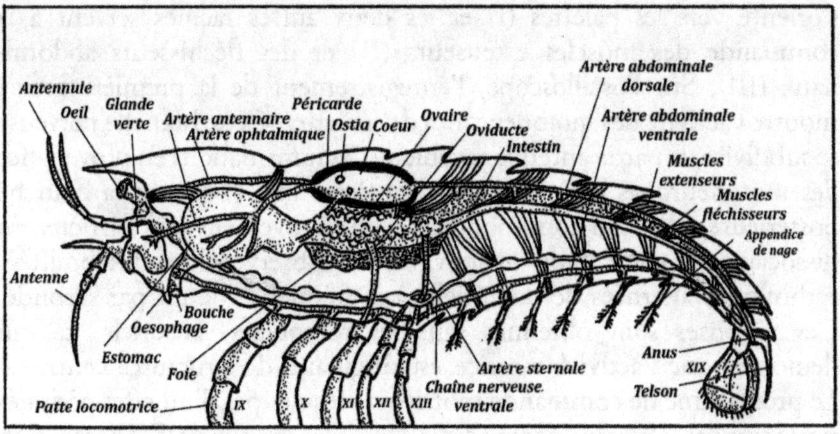

connexion entre la fibre géante latérale et un motoneurone géant qui possède une jonction étroite, un couplage. Dès 1957, Furshpan et Potter ont été capables d'insérer deux microélectrodes : l'une en position pré-synaptique, l'autre dans l'élément post-synaptique. Ils ont pu mesurer le temps de passage du potentiel. Un dixième de milliseconde est suffisant pour assurer la transmission du message. Pendant le même temps, Bullock et Hagiwara obtenaient sur le ganglion étoilé du calmar des valeurs dix fois plus élevées sur une synapse chimique, autour de 1,2 seconde.

Ces travaux sur les fibres nerveuses internes ont mis en évidence le concept de « fibre de commandes ». On démontrait ainsi, en tout cas chez l'invertébré, que la stimulation d'une seule cellule déclenchait toute une séquence comportementale, comme s'il existait dans les centres nerveux des éléments « presse-bouton », capables d'induire une activité motrice même très élaborée. Ces recherches s'apparentaient aux explorations des comportementalistes qui parlaient de « *Fixed automatic pattern* » (mouvement automatique fixe). Des modules stéréotypés que l'animal pouvait à volonté induire suivant les circonstances.

Les travaux de Wiersma ont été fondamentaux dans l'avancée des connaissances sur le fonctionnement nerveux de l'écrevisse, mais aussi sur l'ensemble des êtres vivants. Dans les années 1960, G. M. Hughes isole dans une boîte de Petri la chaîne nerveuse abdominale d'écrevisse (Hughes, Wiersma, 1960). Cette partie du système nerveux est très facile à disséquer car on voit par transparence la chaîne nerveuse abdominale du côté ventral de l'animal. De chaque ganglion abdominal partent, de l'avant vers l'arrière, trois racines nerveuses. La première s'oriente vers les palettes (I) et les deux autres racines servent à la commande des muscles extenseurs (II) et des fléchisseurs abdominaux (III). Sur l'oscilloscope, l'enregistrement de la première racine montre l'activité des motoneurones des palettes. Cette branche nerveuse se subdivise, la partie antérieure véhicule les informations en provenance des motoneurones qui projettent la palette vers l'avant et la branche postérieure celles qui correspondent à un mouvement vers l'arrière. En dissociant les deux types d'activités, on observe alors des bouffées rythmiques alternées de potentiels, à la fréquence de un par seconde. Ces réponses sont obtenues sans les récepteurs sensoriels, ce qui démontre que l'activité motrice est originaire de structures centrales. Le programme de commande motrice ne résulte pas d'un effet périphérique comme c'était le dogme admis depuis les travaux de C. Sherrington au tout début du XXe siècle.

C'est à cette époque que les préparations d'invertébrés se sont multipliées, démontrant que l'ensemble des comportements étudiés avait pour origine des réseaux de neurones centraux. On trouvait alors de la nage « centrale », de la marche « centrale », du chant « central », de la respiration « centrale », de la mastication « centrale »... Dans les congrès, les jeunes chercheurs tentaient de s'imposer en expliquant qu'ils étudiaient un ganglion central tout en négligeant complètement le reste du modèle et tous ses systèmes périphériques de fonctionnement. Il leur suffisait d'avoir isolé le réseau adéquat. S'ils travaillaient sur un homard par exemple, ils annonçaient : « *Nous avons mis l'animal à la poubelle... nous travaillons sur la chaîne nerveuse isolée.* »

Une telle formule induisait un léger murmure de réprobation... On pouvait comprendre cette agressivité, le dogme précédent avait trop longtemps retardé les recherches. À côté des mouvements volontaires originaires du cortex, les mouvements semi-automatiques comme ceux de la respiration et de la locomotion étaient encore vus comme une suite de réflexes en réponse aux stimuli extérieurs. En fait on découvrait peu à peu que c'étaient des réseaux de neurones qui par leur connectivité et leurs propriétés intrinsèques lançaient toute la commande motrice. Certes, les réflexes existent. On sait aujourd'hui qu'ils ajustent la fréquence et la puissance de cette commande mais ils ne sont pas à l'origine des mouvements.

Dès 1961, Ted Bullock professeur de neurobiologie à San Diego écrivait : « *L'organisation centrale du mouvement est la condition nécessaire et souvent suffisante pour déterminer les traits principaux les plus caractéristiques de la plupart des actions, que le stimulus qui les induise soit déclenché ou spontané.* »

La confirmation de telles idées et leur partage dans la communauté des neurobiologistes furent longues et difficiles. Alfred Fessard a fait l'introduction du congrès organisé par Jacques Paillard et Jean Massion à Aix-en-Provence les 7-9 septembre 1973. Cette réunion avait pour but de faire le point, chez les mammifères, sur l'importance de ces réseaux internes, responsables des actions (Paillard, Massion, 1974). Il est apparu, et cela a été confirmé par la suite, que toute action est d'abord mise en place au cœur même des structures nerveuses. Fessard, qui depuis longtemps soutenait cette hypothèse, n'avait pu s'empêcher de déclarer :

> « Je m'accrocherai à l'idée directrice qui représente le mot-clé de notre colloque, à savoir le mot programme. Ce mot qui sort de l'ordinateur court les rues, pour ainsi dire n'était pas utilisé par les anciens neurophysiologistes et il semble que la notion ait eu du mal à se dégager clairement et à se matérialiser en termes physiologiques. »

Il s'étonnait qu'il ait fallu tant de temps pour accepter cette idée qui somme toute était déjà banale à l'époque. Fessard croyait en avoir déterminé la raison :

> « Je pense que la principale raison est à attribuer à la solidité et à la fertilité du modèle antérieur, celui du réflexe, du réflexe segmentaire étendu au cerveau, et conçu dans les perspectives ouvertes par le génie des deux grands promoteurs, Sherrington et Pavlov... Sans considérer ici ce qui oppose ces deux écoles sur le plan des méthodes et plus encore sur celui des philosophies, notons qu'elles se rapprochent par l'importance majeure qu'elles donnent aux entrées sensorielles comme facteur d'organisation des activités motrices contrôlées par le cerveau... »

Alfred Fessard lorsqu'il parlait devant tous les participants prenait quelques précautions car la salle rassemblait aussi des « réflexologistes purs et durs » qui refusaient cette nouvelle manière de voir. En fait, il s'agissait là d'une question de fond difficile à résoudre car les connaissances sur le fonctionnement du système nerveux étaient encore à ses balbutiements. Si on se réfère au passé et à toute l'école anglaise de l'Associationnisme, école qui va de John Locke à J. Stuart Mill en passant par Herbert Spencer, l'individu naît sans rien savoir, il va tout apprendre par ses sens, il va voir, sentir, toucher et construire sa propre expérience, le système nerveux est un immense creuset qui accumule le savoir et notre psychisme se bâtit avec tout ce que nous avons emmagasiné. Le système nerveux n'agit qu'en réponse à quelque chose. Au niveau cellulaire, lorsque les neurophysiologistes ont pu pénétrer à l'intérieur même des neurones, ils ont posé une question similaire : un neurone complètement isolé de toute synapse est-il encore actif ? Est-il capable de générer une activité propre ou est-il totalement silencieux ? La réponse est venue en 1968 avec les travaux de Barbara Alving qui a pu isoler un neurone du mollusque d'aplysie (voir chapitre 6) en plaçant un cheveu autour de son corps cellulaire (Alving, 1968). L'avantage était que cette cellule envoyait régulièrement des potentiels d'actions rythmiques, en supprimant toutes les entrées synaptiques. Étonnamment, après isolation, la cellule a continué à émettre des potentiels électriques, comme si de rien n'était... La preuve était donnée qu'un neurone peut avoir une activité particulière intrinsèque. Ce travail a totalement changé notre manière de voir.

L'étude des palettes natatoire de l'écrevisse s'est avérée un modèle expérimental intéressant. Lorsqu'on est habile, la dissection s'effectue en moins de vingt minutes et la préparation peut être conservée vivante pendant plusieurs heures. Si elle est toujours étudiée aujourd'hui, de nombreuses difficultés ont limité ses avantages : les neurones sont trop nombreux, mal identifiés et les mouvements de la palette beaucoup plus compliqués qu'on ne le croyait. En fait, un autre modèle s'est imposé peu à peu pour finir par prendre le dessus sur tous les autres : celui du ganglion stomatogastrique.

La mastication dans l'estomac et le système stomatogastrique

Chez les gros crustacés, le travail masticatoire est divisé en deux séquences. Dans un premier temps, les mandibules et les appendices autour de la bouche dépècent les proies, les enfournent dans la bouche et l'œsophage. Les fragments alimentaires sont accumulés dans le sac cardiaque. Dans un second temps, la nourriture est broyée par les trois dents du système gastrique de l'estomac. Transformés en bouillie, les aliments passent alors par le pylore qui leur ouvre la porte de l'intestin. Chaque partie du système digestif présente un rythme particulier et original d'activité qui par moments entre en phase. Ces activités sont contrôlées par quatre circuits neuroniques qui se situent dans le ganglion stomatogastrique (28 neurones, dont 13 pour le rythme gastrique et 14 pour le rythme pylorique), dans le ganglion œsophagien (rythme œsophagien) et dans les ganglions commissuraux qui sont situés de part et d'autre de l'œsophage. C'est le zoologiste Français François Mocquart qui a décrit le premier ce ganglion nerveux stomatogastrique des crustacés, mais aussi celui des insectes, qui ont la curieuse particularité de se situer au milieu d'une artère. Cette préparation était oubliée quand Donald Maynard, un grand zoophysiologiste américain qui cherchait à comprendre le fonctionnement nerveux de nombreux ganglions d'invertébrés s'y est à nouveau intéressé. La dissection du ganglion est particulièrement longue et difficile mais une fois la structure isolée, on a affaire à un ensemble de neurones présentant une activité spontanée analysable sur les différents nerfs périphériques. Si on a pu retrouver cet ensemble sur l'écrevisse, Maynard l'a d'abord analysé sur des langoustes où les nerfs sont plus longs et mieux identifiés. La mise au point de la préparation fut longue et au début il a eu beaucoup de mal à comprendre son fonctionnement.

Malheureusement, alors qu'il touchait au but et avait trouvé toutes les connexions entre les neurones du ganglion stomatogastrique, il est mort brutalement. Ce sont ses deux élèves, A. Selverston et B. Mulloney, qui ont fait connaître la préparation dans la communauté. C'était la première fois, dans les années 1975, que l'on pouvait présenter deux réseaux fonctionnels avec leurs organisations et toutes leurs connexions : on avait d'un côté le réseau gastrique et de l'autre le réseau pylorique. Ils présentaient entre eux des relations particulièrement intéressantes. On pouvait voir que les contacts synaptiques n'étaient que de deux types, soit inhibiteurs, soit des couplages, ne présentant pour ainsi dire aucune connexion excitatrice. Ce type d'organisation expliquait qu'on obtienne des activités synchrones et antagonistes. Les résultats obtenus montraient l'existence dans le système nerveux de modules capables d'induire des rythmes internes commandant des mouvements et dépendant des différentes propriétés des neurones impliqués. On disait alors que ces réseaux étaient commandés par des éléments « *pacemakers* » assurant la fréquence de décharge des potentiels d'action et que les autres neurones étaient de simples « suiveurs ». Selverston présentant ces réseaux parlait de « *God father* », cellules « Dieu le père », directrices alors que d'autres ne faisaient qu'être entraînées (« *followers* »). On imaginait ces structures composées d'éléments très rigides, actifs ou non. Ce concept de *pacemaker* prenait son origine dans l'analyse du fonctionnement du système cardiaque, on le définissait comme intrinsèque aux neurones possédant à eux seuls la propriété d'initier un rythme.

Le succès de cette préparation est venu, sans aucun doute, de la possibilité d'étudier individuellement, grâce à des méthodes anatomiques et électro-physiologiques, toutes les cellules composant le réseau (Selverston, Moulins, 1987). La réussite de la préparation s'explique ainsi :

– La taille limitée de la préparation qui tient avec ses différents nerfs dans une boîte de Pétri a permis une étude exhaustive, sous la loupe binoculaire, des propriétés électro-physiologiques des neurones avec une approche extra et intracellulaire. La boîte elle-même permet des échanges de liquide très aisés facilitant l'analyse très précise de l'action d'un ou de plusieurs ions.

– La taille des corps cellulaires, relativement importante, est avantageuse pour pénétrer dans les cellules, mais l'est beaucoup moins pour réaliser une approche en patch-clamp. Chez les invertébrés, les corps cellulaires sont essentiellement trophiques et ne possèdent pas de propriétés actives par eux-mêmes. Les synapses sont situées sur les branches centrales où s'effectuent les différents échanges d'information.

– Le blocage réversible de la propagation des potentiels d'action dans un nerf est obtenu en construisant une cuvette de vaseline autour d'une portion dégainée de ce nerf, puis en y plaçant une solution dépourvue d'ion. Quelques minutes suffisent à obtenir un blocage total de la conduction. La même durée est nécessaire pour revenir à la situation antérieure. On peut également bloquer de façon réversible toute activité électrique dans un ganglion en perfusant ce dernier, préalablement dégainé, avec une solution isotonique de saccharose. Pour arrêter l'activité de toutes les synapses chimiques dans un ganglion, le liquide physiologique standard est remplacé par une solution appauvrie en calcium et à laquelle on a ajouté des ions Mn^{++}. La cessation d'activité est obtenue en 10-20 minutes ; on revient à la situation antérieure en 30-40 minutes.

– La technique de photo-ablation permet la suppression sélective d'un neurone préalablement identifié électro-physiologiquement sans affecter les autres cellules du ganglion. Pour cela, le neurone à éliminer est tout d'abord injecté avec un fluorophore, le plus souvent le Jaune Lucifer, puis éclairé avec une lumière bleue. Pour injecter un neurone, la pointe d'une microélectrode est remplie du fluorophore. Une fois le neurone pénétré, des créneaux de courant négatif (-2 à -5 nA, 500 ms, 1 Hz) sont appliqués pendant 20 à 60 minutes et permettent l'injection par iontophorèse du colorant qui migre peu à peu dans l'ensemble du neurone. Il est intéressant de noter que sur la préparation stomatogastrique, ces colorants ne passent pas les jonctions étroites et que par conséquent, on ne marque qu'un neurone à la fois.

Les données apportées depuis 1975 ont complètement modifié nos idées sur le fonctionnement des réseaux. Il est apparu d'abord que certains de ces neurones possédaient des propriétés intrinsèques dépendantes du voltage de leur membrane. On a pu montrer dès les années 1980 que des neurones présentaient des propriétés internes qui se modifiaient suivant leur état électrique. On a ainsi mis en évidence des propriétés de plateau. Une faible injection de courant dépolarisait la cellule très longtemps ; elle répondait alors « en plateau » de courant.

Bien d'autres propriétés ont ainsi été caractérisées. Toutes dépendaient des différents courants générés au travers des canaux ioniques de la membrane de chaque cellule (Llinas, 1988).

Grâce essentiellement aux travaux menés au sein de l'école de Maurice Moulins, à Marseille et à Arcachon, on a observé que ce ganglion était en fait commandé par des cellules nerveuses situées en avant, dans le ganglion œsophagien et surtout dans les ganglions commissuraux. Ces neurones modulent totalement l'activité des différents réseaux présents. Grâce à différents interneurones qui synthétisent et libèrent des neuromodulateurs, les neurones du ganglion stomatogastrique peuvent acquérir des propriétés tout à fait particulières. Chacun d'eux possède ainsi une « palette » de courants contrôlés soit par les amines, la 5HT, la dopamine, la noradrénaline, l'histamine ou encore le peptide de type FMRFamide (peptide F1). L'activité de ces neurones est également modulée par des substances cholinergiques excitatrices ou encore par le GABA qui exerce une action inhibitrice. La notion de « *pacemaker* » a donc radicalement évolué. Le rythme enregistré n'est plus uniquement dépendant d'un ou deux neurones qui commandent les autres, mais lié aux propriétés de certains neurones à un moment donné, sous l'effet d'une substance modulatrice donnée. On parle de « *conditional burster* ». Il n'y a plus de « Dieu le père » ni de suiveurs, tous les neurones sont des « *rythmeurs conditionnels* » (Selverston, Moulins, 1987).

Ce système est en fait extrêmement flexible et sujet à de très grandes variations que ce soit en intensité ou en fréquence. Les ganglions antérieurs sont essentiels car si l'on sectionne leur nerf, la préparation devient silencieuse. Si on conserve le ganglion stomatogastrique isolé pendant plusieurs jours, le rythme revient, du fait de la libération des propriétés internes des neurones. Dans ce cas, l'absence de modulation antérieure fait que le rythme n'est plus variable, il demeure fixe et immuable.

La plasticité a aussi pour support les connexions entre ces neurones. Il peut exister entre deux neurones à la fois un couplage et une inhibition. Une telle situation paraissait difficile à expliquer et les mécanismes impliqués tout à fait contradictoires... Néanmoins une explication fonctionnelle a été apportée à ce phénomène *a priori* aberrant. Le couplage peut être très faible (moins de 5 %), dans ce cas c'est l'antagonisme qui domine entre les deux cellules, dans d'autres cas il peut être fort (plus de 20 %), alors les deux neurones présentent une activité synchrone. Quand on sait que de très nombreux modulateurs jouent sur la force des couplages intercellulaires, on peut alors comprendre que les muscles innervés seront dans un cas mis en jeu ensembles et dans un autre pourront adopter une conduite opposée. Le pouvoir de ces interneurones antérieurs est fondamental. Analysons l'activité de l'un d'entre eux appelé PS pour « *Pyloric Suppressor* » : on a observé en le mettant en jeu qu'il bloque l'activité du cycle pylorique. Ce neurone lorsqu'il est actif est capable de coordonner tous les rythmes et de les faire fonctionner ensemble (Meyrand *et al.*, 1991). Dans ce contexte, on assiste à une reconfiguration complète du système dont la fonction est alors d'intervenir dans le vomissement.

De même au cours du développement, les contrôles antérieurs sont essentiels. Alors que les neurones des différents réseaux sont organisés en éléments distincts chez l'adulte, chez l'embryon ils ne forment qu'un seul réseau fonctionnel. On a pu démontrer que l'ensemble des actions modulatrices centrales et périphériques projetant sur ces réseaux chez l'adulte sont présentes dès le stade embryonnaire et agissent sur les mêmes structures cibles que chez l'adulte. Ce sont ces interneurones modulateurs actifs dès l'embryogenèse qui empêchent l'expression de réseaux adultes déjà présents chez l'embryon et ne laissent que le réseau unique que l'on trouve chez la larve. Ces données suggèrent que l'élaboration des réseaux adultes résulte d'avantage de modifications des neurotransmetteurs exprimés au sein d'un système dont l'anatomie est établie très tôt au cours du développement que d'une réorganisation globale des éléments constituant ces réseaux.

Les crustacés ne sont pas que de très beaux modèles pour l'étude de l'activité motrice. Ce sont aussi des animaux aux comportements étonnants. La vie pour certains est des plus extraordinaires. Regardons les crabes violonistes (*Ucaea pugilator*). Leur nom vient des mouvements de la grosse pince que les mâles agitent avec leurs petites comme s'ils jouaient du violon pour attirer leurs femelles...

Ils sont très communs sur toutes les plages tropicales. Ils sortent à marée basse pour fouiller la vase et se réfugient à marée haute dans leurs trous, en y amenant une galette de boue pour boucher l'orifice... La femelle ne possède pas cette pince démesurée qui sert aussi aux mâles pour se livrer bataille au moment de la parade nuptiale. Les mâles, gênés par cette pince encombrante, l'utilisent également dans la transmission de nombreux signaux.

Ils la brandissent à l'entrée de leur trou pour affirmer la possession de leur territoire qui se limite à quelques centimètres carrés de vase devant leur terrier. En général d'ailleurs, ils agitent en même temps leurs pinces, on voit alors osciller en cadence sur la plage des centaines de violons ! Ensuite, ils l'utilisent, d'une manière qui varie avec l'espèce, au moment de la parade nuptiale : certains se contentent de l'agiter, d'autres font mine de la planter dans la vase. Enfin, il semble qu'ils s'en servent également pour émettre des sons, en la frottant sur le bord de leur

carapace, et peut-être pour « entendre » les vibrations qu'elle amplifie comme une caisse de résonance.... Ces animaux aux couleurs toujours éclatantes et variées, sont également remarquables par leurs yeux situés au sommet de longs pédoncules et dirigés vers le ciel, au-dessus de leur carapace. Leur vision divise le monde en deux : au niveau du sol, ils sont en contact avec leurs congénères, ils règlent leur vie sociale. Ils apprécient les distances et savent se situer dans l'environnement. En l'air, se trouve le danger. Leurs prédateurs sont les oiseaux pour qui ils sont une proie facile.

Patricia Backwell et Michael Jennions ont montré en 2004 dans la revue *Nature* que les relations entre congénères de cette espèce de crabe peuvent être parfois très élaborées.... Ils se partagent des parcelles de terrain conquis de haute lutte. Les combats sont nombreux entre mâles célibataires pour obtenir un terrier. Il semblerait que quelques minutes d'inattention suffisent pour qu'un congénère s'empare d'un trou momentanément abandonné. Ces auteurs semblent avoir vu qu'un crabe de bonne taille soutient la présence à ses côtés d'un crabe beaucoup plus petit. Comme s'il valait mieux avoir un voisin que l'on contrôle aisément qu'un animal plus gros avec qui on pourrait entrer en conflits ! Une stratégie présentée de façon anthropomorphique mais sûrement judicieuse.

Chapitre 5

LE CRIQUET SOLITAIRE OU GRÉGAIRE... DE LA SÉROTONINE AUX ROBOTS VOLANTS

Les insectes, classe d'animaux invertébrés qui compte plus d'un million d'espèces répertoriées, ont toujours été pour les physiologiques et les neurobiologistes des modèles extrêmement instructifs pour comprendre le fonctionnement cérébral. C'est ainsi que nous avons choisi de consacrer trois chapitres à des espèces différentes, étudiées pour mieux comprendre le cerveau. Après les abeilles et la ruche et avant d'aborder la drosophile, petite mouche du vinaigre, nous nous attarderons sur le criquet, cet animal aux grandes pattes sauteuses. Les zoologistes le considéraient comme le résultat d'une métamorphose incomplète : la larve ne passe pas par le stade « asticot » ou « ver de farine » et ne subit pas la seconde étape de la métamorphose finale. Elle ressemble progressivement à l'adulte. Des insectes plus évolués comme les coléoptères sont plus brillants et attirants avec leur première paire d'ailes transformées en élytres.

Dans nos contrées méditerranéennes, le criquet est un des symboles de l'été... Les enfants demandent :

« Une sauterelle ?
– Mais non, un criquet.
– C'est bizarre, il crisse.
– Non, il stridule en frottant ses pattes postérieures sur une nervure des élytres. On confond souvent ces insectes avec les sauterelles qui pourtant sont plus élancées, plus fines et ont de très longues antennes, mais comme eux, elles ont la troisième paire de patte exagérément longue et au repos en accent circonflexe au-dessus de l'abdomen horizontal. »

On les nomme *Schistocerca gregaria*, ou criquet pèlerin, ils mangent des brins d'herbe et font partie de l'ordre des orthoptères.

Quelques insectes parmi tant d'autres.

Les insectes n'ont pas fini de nous étonner, ils ont toujours fait rêver certains scientifiques qui ont admiré leur facilité à se maintenir sur une herbe haute, à s'élancer pour voler, à monter un mur vertical, à marcher sans difficulté au plafond des maisons... La liste serait longue s'il fallait nommer tous ceux qui se sont passionnés pour ces bestioles. C'est René Antoine Ferchault de Réaumur qui, physicien et biologiste, a été un des premiers, au XVIIIe siècle, à décrire précisément les comportements de ces drôles de bêtes, à en faire une véritable histoire. L'auteur de *Pélléas et Mélisande*, Maurice Maeterlinck, a raconté avant les « vrais » biologistes, la vie des insectes sociaux. Tout est étonnant chez les insectes, la couleur de leurs ailes, de leur thorax, de leurs yeux à facettes, de leurs antennes... Quelle que soit la famille considérée, leurs formes très diverses gardent les caractéristiques fondamentales : trois parties, une tête, un thorax et un abdomen. Les variantes sont nombreuses, avec le carénage aplati des hémiptères, les tiges aériennes des libellules, le port caparaçonné brillant des scarabées dorés, les étendards multicolores des papillons ou le bouclier massif des courtilières. La longueur de leurs vies larvaires de plusieurs années s'oppose à la brièveté de leur vie adulte qui peut ne pas dépasser quelques jours. Ainsi, les éphémères naissent, se reproduisent et meurent en une seule journée. On oppose ceux où la larve ressemble déjà à l'adulte, comme le criquet, on parle alors d'animaux à métamorphose incomplète, à ceux où, à l'éclosion de l'œuf, apparaît une sorte de ver blanc segmenté qui se nourrit avidement avant de s'immobiliser en une nymphe qui subira une complète métamorphose pour devenir adulte. Ces animaux sont des arthropodes et possèdent comme les crustacés un squelette externe mais, à la différence des animaux marins où c'est une véritable carapace calcifiée, la paroi externe est formée d'une substance souple, une cuticule chitineuse qui aide à certains mouvements comme celui des ailes pendant certaines périodes du vol. Au cours de leur croissance les insectes muent, on voit souvent dans les jardins ces « exuvies » ou vielles peaux transparentes que laissent derrière eux ceux qui viennent d'en changer. La respiration est assurée par des invaginations du tégument appelées trachées : elles forment des tubes internes, un véritable réseau qui véhicule directement l'oxygène aux cellules. Ces trachées s'ouvrent sur l'extérieur par des petits trous, ou stigmates, sur les côtés des segments thoraciques et abdominaux.

Les insectes occupent aussi bien les sols les plus divers que les airs. Nous en avons choisi quelques-uns que nous décrirons rapidement :

En Provence, on trouve des geckos (des lézards aux pattes munies de sorte de ventouses) se nourrissant de tout ce qui bouge. Le soir, on rencontre aussi les fourmilions (famille des *Myrmeleontidae*) qui se précipitent sur les lampes allumées. Présentant un long abdomen, des ailes étroites repliées en toit au repos, ces fourmilions de plusieurs centimètres ont de courtes antennes en massue. Malgré leur vol lourd, ils s'attaquent aux chrysopes ou demoiselles vertes aux yeux d'or et les dévorent tout net.

C'est la larve qui étonne le plus, elle vit à la base d'entonnoirs qu'elles forment dans les sols sablonneux, projetant des détritus sur leurs proies pour les faire descendre. Ce sont le plus souvent des fourmis qui sont capturées par les puissantes mandibules de la larve. On ne voit jamais la larve enfoncée droite dans le sol mais lorsque la fourmi est tombée au fond de l'entonnoir, elle est immédiatement prise et disparaît en un instant.

Il y en a même qui vivent dans nos mares stagnantes comme le dytique, ce coléoptère, dont la larve comme l'adulte sont de redoutables carnassiers. Ils se nourrissent de têtards, de jeunes mollusques, d'autres larves d'insectes, ou de vermisseaux. Charognards, ils nettoient les étangs en utilisant leurs pattes antérieures pour saisir les proies. Les dytiques sont de remarquables nageurs. Leur forme en navette hydrodynamique et leurs membres aplatis leur assurent une pénétration dans l'eau très efficace. Leurs « nageoires » sont en effet dotées de franges abondamment ciliées qui se replient lorsque l'insecte ramène ses pattes et se déploient lorsqu'il les pousse.

Dans les mêmes eaux, la notonecte, cet hémiptère qui a la particularité de nager sur le dos, passe son temps à regarder le ciel ! Cette punaise est aussi appelée « abeille d'eau » car sa piqûre est douloureuse. Sa propulsion est assurée par les pattes postérieures qui font aussi office de gouvernail. Cette dernière paire très développée permet la nage, sa portance est augmentée par des franges longuement ciliées qui se déploient et se replient alternativement, selon que l'insecte pousse ou ramène la patte. Les pattes intermédiaires peuvent maintenir la stabilité de l'insecte, la disposition en « V » des « élytres », comme l'est la coque d'un navire, ajoute à l'efficacité de l'ensemble. Bien que cet animal vive dans l'eau, la respiration est aérienne, l'air capté en surface est emmagasiné dorsalement, sur et sous les « élytres », ce qui produit un effet de miroir dû aux gouttes d'air emprisonnées. Grâce à cet air emmagasiné, la notonecte peut aisément remonter en surface, tel un bouchon de liège. Elle peut s'y tenir à plat, mais aussi le corps immergé à 45°, et l'extrémité abdominale à fleur d'eau. Cette position lui donne un champ de vision quasi panoramique, et lui permet de déceler une proie évoluant en surface ou tombée à l'eau. De nombreuses soies sensorielles permettent de capter les vibrations émises par toute proie qui se déplace aux alentours.

Les libellules et les demoiselles hantent elles aussi les points d'eau, les étangs et les mares. Elles sont facilement reconnaissables à leurs grandes ailes allongées et très nervurées comme de la dentelle, avec un thorax trapu et un abdomen mince et long. Leur tête très mobile et leurs grands yeux globuleux occupent parfois tout l'espace. Au repos, les demoiselles replient leurs ailes le long du corps alors que les libellules les gardent ouvertes. Elles volent rapidement près des eaux en capturant des insectes. Les libellules se posent sur un brin d'herbe ou un roseau au-dessus d'une eau stagnante. Elles battent des ailes 40 fois par seconde et peuvent voler à une vitesse d'environ 30 km/h. Leurs larves aussi sont des prédateurs redoutables. Elles ont une vie aquatique de une à plusieurs années. Le fond des mares ne gèle jamais, ce qui leur permet de passer la mauvaise saison à l'abri des intempéries. Elles attrapent leurs proies avec leur lèvre inférieure très agrandie, une sorte de masque qu'elles peuvent projeter violemment. Cette arme redoutable terrorise les autres habitants de la mare comme les vers de vase, les petits poissons affaiblis ou d'autres insectes à la base de son régime alimentaire. Elles se transforment progressivement. Les ailes se développent dans des fourreaux alaires qui recouvrent la presque totalité de l'abdomen. Lors de la dernière mue, la larve monte sur des roseaux ou sur des végétaux du bord de l'eau, en peu de temps la peau s'ouvre au sommet du thorax, et la libellule adulte sort. Après s'être séchée, elle s'envole. La reproduction de ces animaux a été maintes fois décrite, Jean Rostand en a parlé dans *Bestiaire d'Amour* (1958) : lorsque le mâle rencontre la femelle en plein vol, il la saisit par la nuque, près de la tête, par l'extrémité de son abdomen. Le couple forme alors un tandem qui ressemble à un cœur ! Une fois posée sur la végétation, la femelle recourbe son abdomen pour amener ses organes copulateurs situés au bout de l'abdomen en contact avec ceux de son partenaire. Le « cœur copulatoire » est alors formé et le mâle peut procéder au dépôt de ses spermatozoïdes.

La marche et le saut du criquet

Les criquets ont six pattes et deux paires d'ailes. Chaque patte possède cinq segments : la *coxa* ou la *hanche*, et le *trochanter*, très petits, ils correspondraient à une petite rotule ; le *fémur*, de loin le plus long avec les deux plus gros muscles ; le *tibia*, une tige grêle épineuse et le *tarse* composé de divers éléments prend appui sur le sol, il peut être terminé par des griffes. Un tel appui sert souvent lors de déplacements périlleux le long de parois verticales. Cette possibilité a toujours émerveillé les humains, Borelli, le premier s'était enthousiasmé de cette facilité de déplacement (Borelli, 1680). Les ailes antérieures, ou élytres, sont étroites et rigides, elles jouent un rôle protecteur et quelquefois maintiennent l'équilibre du vol. Les ailes postérieures, plus larges et membraneuses, assurent le déplacement dans les airs ; triangulaire, elles se replient au repos.

Chez le criquet, les deux premières paires de pattes fixées sur le thorax sont petites et orientées perpendiculairement au corps. La troisième paire, hypertrophiée avec un énorme fémur, se situe dans le prolongement du corps et comprend un fléchisseur et un très grand extenseur. Ce muscle est le plus massif de tous ; ses fibres courtes, striées, sont attachées d'une part à la cuticule externe et d'autre part à un tendon situé au centre du fémur et qui le parcourt d'une extrémité à l'autre. Les muscles squelettiques s'attachent au tégument par des fibres de raccordement, les tonofibrilles. Les muscles sont généralement de couleur claire, sauf ceux du vol, pigmentés en jaune ou orangé.

L'activité rythmique locomotrice se compose de pas successifs, chacun comprend deux mouvements opposés. Pour les petites pattes antérieures, la phase propulsive d'appui est assurée par la contraction d'un muscle « rétracteur » et la phase oscillante lorsque les pattes reviennent vers l'avant, s'opère grâce à un muscle « protracteur ». Une nouvelle phase d'appui peut alors recommencer. Pour l'immense troisième paire, ces deux mouvements sont réalisés successivement par l'extenseur pour la poussée et par le fléchisseur pour ramener la patte à l'avant au cours de la phase d'oscillation. La locomotion correspond à une marche dite tripode, c'est-à-dire qu'un insecte utilise ses six pattes de façon alternée ; en général trois sont toujours au sol et trois en l'air. Les pattes 1 et 3 d'un côté fonctionnent avec la 2 de l'autre côté. Suivant la vitesse de marche, cette coordination peut varier. La poussée est surtout due aux dernières pattes qui ont l'air cependant de gêner l'animal lorsqu'il se déplace.

De très nombreuses études ont été réalisées pour comprendre les mécanismes de marche de ces insectes. Le comportementaliste allemand E. von Holst en analysant les rythmes animaux s'est intéressé aussi bien aux mouvements des nageoires de poissons, à la marche du chien ou à celle des insectes (von Holst, 1973). Il a noté que dans bien des cas, malgré des appendices différents et le rôle particulier de chacun, on pouvait observer une même fréquence de battement entre eux, il parlait alors d'une relation inter-appendiculaire en coordination absolue. Il a analysé l'influence des rythmes des nageoires du poisson labre en comparant les mouvements des nageoires paires antérieures et postérieures avec ceux des nageoires impaires ventrales ou dorsales. Il a comparé le rythme d'une nageoire seule à celui obtenu lorsqu'une deuxième se mettait à intervenir. La mise en jeu de la seconde pouvait soit accélérer la première soit la ralentir, en restant parfaitement coordonnée. Il proposait une coordination d'origine nerveuse centrale due à des neurones de connexion. Il ne suivait pas l'idée généralement admise accordant une origine périphérique réflexe à l'activité de ces animaux.

Il a beaucoup étudié l'influence des rythmes entre eux. En général, si deux appendices ont une fréquence rythmique proche, ils s'influencent mutuellement par action nerveuse et ce puissant effet permet la réalisation d'une fréquence intermédiaire. Si la cohésion entre eux n'est pas assez forte, ils peuvent quand même s'influencer mais avec des « ratés », c'est-à-dire que le plus lent pour se « recaler » avec le plus rapide va faire un ou plusieurs doubles pas. Comme le soldat qui marche au pas et a perdu le rythme qu'on lui impose, il fait des petits pas pour retrouver la cadence. Von Holst a nommé cet effet « *le magnet effect* ». Ce terme, bien que totalement inapproprié, il n'y a aucun magnétisme dans cette influence, est très parlant, c'est comme s'il y avait une attirance des rythmes entre eux. Un tel mécanisme est général et se voit très bien chez le criquet grâce à ses pattes si différentes en taille. Chez un insecte, il existe à la fois une assez grande cohésion et une grande indépendance entre les pattes, chaque côté peut fonctionner à son propre rythme. Il est par exemple possible de placer de tels animaux au-dessus de deux tapis roulants déplacés à des vitesses de déroulement différentes : l'animal s'adaptera et pourra même conserver des battements coordonnés des pattes droites et gauches ; du côté le plus rapide il allongera ses enjambées et pendant la phase oscillante retardera son posé au sol ; du côté le plus lent, il fera le contraire réduisant l'appui et accélérant l'oscillation.

On a cherché à comprendre s'il existait une influence des petites pattes sur les grandes et vice-versa. Il est apparu que la plus grosse fonctionne à une fréquence moitié moindre de celles des deux petites. Une coordination relative est en place entre elles. La grande produit un lent décalage entre les deux rythmes. La durée des pas des petites s'accroît lorsque la troisième part vers l'avant. Ces résultats, s'ils montrent bien que les pattes interagissent entre elles, ne confirment pas un effet excitateur, mais démontrent au contraire une action inhibitrice. Tout est commandé par l'arrière et les mouvements de la dernière patte agissent en contrôlant ceux des pattes avant. Ces signaux ont pour origine des propriocepteurs situés dans les pattes elles-mêmes. Ce sont aussi bien des détecteurs situés sur le tarse que des organes chordotonaux au niveau de certaines articulations. Les différentes marches réalisées par ces animaux lors de situations exceptionnelles, comme sur des parois verticales, sont permises par des renforcements des muscles antigravitaires qui supportent le poids de l'animal même dans des positions difficiles.

Le saut est une des grandes réussites des insectes. Pensons à la puce qui peut se propulser à une hauteur de 20 à 30 cm, c'est-à-dire qu'elle peut par son élan, atteindre une hauteur égale à près de 150 fois sa taille ! La sauterelle fait mieux encore, elle peut faire des bonds de trois mètres, soit 250 fois sa hauteur ! On ne peut que s'émerveiller de l'élévation et de la vitesse de telles trajectoires. Chez le criquet, le saut est dû à une extension du tibia qui dure 20 à 30 ms. L'envol se réalise en 3,1 ms. L'animal donne de véritables coups de pied à une vitesse tout à fait inattendue. En fait, l'organisation de l'articulation fémur-tibia de la troisième patte est particulièrement exceptionnelle. Par une étude utilisant des films à grande vitesse tout en enregistrant les différents motoneurones à l'origine de ces mouvements, un scientifique anglais, Malcolm Burrows, de l'université de Cambridge, a pu expliquer une telle réalisation et montrer qu'elle est due à un agencement mécanique particulier, précédé par une commande neuromusculaire productrice d'énergie (Burrows, 2006).

Le mouvement initial consiste en une flexion complète du tibia sur le fémur due à l'activation des motoneurones fléchisseurs excitateurs. Il est suivi très rapidement par une activation des motoneurones extenseurs provoquant une coactivation, la patte restant toujours fléchie. Cette phase, qui dure de 0,3 à 1 seconde, correspond à un aplatissement dorso-ventral de la partie distale du fémur. Au niveau de l'articulation même, il existe sur la partie terminale du fémur deux structures noires très dures, sclérotisées, en forme de demi-lune. Semi-rigides, elles peuvent absorber beaucoup d'énergie qu'elles restitueront ensuite au moment de l'envol. Elles se trouvent tordues durant la cocontraction appliquant le tibia complètement contre le fémur. Brutalement, en 34 millisecondes, le tibia s'étend de 60 à 70°, le saut démarre... Cette extension ultrarapide est due à l'arrêt de l'activité des motoneurones fléchisseurs, alors que les extenseurs continuent de décharger et que le motoneurone fléchisseur inhibiteur a été mis en jeu. Les processus semi-lunaires qui ressemblent à des tendons, se relâchent seulement lorsque le tibia est déjà à 55°, n'assurant pas la production d'énergie initiale nécessaire à l'extension. Un click se produit alors. Une très étroite corrélation existe entre la courbure des processus semi-lunaire, le nombre de potentiel d'actions du motoneurone extenseur rapide et le pic de vitesse. Quand le tibia atteint une extension complète, les forces inertielles peuvent le tordre.

Le saut est ainsi assuré à la fois par la contraction musculaire du tibia et les propriétés mécaniques particulières de l'exosquelette. L'énergie nécessaire est stockée par une protéine, la résiline, contenue dans les systèmes semi-lunaires. Quand le criquet relâche la pression, cette substance restitue aussitôt 97 % de l'énergie qu'elle a emmagasinée et l'insecte est projeté comme une catapulte. La résiline, dont les propriétés sont uniques, est très élastique, bien plus que le meilleur caoutchouc synthétique, elle peut être étirée de nombreuses fois, elle reprendra toujours sa forme initiale sans perdre ses propriétés. La chaîne d'acides aminés de la résiline a une composition particulière avec de courtes séquences. L'un d'eux, la proline, exhibe une forme en coude qui force la chaîne protéique à se replier en U donnant à la résiline une forme de spirale. Ainsi on pense que cette substance s'étirerait et se déformerait à la manière d'un ressort. On la retrouve dans bien des lieux-clés du corps de l'insecte où elle peut intervenir dans des mouvements hautement répétitifs comme ceux des pattes arrière des insectes sauteurs, ceux de la membrane vibrante des cigales ou encore ceux qui président aux battements des ailes. Elle explique en partie les propriétés si extraordinaires que possèdent ces animaux dans leurs activités motrices et leur adaptation à bien des milieux.

Le vol du criquet et l'énergie motrice

Les deux paires d'ailes sont souvent utilisées pour voler, bien que les diptères comme les coléoptères n'en utilisent qu'une pour cela. Chez les coléoptères, il s'agit de la seconde, la première durcie, protectrice, est appelée élytres. Chez les diptères, c'est la première qui est utilisée, la seconde étant transformée en « haltères », minuscules petites massues dont le mouvement sert à la mouche de gyroscope pour stabiliser son vol. On distingue différents types de vol. Le vol plané est observé dans les essaims. Intermittent ou continu, sa durée varie de quelques secondes à quelques heures. Les criquets se comportent comme des planeurs utilisant les courants ascendants pour compenser leur vitesse de descente par gravité qui est de l'ordre de 1 mètre par seconde. Le vol stationnaire a lieu juste avant l'atterrissage ou dans les séquences de parades sexuelles. Les pattes antérieures sont dépliées, étendues vers l'avant. À la recherche d'un partenaire, il s'accompagne de stridulations (vol stridulant). L'acridien s'élève à un ou deux mètres du sol et vole sur place pendant quelques secondes. Le vol tendu peut être déclenché par une perturbation. Il commence par un saut suivi d'un vol rapide et se termine en vol plané, entrecoupé de brefs battements d'ailes. La hauteur atteinte ne dépasse pas un mètre. Le vent infléchit souvent la trajectoire en arc de cercle. Le vol en chandelle, autre vol d'évitement, a été décrit en détail chez des insectes vivants seuls qui peuvent être dérangés à plusieurs reprises. Ils s'élèvent verticalement jusqu'à dix mètres de haut, partent en tout sens, continuent par un vol horizontal et tombent la tête la première par un brusque repliement des ailes. Ils ouvrent leurs ailes près du sol pour atterrir. Ce vol chaotique déconcerterait les prédateurs.

Le vol n'est possible chez les insectes que parce qu'ils sautent. Il a bien été montré que l'action opposée de deux stimulations simultanées suffit à déclencher le vol. D'une part, le courant d'air au moment du saut stimule les soies de la tête et déclenche le vol, d'autre part les récepteurs situés au niveau des tarses perpétuellement stimulés par le contact au sol, cessent d'inhiber ce comportement, lorsque l'insecte saute. Projetées, les ailes de l'animal se mettent à battre. Ces observations ont permis de réaliser expérimentalement des systèmes capables d'induire le vol pendant des heures. Il suffit de placer un criquet devant un tunnel soufflant de l'air à vitesse constante. Bien des insectes ne volent jamais, puisqu'ils ne sautent jamais. Ainsi une blatte, qui ne saute ni ne vole, si on la place devant un courant d'air en la maintenant à l'extrémité d'un fil collé sur son dos, va se mettre à voler, ce qu'elle n'avait jamais fait de sa vie !

L'explication des mécanismes nerveux impliqués dans le vol vient du travail de deux hommes remarquables. Le premier, Torkel Weis-Foghest un zoologiste danois mort à Cambridge. Après des études à l'université de Copenhague, il devient l'assistant du physiologiste et prix Nobel August Krogh qui a découvert les mécanismes de régulation des capillaires dans les muscles. Weis-Fogh commence alors à étudier le criquet pèlerin puis se spécialise dans les réflexes du vol dont il devient le grand spécialiste. En 1966, il s'installe définitivement à Cambridge où il occupe la chaire de zoologie de l'université, jusqu'en 1975. Le second, un jeune Américain, Donald M. Wilson fera avec lui son stage post-doctoral à l'Institut de Zoophysiologie de Copenhague. Ils veulent réaliser des expériences très difficiles qui consistent à enregistrer sur un criquet entier les nerfs sensoriels afin de visualiser l'activité des différents capteurs périphériques pour savoir exactement à quels moments ils interviennent dans le cycle du vol. Comme ils sont très nombreux, la recherche consistera à dissocier le rôle de chacun. En fait, les travaux de Wilson vont l'amener à développer une théorie tout à fait opposée.

Il étudie ces différents nerfs et démontre que les récepteurs alaires enregistrent très précisément les mouvements d'abaissement comme ceux d'élévation des ailes. Il obtient à la fois des réponses dynamiques, brèves, caractérisant les changements de direction des ailes comme des réponses globales sur l'intensité des battements, lui démontrant que tous les types d'informations sont parfaitement pris en compte. Mais ces informations sont-elles à l'origine du rythme alaire ? Comme il avait parfaitement repéré les différents nerfs sensoriels, il pouvait aussi les sectionner, et en analyser les conséquences. Puis il coupa les ailes. Il s'est rendu compte que même alors, le rythme de vol était toujours présent ! Il a supprimé bien des régions, en gardant les ganglions thoraciques et la partie antérieure du système nerveux. Dans ce cas encore, en stimulant directement les centres nerveux et malgré la disparition de bien des structures, le rythme de vol persistait mais à une fréquence de 10 par seconde au lieu de 18 battements par seconde (Wilson, 1961).

Ces résultats allaient avoir un grand retentissement car ils démontraient que, même partiellement isolé, le système nerveux à lui seul induisait le rythme sans que les informations périphériques soient nécessaires. Ces données apportées en 1961, la même année que celles de Wiersma sur les palettes natatoires de l'écrevisse, ébranlaient très sérieusement ceux qui s'accrochaient toujours aux théories réflexes. Wilson a eu à son époque une grande influence dans la communauté des neurobiologistes. C'est lui qui utilise le premier les termes de « *central pattern generator* » (générateur central de programme), signifiant qu'une activité motrice est programmée centralement. L'expression est depuis régulièrement utilisée (Wilson, Wyman, 1965).

Le rôle des propriocepteurs sera par la suite longuement précisé. Gernot Wendler, comportementaliste allemand de Cologne, a déterminé lors d'une expérience originale l'influence du rythme d'une aile sur les autres. Il a fixé l'aile antérieure droite à un moteur alors que les autres restaient libres (Wendler, 1974). Les ailes d'un criquet situé en face d'un tunnel envoyant un courant d'air battent à 18 cycles par seconde. Si l'aile fixée est entraînée par le moteur à la même fréquence que les autres, rien ne se passe. Si le moteur impose une fréquence totalement différente, 15 ou 25 cycles par seconde, rien ne se passe non plus. En revanche, si le moteur impose un rythme légèrement différent des battements intrinsèques, à 17 cycles ou à 19 cycles par seconde, les autres ailes sont entraînées, allant un peu moins vite ou un peu plus vite tout en restant partiellement couplées avec l'aile « motorisée ». Si l'écart augmente, l'aile pilotée ayant des battements de 20 ou de 16 cycles par seconde, on remarque alors des accrochages irréguliers, les autres ailes restant au rythme imposé pendant quelques battements puis revenant à leurs propres fréquences. Ces résultats mettent bien en lumière le rôle des capteurs périphériques. Si le rythme est bien d'origine centrale, les capteurs assurent la coordination entre les ailes. De même, il a pu être prouvé que lorsque le vol est déclenché par le saut, l'information due aux récepteurs d'étirement des ailes doit arriver au moment voulu pour que la fréquence du vol se maintienne. Si on utilise un système qui fait arriver l'information proprioceptive à contretemps, le rythme cesse très rapidement.

Deux points, anatomique et physiologique, méritent encore d'être précisés sur les muscles et le vol :

– parmi l'ensemble des muscles, on distingue les muscles « directs » qui, insérés sur le squelette externe, à la base des ailes, gouvernent directement l'ouverture ou la fermeture des ailes alors que d'autres provoquent des rotations utilisées pendant la descente. Les muscles « indirects » insérés sur les parties dures du thorax, qui sont responsables de mouvements de bas en haut, modifient la courbure cuticulaire dorsale, les tergites et jouent un rôle essentiel dans l'installation du rythme. Ces derniers types de muscles dotent les insectes de capacités aériennes remarquables : vol stationnaire, à reculons, etc. avec une finesse et un degré de contrôle auquel les insectes ayant des muscles directement attachés aux ailes ne peuvent prétendre.

– Si la majorité des muscles doivent pour se contracter recevoir un message nerveux élaboré qui décide suivant les différentes commandes entre muscles agonistes et antagonistes, il existe de nombreux cas dans le monde animal où les muscles ont la possibilité de se contracter par eux-mêmes. On parle dans ce cas d'une véritable activité myogène comme on l'a vu avec le *C. elegans* (voir chapitre 2). Le système nerveux intervient cependant en envoyant une impulsion, souvent limitée, qui sert seulement au déclenchement ou au maintien du rythme. Ainsi chez les coléoptères, les diptères et les hyménoptères, un seul contrôle nerveux est capable d'induire la contraction répétée d'une fibre musculaire. Ceci permet d'obtenir des battements d'ailes à une fréquence supérieure au rythme auquel le système nerveux pourrait envoyer des impulsions. On parle de « muscle de vol asynchrone ». L'échelle de la fréquence de battement des insectes ayant des muscles de vol synchrones est de l'ordre de 5 à 200 Hz. Chez les insectes induisant des vols asynchrones, cette fréquence peut excéder 1 000 Hz.

À partir des années 1960, les scientifiques ont mis au point des techniques morphologiques qui leur ont permis d'identifier les différentes cellules actives dans les ganglions des insectes. Ils ont utilisé soit le jaune procion ou lucifer, soit les sels de cobalt, qu'ils injectaient par des électrodes intracellulaires ou par les nerfs périphériques trempés dans les solutions choisies. On a pu ainsi non seulement visualiser les corps cellulaires, les prolongements, localiser les différentes synapses mais marquer aussi tous les diverticules dendritiques.

Si on prend par exemple le dernier ganglion thoracique du criquet, il contient à peu près 2 000 cellules nerveuses dont les corps cellulaires sont en périphérie et dont les prolongements principaux forment un inextricable réseau où les synapses assurent les relations interneuronales. Les motoneurones ont en général une bonne taille, de 30 à 90 microns. À peu près cinquante d'entre eux innervent les muscles des pattes, et environ vingt autres les ailes. On a ainsi répertorié les différents motoneurones commandant les divers muscles des pattes. Les interneurones de plus petite taille sont beaucoup plus nombreux (Burrows, 1992). On en distingue deux types : si certains émettent des potentiels d'action, il existe un groupe important où la conduction se fait sans potentiel d'action (Roberts, Bush, 1981). Dans ce cas, la communication est graduelle et suivant l'état d'une cellule elle peut agir ou non sur une autre, de façon continue.

Il semble que lorsqu'une information sensorielle arrive d'un récepteur périphérique elle peut connecter directement les motoneurones, c'est le cas de réflexes monosynaptiques, mais le plus souvent elle contacte d'abord les interneurones à potentiels d'action qui peuvent transmettre cette information à d'autres interneurones agissant sur d'autres ganglions. Les interneurones sans potentiels d'action contrôlent les motoneurones afin de moduler et d'adapter leurs réponses motrices.

À côté de ces populations neuronales symétriques dans tous les ganglions de la chaîne nerveuse, il existe, à peu près au plan de symétrie des différents ganglions sous œsophagiens, thoraciques et abdominaux, des neurones impairs ventraux et dorsaux qui projettent vers les différents muscles à droite et à gauche. On parle pour eux de *Ventral, Dorsal Unpair Median* (VUM ou DUM, soit en français, neurone médian impair ventral ou dorsal). Ils ressemblent à des motoneurones car ils innervent certaines fibres musculaires. On a ainsi défini le DUM de l'extenseur du tibia (DUMEti). À côté de cette cellule particulière, le muscle concerné est innervé par un motoneurone lent (SETi), un rapide (FETi) et un inhibiteur commun à de nombreux muscles (CI). La cellule lente contrôle les fibres musculaires lentes, la cellule rapide, les fibres rapides et l'inhibitrice module la contraction. La cellule DUMETi agit, elle, sur certaines fibres particulières. Son rôle a paru au départ lié au tonus intrinsèque, à la tension de base de ces muscles. En effet, si chez un criquet on mesure la résistance d'une grande patte, elle oscille régulièrement et cet effet semble régulé par la présence des DUMs, certains inhibant le tonus intrinsèque, alors que d'autres le facilitent.

Ces DUMs produisent de l'octopamine, une amine qui aurait chez l'invertébré des effets comparables à ceux de la noradrénaline ou de la dopamine. Très abondante chez les invertébrés, elle est fort rare chez les vertébrés où on ne la trouve que dans certains neurones sympathiques. Découverte par l'Italien Vittorio Esparmer en 1948 dans les glandes salivaires du poulpe *octopus*, c'est aussi bien un neurotransmetteur qu'un neuromodulateur. Elle intervient dans un très grand nombre de comportements chez les crustacés, mais c'est son rôle dans ces cellules DUM qui a été le mieux décrit. L'équipe de Jochen Pflüger à Berlin, a d'abord montré que si ces neurones DUM avaient une importante activité au repos et au moment du saut, ils étaient inhibés pendant le vol (Pflüger *et al.,* 2004). Il semble qu'à l'envol, l'octopamine produite favorise le métabolisme des sucres. Durant le vol, l'énergie nécessaire est surtout fournie par des réserves en graisse, tandis que les systèmes glucidiques sont inhibés. En revanche, il semblerait que pendant la marche, qui demande beaucoup moins d'énergie, l'activité des sucres serait puissamment favorisée par les DUM et l'octopamine. Il est ainsi clair que ces DUM sont essentiels pour régler les dépenses énergétiques durant les différents types d'activités motrices du criquet. Ils assurent une répartition entre les ressources énergétiques sucrées et graisseuses.

Les piqûres du sphex languedocien, les araignées et les vers parasites

La plupart des prédateurs tuent leurs proies pour les consommer immédiatement, et les prédateurs à venin ne constituent pas une exception à la règle. En revanche, les animaux parasites en général ne tuent pas leurs proies puisqu'ils en vivent ! Ils modifient plutôt leurs comportements comme leur motricité, leurs comportements alimentaires, leur reproduction et toute une variété d'interactions sociales. Ces manipulations comportementales de l'hôte par les parasites sont très répandues mais encore mal connues. Les criquets ont beaucoup de prédateurs, les oiseaux, les petits mammifères et plusieurs autres insectes. Ils peuvent être l'objet d'attaques inattendues d'hyménoptères particulièrement dangereux, les sphex.

Fabre, longtemps instituteur en Provence, vit à partir de mars 1879 au *Harmas* (« terre en friche ») à Sérignan. Il y restera 36 ans. Il fait construire un mur autour de la propriété pour délimiter son lieu d'expérience et crée là le premier laboratoire pour insecte en pleine nature. Il analyse de très nombreux comportements animaux et ses descriptions sont restées célèbres (Fabre, 1920). Il se moque d'Ésope et de sa fable « La cigale et la fourmi », et défend la cigale :

> « les plus opiniâtres sont les Fourmis. J'en ai vu mordiller la Cigale au bout des pattes ; j'en ai surpris lui tirant le bout de l'aile, lui grimpant sur le dos, lui chatouillant l'antenne. Une audacieuse s'est permis sous mes yeux de lui saisir le suçoir, s'efforçant de l'extraire. Ainsi tracassé par ces nains et à bout de patience, le géant finit par abandonner le puits. »

Victor Hugo l'appelait l'Homère, et Edmond Rostand le Virgile... des insectes. Pour les hommes de science, il était suspect : en analysant les mœurs des insectes, Fabre s'émerveillait. S'il décrivait extrêmement minutieusement toutes les étapes des phénomènes qu'il observait, il ne cherchait pas à en donner une explication rigoureuse, il préférait s'enthousiasmer... et souvent tomber dans un anthropomorphisme outrancier. Il s'est éloigné de la rigueur scientifique et des rapports rationnels entre les phénomènes et leurs causes. Il en était d'ailleurs parfaitement conscient. Comme il le disait en se moquant, il n'écrivait pas pour les doctes de la Faculté, mais pour tout esprit éveillé qui voulait connaître les beautés de la nature ! Il est aujourd'hui encore plus admiré au Japon qu'au Muséum national d'Histoire naturelle de Paris.

Il refusait en outre la théorie de l'évolution. Ce n'est pas un théoricien, il se méfie des hypothèses grandioses. Il observe l'animalité comme elle est et constate que bien de ses conclusions ne s'accordent pas avec les théories de la sélection naturelle... Ses relations épistolaires avec Darwin furent régulières, et les deux hommes se sont beaucoup appréciés. Darwin écriera dans une de ses lettres : « *Si je devais écrire sur l'évolution des Instincts, je pourrais me servir avec profit de plusieurs des faits que vous exposez.* »

L'une de ses descriptions les plus célèbres concerne le sphex languedocien, un hyménoptère très élégant, fin et très haut sur patte, qui présente un comportement anticipatoire tout à fait inexplicable. Cet animal, durant sa vie adulte, va non seulement préparer un nid pour protéger ses œufs, mais aussi les enfermer dans une loge bien close et rechercher des proies qui nourriront ses petits à leur naissance. Il choisit en général des animaux proches des criquets : des grillons. Après avoir attrapé ses proies, il les pique en un endroit précis au niveau du prothorax et à la hauteur du cou. L'effet est immédiat, la proie immobilisée, mais toujours vivante. Le sphex la tire par ses antennes et la conduit dans le nid préalablement préparé. Il en stocke ainsi plusieurs. Fabre s'étonne : comment le sphex sait où il faut piquer sa proie et comment arrive-t-il à l'« endormir » aussi facilement ? Il s'extasie sur la façon dont cet animal résout le problème de sa descendance : il prépare des proies pour une progéniture qu'il ne verra jamais... C'est l'Instinct !

Si Fabre avait raison contre Étienne Rabaud sur la précision de la piqûre, ses idées sur l'instinct sont touchantes mais peu crédibles. Il a communiqué sa passion à de nombreuses générations de jeunes néophytes mais il développe, pages après pages, que la beauté du monde biologique est due au Créateur.

Ce phénomène de mise en réserve des proies pour la descendance n'est pas unique, il a été décrit pour d'autres espèces. Certains insectes tuent leurs proies ou les paralysent avant de les tracter vers le nid, à moins qu'elles ne soient utilisées sur place, l'insecte la mangeant tout de suite ou y pondant ses œufs. On se demandait toujours pourquoi l'animal devenait aussi inerte. La guêpe parasite *Ampulex compressa*, qui vit en région tropicale, en Afrique comme en Asie, s'attaque à plusieurs espèces de blattes qui vont nourrir ses larves. « *Elle marche comme un chien en laisse* », dira Frédéric Libersat, professeur à Marseille, qui en a fait une étude scientifique complète (Libersat *et al.* 2009). Parvenue au nid, la blatte reste sans réaction aucune, même quand les larves pondues sur son ventre la dévorent. En fait, la guêpe pique deux fois. La première attaque anesthésie légèrement la blatte, permettant à la guêpe de pratiquer la seconde injection, très précise, dans les ganglions céphaliques. À ce moment-là, la proie devient totalement inerte. Libersat a pu montrer que la proie conservait dans son système nerveux tous ses réseaux neuroniques intacts mais qu'ils étaient incapables d'être stimulés. Dans le cas de la locomotion, si les réseaux sont présents, le venin agit en empêchant leurs déclenchements comme le maintien de leur activité.

Libersat a montré que la substance injectée bloque l'action de l'octopamine, réduisant ainsi l'animal à une totale passivité, comme un robot. Si en revanche on administre à la blatte « robotisée » un activateur des récepteurs à octopamine, elle retrouve toutes ses facultés nerveuses. À l'inverse, si on injecte à un cafard très actif un antagoniste de l'octopamine, on agit comme le sphex et l'insecte devient totalement inhibé. Le venin d'*Ampulex* est un mélange de protéines, de peptides et de petites molécules. Dans ce cocktail, on a pu mettre en évidence que seules les petites molécules semblent responsables de la paralysie transitoire des pattes antérieures. Une analyse biochimique de ces molécules a révélé la présence d'une forte concentration en « acide gamma-aminobutyrique (en abrégé : GABA) », un neurotransmetteur inhibiteur (Libersat *et al.*, 2009). Le GABA imite l'effet temporaire du venin et provoque un blocage transitoire de la transmission synaptique centrale par l'activation de ses récepteurs.

La guêpe *Cotesia congregata* doit, elle, pour se perpétuer, pondre ses œufs dans la chenille du sphinx du tabac (*Manduca sexta*). La chenille sert de nourriture aux larves de la guêpe et meurt lorsque celles-ci, ayant atteint un stade de maturité suffisant, s'expulsent du corps exsangue de leur hôte et continuent leur transformation à l'extérieur, se métamorphosant en pupes puis en adultes volants. Si l'insecte hôte résiste en essayant d'entourer l'œuf du parasite d'une sorte de capsule de cellules qui libèrent des substances toxiques pour détruire le corps étranger, un virus permet à la guêpe de manipuler la physiologie de la chenille pour que ses larves puissent se développer. Des particules virales ayant la forme de baguettes cylindriques incluses dans une matrice protéique sont introduites en même temps que les œufs du parasite lors de la ponte dans le corps de la chenille. Là, les gènes du virus s'expriment en modifiant la physiologie de l'hôte. Le plus souvent, tous ces changements qui sont toujours à l'avantage du parasite, peuvent être regroupés en deux catégories : l'inactivation des mécanismes de défense de l'hôte et la perturbation de son développement. Généralement, la chenille parasitée est incapable de se métamorphoser, assurant au parasite la nourriture nécessaire à son développement. Quant aux virus, plus précisément des adénovirus, ils jouent un rôle essentiel dans la réussite parasitaire des guêpes.

D'autres guêpes présentent des mœurs encore plus pernicieuses ! L'araignée *Plesiometra argyra*, qui reste aux aguets sur sa toile, peut se faire piquer par une guêpe du genre *Hymenopimecis* (Hyménoptères Ichneumonidés Pimplinés). Étourdie, l'araignée reprend ses activités avec un œuf de guêpe collé sur le corps. Lorsque la larve d'*Hymenopimecis* naît, elle troue la cuticule de l'araignée et boit son hémolymphe. Lorsque ce liquide coagule, la croûte produite sert de support au parasite pour s'installer sur une autre partie du corps et lui pomper à un autre endroit le liquide nourricier. L'araignée devient exsangue et la veille de sa mort, la jeune guêpe lui envoie un message chimique qui modifie pour la dernière fois son comportement. À la suite de cette injection, l'araignée tisse une toile particulière qui, par sa géométrie et sa solidité, va aider à la sustentation du cocon de la guêpe. En surveillant cette dernière construction, l'hyménoptère consomme les restes de l'araignée puis s'installe sur cette toile et va s'y nymphoser (Jonathan Amos, BBC News Online, repris de l'article signé William Eberhard, *Nature* 2000, lu à news.bbc.co.uk/).

Un autre exemple de réaction comportementale exceptionnelle a été récemment mis en évidence par l'équipe de Frédéric Thomas de Montpellier, en étudiant des vers comme le *Paragordius tricu* proches des nématodes. Ils ressemblent à des sortes de fils, ou des cheveux (on parle en anglais de « *hairworm* » ou « *gordian worm* », pour évoquer le nœud gordien). Durant leur vie, leurs formes larvaires se développent chez un hôte mais les adultes vivent librement dans l'eau. Souvent, l'hôte où se réfugie la larve est un insecte terrestre comme un grillon, un criquet, une blatte... Comment passer à la vie aquatique alors que l'insecte qu'on a envahi vit sur la terre ferme ? Ce parasite va pousser l'insecte à rejoindre l'eau. L'équipe de Frédéric Thomas a d'abord analysé le comportement des hôtes et confirmé, à l'aide d'expériences en laboratoire et d'observations autour d'une piscine, que cette sorte de suicide était bien générée par le parasitisme des vers (Thomas et Libersat, 2010).

Leurs observations montrent que le comportement « parasite » n'est pas une attirance pour l'eau à longue distance, en fait c'est l'hôte qui va induire différentes réactions jusqu'à ce qu'il aperçoive un point d'eau. À ce moment, il provoque un deuxième comportement qui obligera l'insecte à tomber à l'eau. Alors le vers sort et nage tranquillement. Plus l'insecte se débat, agite ses ailes plus il risque d'attirer un prédateur comme une grenouille. Et si la grenouille avale l'insecte avant que le parasite ne soit sorti, cela ne le gêne pas, il sortira plus tard (Ponton *et al.*, 2006). Thomas caractérise actuellement les gènes du vers qui lui permettent de suivre le comportement de son hôte.

Comment un criquet isolé et inoffensif devient-il l'agent de véritables catastrophes humanitaires ?

Les criquets peuvent présenter deux vies totalement différentes, grégaire ou solitaire. Grégaires, ce sont des ravageurs voraces de tous les végétaux qu'ils rencontrent sur leur passage. De telles invasions sont connues depuis l'Antiquité, on en parle dans la bible : « *Elles couvrirent la surface de toute la terre et la terre fut dans l'obscurité ; elles dévorèrent toutes les plantes de la terre et tous les fruits des arbres, tout ce que la grêle avait laissé et il ne resta aucune verdure aux arbres ni aux plantes des champs dans tout le pays d'Égypte* »(La Bible, Livre de l'Exode 10, verset 16.).

Lorsqu'il est solitaire, le criquet évite ses congénères, effectue des vols nocturnes discrets et mène une vie tranquille, totalement inoffensive pour l'homme. On a même cru jusqu'en 1921 que les deux formes correspondaient à deux espèces distinctes.

Le criquet pèlerin peut se déplacer en bande couvrant de très grandes distances, jusqu'à près de 200 km par jour, il dévore alors tout ce qu'il trouve. Un essaim dense de 1 km^2, qui peut regrouper près de 50 millions d'insectes, avalera 100 tonnes de matière végétale fraîche par jour. Au cours de l'été 2004, 6,5 millions d'hectares ont dû être traités pour lutter contre l'invasion. La Mauritanie qui a été traversée par plus de 200 essaims a vu les pertes des récoltes atteindre plus de cent mille tonnes. Ce fléau, lorsqu'il se développe, peut toucher tous les pays tropicaux situés entre l'Europe méditerranéenne, le Nord de l'Afrique, l'Asie du moyen et de l'extrême Orient.

Un premier essaim se forme et tourbillonne, puis prend une direction de vol, c'est là que commence l'invasion... Il se peut cependant que l'essaim se fragmente et s'éparpille si le grégarisme reste faible ou quand les conditions locales ne sont pas favorables. Il se crée alors des formes intermédiaires qu'on nomme des *transiens dissocians.* La vitesse de dégrégarisation varie et dépend du passé des animaux ailés, issus de parents grégaires ou solitaires, de la nature de l'habitat, des conséquences des vents locaux, de l'importance des baisses de densités par dispersion des ailés ou par mortalité.

Comment se fait la transformation ? La naissance d'un essaim de criquets grégaires à partir d'animaux solitaires nécessite des conditions particulières toujours identiques. Elles dépendent de trois mécanismes principaux : la concentration, la multiplication et la grégarisation. Ce passage de la phase solitaire à la phase grégaire concerne plusieurs caractères physiques, physiologiques et comportementaux. La constitution d'un essaim primitif suppose une grande simultanéité des mues imaginales et une inter-attractivité entre individus, encourageant les jeunes ailés à rester un moment à proximité des sites de mues des dernières larves. Lorsque le nombre d'ailés est suffisamment grand, il se forme des essaims tourbillonnants qui se structurent progressivement en nuages sous l'effet conjugué du vent et d'un instinct de cohésion propre aux grégaires. La grégarisation commence avec à peu près 500 individus à l'hectare, elle se manifeste chez les larves par la formation de taches et de bandes particulières. L'adulte passe du jaune noir au vert, mais surtout modifie complètement ses comportements. Si les conditions climatiques sont favorables, la population de criquets augmente et les individus se regroupent en véritables essaims.

Des travaux récents dus à des équipes de Cambridge permettent d'expliquer comment de telles transformations se mettent en place. Une substance, la sérotonine, un neuromédiateur bien connu des chercheurs, semble jouer le rôle majeur. Si on force des insectes à rester en contact, la transformation peut se faire en deux heures. Le contact tactile aiderait au regroupement. En caressant les poils hypersensibles qui se trouvent sur les pattes ou en les stimulant électriquement, la sérotonine est libérée et induit la série des transformations. Au cours des contacts entre criquets verts, notamment des frottements des pattes arrière, le taux de sérotonine est multiplié par trois dans les ganglions thoraciques de l'acridien. Michael Anstey, Stephen Simpson et Malcolm Burrows ont montré que ce pic transitoire de sérotonine était véritablement le déclencheur du changement du *Schistocerca gregaria* (Anstey *et al.*, 2009). En bloquant les récepteurs ou la production de sérotonine, on peut empêcher le criquet solitaire de devenir grégaire. À l'inverse, en injectant le neuromédiateur, on peut transformer un solitaire en grégaire même en l'absence d'autres animaux. Enfin, en augmentant le taux de sérotonine, on accélère la transformation.

On peut espérer que la découverte de ce mécanisme permettra un jour de trouver un système efficace pour lutter contre ces ravages migratoires. Entre l'expérimentation au laboratoire et la réalisation sur le terrain, il y a encore beaucoup de chemin à parcourir... Il reste à trouver la cascade chimique déclenchée par le pic de sérotonine. L'utilisation d'un pesticide agissant sur la sérotonine est encore trop délicate. Il faudrait pouvoir agir directement sur les criquets solitaires lorsque leur densité dans le désert est encore très faible, environ trois pour 100 m^2. Il faudrait aussi que la substance insecticide puisse traverser la cuticule de l'insecte et pénétrer à l'intérieur du corps. Enfin, la sérotonine ou l'utilisation de ses antagonistes, pourrait perturber d'autres animaux ou les populations humaines... Cette substance agit de façon beaucoup trop dispersée, que ce soit dans la vie des criquets ou chez les humains où l'on sait qu'elle intervient, en particulier, dans les mécanismes de la dépression dans notre cerveau.

Les insectes, inspirateurs de défis technologiques

Beaucoup d'insectes ont aussi intéressé les mécaniciens, les physiciens et les roboticiens... Étienne Oehmichen, un savant extraordinaire malheureusement totalement oublié aujourd'hui, se passionnait pour tout ce qui volait. Il fit ses études, avant d'être diplômé de l'École Centrale de Paris, en se formant aussi bien en aérodynamique, en

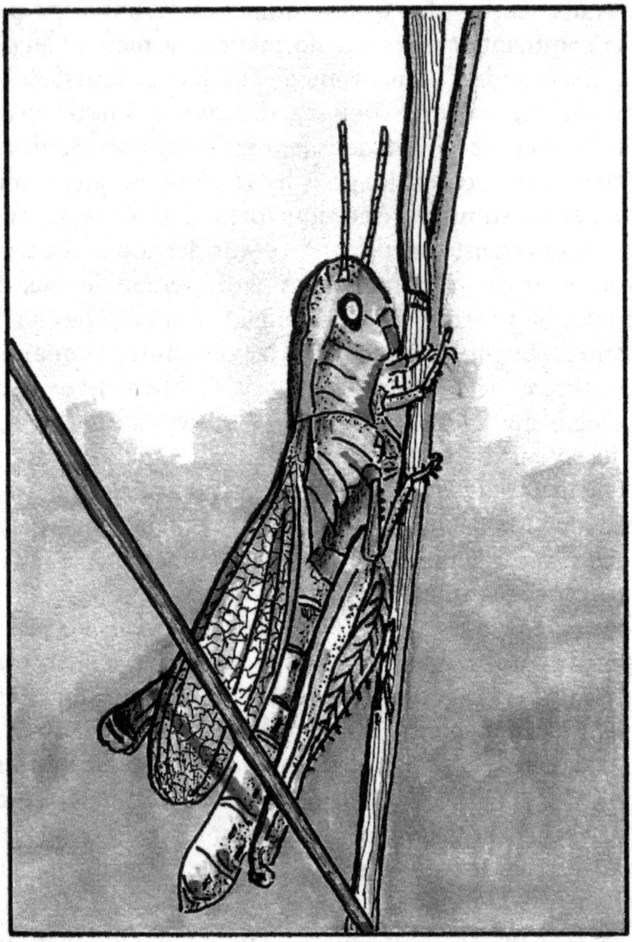

cinématographie, en zoologie et en paléontologie. À cette époque, partout dans le monde, les inventeurs essayaient de voler. Étienne Oehmichen entre aux Établissements Peugeot comme ingénieur en 1912. Il révèle rapidement ses dons d'inventeur, rénovant, en 1916, les moyens de l'artillerie et perfectionnant le char d'assaut. En 1918 est créé le laboratoire Oehmichen-Peugeot, où naîtra l'ancêtre de notre hélicoptère. Là où ses concurrents tentent de trouver des solutions techniques, lui a l'idée d'observer le vol animal. Il construit des caméras qui enregistrent image par image le vol des oiseaux et des insectes. Il comprend ainsi ce qui, jusque-là, empêchait l'homme de voler. Le 4 mai 1924, il est le premier à parcourir un kilomètre en circuit fermé devant les commissaires de l'Aéro Club de France, à bord de son appareil n° 2. Il crée ensuite sa propre société. À partir de 1929, avec son quatrième, appareil qu'il appelle « l'hélicostat », il revient à la stabilisation de ses machines par une enveloppe gonflée. Les hélicostats Oehmichen sont parfaitement stables et présentent des performances remarquables. L'apport d'Étienne Oehmichen à l'hélicoptère, mais aussi à d'autres domaines, n'est pas négligeable. Son exceptionnelle inventivité a donné aux sciences et aux techniques de nombreux outils.

En 1939, ses travaux sont à ce point reconnus que le Collège de France lui propose une chaire pour enseigner sa discipline : la mécanique anatomique. Cette science nouvelle permet d'appliquer les connaissances du physicien et de l'ingénieur à la machine animale pour faire une description dynamique de l'anatomie des animaux. En reprenant les travaux de Cuvier, il imprime sa marque : le vol animal est pour lui plus qu'une source d'inspiration pour ses recherches et ses inventions, c'est l'exemple à imiter, une perfection naturelle que l'homme aura du mal à égaler. Il décède à Paris le 10 juillet 1955.

Aujourd'hui, bien des scientifiques travaillent au développement de petits robots volants conçus pour se mouvoir de façon autonome en utilisant des propriétés animales. Ces minuscules hélicoptères ressemblent à des insectes... Mais les chercheurs actuels se heurtent aux mêmes difficultés qu'Étienne Oehmichen. Comme lui, ils se tournent vers les insectes pour décrypter la complexité de leurs incroyables performances en vol. Nicolas Franceschini à Luminy à Marseille, lui, s'est toujours intéressé au vol des mouches. Nous savons que la mouche mais aussi beaucoup d'insectes ailés sont équipés d'une circuiterie capable de mesurer le mouvement et plus précisément la mesure des vitesses de défilement constituant le flux optique. Il existe dans un tel circuit un *neurone détecteur de mouvement* et notamment le neurone détecteur de mouvement dit « à grand champ », car associé à un large champ visuel de l'œil composé. Depuis environ 50 ans, ce type de neurone a été très étudié. Il a été modélisé en un circuit électronique « Détecteur élémentaire de mouvement (DEM) » conçu et réalisé en 1986 en laboratoire. Ce circuit DEM équipe le robot mouche pour le traitement du flux optique. Il est toujours utilisé et est intégré aux robots bio-inspirés dernièrement réalisés en laboratoire. L'équipe a depuis beaucoup progressé et créé divers robots terrestres capables d'éviter les obstacles de manière autonome. La mouche possède un « cockpit » qui renferme environ 1 million de neurones alimentés par les signaux électriques provenant des 48 000 cellules photoréceptrices qui composent la mosaïque rétinienne. Le réseau neuronal traite ces signaux et expédie des « commandes électriques de vol » à 18 paires de muscles moteurs chargés d'ajuster en temps réel l'amplitude, la fréquence et l'angle d'attaque des ailes. Grâce à lui, l'insecte peut redresser son vol, échapper aux prédateurs, repérer un partenaire sexuel et le poursuivre. Bref, des comportements vitaux que ne saurait mimer aucun des meilleurs robots d'aujourd'hui !

Plus récemment, Nicolas Franceschini a découvert que la rétine de la mouche, d'ordinaire des plus stables, se mettait à vibrer activement lors du vol. Comment comprendre la raison d'être d'un tel mécanisme ? Le simuler sur ordinateur, le reproduire et le greffer à un bimoteur aérien de 100 grammes baptisé Oscar. Pour un résultat remarquable : « *Le micro balayage rétinien peut permettre à la mouche de garder l'œil braqué sur une cible avec une finesse 40 fois meilleure que si la rétine restait statique* », dit Nicolas Franceschini. Oscar, malgré les différentes difficultés rencontrées par ses concepteurs, ne se laisse aucunement déstabiliser. Son « œil vibrant » couplé à un neurone détecteur de mouvement électronique verrouille le regard sur la cible « *comme une mouche mâle lancée à la poursuite d'une femelle* ». D'où l'idée de remplacer un jour sur certains hélicoptères les radars ou les Lidars, coûteux et lourds, par un système très léger et anticollision dérivé de l'œil de mouche, n'émettant aucune onde, bon marché et poids plume. Il peut ainsi décoller et suivre un terrain pentu à une vitesse de 3 mètres par seconde, réagir à un vent contraire et atterrir automatiquement grâce d'un « *régulateur de flux optique* ». Ces résultats ont été brevetés par le CNRS, à la croisée de l'éthologie, des neurosciences intégratives et de la robotique. Ils permettent d'enrichir la connaissance du vivant tout en donnant naissance à des machines bioniques inspirées de principes naturels.

On ne peut s'empêcher en quittant de tels insectes d'évoquer leurs disparitions... Oh, certes, on en entend toujours crisser dans les prairies mais ce n'est plus le foisonnement d'il y a quelques années... On en trouvait des rouges, des jaunes, des verts... Ils vous sautaient presque au visage... On arrivait même à les craindre ! On soulevait une pierre, plusieurs coléoptères s'y cachaient... les DDT et bien d'autres produits chimiques ont participé peu à peu à la raréfaction de cette faune exubérante... Jusqu'où faudra-t-il aller pour qu'on s'en inquiète réellement... Beaucoup le disent et le répètent... Mais, combien agissent-ils réellement ?

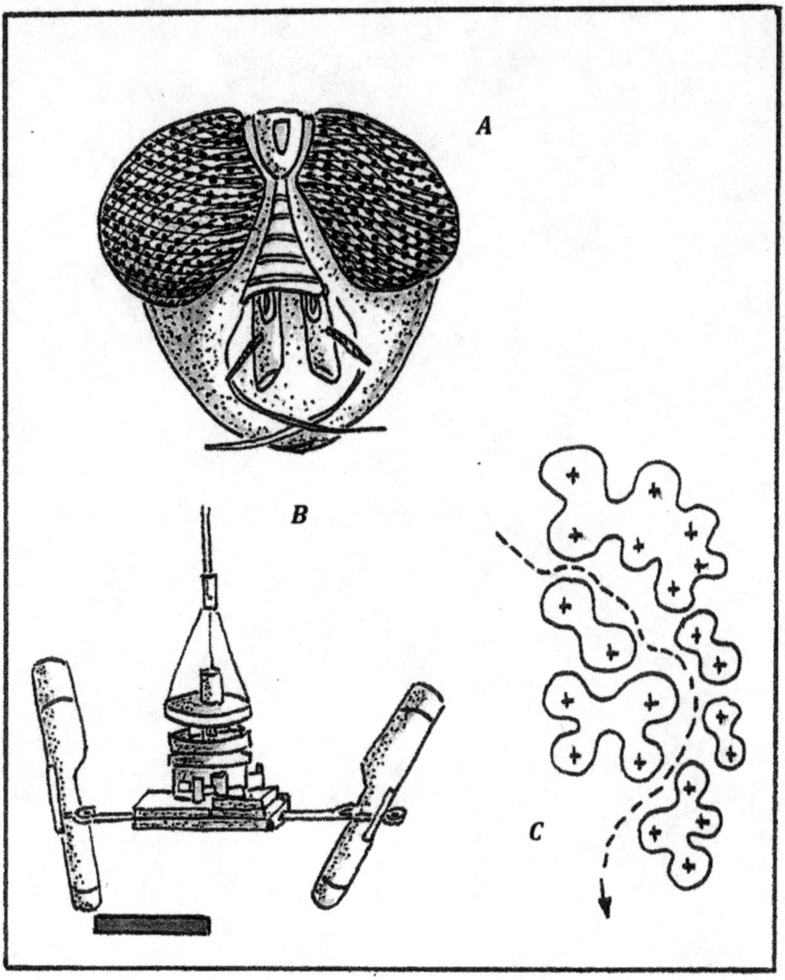

Œil composé de mouche et robotique. A : œil à facettes de la mouche. B : robot « Oscar » de Nicolas Franceschini. Le robot captif Oscar est doté d'un œil reproduisant le micromouvement rétinien découvert dans l'œil composé de la mouche. Cet « œil vibrant », associé à un neurone détecteur de mouvement électronique, confère au robot la faculté de fixer visuellement et de s'orienter vers une cible mouvante – comme le fait la mouche mâle poursuivant la femelle – en agissant différentiellement sur la vitesse de rotation de ses deux hélices. Échelle : 5 centimètres. C : modélisation du parcours du robot « Oscar » au travers d'un champ d'obstacles.

[illegible] de mouche [illegible] le robot [illegible] Le robot [illegible] découverts dans l'œil composé de la mouche. Cet œil [illegible] électronique, [illegible] le robot [illegible] comme le fait la mouche [illegible] [illegible]

Chapitre 6

L'APLYSIE : DES CELLULES GÉANTES À LA MÉMOIRE

La première fois que j'ai vu une aplysie, c'était à San Diego, en Californie, chez un ami américain, neurophysiologiste. J'étais arrivé à l'université de La Jolla le jour où tous les chercheurs devaient aller collecter sur une plage du Pacifique ces « *aplysia californica* » connues pour avoir, dans leurs ganglions, des cellules nerveuses aux dimensions géantes, visibles à l'œil nu ! Il fallait en ramasser une cinquantaine et en remplir les aquariums. On avait sorti les sauts et les pelles ainsi que des sortes de petits filets capables, en raclant le fond, d'en ramener un certain nombre. Nous étions quatre, partis dans une vielle land Rover.

Arrivé sur la plage, chacun est parti à la recherche de ces mollusques. Mes nouveaux camarades retrouvaient leurs lieux de pêche favoris qu'ils avaient dû repérer depuis plusieurs années. Je me suis senti bien empoté, ne sachant où fouiller, ni comment utiliser les ustensiles qu'on m'avait mis en main... Déjà Bob arrivait sortant de l'eau de grosses masses violettes, visqueuses, sans aucune forme. Heureusement on avait apporté une grande bassine en plastique qui rapidement remplie d'eau permit de mieux repérer ces formes noirâtres qui, en étendant leurs nageoires, commençaient à montrer une tête et une queue en ondulant avec lenteur.

Revenu au laboratoire et installés dans un large aquarium, j'ai pu enfin voir ces « opisthobranches » plus connus sous le nom de *lièvre de mer* ou *pisse-vinaigre*, étendant leurs corps souples pour assurer quelques mouvements de nage. Ces animaux possèdent un pied large sur lequel ils peuvent ramper en s'orientant à l'aide de leurs différents éléments sensoriels : une paire d'yeux situés à la base de tentacules olfactifs appelés « rhinophores » comme les « oreilles » d'un lièvre – d'où leurs noms ; à l'avant de la tête une paire de tentacules buccaux à rôle tactile et gustatif. L'accouplement de ces animaux est fort original et fait intervenir plusieurs ganglions nerveux différents. L'animal peut être successivement un mâle ou une femelle. Il emploie l'un ou l'autre de ses sexes lors d'ébats qu'il peut partager avec plusieurs congénères formant ainsi de véritables chaînes copulatoires. En quelques années ces mollusques sont devenus des préparations indispensables à la compréhension du système nerveux central. Les anciens les redoutaient, Cuvier les a décrits dans ses *Leçons d'anatomies comparées* :

« l'aplysie, animal marin très semblable aux limaces, mais respirant par des branchies qui forment une espèce de buisson sur le dos, et qui sont recouvertes par un opercule particulier ; le cerveau est placé comme dans le limaçon ; mais les filets qui entourent l'œsophage produisent deux ganglions, un de chaque côté, qui sont réunis eux-mêmes par un filet mince. ».

Comment ces animaux ont-ils acquis une telle notoriété ?

En juin 1889, le professeur Raphaël Dubois directeur de biologie de l'université de Lyon vient sur la côte méditerranéenne. Il a appris que dans la baie du Lazaret, devant Tamaris le plancton est d'une richesse extraordinaire. Lui qui s'intéresse à la bioluminescence, (la production de lumière par les animaux), pourrait trouver le matériel dont il a besoin. Ce spécialiste du monde animal découvre la richesse des espèces marines que possède cette baie et envisage la construction d'une grande station marine. Michel Pacha, propriétaire des lieux, lui octroie une parcelle de terrain. La station, inaugurée en 1899, dépend de l'université de Lyon.

Angélique Arvanitaki, d'origine grecque, fait de son côté sa scolarité au lycée français du Caire. Très brillante, elle part pour Lyon, où elle assiste aux cours d'Henri Cardot, détenteur de la chaire de physiologie générale. Cette position en fait de droit le directeur de la station marine de Tamaris. Ses propres recherches portent sur l'analyse des mouvements automatiques comme les rythmes du cœur de l'escargot ou les mouvements respiratoires des poissons. Lorsqu'Angélique arrive au laboratoire, il mettait au point la composition ionique de liquides permettant de conserver les préparations vivantes pendant de longues heures. Grâce à ses connaissances en physique, elle favorise l'utilisation des techniques électro-physiologiques. Ainsi, elle enregistre l'électrocardiogramme de l'escargot. Cardot fait venir l'été de très nombreux chercheurs de Lyon et d'ailleurs, comme le jeune Fessard qui fondera après la guerre l'Institut Marey (voir chapitre IV). Avec Daniel Augier, un élève de Lapicque, il s'était intéressé à l'excitabilité nerveuse chez les insectes. Ils poursuivent dans les années 1930 l'étude de la rythmicité observée dans certains nerfs de crabe. Angélique travaille avec eux et avec un tchèque Vladislav Kruta pour analyser les nerfs de la seiche. Elle soutient sa thèse en 1938 sur les activités électriques des nerfs d'invertébrés, démontrant que des stimulations appropriées peuvent produire les réponses locales correspondantes.

L'axone de Calmar d'Hodgkin et Huxley, l'Aplysie d'Arvanitaki

Ces travaux importants ont été historiquement oubliés au profit de ce qui se passait au même moment à Woods Hole ou à Plymouth, deux stations marines célèbres, l'une de la côte est des États-Unis, l'autre du sud de l'Angleterre. Le chapitre de l'histoire des sciences qui allait mener à deux prix Nobel en 1963 pour Hodgkin et Huxley, s'ouvre sur un bien curieux personnage, l'Anglais J. Z. Young. Ce très grand zoologiste est surtout un grand comportementaliste qui a écumé les stations marines. Je me souviens l'avoir rencontré dans les années 1960 à la station marine de Naples station fondée par F. A. Dohrn un zoologiste allemand. Après avoir parcouru des pièces bien sombres mais d'importance, j'avais trouvé Young dans un laboratoire en pleine lumière, en grande jubilation devant des seiches et des poulpes à la pigmentation étincelante et aux tentacules largement étalés, qu'il faisait passer d'un aquarium à un autre à la suite d'un apprentissage très élaboré... Ces expériences de mémorisation démontraient l'habileté de ces animaux au cerveau bien plus développé que la plupart des autres invertébrés.

Dans les années 1930, Young avait remarqué chez les calmars, une espèce voisine, que le manteau qui recouvrait l'ensemble du corps possédait à sa surface interne une sorte de ruban qu'il avait pris au départ pour un vaisseau sanguin. Ces animaux marins particulièrement attractifs sont dotés de huit bras et de deux tentacules pourvus de grandes ventouses. La couleur du manteau peut varier du blanc laiteux au rose, vert ou brun, suivant l'état de l'animal. Le corps, de 30 cm environ en Méditerranée, contient un os cartilagineux : « la plume » transparente. Il est cependant très difficile de conserver ces calmars en captivité, ils vivent en pleine mer (on dit « pélagiques ») et le plus souvent se propulsent en arrière comme des fusées. En aquarium, ils se cognent contre les parois et meurent rapidement. À Woods Hole, on avait trouvé la solution en les disposant dans des enceintes circulaires où ils pouvaient tourner à toute vitesse à loisir.

C'est là que Young, intrigué par cette fibre du manteau, en fait de régulières dissections. Pour s'assurer que c'est un élément nerveux, il essaie de le stimuler mais n'y arrive pas, il doit le détruire lors de la dissection. Il se propose de le stimuler chimiquement en déposant dessus une goutte de citrate de sodium. Sans oscilloscope pour observer la réponse électrique, il se contente de relier la fibre à un audiophone qui crépite s'il s'agit d'une réponse électrique de potentiels d'actions. Il entendit après avoir versé la goutte « *un formidable BUZZ...* » (Young, 1975). Ce bruit a peut-être été le plus grand plaisir de sa vie ! Son hypothèse était juste, il avait affaire à une fibre nerveuse d'un diamètre exceptionnel...

Le modèle allait être très vite exploité. Des expériences se réalisent en parallèle, des deux côtés de l'Atlantique, à Woods Hole, par K. S. Cole et H.J. Curtis, à Plymouth et à Cambridge, par A. L. Hodgkin et A. F. Huxley. En 1938, Cole invite Hodgkin à passer quelques semaines pour apprendre la technique permettant l'utilisation de l'axone de calmar. Les deux équipes comprennent parallèlement que pour analyser

la conduction de l'influx nerveux, il faut pouvoir comparer l'activité à l'intérieur et à l'extérieur de la fibre. Si le premier travail en électrophysiologie intracellulaire a été réalisé en 1931 sur de grosses cellules végétales par W. J. V. Ostershout pour mesurer le potentiel de vacuoles dans des plantes, ce sont les deux équipes qui vont arriver à faire pénétrer sur 20 à 30 mm une électrode de métal ou de verre à l'intérieur même de l'axone géant. La membrane reste vivante plusieurs heures si on ne touche pas ses bords. L'hypothèse qui se confirme est que le passage de l'influx nerveux s'accompagne d'un changement transitoire de conduction électrique.

Pendant ce temps, Arvanitaki se rend régulièrement à Tamaris où elle continue l'étude des fibres nerveuses. En particulier, elle isole deux fibres de seiche et les met en contact. Elle réalise un modèle de « contacts éphaptiques » en accolant, sur une petite longueur et selon une certaine orientation, deux axones de seiche. Ce travail qui sera envoyé au *Journal of Neurophysiology*» sera publié pendant la guerre (Arvanitaki, 1942). Il constitue un progrès décisif, car il permet une analyse locale, unitaire, des processus d'activation lorsque la seconde fibre voit arriver les potentiels d'action de la première. Après la genèse d'une onde diphasique, témoin électrique de l'approche du potentiel d'action, une réponse locale qui peut demeurer isolée est enregistrée et un potentiel d'action est enregistré lorsque la seconde fibre a été rendue suffisamment excitable. J. Eccles, qui défendait à l'époque l'idée de synapses purement électriques, s'inspirera de cette expérience pour bâtir une hypothèse sur une réponse locale postsynaptique indépendante de la libération de neurotransmetteurs.

Angélique commence à s'intéresser aux aplysies, que l'on récoltait dans la baie du Lazaret en face de la station. On y trouve deux espèces, la plus grande, *Aplysia depilans,* de 30 cm environ et d'un brun vert, et la plus petite *Aplysia punctata,* de moins de 10 cm, de couleur variable et avec une très fine coquille de quelques cm. La remarquable particularité qui apparaît à tous est la taille exceptionnelle des structures nerveuses que l'on aperçoit dans les ganglions à travers le conjonctif comme l'avait décrit Honoré Bonnet (1927). Un jeune chercheur chinois, Tchou Si Ho, a de son côté, étudié la croissance de ces animaux et regardé si les plus gros spécimens avaient aussi des cellules plus grosses. Il n'en est rien. Il a été possible après de nombreux essais de maintenir en vie certains ganglions et d'en isoler des corps cellulaires de cellules nerveuses. Arvanitaki, qui ne s'intéressait qu'à l'électrophysiologie, voulait savoir ce qui se passait au niveau du corps cellulaire ou soma. Elle est arrivée assez rapidement, en stimulant un nerf, à recueillir à la surface du corps cellulaire des activités en pointe ainsi que des oscillations de la

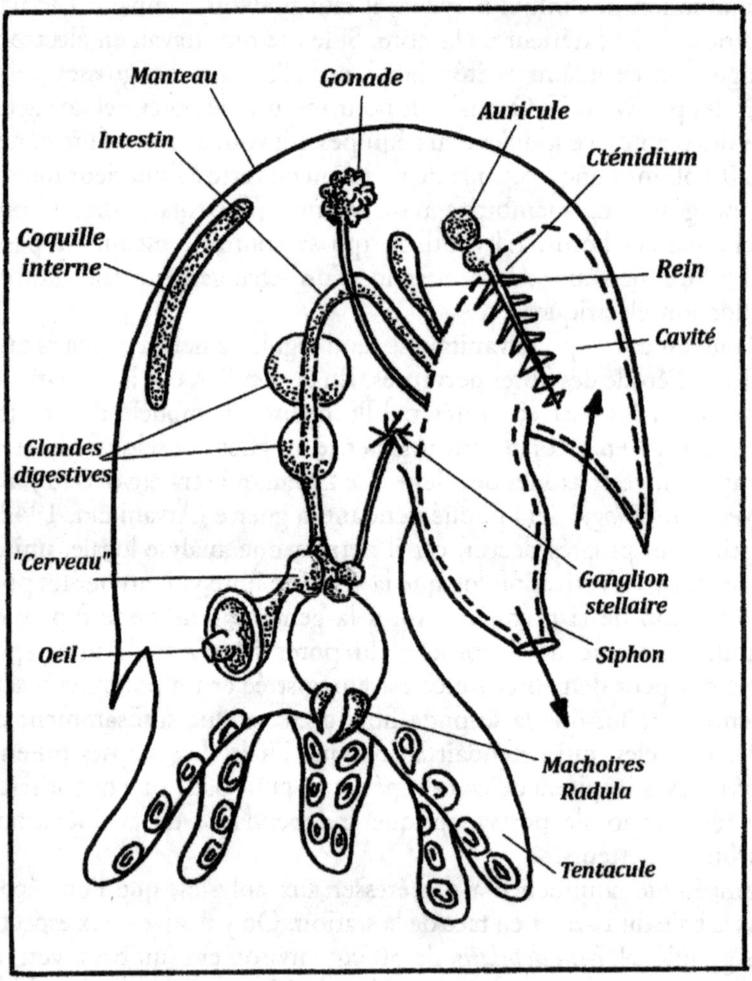

membrane. Elle a obtenu des réponses différentes suivant la cellule analysée, certaines présentaient des activités spontanées rythmiques. C'était la première fois qu'on pouvait recueillir des réponses cellulaires même si elles étaient de surface (Arvanitaki et Cardot, 1941). Une telle découverte allait pourtant rester sans lendemain, interrompue par la mort de Cardot en février 1942. Les Italiens occupent la station et chassent ceux qui y restaient. Arvanitaki reste à Lyon.

À la libération, on sait que le potentiel d'action, au moins chez l'invertébré, dépasse en amplitude l'hyperpolarisation du potentiel de repos. C'est une onde transitoire largement positive. Il est difficile d'expliquer ce renversement de potentiel (« *overshoot* »). Les Anglais Hodgkin et Huxley suivent les vielles données du pionnier allemand en électrophysiologie, J. Bernstein connu pour sa « théorie membranaire » (*Membrantheorie*), selon laquelle la sélectivité de la membrane plasmique au potassium est à l'origine du potentiel de repos, et la disparition temporaire de cette sélectivité, à l'origine de l'apparition du potentiel d'action. Cette membrane de l'axone serait ainsi sélective aux différents ions. Ils vont essayer de vérifier sa théorie avec l'axone géant de calmar. Le potentiel d'équilibre d'un ion est donné par l'équation de Nernst. Pour l'ion K^+ la formule est la suivante : Vk= RT/ F Ln Ke/Ki où Vk est le potentiel d'équilibre du potassium entre l'équilibre interne et externe, Ke et Ki. Le potentiel de repos, ainsi calculé, est de 70mV. Pour vérifier la validité de cette hypothèse, ils changent la composition intracellulaire. Ils s'intéressent ensuite à l'ion Na^+ en expliquant son entrée brutale. Reprenant la formule de Nernst, on peut écrire : Vna=RT/F Ln Ne/Ni. Ce qui donnerait comme valeur maximale +58 mV. Ceci permettait enfin d'expliquer le fameux « *overshoot* » ! En changeant ainsi à volonté le liquide intracellulaire, ils peuvent voir séparément l'action de chacun des ions. C'est un Allemand, B. Katz, qui teste l'hypothèse du sodium en le remplaçant dans le liquide externe par du chlore et de la choline ; si tout le Na est supprimé ; il n'y a plus d'excitation ni de conduction. Si le Na externe est augmenté, la pointe du potentiel d'action est de plus ample amplitude (Hodgkin *et al.*, 1952).

De part et d'autre de l'Atlantique, les expériences se multiplient, avec H. Grundfest et D. Nachmanson (voir chapitre 1 et chapitre 8). La technique du voltage imposé est améliorée dès 1948 et immédiatement testée. Ils placent deux électrodes dans le même axone, une pour le courant et l'autre pour le voltage. Il est maintenant possible de maintenir parfaitement stable la différence de potentiel quand passe le potentiel d'action et de mesurer ainsi le courant. Grâce à un travail minutieux et rigoureux, ils vont à Plymouth et à Cambridge accumuler un ensemble impressionnant de résultats ce qui va leur permettre de publier en 1952, trois articles fondamentaux dans le *Journal of Physiology*. Ils y démontrent le rôle essentiel de la membrane axonique avec la présence de courants Ina^+ entrants et de IK^+ sortants. Le déroulement dépend non seulement de la température, une élévation accélère les processus, mais aussi de l'ion Ca^+ qui doit être absolument présent dans le liquide extracellulaire. Dans le troisième article, ils présentent un modèle de fonctionnement de l'ensemble de l'axone. Ils avaient été plus loin et décrit de façon plus globale les mécanismes que les équipes américaines de Woods Hole.

À la fin de la guerre, à Lyon, un jeune étudiant grec, Nicolas Chalazonitis, ingénieur chimiste et étudiant vétérinaire entre dans l'équipe d'Arvanitaki. Elle l'épouse. Les choses changent. Le professeur Cordier, qui est devenu le nouveau directeur du laboratoire et responsable de Tamaris, ne veut plus poursuivre à la station marine les expériences sur les Aplysies. À Lyon même, il trouve le matériel électro-physiologique et l'utilisation de cages de Faraday très encombrant. Les deux jeunes Grecs ne pourront travailler que dans des caves ! Heureusement les commandants Rouch puis J. Y. Cousteau les accueilleront à la station marine de Monaco où l'on peut se procurer les mêmes espèces d'Aplysies (Arvanitaki *et al.*, 1956).

La venue de Nicolas Chalazonitis va modifier l'orientation du travail sur ces mollusques. Il remarque que les cellules nerveuses sont colorées, qu'elles sont bourrées de pigments, des cytochromes qui réagissent à la lumière et font répondre les neurones. Ils vont alors essayer de bâtir une théorie du potentiel de repos et du potentiel d'action en relation avec les mécanismes de la respiration. Pour eux, la chaîne catalytique respiratoire composée de macromolécules qui se situe radialement dans la cellule, fonctionne comme une pile. Les électrons et les ions engendrés en continu par les déshydrogénases empruntent des voies distinctes mais parallèles. Le potentiel de repos aurait pour origine la différence des activités électroniques aux deux extrémités de la chaîne catalytique entre déshydrogénase et oxydase. Il y aurait un flux électronique vers l'oxygène. La phase de pointe du potentiel correspondrait à l'accélération transitoire du flux électronique centrifuge, la phase descendante à l'accélération transitoire du flux protonique centrifuge compensateur. Ces hypothèses ont été présentées au congrès international d'électrophysiologie organisé par le CNRS à la Sorbonne et à l'Institut Marey par A. Fessard et A. M. Monnier du 31 mars au 9 avril. 1949. Cette réunion regroupait tous les grands électro-physiologistes de l'époque. L'exposé a plus étonné que convaincu, Hodgkin doutant qu'il y ait assez d'électrons libres pour pouvoir évoquer les courants nécessaires...

À ce même congrès, un des points chaud de discussion est venu de la communication de S. W. Kuffler du John Hopkins sur les synapses et la transmission chimique, qui s'est opposée à celle d'Eccles qui défendait la théorie électrique. Kuffler, utilisant les résultats obtenus sur des jonctions neuromusculaires d'invertébrés comme de vertébrés, défend avec force la théorie chimique et le rôle de l'acétylcholine dans les muscles de rat. Il rejette l'idée proposée par Eccles d'un passage direct de courant. Ce dernier défend, mais avec beaucoup de précaution et sans trop y croire, une théorie inhibitrice électrique où les déplacements de courants pourraient produire des zones d'inhibitions et ainsi provoquer l'arrêt d'une stimulation.

Eccles travaillait à ce moment-là en Nouvelle-Zélande, à l'École médicale de Dunedin dans la province d'Otago. Essayant de comprendre les activités réflexes et le rôle des motoneurones et des interneurones, il constate que l'on ne pourra vraiment comprendre ce qui se passe qu'en enregistrant l'activité électrique à l'intérieur des cellules. Il travaille alors sur la moelle épinière de chats anesthésiés et tente d'introduire des électrodes dans les motoneurones dont le diamètre n'est pourtant pas supérieur à 50 micromètres. Une nouvelle méthode utilisant des microélectrodes a été décrite en 1949 par Ling et Gérard, W. L. Nastuk et A. L. Hodkgin et par P. Fatt et B. Katz. L'ingénieur électronicien exceptionnel, J. S. Coombs, qui travaille avec Eccles, lui construit un amplificateur spécial pour ce type d'enregistrement. Le Dr L. G. Brock, lui, sait parfaitement étirer des petits tubes de verre dont l'extrémité ne doit pas dépasser un micron pour pénétrer dans les neurones. Malgré des micromanipulateurs peu adaptés, les premiers résultats apparaissent très vite et le premier enregistrement intracellulaire d'un motoneurone de la moelle de chat est présenté le 31 juillet 1951 dans une communication à la Société locale de médecine de Dunedin (Eccles, 1975).

Les enregistrements confirment que la facilitation synaptique repose sur une relativement longue dépolarisation post-synaptique. L'étude intracellulaire permet de définir des activités lentes sous le seuil du potentiel d'action : on parle de réponses excitatrices ou PPSE (potentiel post-synaptique excitateur). C'est au cours de ces expériences que J. C. Eccles découvre des réponses inhibitrices (potentiel post-synaptique inhibiteur ou PPSI). En regardant les images en miroir entre PPSE et PPSI, Eccles est convaincu que son hypothèse électrique sur les synapses est fausse ! Ce qui est remarquable chez ce chercheur, et bien rare dans le milieu, il prend immédiatement le parti inverse et soutient la théorie chimique qu'il avait tant combattue. H. Dale, le spécialiste de la transmission chimique, Prix Nobel en 1936 avec O. Loewi, compare cette conversion subite d'Eccles à celle de saint Paul sur le chemin de Damas.

En 1955, Arvanitaki et Chalazonitis montrent à Gif de magnifiques tracés électro-physiologiques sur les neurones d'aplysie. Dans les années 1958-1959, le couple présente avec grande fierté cette nouvelle préparation aux États-Unis, où elle obtient un grand succès. Ils visitent les laboratoires de la côte est comme ceux de la côte ouest, discutent avec Kuffler, Grundfest, Maynard, Tasaki, Florey... La beauté des images subjugue tous les laboratoires où ils passent. Ils expliquent la préparation

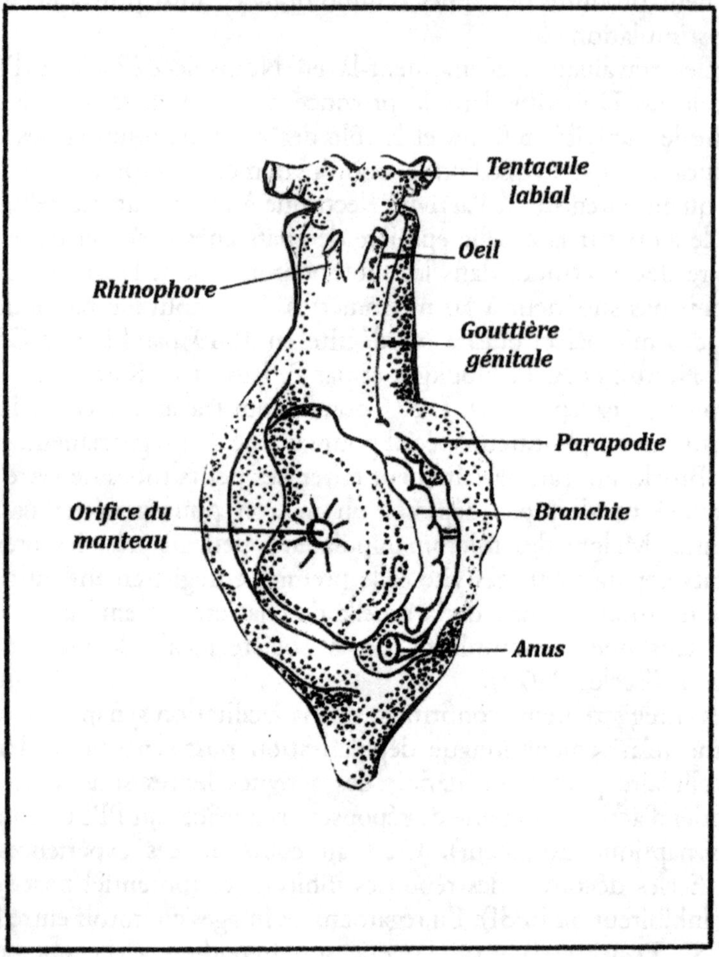

à Woods Hole. F. Strumwasser et T. Bullock commencent à travailler dessus. Ladislav Tauc de l'institut Marey visite la même année le laboratoire de Bullock à San Diego. La côte californienne possède une espèce *Aplysia californica* de très grosse taille, celle que je devais ramasser dans les années 1980. Le prestige de l'aplysie atteint son apogée quand Bullock et Horridge publient un livre de plus de 1 500 pages sur l'anatomie et la physiologie de l'ensemble des Invertébrés (Bullock, Horridge, 1965). Sur la page de garde est mis en exergue le mollusque avec des dessins anatomiques et des enregistrements électro-physiologiques d'Angélique Arvanitaki. C'est la gloire pour Angélique... et pour l'aplysie !

L'institut Marey et les travaux sur l'aplysie

L'institut Marey va avoir aussi son spécialiste de l'aplysie. En 1948, Fessard avait accueilli un Tchécoslovaque, Ladislav Tauc, qui avait travaillé à l'Institut de physiologie des plantes à Brno mais avait quitté son pays en 1948. Intéressé par les enregistrements intracellulaires qui préoccupaient à ce moment-là de nombreuses équipes, il se focalise sur le micromanipulateur de Fontbrune, système révolutionnaire pour approcher au plus près des neurones avant de les pénétrer. Il s'essaie à différentes préparations.

Fessard parle à Tauc des travaux d'Angélique sur l'aplysie : c'est le déclic ! Le travail se fait sur le bassin d'Arcachon lorsque les aplysies l'envahissent, à la fin de l'été ou au début de l'automne. Ils peuvent en faire venir à Marey, mais les animaux sont saisonniers Quand il n'y en a plus, ils utilisent des escargots qui ont aussi des neurones de grandes tailles. Tauc ne quitte plus cette préparation. Henri Troyat doit avoir vent de l'expérience, lui qui, dans *Une extrême amitié* paru en 1963, parle d'un chercheur qui étudie de curieux mollusques à grosses cellules...

Dès 1955 au deuxième grand congrès organisé à Gif par le CNRS sur « la Micro physiologie Comparée des Éléments excitables », Tauc présente ses premiers résultats. Comme le congrès qui a eu lieu six ans plus tôt, il est dirigé par Fessard et Monnier. S'il regroupe toujours des électro-physiologistes cellulaires, des recherches plus fonctionnelles sont présentes. Hodgkin, Katz, Chalazonitis, Monnier figurent à nouveau parmi les conférenciers, ainsi que Benoit, Coraboeuf, Staempfli, Tasaki. Au niveau des fonctions physiologiques, on retrouve Eccles qui maintenant parle de ses enregistrements intracellulaires de la moelle du chat, Albe-Fessard et Buser, Jasper et Jung, décrivent les activités corticales, Laporte et Lundberg, Matthews, Amassian, Moruzzi, l'activité des structures centrales... Les résultats obtenus par Tauc impressionnent immédiatement. Capable de placer deux micro-électrodes dans un même corps cellulaire, il utilise la première pour injecter du courant et la seconde pour recueillir les potentiels produits (Tauc, 1957). Il complète ses enregistrements à l'aide d'électrodes extracellulaires. Il peut ainsi faire une étude complète des différents potentiels induits dans les différentes parties des neurones. Influencé par Arvanitaki, il travaille sur la cellule géante du ganglion viscéral qu'il appelle abdominal. Il démontre les propriétés dynamiques membranaires des différents emplacements cellulaires, polarisation au repos, accommodation, auto activité... Il démontre que dans les conditions, normales, le potentiel d'action naît à 1,5 mm du soma dans une zone de grande excitabilité. Entre cette zone d'activation et le corps cellulaire, on peut bloquer la naissance du potentiel d'action. Dans le soma où la conduction est passive, la naissance d'un potentiel d'action est difficile du fait d'un seuil très élevé de déclenchement. Tauc se focalise alors sur la structure d'ensemble de cette cellule géante. Il en existe en fait deux, une à droite et une à gauche. Si celle de droite à son corps cellulaire dans le ganglion abdominal, celui de gauche se situe dans le ganglion pleural. On peut expliquer cette différence par une torsion de l'organisation nerveuse qui a pour origine des ancêtres ressemblant à l'escargot. Ces deux neurones géants forment un réseau minimal. Leurs prolongements envahissent la plupart des différents ganglions. Ils sont en contact entre eux par une liaison complexe qui, suivant la stimulation donne une réponse biphasique. Si la première réponse est chimique, la seconde serait due à un couplage étroit entre les deux cellules.

L'institut Marey est durant cette période, entre 1955 et 1970, un laboratoire d'une très grande activité avec des recherches qui touchent, en dehors de l'aplysie, aussi bien à la torpille, aux poissons électriques, au chat et même à l'homme. C'est le creuset où se forme l'essentiel de la génération qui va lancer les neurosciences en France. De très nombreux étrangers viennent aussi travailler à Marey.

L'un deux, J. Bruner, vient du laboratoire du comportementaliste polonais J. Konorski, élève de Pavlov et défenseur du conditionnement opérant (voir chapitre 9). Il commence par travailler sur le chat mais s'intéresse à des modèles cellulaires comme l'aplysie. Il établit une préparation où il essaie de mettre en évidence des réactions complexes de l'animal. Il enregistre l'activité intracellulaire de la cellule géante abdominale en la stimulant de façon physiologique. Il isole la tête du mollusque et garde les différents ganglions nerveux. En faisant tomber sur la tête intacte une goutte d'eau de mer à intervalles réguliers, il obtient à chaque fois une dépolarisation transitoire, un PPSE. Cependant, la succession des stimulations donne des réponses de plus en plus faibles. On peut parler d'une habituation. Il montre aussi que s'il arrête la chute successive des gouttes, la réponse récupère et une nouvelle stimulation après un temps de repos redonne un signal de grande amplitude. Si au cours des différentes séries réalisées, il stimule globalement l'animal, la réponse qui s'était atténuée est complètement récupérée. Bruner a ainsi mis en évidence l'habituation et la déshabituation d'un stimulus (Bruner et Tauc, 1966).

Entre 1962 et 1964, avec K. Frank, Tauc va améliorer la technique du voltage clamp en mesurant le courant qui traverse la membrane somatique du neurone au moyen d'une électrode extracellulaire ayant une pointe polie et placée contre le soma. Cette nouvelle méthode contenait déjà tous les éléments qui allaient servir de base à la méthode du « *patch clamp* » (le terme même était employé dans leur article de 1964) que I. Neher et B. Sackmann développeront dans les années 1976 et grâce auquel ils obtiendront le prix Nobel en 1991.

H. Gerschenfeld, né à Lwow en Pologne en 1925 a émigré très tôt en Argentine. Docteur en médecine, il travaille avec le prix Nobel B. Houssay et le spécialiste en microscopie électronique, De Robertis. Il étudie avec Dora Wald les relations entre les neurones et les cellules gliales. Il va travailler avec Tauc à Marey. Sur des préparations d'aplysie et d'escargots, ils démontrent en 1962 la présence de deux types de neurones cholinergiques : certains, de type D, répondent à la dépolarisation pré-synaptique par une réponse dépolarisante alors que d'autres, de type H, présentent une réponse hyperpolarisante. C'est la première fois qu'au niveau de la polarité d'une synapse sont mis en évidence des propriétés post-synaptiques.

En 1961, Gerschenfeld est professeur à la faculté de Buenos Aires. Il approfondit ses études sur les synapses et les différentes substances chimiques impliquées (Gerschenfeld, 1966). Avec l'arrivée de la dictature, il fuit son pays et accepte l'invitation de s'intégrer au département de neurobiologie de l'école de médecine de Harvard chez Kuffler. Je l'ai entendu dans une conférence en Espagne décrire les différentes propriétés des canaux calciques « *los canales de calcio* », il était aussi passionné que s'il évoquait l'histoire d'un grand d'Espagne. D'un charisme évident, il a eu une très grande influence sur la neurobiologie française. Il défendait une approche très cellulaire des problèmes ce qui n'était pas le cas de Dora Jassik, son épouse, qui abordait des activités nerveuses beaucoup plus élaborées et intégrées. Grand spécialiste des synapses, il démontre que le principe de Dale est faux, on ne peut plus dire « une synapse, un neurotransmetteur ». Il trouve dans une même cellule des PPSEs cholinergiques et d'autres sérotoninergiques. La multiplicité des récepteurs pour un même neurotransmetteur se confirmait. En 1971 il installe un laboratoire de neurobiologie à l'École normale supérieure de Paris. Il aborde de très nombreux problèmes nouveaux sur les réseaux neuroniques, étudie la rétine de tortue avec M. Piccolino.

L'Institut Marey, vétuste, aux bâtiments trop petits, ferme. La plupart des chercheurs partent pour Gif-sur-Yvette. Tauc est nommé directeur du laboratoire de neurobiologie cellulaire du CNRS en 1972, puis de neurobiologie cellulaire et moléculaire en 1984). Sous sa direction, le laboratoire ne cesse de se développer. Dès le début, Tauc s'entoure d'un petit groupe de jeunes chercheurs travaillant sur le modèle « aplysie ». Il montre avec J. Stinnakre que la cellule rythmique Br15, connue depuis de nombreuses années, contrôle la salinité environnante du milieu marin ; il met au point, toujours avec Stinnakre, la méthode permettant avec l'aequorine, de visualiser le Ca^{++} dans des neurones. Dans le même temps, avec T. Shimahara, il révèle les mécanismes impliqués dans la facilitation hétéro-synaptique tandis qu'avec J.-M. Meunier il commence à développer l'étude d'une synapse cholinergique du ganglion buccal qui allait devenir le modèle « fétiche » du groupe.

Kandel et la mémoire

Parmi les chercheurs de passage, l'un marque l'institut Marey : Eric Kandel. Ce chercheur autrichien de famille juive né à Vienne en 1929 est obligé de quitter l'Europe en 1939. Lorsqu'il commence ses études à New-York, il veut se lancer dans la psychanalyse. Il fait sa médecine, et apprend la biologie au laboratoire de D. Purpura, où il fait la connaissance de Grundfest. Peu à peu, il s'intéresse aux processus de mémorisation. Les travaux de Brenda Milner démontrent sur un patient célèbre nommé par ses initiales H.M. qu'il existe plusieurs types de mémoires. Opéré par W. Scoville qui avait détruit ses deux hippocampes, ce patient a perdu la mémoire de travail qui permet de travailler à court terme mais pas la mémoire procédurale, qui correspond au « savoir-faire » appris. Ces données ont frappé Kandel. Dès 1958, il expérimente sur l'hippocampe, sachant que cet organe est au cœur des processus de stockage. Il se pose une question qui paraît naïve aujourd'hui : les cellules pyramidales de cette région sont-elles différentes des autres et possèdent-elles des propriétés particulières qui expliqueraient « la mémoire » ? Ces essais lui démontrent le contraire : quelles que soient les cellules, il ne trouve pas de propriétés de signalisation différentes. Il ne peut qu'être déçu par la complexité de la préparation qu'il utilise. Il fait un séjour à Bethesda et en discutant avec différents chercheurs, il se laisse convaincre d'aborder une préparation beaucoup plus simple. Il doit abandonner les mammifères... On évoque auprès de lui l'aplysie. Il se rend au laboratoire Marey.

Kandel reste quinze mois à Paris, de septembre 1962 à novembre 1963, une période très riche. Avec Tauc, il définit la facilitation hétérosynaptique, concept que reprendra après lui Shimahara. Travaillant beaucoup, il apprend beaucoup. Il comprend très vite l'intérêt inestimable d'un tel modèle animal et tout ce qu'il pourra en tirer. Il analyse les résultats précédents et en utilisant les différents paradigmes du laboratoire, il détermine les mécanismes les plus élémentaires comme les phénomènes les plus complexes.

Ce modèle est d'accès facile. Les cellules sont énormes, on peut très bien les repérer dans un ganglion et parfaitement les retrouver d'une expérimentation à l'autre. On dit aujourd'hui qu'elles sont au nombre de 20 000. Leur grosseur apparaîtra par la suite très utile pour la biologie moléculaire. Les comportements sont variés et peuvent être obtenus en routine. Il cherche à conditionner les différents neurones. De retour à Harvard, il prend la décision d'abandonner la psychiatrie et de se focaliser sur ce nouvel animal. Il veut pouvoir conditionner ces neurones identifiés et essayer de comprendre des mécanismes, mêmes très élémentaires, d'une certaine forme d'apprentissage. En décembre 1965, il constitue autour de lui, une équipe avec comme piliers I. Kupfermann, V. Castellucci, H. Pinsker, Carew, Hawkins... Il reprend tous les anciens travaux et donne des noms aux différentes cellules sans se préoccuper des nomenclatures précédentes. Ce travail en profondeur lui permet d'écrire deux livres essentiels, l'un en 1976, *Cellular basis of behavior* sur le comportement animal défendant les préparations d'invertébrés avec leurs très faibles nombres de neurones et leurs propriétés microphysiologiques, le second en 1979, *Behavioral biology of Aplysia*, plus particulièrement consacré à ces mollusques, décrit à la fois les activités cellulaires de certains circuits en les rapportant à de nombreux comportements.

Dès 1965, il cherche une préparation qui le satisfasse où il pourra obtenir un comportement qu'il pourra évoquer à volonté par une stimulation élémentaire, une réponse mesurable et un circuit assez simple dont il pourra étudier les différents éléments. Elle est au point en 1970 et va devenir la base des mécanismes d'adaptation à long terme. Il s'agit du réflexe de retrait des branchies. La préparation sera expliquée dans trois articles publiés successivement dans la revue *Science*. Le premier utilise une préparation le moins disséquée possible où on peut quantifier la rétraction des branchies induite par l'action d'un jet d'eau sur le siphon (Pinsker *et al.*, 1970). Un motoneurone est aussi enregistré. L'intérêt ici est que l'on peut parfaitement mesurer la réponse comportementale comme celle du motoneurone. Il analyse à la suite de réponses successives la diminution des réponses ou « habituation ». Le deuxième article décrit le réseau, avec les neurones tactiles stimulés, les interneurones et les motoneurones impliqués (en particulier L7). Le troisième utilise une préparation complètement isolée *in vitro* où il est possible d'enregistrer en intracellulaire le circuit mono comme polysynaptique.

L'analyse a été poursuivie pendant plus de trente ans avec une obstination régulière et très efficace. Elle a permis de comprendre trois réponses différentes : l'habituation, la sensibilisation et le conditionnement classique. En associant une réponse du manteau à celle du siphon, l'étude des mécanismes d'habituation à long terme a pu être abordée. Une dizaine de stimulations provoquent une habituation à court terme d'une dizaine de minutes. Si on répète cet exercice sur plusieurs jours (4 en l'occurrence), cette habituation dure trois semaines et l'on parle d'habituation à long terme. Kandel (2003) a démontré que les potentiels d'action des neurones sensoriels, suite à une série de stimulations, produisent des potentiels synaptiques de plus en plus faibles dans les interneurones et les motoneurones. Ce phénomène est dû à une diminution du nombre de vésicules de glutamate prêtes à s'incorporer à la membrane présynaptique : la quantité de neuromédiateur libéré dans la fente synaptique est faible.

Après une habituation, si on applique un stimulus nociceptif sur la queue, le retrait de la branchie redevient ample. Si cette expérience se produit après un apprentissage par habituation, on parle de déshabituation. Les deux stimuli ne sont pas appariés comme dans le conditionnement classique qui est, pour ce qui concerne l'apprentissage, beaucoup plus efficace que la sensibilisation. En effet, l'aplysie apprend également par association, ce qui a permis des découvertes essentielles sur le conditionnement pavlovien, et en particulier sur la loi de la contiguïté temporelle.

La sensibilisation provoque une facilitation de la transmission synaptique dans les neurones concernés, par l'augmentation de la libération du nombre de vésicules de glutamate dans l'espace synaptique. Il a été mis en évidence, après stimulation de la queue, que les interneurones grâce à la sérotonine activent les systèmes de second messager. Dans d'autres apprentissages, l'acétylcholine, la dopamine ou l'adrénaline peuvent jouer ce rôle.

La sensibilisation à court terme s'explique au niveau moléculaire chez l'aplysie par la sérotonine qui, injectée sur le circuit neuronique, entraîne une augmentation d'excitabilité. Parallèlement se produit un élargissement du potentiel d'action du neurone sensoriel qui, en réduisant des courants K^+ spécifiques, permet un plus grand flux entrant de calcium dans la terminaison présynaptique à chaque nouveau potentiel. Cette augmentation de calcium entrant contribue à l'augmentation de libération du transmetteur. L'AMP cyclique produit son effet par l'intermédiaire d'une protéine kinase dépendante de l'AMP cyclique (PKA), qui entraîne la phosphorylation de ce canal K^+ en activant la PKA. La PKA produit par elle-même un élargissement du potentiel d'action et une augmentation de la libération de glutamate. À l'inverse, un peptide spécifique inhibiteur de la PKA bloque les effets de la sérotonine. Ces observations apportèrent une preuve directe du rôle de la PKA dans la facilitation présynaptique à court terme.

La sensibilisation à long terme fait intervenir des modifications dans le noyau des cellules car elle nécessite une synthèse de protéines qui augmente le nombre de récepteurs et de synapses par activation de facteurs de transcription comme le CREB-1. En substituant aux chocs sur la queue des bouffées de sérotonine (le transmetteur libéré par les chocs sur la queue), la sensibilisation dans une boîte de culture contenant une seule cellule sensorielle établissant une synapse avec un seul motoneurone a pu être modélisée. Kandel et son équipe ont été capables d'induire une facilitation à court terme et à long terme et ont observé, comme sur l'animal intact, que le processus à long terme différait de celui à court terme par sa dépendance vis-à-vis de la synthèse de nouvelles protéines. Kandel a utilisé ce système de culture pour comprendre quels sont les gènes dont l'activation permet la conversion du processus à court terme en processus à long terme, et quels sont les gènes essentiels au maintien du processus à long terme. Kandel a observé que cinq bouffées espacées de sérotonine comme cinq chocs espacés sur la queue activent la PKA qui, à son tour, recrute la MAP-kinase. Toutes deux migrent à l'intérieur du noyau, où elles activent une cascade transcriptionnelle qui commence avec le facteur de transcription CREB-1 (*cAMP response element binding protein 1*), une protéine de liaison impliquée dans la réponse à l'AMP cyclique, ainsi appelée parce qu'elle se fixe à un élément de réponse à l'AMP cyclique (*CRE, cAMP response element*) présent dans les promoteurs des gènes cibles. La facilitation synaptique à long terme requiert non seulement l'activation de gènes qui favorisent la mémoire, mais également l'inactivation de gènes suppresseurs de mémoire. L'un d'entre eux, le facteur de transcription Ap/CREB-2, peut réprimer l'effet activateur de Ap/CREB-1a sur la transcription. La levée de cette répression diminue le seuil de mise en place de la mémoire à long terme.

Cette mémorisation à long terme s'accompagne de modifications anatomiques avec la mise en place de nouvelles connexions synaptiques, ce changement structural a la même durée que la mémoire du comportement impliqué. À mesure que la mémoire s'efface, les connexions se rétractent progressivement. Un neurone sensoriel d'aplysie intacte présente environ mille deux cents varicosités synaptiques. Lorsque la sensibilisation à long terme se met en place, ce nombre fait plus que doubler pour atteindre deux mille six cents ; avec le temps, il revient à environ mille cinq cents.

L'année 2000, le prix Nobel de Physiologie et de Médecine est attribué à trois lauréats. Le premier est Arvid Carlsson de Goteborg en Suède, récompensé pour sa découverte concernant la fonction de la dopamine comme médiateur chimique dans le cerveau et sa grande signification pour le contrôle de la motricité. Le deuxième est Paul Greengard, de l'université Rockefeller de New-York, qui a découvert comment la dopamine et une série d'autres médiateurs chimiques exercent leur action dans le système nerveux. Le troisième est Eric Kandel pour ses travaux sur les bases moléculaires de la mémoire à court terme et de la mémoire à long terme. Le texte officiel précise qu'il est : *« récompensé pour avoir découvert comment l'efficacité des synapses peut se modifier, et les mécanismes moléculaires qui commandent ce processus. Utilisant pour modèle le cerveau d'un mollusque marin, il a montré que les modulations du fonctionnement des synapses sont essentielles pour l'apprentissage et la mémoire »*.

E. Kandel publie en 2007 un livre *À la recherche de la mémoire. Une nouvelle théorie de l'esprit* qui résume sa vie, décrit ses travaux et définit « ses neurosciences ». Il reste un défenseur, un humaniste. Dans son discours lors de la cérémonie des Nobel, il précise que :

> « L'étude biologique de l'esprit est plus qu'une quête scientifique porteuse de grandes promesses ; c'est aussi une importante aventure humaniste. La biologie de l'esprit établit un pont entre les sciences – qui s'attachent à comprendre la nature – et les humanités – qui se soucient du sens de l'expérience humaine. Les perspectives qui sortiront de cette nouvelle synthèse n'amélioreront pas seulement notre compréhension des troubles psychiatriques et neurologiques, mais elles conduiront à une compréhension plus profonde de nous-mêmes ».

Freud aurait sans doute écrit la même chose !

L'aplysie reste un modèle non seulement pour la mémoire mais aussi pour les réseaux neuroniques qui contrôlent la bouche et la mastication comme ceux qui font battre les nageoires au cours du déplacement. Cet animal est devenu ainsi particulièrement précieux dans la connaissance de très nombreux comportements moteurs et de très intéressantes propriétés cellulaires particulières.

Enfin, l'aplysie fait preuve d'une adaptation originale pour résister aux prédateurs. C'est une équipe de scientifiques américains de l'université de Géorgie dirigée par Charles Derby qui, intéressée par la chimie des crustacés, a analysé la fuite de l'aplysie devant son prédateur, la langouste. Dans le monde animal, bien des animaux devant un ennemi ont comme moyen premier la fuite. On a vu que dans de nombreuses espèces, l'exécution de ce comportement est possible par la mise en jeu de fibres géantes qui font contracter massivement les muscles de l'abdomen, par exemple. C'est le cas des gros crustacés (voir chapitre IV), de certains vers... Les seiches ont un double moyen : la contraction de leur manteau leur permet tout à la fois de fuir et de projeter un nuage noir d'encre. L'aplysie a bien une encre violette mais pas la possibilité de fuir. Sa stratégie va être de semer la confusion chez son prédateur. Le mollusque possède une paire d'organes sécrétoires, les uns forment la glande pourpre qui produit une encre violacée et les autres, la glande opaline, qui libère, un liquide blanc visqueux.

Kicklighter *et al.* (2005) ont découvert que cette encre, en plus de contenir des substances répulsives, était composée d'éléments chimiques présents dans l'alimentation de la langouste. Ils activent des voies nerveuses qui contrôlent principalement le comportement alimentaire, ainsi que d'autres comportements comme le toilettage. Par ses substances lâchées, l'aplysie va donc détourner l'attention de son prédateur en agissant directement sur son système nerveux. Pendant que la langouste est en train de manger « dans le vide », le lièvre de mer peut partir tranquillement en déployant ses grandes nageoires... Un tel système de défense jamais observé auparavant a été baptisé « phago-imitation ».

Quelle étrange épopée pour cet animal qui n'était connu il y a peu que de pécheurs côtiers qui les rejetaient de leurs filets. Et voilà qu'elle a permis d'aborder une des fonctions les plus complexes du cerveau, la mémoire...

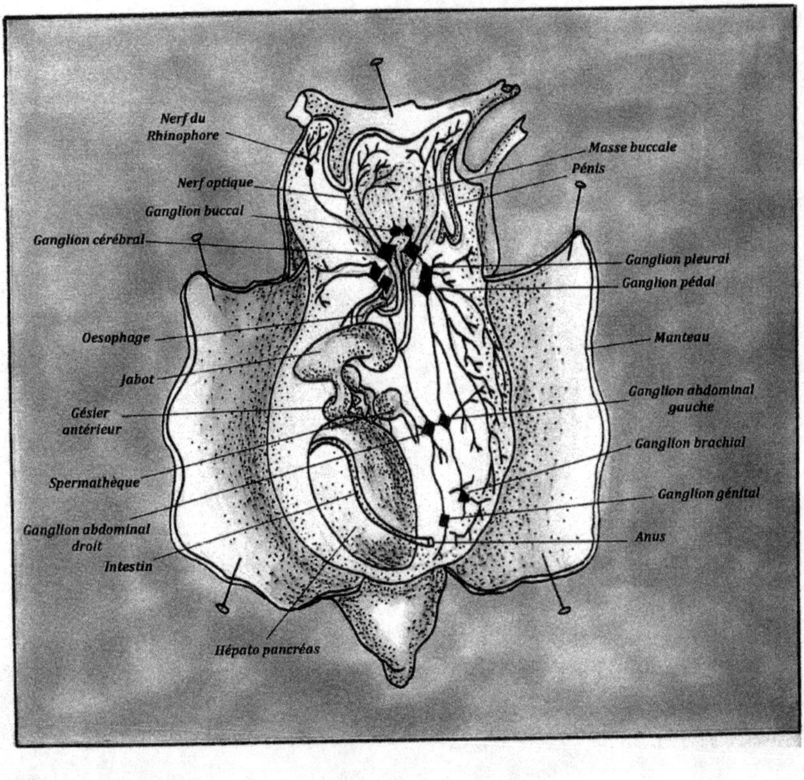

III

LA RÉVOLUTION GÉNÉTIQUE ET SES ESPÈCES FAVORITES

Chapitre 7

LA DROSOPHILE, UNE MOUCHE « MODÈLE »

En général les mouches n'ont pas bonne presse : elles collent à la peau, l'été les jours d'orage. D'un bleu ou d'un vert rutilant qui inquiète, elles sont considérées comme porteuses de microbes... Elles n'ont qu'une paire d'ailes, d'où le nom de diptère ; la deuxième, devenue des haltères, permet un meilleur équilibre en vol. Très familières, elles vivent avec l'homme et ses animaux domestiques. Peu de bestioles sont aussi proches de nous, pour le meilleur comme pour le pire.

Un curieux mélange d'attachement et de répulsion

On déteste les œufs pondus par les mouches et les asticots qui se développent sur une viande avariée, le spectacle nous répugne... On s'inquiète de voir voleter ces animaux dans les maisons ou autour des étables. Autrefois sans frigidaire, on chassait ces diptères qui tournaient autour des garde-manger et on les attirait par de longs rubans enduits de glu. Charognards et nécrophages, ils nettoient la nature, mais côtoient sans cesse la mort. C'est là tout le problème : ils hantent les endroits les plus malsains et sont à l'affût de tout être à l'agonie, de toute bête qui cesse de vivre.

Une telle particularité méritait bien une analyse précise. L'entomologiste français J.-P. Mégnin, après avoir longuement étudié l'activité d'un très grand nombre d'insectes intervenant dans les processus de décomposition des corps humains, a publié en 1894 un ouvrage de référence : *La faune des cadavres : application de l'entomologie à la médecine légale* où il décrit la présence et la succession précise de toute une série d'espèces attirées les uns après les autres par les différents états de putréfaction. Il définira ainsi ce qu'il a appelé « *les huit escouades d'insectes nécrophages* », considérant que ce sont des séries d'animaux, et toujours les mêmes, qui hantent ainsi les morts laissés à l'air libre. Une telle observation a permis une véritable démarche scientifique, utile dans les investigations policières, puisqu'elle permet de mesurer le temps séparant la découverte du corps de la mort réelle de la victime, ce qui était auparavant impossible à dater.

Alors qu'aucune odeur ne se fait encore sentir, les insectes de la première escouade sont attirés par le cadavre immédiatement après la mort. La deuxième apparaît avec l'odeur cadavérique, quant à la troisième, elle est attirée par les acides gras volatils dégagés avec le rancissement des graisses du défunt. Elle comprend surtout des coléoptères et de tous petits papillons... On a ainsi pu réaliser une échelle mensuelle où se succèdent très régulièrement les mêmes types d'insectes... La police scientifique peut, avec une marge d'erreur relativement faible, déterminer la date de la mort d'un corps retrouvé longtemps après sa disparition.

Cependant, cette datation possède ses limites. De nombreux paramètres interviennent, modifiant la vitesse, le temps d'arrivée et le développement des insectes sur le corps, notamment la topographie du lieu, la chaleur ou l'humidité.

Les mouches peuvent également être utilisées pour guérir des plaies infectieuses. Il s'agit d'une curieuse méthode, mal connue : « *l'asticothérapie* ». Elle consiste à utiliser des asticots pour traiter les plaies infectées. Ce phénomène de cicatrisation est connu dès l'Antiquité. En 1557, Ambroise Paré a utilisé cette méthode au siège de Saint-Quentin, en l'associant à un onguent composé d'huile de lys. Des médecins militaires avaient observé depuis longtemps que des soldats aux blessures envahies d'asticots ne développaient pas d'infection plus grave mais guérissaient plus rapidement que les autres. Dominique Larrey, le chirurgien de Napoléon, avait remarqué que certains asticots ne se nourrissaient que de tissus morts, prélevés autour des blessures, ce qui avait un effet curatif important. Le médecin américain Baer a lui aussi observé l'effet curatif des asticots au cours de la Première Guerre mondiale. De retour à l'université Johns Hopkins, il fait en 1929 une expérience rigoureuse pour vérifier cette observation. Il place des asticots dans les lésions ouvertes de 21 patients victimes d'ostéomyélite chronique, incurable à l'époque. Il note un nettoyage rapide des plaies, une réduction des éléments pathogènes, une bien meilleure cicatrisation, et la guérison de la totalité des lésions de l'ensemble des malades après deux mois de traitement.

À la suite de la publication en 1931 de ses résultats, l'asticothérapie s'est répandue aux États-Unis et a été régulièrement utilisée jusque vers 1940, pour être supplantée par la découverte de la pénicilline, puis d'autres antibiotiques. Pourtant en 1954 encore, lors de la bataille de Diên Biên Phu, les services sanitaires français, débordés par le grand nombre de blessés impossibles à évacuer du camp retranché, et en l'absence de médicaments, ont eu à nouveau recours à l'asticothérapie...

Malgré tout, l'aversion pour les diptères demeure, illustrée par la pièce de Sartre *Les Mouches,* présentée pour la première fois le 3 juin 1943 à Paris. Les mouches ont envahi Argos, la ville natale d'Oreste que sa sœur Électre pousse à venger leur père. Les mouches représentent ce qu'il y a de plus bas dans l'esprit humain : l'occupation allemande, la collaboration, la déchéance...

Mais il n'y a pas que les mouches. Combien de nuits avons-nous entendu ce bruit tellement agaçant : Bzz... Bzz... Rien de plus exaspérant qu'un moustique...

Il y a d'autres mouches plus sympathiques, certaines attirées par les fruits ou les fleurs. Ce qui les intéresse, ce sont les premières décompositions et les sucres qui se changent en alcool ou en vinaigre. Ces drosophiles sont nommées « mouches du vinaigre » (*fruit fly* chez les Anglo-Saxons) ; ce sont des bêtes précieuses qui ont fait progresser de façon remarquable nos connaissances en biologie et surtout en génétique.... Avec les progrès dans ces domaines, elles sont devenues un outil majeur.

La génétique, du grec *genno* (γεννώ, donner naissance), s'intéresse aux fonctions chimiques de molécules particulières appelées « gènes ». Composées d'une séquence d'ADN, elles portent les bases caractéristiques des caractères héréditaires. Pour comprendre comment les drosophiles ont pu devenir si précieuses, il faut remonter au milieu du XIXe siècle lorsque les premières expériences de génétique ont été réalisées.

Auparavant, les hommes pratiquaient la sélection génétique en domestiquant plantes et animaux et, comme Monsieur Jourdain qui faisait de la prose sans le savoir, ils ignoraient qu'ils faisaient de la génétique. Les tout premiers hommes ont utilisé un certain nombre de plantes et d'animaux. En croisant différentes espèces présentant des critères spécifiques (la taille, la forme, l'organisation) ou certaines fonctions physiologiques, on peut sélectionner des hybrides présentant des caractères particuliers mieux adaptés à leur environnement ou répondant à des critères de production intéressants. Darwin, dans les années 1840, avait interrogé les fermiers qui préparaient leurs meilleurs animaux pour comprendre l'importance de cette sélection sur l'évolution d'un élevage donné. Cette sélection dirigée par l'homme s'opposait aux variantes créées par le hasard.

La domestication, la naissance de la génétique et la drosophile

C'est à partir des peuplades de chasseurs-cueilleurs que l'on prête à l'homme son attachement aux animaux ; la chasse et la cueillette ayant constitué ses premiers moyens de survie. Puis vint la révolution néolithique : des tribus vont construire les premiers villages et se lancer dans l'agriculture. Les données archéologiques montrent des formes de domestication apparues indépendamment dans différentes régions du monde, les développements les plus anciens connus ayant lieu autour de 7 000 ans av. J.-C., au Proche-Orient. La domestication a modifié l'aspect physique et les comportements des animaux que les premiers hommes avaient dressés. Elle a favorisé une plus grande familiarité, en atténuant les caractères sauvages et violents et en assurant une soumission indispensable pour leur utilisation. C'est le début de l'élevage. La relation entre humains et canidés sauvages est très ancienne. Des restes de loup ont été retrouvés en association avec ceux d'hominidés datant de 400 000 ans. La domestication du chien est analysée comme un changement d'attitude de premiers hommes du mésolithique, accompagnant les changements sociaux liés à la fin de la période glaciaire. On connaît mal l'apparition de cette association, sans doute survenue au paléolithique supérieur.

La domestication des végétaux, plus importante encore, a commencé aussi au Moyen-Orient, à peu près à la même époque. Il s'agissait de plantes annuelles à graines ou fruits comme le haricot et, bien sûr, le blé. Le climat, avec des étés secs favorisant le développement des plantes à semer, et la variation des altitudes des lieux de culture a permis le développement d'une grande variété d'espèces. Ce changement participera par la suite, environ 4 000 à 5 000 ans plus tard, à la création des premières villes et à l'apparition de véritables civilisations. Cette domestication a été un processus lent et progressif. Après les plantes annuelles, des pluriannuelles et des petits arbres ont commencé à être domestiqués, dont le pommier et l'olivier. En Amérique du Nord, la courge, le maïs et le haricot ont permis l'alimentation des Amérindiens. Le riz et le soja celle des habitants de l'Asie de l'Est.

Ces transformations se sont faites peu à peu, par un processus d'essais et d'erreurs, sans véritable règle scientifique précise, par simple transmission orale des savoirs et des manières de faire. Jusqu'au XIXe siècle, on croyait à la création du monde, les individus comme tous les autres êtres vivants venaient des parents. On observait bien des transformations, mais depuis Aristote les changements obtenus chez les individus, semblaient résulter de l'expression de caractères acquis au cours de la vie. À la fin du XIXe siècle, les travaux de Lamarck) qui défendait le transformisme, annonçait une révolution. Mais le transformisme s'appuyait encore sur l'idée qu'au cours de la vie, les modifications acquises pouvaient directement être transmises (Lamarck, 1809) : c'est parce que la girafe avait tiré sur son cou qu'elle avait peu à peu pu l'étendre et atteindre dans la savane les feuilles les plus hautes des arbres ; c'est parce que la taupe n'utilisait plus ses yeux qu'ils avaient peu à peu dégénéré.

Lorsque Pasteur confirme l'absence de génération spontanée, déjà expliquée par Spallanzani (voir chapitre I), le monde vivant apparaît tout à fait différemment... La génétique peut commencer. Lamarck, comme la plupart des scientifiques pensait que pour les petits animaux et les microbes, la génération spontanée était la règle. Ne disait-on pas que des souriceaux pouvaient naître spontanément d'un tas de chiffons et des asticots sortir d'un morceau de viande ? Des micro-organismes semblaient apparaître spontanément lorsqu'on laissait de l'eau sale croupir.

Il va falloir six ans à Pasteur, à partir de 1859, pour convaincre ses détracteurs. Utilisant des flacons en verre, stériles, c'est-à-dire fermés à la flamme, il démontre que si le liquide nutritif n'est pas au contact de l'air, rien ne peut le contaminer. On lui rétorque que, lorsqu'il bouche le bout du tube en le chauffant, il tue les éléments nécessaires à la genèse d'un être biologique. Il utilise alors un flacon terminé par un tube doublement recourbé qui reste au contact de l'air. Aucun développement de micro-organismes ne se produit tant qu'il laisse le tube en position verticale. En revanche, s'il penche le tube pour que la partie courbe, où les poussières de l'air ont pu tomber, puisse contacter le liquide nutritif, celui-ci se trouble et de très nombreux microbes se développent. Il prouve ainsi qu'un être vivant ne peut provenir que d'êtres vivants précédemment présents.

À peu près au même moment, dans un petit jardin de monastère, à Brno en Tchéquie, un moine, Johann Mendel cultive des petits pois. Né en Moravie d'une famille de paysans, l'enfant remarqué par le curé de village fait des études. Il est reçu en 1843 au noviciat du monastère de Brno où il prend le prénom de Grégor. Grâce au prieur, l'abbé Cyril Franz Napp, un scientifique, le lieu est intellectuellement riche, doté d'une bibliothèque et d'un jardin botanique. Mendel passe son temps libre à l'étude des sciences naturelles. Il assure même un enseignement scientifique dans les collèges et lycées des environs. Il est ordonné prêtre en 1847. En 1851, il suit à Vienne les cours du physicien autrichien Christian Doppler, découvreur de l'effet qui porte son nom, mais il s'intéresse surtout aux cours de botanique ou de physiologie végétale qui lui donnent les bases nécessaires aux expériences à venir. Il se familiarise également avec les théories du professeur de physiologie végétale, Franz Unger, qui analyse l'hybridation des végétaux et encourage ses élèves à poursuivre des études expérimentales pour comprendre comment peuvent apparaître des caractères nouveaux au cours de générations successives. De retour au monastère et grâce à son prieur, Mendel expérimente dans le jardin en mettant sur pied des expériences pour expliquer l'origine et la formation des hybrides.

Il choisit comme espèce le pois commun (*Pisum sativum*), qui a l'avantage de se cultiver aisément et de posséder de nombreuses variétés. Il reproduit les pois naturellement par autofécondation, arrivant ainsi à sélectionner des lignées pures dont tous les individus possèdent toujours la même caractéristique morphologique. De 1854 à 1856, il sélectionne les 22 variétés de pois. Grâce à cette sélection de lignées pures, il a pu apporter des données valables et se lancer dans des hybridations à grande échelle : pendant 7 ans il effectue des centaines de croisements et analyse avec très grand soin tous les résultats des différentes descendances. Jusqu'en 1865, il cultive et examine plus de 28 000 plants de pois. Il va progressivement formuler trois lois :

Le croisement d'un pois à graines lisses et d'un pois à graines ridées donne une première génération (F_1) où tous les individus sont des pois à graines lisses. Le facteur « graines ridées » est donc récessif par rapport au facteur « graines lisses », qualifié de dominant. Pour l'ensemble des caractères étudiés, 100 % des hybrides obtenus sont identiques C'est la première loi de Mendel dite d'*uniformité des hybrides de première génération.* Il faut définir deux termes, d'un côté, le *phénotype* d'un être vivant, c'est-à-dire l'ensemble de ses traits observables, morphologiques ou comportementaux, de l'autre le *génotype*, qui comprend l'ensemble des caractères héréditaires. On dit aujourd'hui l'ensemble des gènes avec leurs différents allèles, c'est-à-dire les différentes versions d'un même gène. Il peut y avoir une grande différence entre génotype et phénotype, due à tous les caractères récessifs qui ne s'expriment pas dans le phénotype.

Avec la génération F_2, obtenue par autofécondation d'individus F_1, Mendel a pu démontrer l'existence de trois génotypes différents. La distribution obtenue se compose de 50 % d'hétérozygotes (un caractère dominant associé à un caractère récessif) identiques aux parents, c'est-à-dire lisses, 25 % d'homozygotes dominants, lisses purs de phénotype identique à celui des F_1, 25 % d'homozygotes récessifs, des pois ridés. C'est la deuxième loi de Mendel ou *loi de disjonction* des allèles. Il a ainsi établi les bases théoriques de la génétique et de l'hérédité moderne et proposé que l'hérédité des êtres vivants soit gouvernée par une double commande (une paire de caractères ou d'allèles) et que seule une sur deux soit transmise au descendant, par chaque parent.

La troisième loi de Mendel, la *loi de l'indépendance des caractères*, explique que les caractères sont des entités discrètes qui se transmettent à la descendance indépendamment les unes des autres. On saura plus tard que ces entités étaient en fait les gènes.

Ses résultats passent totalement inaperçus. On raconte qu'un exemplaire de son article présentant les résultats de ses travaux aurait été reçu par Darwin et retrouvé après sa mort avec les pages non coupées ! Il ne l'aurait jamais ouvert, ne se rendant pas compte qu'il avait là les réponses aux questions fondamentales que posait sa propre théorie de l'évolution.

À l'oubli s'ajoute, peu de temps après sa mort, la disparition de tous ses documents, qui seront brûlés par les moines, inconscients de leur valeur.

La fin du siècle s'achève sans que rien de nouveau n'apparaisse dans le domaine... Il faut attendre les données de trois botanistes pour que la génétique refasse surface : le Néerlandais Hugo de Vries, l'Allemand Carl Franz Joseph Erich Correns et l'Autrichien Erich von Tschermak-Seysenegg. Ils ont tous les trois, sans avoir jamais lu Mendel, retrouvé ses trois lois fondamentales.

Hugo de Vries, qui publie ses travaux en 1900 à la fois en français et en allemand, est le plus connu des trois. En 1901, il lance une idée tellement nouvelle qu'elle ne sera pas comprise sur le moment ! En travaillant sur les œnothères, une banale herbe aux belles fleurs jaunes destinée aux ânes, il s'aperçoit que celles-ci présentent régulièrement des variations de taille, couleur, aspect général. Elles apparaissent de façon brusque et discontinue, comme si d'un seul coup, on voyait des espèces nouvelles. De Vries appelle ces brusques changements « mutation », qu'il oppose à l'idée d'une variabilité changeant régulièrement. Ce concept, qui devint fondamental, expliquait précisément, au moins en partie, la théorie de l'évolution. Comme Darwin d'ailleurs, le botaniste pensait que la sélection naturelle jouait un grand rôle, en justifiant la survie du mieux adapté. Dès cette époque, on fait du noyau des cellules l'essentiel de l'hérédité. Les premiers chromosomes sont décrits en 1881 par Edouard Balbiani. Il a vu des structures géantes, en fait un nombre très élevé de chromosomes homologues accolés, alors qu'il étudiait des préparations microscopiques de tissus larvaires de vers colorées. Ces chromosomes sont des structures organisées par paires, en nombres fixes suivant les espèces, et qui ne s'individualisent qu'au moment de la reproduction et de la division cellulaire. On en compte 6 pour les vers ronds, 8 pour la drosophile, 40 pour la souris, 48 pour le chimpanzé et 46 pour l'espèce humaine. On retrouvait la double commande de Mendel. La génétique se mettait en place.

Cette histoire qui débute en Europe se poursuit aux États-Unis. Thomas Hunt Morgan, Prix Nobel de Médecine et de Physiologie en 1933 est l'un des premiers à établir la théorie chromosomique de l'hérédité. Après une licence de zoologie en 1884, il fait une thèse de doctorat à l'université John Hopkins, sur l'étude embryologique des araignées de mer. Après des travaux sur l'évolution, il s'intéresse à la détermination du sexe dans l'hérédité, mais ce n'est qu'à partir de 1908 qu'il étudie les mouches du vinaigre. Professeur de zoologie expérimentale à l'université Columbia de 1904 à 1928, il crée ensuite sur la côte Ouest au California Institute of Technology un département de biologie qu'il dirigera jusqu'à sa mort.

Au début, Morgan ne croit pas aux lois de Mendel. Il observe les drosophiles comme De Vries l'herbe aux ânes, pour chercher de brusques changements de caractères héréditaires. En 1910, il obtient enfin ce qu'il espérait, dans l'un de ses bocaux d'élevage, il observe une mouche mâle aux yeux blancs, alors que les autres ont toutes des yeux rouges. Il retrouve ainsi le principe des *mutations*, et essaie de comprendre comment s'effectuent les croisements entre drosophiles afin de trouver les modes de transmission de ce caractère. Ses résultats confirment les théories de Mendel, mais Morgan apporte une notion nouvelle : le concept de l'hérédité liée au sexe.

Dans la descendance d'un croisement de ce mâle aux yeux blancs avec une femelle aux yeux rouges, le caractère « yeux blancs » est récessif. Morgan nomme « *White* » le gène à l'origine de ces caractères, inaugurant ainsi une tradition des généticiens de la drosophile qui consiste à donner aux gènes le nom du phénotype de leurs allèles mutants. Morgan remarque également que, parmi les descendants d'un croisement de femelles mutantes aux yeux blancs avec des mâles sauvages aux yeux rouges, seuls les descendants mâles présentent des yeux blancs. Une telle donnée confirme trois points fondamentaux :

– l'expression de ces traits de caractère est liée au sexe ;
– la « couleur de l'œil » doit être portée par le chromosome sexuel ;
– d'autres gènes impliqués dans l'expression de ce caractère se trouvent sur d'autres chromosomes.

Morgan et son équipe expliquent que les lois de Mendel ont pour origine les chromosomes visibles à l'intérieur du noyau des cellules. Ces structures filamenteuses seraient porteuses d'éléments particuliers correspondant aux gènes. Morgan va alors construire pour la première fois, avec Alfred Sturtevant, des cartes sur lesquelles il localise les gènes sur des chromosomes. Sur chaque chromosome, ils placent 2 500 à 3 000 gènes qui correspondent aux différents caractères héréditaires. Ils établissent une véritable géographie de ces éléments. Ils observent qu'au moment de la division cellulaire puis de la fécondation, les chromosomes sont le lieu de bien des modifications et des transformations. Ils peuvent se chevaucher ou même se couper. On parle d'enjambement, phénomène découvert dès 1909 par le professeur belge Frans Alfons Janssens, de l'université de Louvain, qui a nommé ce phénomène « *chiasmatypie* ». Morgan parle lui de figures caractéristiques de chevauchement. Ainsi, lors de la méiose, les chromosomes peuvent s'échanger des fragments de chromatides. Il conclut que deux gènes proches ont plus de chances d'être transmis ensembles que deux gènes éloignés. Morgan est l'inventeur d'une unité de mesure (le centimorgan, symbole cM) qui caractérise la distance entre deux gènes localisés sur un même chromosome, calculée en fonction de la fréquence des enjambements ayant lieu entre ces deux gènes : « un centimorgan correspond à 1 % de descendants au génotype recombiné (résultant d'un enjambement) ». Avec ses collaborateurs, il résume ses travaux dans un ouvrage publié en 1915, *The Mechanism of Mendelium Heredity.* En 1933, il obtient le prix Nobel de Médecine et de Physiologie *« pour ses découvertes concernant le rôle joué par le chromosome dans l'hérédité »*. Aujourd'hui, la drosophile est un des animaux de laboratoire les mieux étudiés. Drosophile signifie « qui aime la rosée », en grec ancien « droso » correspond au « nectar » ou à « liqueur divine ». Il existe un très grand nombre d'espèces de drosophiles, surtout dans les zones humides mais lumineuses. On parle de 3 500 espèces décrites de par le monde, mais ce nombre est en constante augmentation. Leur couleur varie du brun mordoré au gris foncé, la forme du thorax et de l'abdomen peut également varier. Les yeux rouges sont les plus fréquents. Dans l'ensemble, elles se nourrissent de bactéries et de levures développées sur les fruits sur lesquels elles se posent, d'autres lèchent le nectar de fleurs, ou consomment des champignons. Si maintenant une espèce comme *Drosophila melanogaster* est très commune en laboratoire, d'autres restent sauvages et vivent dans des régions équatoriales africaines (*D. teissieri*) ou amazoniennes (*D. paulistorum).*

Après l'accouplement, les femelles produisent de tous petits œufs de 0,5 millimètre de diamètre, qui éclosent trente heures après la fécondation et donnent naissance à un asticot qui se nourrit en creusant des galeries dans la pulpe des fruits. À la fin de sa période de croissance, soit 5 à 6 jours plus tard et trois stades larvaires, la larve s'immobilise et se transforme en pupe. Une métamorphose se produit alors et donne le jour à un insecte ailé adulte. Une seule femelle peut engendrer plusieurs centaines de descendants. Le cycle biologique, c'est-à-dire la vie de l'œuf à l'adulte, ne dure pas plus de douze jours. Expérimentalement, il est facile de suivre un grand nombre de générations dans un temps limité : on obtient en moyenne 25 générations par an. Les flacons où l'on conserve ces animaux prennent peu de place : une animalerie de drosophile permet de conserver des animaux issus de lignées sauvages prélevées directement dans la nature comme de lignées mutantes sélec-

Drosophile de type « sauvage ».

tionnées en laboratoire, ce qui permet de comparer leurs développements et leurs comportements.

Les gènes de la drosophile pour connaître les pathologies humaines

Qui aurait pu penser il y a quelques années qu'une petite mouche serait aussi recherchée que le ver *Coenorhabditis elegans* pour l'étude de maladies humaines ? Aujourd'hui encore, peu de gens savent que ces travaux existent et que l'on expérimente sur de simples invertébrés pour analyser des pathologies humaines.

Jean Weissenbach, un des découvreurs du génome humain, médaille d'or du CNRS déclarait :

> « La drosophile est la bête de cirque favorite de générations entières de généticiens. Elle a toutes les qualités : elle pond 150 œufs tous les douze jours et elle se reproduit très bien dans des tubes, puisqu'elle ne fait que 2 millimètres de long. Les chercheurs peuvent donc observer très rapidement les effets de leurs manipulations et elle est maintenant l'animal sur lequel nous avons recueilli le plus de données génétiques. »

Après les travaux pionniers de Morgan, la drosophile devient un outil indispensable qui offre aux chercheurs des modèles expérimentaux sur lesquels on peut manipuler le code génétique. Une telle manipulation permet de provoquer la maladie que l'on étudie et d'en caractériser un des stades de développement. L'expression d'une pathologie chez les animaux peut être obtenue en modifiant son génome et en insérant un ADN étranger malade. Certains gènes d'intérêt peuvent être remplacés ou neutralisés en utilisant des transposons, éléments d'ADN qui peuvent se déplacer d'un endroit à un autre sur un même brin d'ADN ou sur un autre. Ces modèles permettent l'étude du fondement génétique de certaines pathologies, leur susceptibilité ou leur résistance. Ils permettent aussi l'exploration de fonctions complexes inabordables actuellement chez l'humain.

Le génome des drosophiles comprend 4 paires de chromosomes : une paire sexuelle X/Y, et trois autosomes appelés 2, 3, et 4. Le quatrième chromosome est si minuscule qu'on l'omet souvent. Ce génome contient environ 165 millions de bases et 13 000 gènes. Comme tous les invertébrés, la drosophile présente un nombre réduit de cellules nerveuses, plus cependant que le ver *C. elegans*, autour du million. Elle possède une très grande collection de mutants et des possibilités de manipulation génétique très diverses.

Les activités comportementales de la drosophile sont fort complexes malgré le petit nombre de neurones qui les induisent. On considère que le cerveau de drosophile est composé de 200 000 neurones et cellules gliales associées (contre 100 milliards pour l'homme). Elle est capable d'interagir avec son entourage et présente des activités très élaborées, comme la reconnaissance de nourriture, l'adaptation à des changements climatiques, mais surtout les parades sexuelles, qui consistent en une série d'actions accompagnée d'échanges de signaux visuels, auditifs, chimiques et tactiles et supposent toute une gamme de perceptions sensorielles... Cette succession de phases immuables liées à un type de perception sensorielles est indispensable à l'accouplement. Si l'une d'entre elles manque, le processus d'accouplement s'arrête.

Au niveau des gènes, les êtres humains et les drosophiles possèdent des ressemblances. Environ deux tiers des gènes de maladies connues ont une correspondance dans le génome des drosophiles, et la moitié des protéines de cette mouche ont des homologies chez les mammifères. Pour les gènes, il existe un code strict : le gène humain est noté en italique majuscule, celui des animaux en italique minuscule. On peut étudier l'effet de ces gènes en les analysant chez la mouche.

Au niveau du phénotype, en revanche, cette toute petite mouche a peu à voir avec l'humain. Les différences se situent, entre autres, au niveau de la complexité du système nerveux et dans les processus d'élaboration des fonctions psychiques. S'il faut souligner chez l'insecte la présence d'une cognition élémentaire (voir chapitre 3), les comparaisons sont dans ce domaine très difficiles. En revanche, pour les aspects fondamentaux de biologie cellulaire, les drosophiles utilisent des mécanismes tout à fait comparables à ceux qui président au fonctionnement des cellules de mammifères. Qu'il s'agisse de la régulation de l'expression des gènes, de la signalisation et de la mort cellulaires, de l'organisation du cytosquelette, de la connectivité neuronale ou de la synaptogenèse, les mécanismes impliqués sont tout à fait identiques. D'autres gènes à fonctions très différentes sont aussi comparables. Prenons le gène *wingless* qui chez cette mouche empêche le développement des ailes. Un homologue chez l'homme, *Wnt*, code des protéines signal, sécrétées et impliquées dans l'adressage cellulaire, c'est-à-dire dans un certain classement ou tri qui permet de diriger les protéines vers leurs lieux d'action au cours du développement. Ce gène intervient dans l'expression de la polarité cellulaire, la différentiation ou la migration cellulaire, la régulation du cytosquelette ainsi que dans la formation des synapses et le développement des neurones.

La drosophile est également particulièrement intéressante pour comprendre les mécanismes intervenant dans les pathologies neurodégénératives chez l'homme, comme la maladie de Huntington, la maladie de Parkinson, et la maladie d'Alzheimer (Bilen, Bonini, 2005).

Ces maladies, malgré leurs diversités, se ressemblent toutes par la perte progressive de cellules neuronales liées à une mort cellulaire prématurée. Étudier la dégénérescence de ces neurones chez la drosophile est pertinent, car les événements moléculaires conduisant à la mort cellulaire (apoptose) ont été conservés au cours de l'évolution et on peut penser les retrouver identiques chez les deux espèces.

L'anomalie responsable de la chorée de Huntington est une répétition anormalement longue de résidus de glutamine dans la partie amino-terminale de la protéine « Huntingtine ». Elle est due à un nombre trop élevé de triplets CAG (supérieur à 36) dans le gène codant cette protéine. Deux modèles mis au point avec la drosophile, consistent à exprimer un fragment amino-terminal du gène Hutingtine-humain contenant une répétition élevée du codon CAG. Cette répétition est la seule mutation connue responsable de cette maladie. La taille normale est une répétition de moins de 26 fois la séquence. Si le tri nucléotide n'est répété qu'entre 27 et 35 fois, la maladie n'apparaîtra pas, mais la personne atteinte peut la transmettre à ses enfants. Si le tri nucléotide est répété entre 36 et 40 fois (allèle mutant), la personne a de grands risques de développer la maladie. Si la répétition est égale ou supérieure à 41, la maladie surviendra à coup sûr. La transmission se fait de manière autosomique dominante.

Il a pu être montré que chez la drosophile, la présence de polyglutamine type huntingtine agissait sur l'organisation des yeux. Chez les insectes, les yeux sont à facette, formés par la juxtaposition de plusieurs centaines, voire milliers, d'yeux simples appelés « *ommatidies* ». Le champ visuel de l'insecte est très large. Chaque ommatidie contient 7 neurones photorécepteurs avec un rhabdomère sensible à la lumière et capable d'assurer les fonctions de phototransduction. Chez les drosophiles mutées à Huntingtine (120 résidus de glutamine), 10 jours après l'éclosion les structures rhabdomères sont perdues et la fonction de phototransduction a totalement disparue. La structure interne de la rétine est totalement modifiée avec des agglutinations. On a confirmé que c'était bien la protéine HTT qui était responsable de la destruction des neurones. Kazantsev et ses collaborateurs (2002) ont pu montrer que l'utilisation des polypeptides inhibiteurs qui agissent sur le mutant htt empêche l'agglutination cellulaire rétinienne et la mort de l'animal.

Drosophile mutante « ultrabithorax » présentant deux paires d'ailes.

Lievens et Birman ont démontré sur des drosophiles que la partie exprimée amino-terminale de la protéine Huntingtine mutée humaine est présente dans presque toutes les cellules gliales avec le promoteur du gène *repo*. Une telle expression entraîne des déficits moteurs et une mort importante des drosophiles adultes (Lievens, Birman, 2003). Les mouches meurent aussi vite lorsque la protéine pathogène est exprimée dans les cellules gliales avec *repo* que si elle se trouve dans les neurones avec le promoteur du gène *elav*. Sur le plan cellulaire, la présence de la protéine Huntingtine mutée dans les cellules gliales réduit progressivement l'expression de EAAT1, l'unique transporteur de glutamate chez la drosophile, mais n'affecte pas significativement la survie de ces cellules.

Dans la maladie de Parkinson, la pathologie qui apparaît avec l'âge touche essentiellement les neurones dopaminergiques de la voie qui relie la substance noire au striatum. Ces neurones à dopamine contrôlent l'expression et le contrôle des mouvements. On trouve dans le noyau de ces neurones lésés des corps de Lewy qui sont des inclusions d'une dizaine de microns de diamètre. De multiples protéines ont été identifiées dans le corps de Lewy, parmi lesquelles les 3 isoformes de neurofilaments, l'ubiquitine et des sous-unités du protéasome. C'est plus récemment que l'alpha synucléine, une protéine contenue dans l'élément présynaptique des neurones, a été reconnue comme son constituant principal. L'immunohistochimie de l'alpha synucléine a permis de vérifier que le corps de Lewy n'était qu'une partie de la pathologie. En effet, cette protéine ne s'accumule pas seulement dans le corps cellulaire mais aussi dans des prolongements nerveux dilatés (les prolongements de Lewy). Dans la maladie de Parkinson, les corps de Lewy et ses prolongements sont principalement situés dans le tronc cérébral.

Chez l'homme, le premier gène identifié impliqué dans la maladie de Parkinson est celui qui code la synucléine alpha sur le chromosome 4. Il est responsable d'une forme de maladie de Parkinson, de transmission autosomique dominante, mais très rare. Une région sur le bras court du chromosome 2 a été récemment identifiée dans des familles dont les membres souffrent d'une maladie de Parkinson de transmission autosomique dominante. Feany et Bender (2000) ont mis au point un modèle de Parkinson sur une drosophile en intervenant sur l'alpha synucléine. Ils ont comparé une drosophile normale et une mutante. La mutante, lorsqu'elle est adulte et a perdu ses neurones dopaminergiques, contient beaucoup d'alpha synucléine et se déplace difficilement. Ce modèle récapitule les caractéristiques observées chez l'homme. Naturellement, il n'y a pas de substance noire chez la drosophile mais son cerveau renferme un groupe dorso- médian de neurones très bien identifiés que l'on peut aisément colorer par un marqueur spécifique. Chez la mutante, ces neurones sont absents. Une analyse comportementale a confirmé l'intérêt du modèle. Si on tape à la base du flacon où sont élevées les drosophiles, elles volent vers le sommet près du bouchon et y restent. Lorsque les animaux sont vieux, ils essaient de s'élancer mais tombent au fond et n'en bougent plus. Les jeunes mutants montent en haut du flacon mais perdent ce comportement moteur beaucoup plus tôt que les sauvages. On retrouve ainsi chez ce mutant les critères que l'on connaît chez l'homme : la perte de dopamine, la présence d'alpha synucléine et l'atteinte motrice.

L'équipe de Bonini de Philadelphie a réalisé une expérience encore plus convaincante pour vérifier l'intervention pathologique des alphas synucléine. Ils ont utilisé des protéines chaperonne comme les Hsp70. Ces molécules assistent d'autres protéines dans leur maturation ou dans leur dégradation. La surexpression de Hsp70 dans une cellule conduit à la diminution de sa sensibilité aux messages pro apoptotiques. Ainsi les neurones dopaminergiques ne sont plus dégradés dans les régions dorso-médianes et dorso-latérales du cerveau de drosophile (Auluck *et al.*, 2002). Enfin, le gène qui code la parkine sur le chromosome 6, mis en évidence très récemment, apparaît déjà comme un locus important dans les syndromes parkinsoniens de début précoce et de transmission autosomique récessive. Une étude plus récente (Sang *et al.*, 2007) a utilisé le mutant du gène parkine et démontré qu'il induit une dégénérescence des neurones dopaminergiques.

La maladie d'Alzheimer, qui se développe surtout chez les personnes âgées, résulte d'une dégénérescence des réseaux nerveux de l'hippocampe et du cortex cérébral. Elle entraîne la perte progressive et irréversible des fonctions mentales avec la formation de plaques amyloïdes et d'agrégats de protéines Tau induisant des dégénérescences neurofibrillaires. Ces plaques amyloïdes viennent de l'accumulation d'un peptide anormal et neurotoxique composé de 42 acides aminés : le peptide bêta-amyloïde. Les plaques amyloïdes contiennent des formes protéolytiques d'APP (Amyloid Protein Precursor). Le peptide beta amyloïde provient d'un clivage altéré de la protéine APP. La protéine Tau hyperphosphorylée forme des paires de filaments hélicoïdaux et s'agrège, réalisant ainsi des neurodégénérescences fibrillaires. L'existence de mutations spécifiques (préséniline, APP) semble être une des origines de cette maladie (Knight *et al.*, 2007).

Wittmann *et al.* (2001) ont été capables de produire des drosophiles mutantes ayant une « Tau-opathie » due à une phosphorylation anormale. Ces animaux vivent moins longtemps que les formes sauvages. Si ces dernières atteignent 50 à 75 jours, les transgéniques ne dépassent pas 20 à 30 jours. L'étude de l'organisation cérébrale apporte des données intéressantes. Si à la naissance les cerveaux sont tous identiques et normaux, chez les drosophiles âgées les animaux mutants présentent de graves déficits avec des dégénérescences caractéristiques. Les neurones sont même modifiés avec une vacuolisation particulière. Cet effet est progressif. En utilisant des marqueurs spécifiques des protéines Tau, on a pu confirmer que les déficiences observées sont associées à cette molécule. En revanche, la présence de plaques séniles si caractéristiques chez les humains ou même sur des modèles de souris transgéniques n'a jamais pu être mise en évidence. Ceci confirme que l'on peut observer des dégénérescences sans développement de plaques séniles.

Dans la maladie d'Alzheimer, les voies cholinergiques semblent essentielles et les premières touchées. Grâce à des anticorps, ces voies chez la drosophile ont été très bien étudiées. Que ce soit au niveau des centres nerveux dans les couches optiques ou au niveau des terminaisons, il est évident que chez les animaux âgés elles sont particulièrement touchées.

D'autres modèles de drosophiles ont été réalisés pour suivre différentes voies métaboliques faisant intervenir des protéines impliquées dans cette pathologie. Par exemple Nishimura *et al.* (2004) ont pu le montrer en utilisant la Kinase PAR_1 qui régule la phosphorylation de tau. Si l'expression de PAR_1 est accrue, la protéine tau est beaucoup plus phosphorylée et la toxicité augmente Si au contraire on supprime PAR_1, on abolit la toxicité de tau.

La drosophile, le réglage de l'horloge biologique et les mécanismes de la mémoire

Les gènes interviennent dans l'expression de tous les comportements mais de façon beaucoup plus compliquée qu'on ne l'imaginait (Roubertoux, 2004). Plusieurs d'entre eux peuvent intervenir dans l'expression d'une activité considérée. Il est très rare qu'une action n'implique qu'un seul gène, sauf dans le cas des réflexes. À l'inverse, un même gène intervient souvent sur une multitude de comportements, car les voies de développement ou les voies métaboliques qu'il contrôle s'expriment souvent à plusieurs niveaux dans l'organisme. La plupart du temps, l'expression de ces gènes se fait au niveau cellulaire et moléculaire ou au niveau des connexions nerveuses se mettant en place pendant le développement, perturbant ainsi, soit localement soit plus généralement, les différents systèmes de neurones impliqués. Nous nous limiterons à l'analyse de deux domaines bien particuliers : le rythme circadien et la mémoire.

Seymour Benzer et son étudiant Ron Konopka ont, dans les années 1970, administré une substance mutagène à leurs drosophiles et ont ensuite regardé l'activité de milliers de leurs descendants. Si la plupart possédaient un cycle circadien normal de 24 heures, environ 12 heures d'activité et 12 heures de repos, trois mouches avaient muté et présentaient des cycles différents. L'une révélait un rythme très long de 28 heures, la seconde exprimait un rythme plus court de 19 heures alors que la troisième n'avait pas de rythme du tout, ses périodes d'activité paraissant aléatoires.

Des recherches menées dans les années 1980 dans d'autres laboratoires ont confirmé que ces trois mutations concernaient un même gène que l'on appela *per* (pour « *period* » en anglais) et situé sur le chromosome X. Ce gène fabrique une protéine nucléaire qui se retrouve chez la drosophile dans beaucoup de cellules intervenant dans l'expression du rythme circadien. Le gène *per* semblait donc le contrôler.

En 1990, Michael Rosbash montre que les mouches normales présentent une variation circadienne de l'ARN messager *per* et de la protéine PER, tandis que les mouches mutantes dépourvues de rythme circadien ne manifestaient pas cette périodicité de 24 heures de l'expression du gène. Au même moment, un second gène du nom de *tim* (*timeless* en anglais) avec les mêmes propriétés est identifié par Michael Young, sur le chromosome 2. Les mouches qui possèdent ce gène muté n'ont plus de cycles circadiens. Les protéines PER et TIM peuvent se lier l'une à l'autre. Rosbash et Young mirent en évidence une boucle de rétroaction de 24 heures, très compliquée. Dans cette boucle, les gènes *Per* et *Tim* sont actifs isolément jusqu'à ce que la concentration de leurs protéines, exprimée dans le cytoplasme, devienne si élevée qu'elles s'associent. Les deux protéines entrent alors dans le noyau de la cellule et font cesser leur propre production par les gènes *Per* et *Tim.* Au bout de quelques heures, des enzymes dégradent les protéines entrées dans le noyau, permettant aux gènes de reprendre leur activité, et le cycle recommence. Rosbash a aussi trouvé un gène appelé « *Cycle* » et dont la protéine se lie à la protéine *clock* pour activer les gènes *Per* et *Tim.* En 1998, on a mis en évidence la protéine DOUBLETIME, une kinase, c'est-à-dire une protéine qui, par phosphorylation, peut ajouter un groupement phosphate à d'autres protéines. En l'occurrence, la protéine PER et ce changement de structure la rendent instable et incapable d'entrer dans le noyau pour inhiber sa propre production.

On a montré que le niveau de la protéine TIM était directement affecté par l'intensité lumineuse via une protéine appelée CRY qui appartient à la famille des cryptochromes, un véritable récepteur à la lumière. Chez la drosophile, CRY, en réponse à la lumière, interagit avec

TIM et cause sa dégradation, ce qui l'empêche de former un complexe avec PER. DOUBLETIME et CRY agissent toutes deux en contrôlant ces deux protéines centrales de l'horloge. On est donc aujourd'hui capable d'expliquer génétiquement les variations de vigilance et d'activité de notre petite mouche.

On a pu aussi isoler des gènes capables de coder pour des comportements encore plus évolués, tels que la plasticité des réponses ou favorisant l'apprentissage. Quinn a montré dans les années 1970 que la drosophile pouvait éviter des obstacles marqués par des odeurs. Ainsi des mutants *Dunce, Rutabaga* et *Amnesiac* ont pu être identifiés. Le gène *Dunce* semble impliqué dans le codage d'une phosphodiestérase alors que les mutants *Rutabaga* présentent une déficience d'adényl-cyclase. Ces deux gènes codent donc pour des protéines importantes de la voie métabolique de l'AMPc (Adénosyl Mono Phosphate cyclique, un second messager cellulaire) en perturbant ainsi les mécanismes de la mémoire. Les mutations de ces trois gènes agissent aussi sur la plasticité de comportements comme la parade sexuelle. La sensibilité de femelles mutantes au « chant » des mâles est conservée si on les soumet à un chant artificiel. Les mutants *dunce* ne semblaient pas posséder cette faculté, le nombre de connexions nerveuses de leur corps pédonculé restant inchangé.

Les travaux sur la mémoire ont été fort nombreux et dépendent des types de mémoire impliqués. Suivant sa persistance chez l'individu, on distingue une mémoire à court terme qui dure de quelques minutes à quelques heures, et une mémoire à long terme qui peut se maintenir pendant plusieurs jours et même pendant toute la vie. Malgré sa petite taille, le cerveau de drosophile possède des structures particulières, comme les corps pédonculés, impliquées dans la mémoire à court terme. Ce sont des aires comprenant autour de 5 000 neurones qui transmettent leurs informations dans différents lobes du cerveau : deux verticaux et trois horizontaux. Des chercheurs français du CNRS ont mis en évidence le rôle de ces corps pédonculés dans la mémorisation à long terme (Pascual et Préat, 2001).

Si on présente à des drosophiles une odeur associée à des chocs électriques, elles auront tendance par la suite à éviter cette odeur associée au danger. Il suffit de réaliser une seule expérience pour que l'information soit enregistrée et qu'une trace mnésique puisse être détectée pendant quelques heures. Répétée dix fois, en respectant un temps de repos d'au moins quinze minutes entre chaque séance, l'expérience démontre la formation d'une mémoire à long terme que l'on peut retrouver pendant plus d'une semaine. Il est possible de supprimer certaines parties des corps pédonculés afin d'analyser leur implication dans le phénomène de mémorisation à court et à long terme. Un mutant nommé *Ala* produit des anomalies sévères au niveau des corps pédonculés. Chez certaines mouches portant la mutation, il manque les deux lobes verticaux, alors que chez d'autres, il manque deux des trois lobes horizontaux. En testant les capacités mnésiques de ces mutants, on observe que les mouches *ala* ont une mémoire à court terme parfaitement normale malgré l'absence de deux lobes horizontaux ou de deux lobes verticaux. L'information à court terme serait donc localisée dans le troisième lobe horizontal. La mémoire à long terme des mouches dépourvues des deux lobes horizontaux est elle aussi normale. En revanche, si les mouches n'ont plus de lobes verticaux, elles n'ont plus de souvenirs stables. Ce résultat est d'autant plus curieux que les lobes verticaux et les lobes horizontaux analysés possèdent les mêmes neurones qui se divisent en deux branches. Il y aurait donc une spécialisation fonctionnelle des projections des neurones des corps pédonculés, les lobes verticaux étant seuls le siège de la mémoire à long terme. Ces résultats font penser que les souvenirs à court et à long terme ne suivent pas les mêmes voies (voir Chabaud *et al.*, 2009).

Le travail suivant, publié en 2004, a permis d'isoler un mutant *Crammer* (« bachoteur » en anglais) associé à cette mémoire prolongée. L'expérience a été un peu plus compliquée : les mouches étudiées sont placées dans un tube où l'on fait passer deux odeurs successivement. La première est associée à un choc électrique, pas la seconde. On répète de nombreuses fois l'expérience. Ensuite, la population est placée dans un système à deux compartiments diffusant chacun l'une des deux odeurs. Si l'apprentissage est effectif, les mouches ont tendance à se placer du côté de la seconde odeur. Si elles ne font pas de choix, c'est qu'elles n'ont rien retenu. Les mouches sont testées ainsi avec un délai plus ou moins long après l'apprentissage. Les mouches *crammer* conservent une mémoire à court terme normale sans mémoire à long terme. Si on teste leurs souvenirs 24 heures après l'entraînement, l'oubli est plus important que chez une souche « contrôle ». Le gène responsable de ce déficit mnésique code pour une protéine appelée CRAMMER dont le rôle est l'inhibition d'autres protéines appelées cathépsines. Cette protéine CRAMMER est située dans les corps pédonculés mais aussi dans les cellules gliales situées autour et qui joueraient un rôle dans la mise en place de la mémoire à long terme chez la drosophile (Comas *et al.*, 2004). Ces résultats sont à comparer avec ceux de l'équipe de Pramod K. Dash dans l'hippocampe de vertébré, véritable centre de mémorisation. L'inhibition simultanée de plusieurs protéines d'une famille comparable à celle des cathépsines provoque un blocage de la mémoire à long terme, pas de celle à court terme.

Les chercheurs ont récemment travaillé sur le retard mental en s'intéressant à une mutation du gène de la neurotrypsine, dont l'équivalent chez la drosophile est *Tequila.* Ils ont observé que l'inactivation du gène *Tequila* chez la drosophile induisait un dysfonctionnement de la mémoire à long terme (Didelot *et al.*, 2006). La mémoire à long terme étant probablement impliquée dans plusieurs retards mentaux d'origine génétique, les chercheurs vont tenter d'identifier chez la drosophile d'autres gènes participant à la formation de la mémoire à long terme Inversement, ils testeront si les équivalents chez la drosophile de certains gènes humains responsables de retards mentaux isolés jouent un rôle dans la formation de la mémoire à long terme. Ces travaux pourraient permettre d'identifier des cibles thérapeutiques pour ce type de retard mental lié non pas à un défaut irréversible de développement du cerveau, mais à un dysfonctionnement, potentiellement réversible, du traitement de l'information.

L'homme a fait de la drosophile un outil pour se mieux connaître, il la manipule depuis quarante ans de façon intensive, il la regarde voleter dans des flacons humides qui sentent l'odeur douçâtre de l'agar-agar... La regarde-t-il vraiment ? Peut-être pas... c'est son objet d'étude ; c'est peut-être d'une des multiples mutations de ces diptères que sortira une très grande découverte.

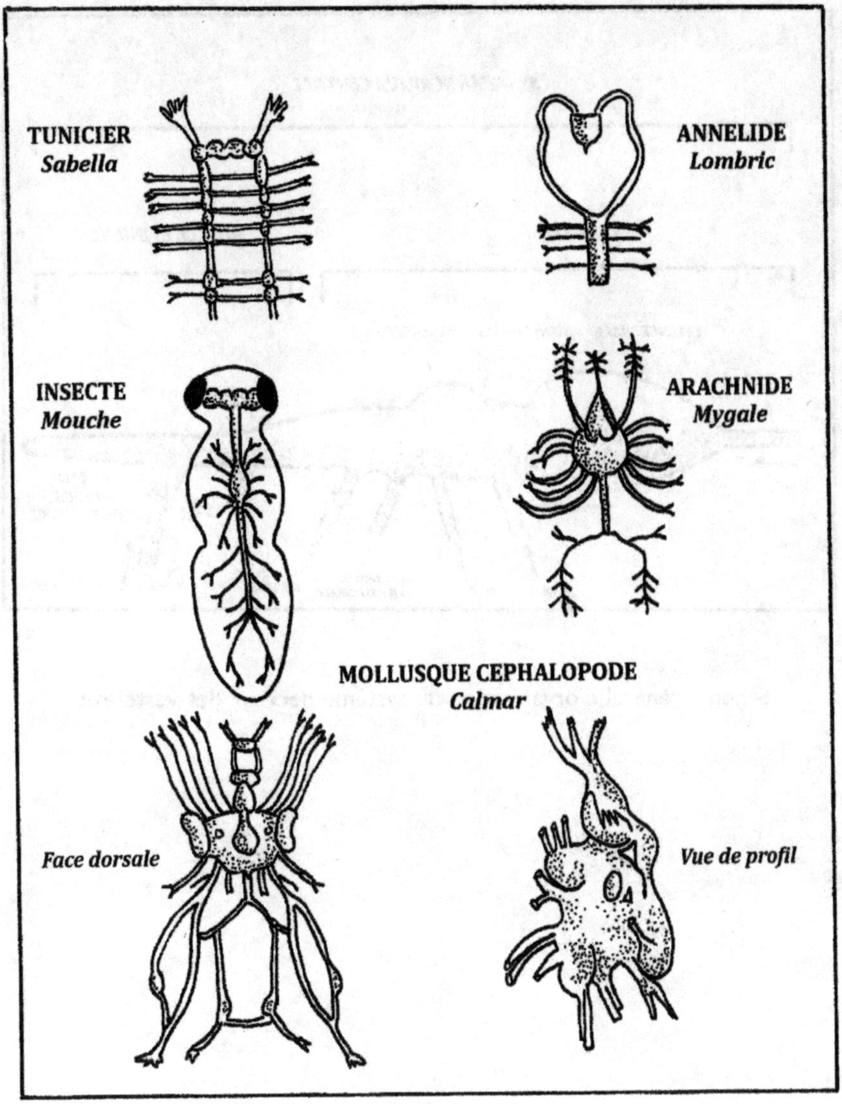

Évolution du système nerveux chez les invertébrés.

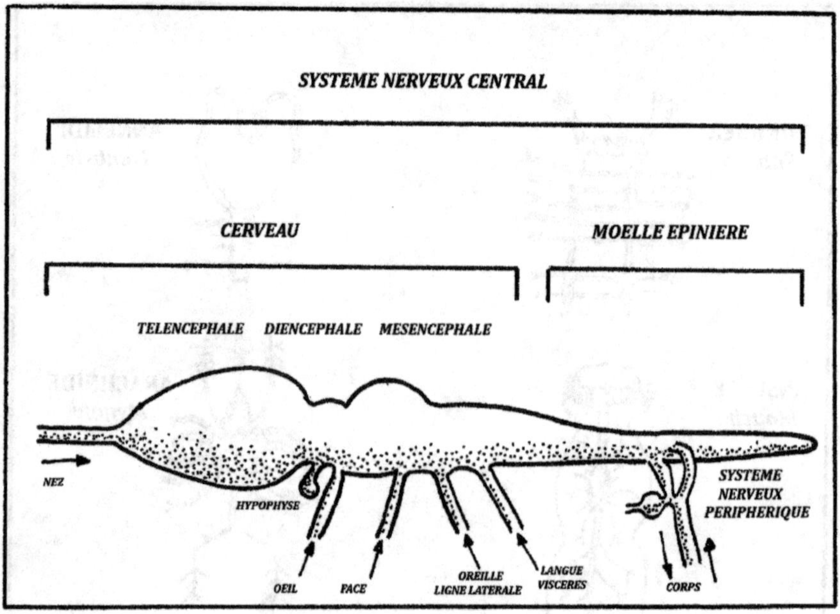

Schéma général d'organisation du système nerveux des vertébrés.

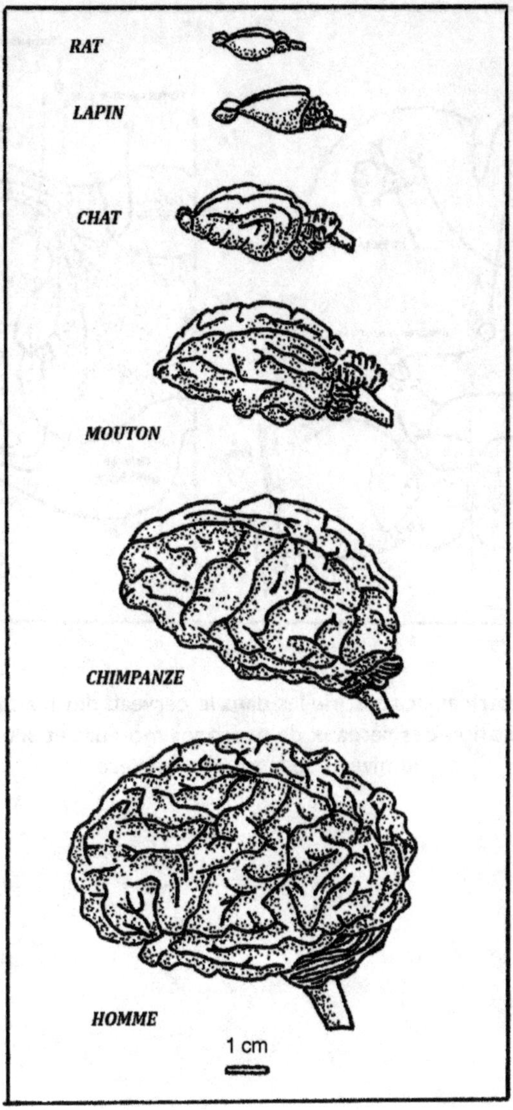

Évolution du cerveau chez les mammifères.

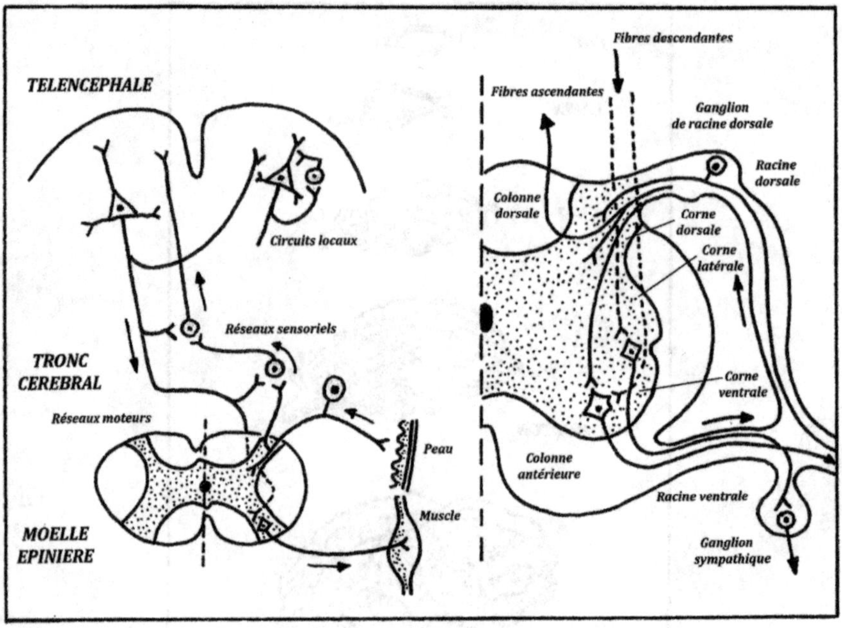

Voies motrices et sensorielles dans le cerveau des mammifères.
Organisation des réseaux de neurones moteurs et sensoriels
au niveau de la moelle épinière.

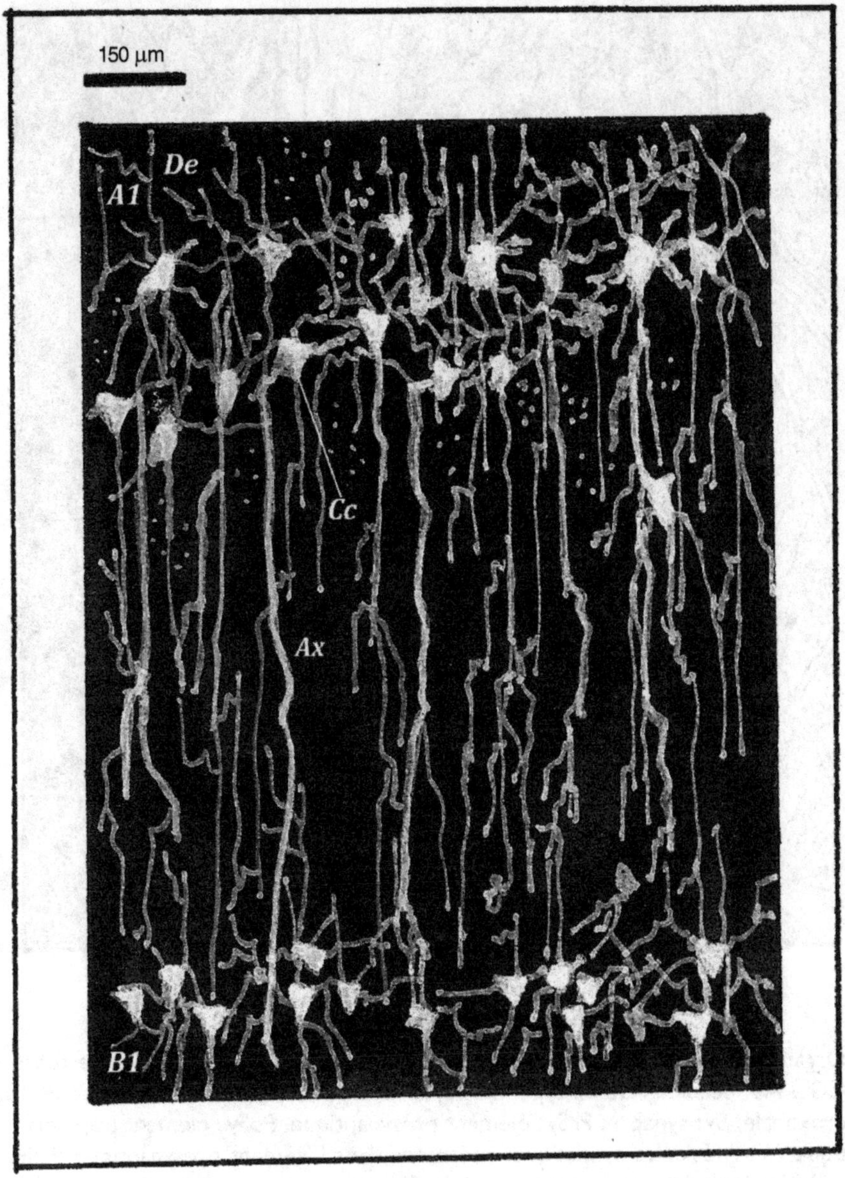

Neurones pyramidaux du cortex cérébral des mammifères.
A1 : couches superficielles du cortex. B1 : couches profondes du cortex.
Cc : corps cellulaires. Ax : axones. De : dendrite.

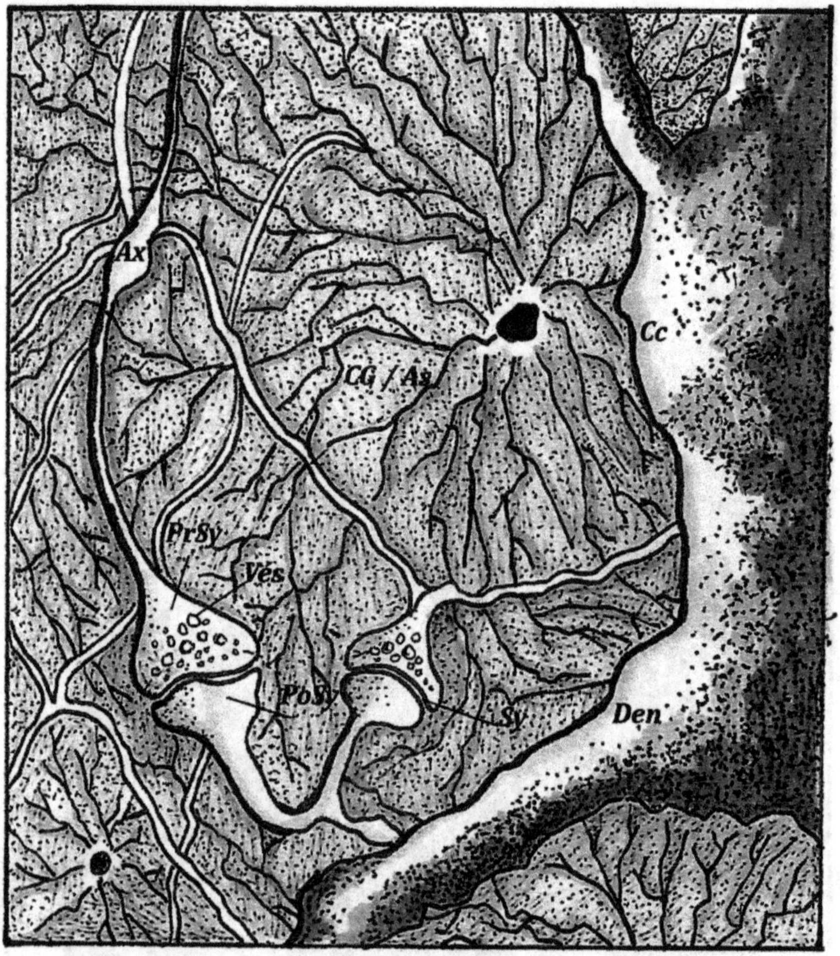

Organisation synaptique au sein d'un réseau de neurones chez le vertébré. CG / As : cellule gliale de type astrocytaire. Cc : corps cellulaire. De : dendrite proximale. Sy : synapse. PrSy : élément présynaptique. PoSy : élément postsynaptique. Vés : vésicules synpatiques présentes dans l'élément présynaptique (leurs taille. Varie de 50 à 100 nanomètres). La fente synaptique, entre l'élément pré et postsynaptique, mesure environ 20 à 50 nanomètres.

Chapitre 8

DU POISSON ÉLECTRIQUE AU POISSON ZÈBRE : UNE MULTITUDE DE FORMES ET DE COULEURS...

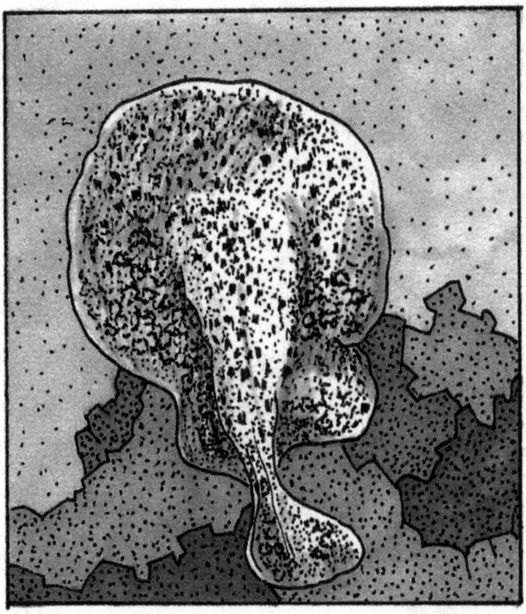

Les poissons, animaux marins ou d'eau douce, qu'un enfant sait très tôt dessiner en deux coups de crayon, évoquent toute une symbolique… De la truite de Schubert aux dents de la mer, en passant par la petite sirène de Copenhague. Cette forme allongée avec des nageoires n'est pas le propre de cette classe, il existe tout un ensemble de mammifères, et pas des moindres, qui ont, par adaptation secondaire, pris une forme qui ne leur était pas destinée. C'est le cas des dauphins et des baleines, les plus gros des vertébrés… Ce n'est pas un hasard s'ils possèdent des capacités particulièrement développées. Il y a une forme « poisson ». Ils sont pourtant incroyablement divers.

Les poissons électriques : de la frayeur au modèle biochimique

Les poissons électriques ont intrigué dès l'Antiquité, où l'on pensait qu'ils étaient maléfiques et dangereux. La torpille en Méditerranée, le poisson-chat du Nil, le malaptérure, ou les anguilles électriques ou gymnotes du Brésil, possèdent tous des organes électriques qui produisent des décharges pouvant atteindre plusieurs centaines de volts, leur permettant de capturer les proies ou de se défendre. L'organe électrique de la torpille est composé d'environ 360 000 électrocytes organisés en empilements de 500 colonnes. Chaque électrocyte mesure environ 5 micromètres de haut, pour un diamètre variant de 1 millimètre à 1 centimètre. La terminaison nerveuse qui couvre entre 70 à 80 % de la surface ventrale de chaque électrocyte produit un neurotransmetteur connu depuis longtemps, l'acétylcholine (ACh). L'organe électrique situé à la base de la queue comprend deux colonnes situées de part et d'autre de l'axe de l'animal. Des neurones de la moelle épinière synchronisent les électrocytes, leurs potentiels d'action se somment pour générer une décharge de l'organe électrique. Les électrocytes des Mormyridae sont composés de disques fins, avec de nombreux prolongements des deux côtés, sur lesquels se terminent les neurones électromoteurs spinaux. Ces électrocytes diffèrent d'une espèce à l'autre suivant la morphologie des terminaisons nerveuses qui y sont associées.

On peut distinguer deux types de poissons électriques, ceux qui émettent une décharge très puissante qui va « assommer » un ennemi et ceux qui n'envoient qu'un faible signal ; dans ce cas, la décharge électrique devient un moyen de communication entre congénères. Les poissons « récepteurs » enregistrent le message par l'intermédiaire de leur ligne latérale, sorte de strie sur la peau qui comprend des capteurs recueillant les messages externes et capables de détecter la forme du champ qu'ils produisent eux-mêmes. Ainsi les animaux nagent en enregistrant les émissions reçues. Un objet moins conducteur que l'eau, comme un rocher, correspond à une ombre dans le champ électrique ; un objet plus conducteur, comme une proie, est parfaitement identifié et reconnu. L'image électrique que perçoit le poisson lui indique le lieu, la taille, la vitesse et la direction de déplacement de l'objet. Un poisson électrique peut aussi « lire » la décharge produite par un autre, laquelle varie suivant la taille, l'espèce, l'identité individuelle et les réactions de celui qui les produit. Qu'ils émettent ou non eux-mêmes des signaux électriques, de nombreux poissons sont sensibles aux champs électriques produits par tous les êtres vivants. Ils peuvent ainsi détecter une proie cachée sous le sable ou le gravier. Theodore Bullock, un grand spécialiste de la neurobiologie comparée, a noté que certains requins peuvent percevoir un champ électrique équivalent à celui que produit une pile de 1,5 volt placée à 1 500 km.

Les pêcheurs égyptiens connaissaient parfaitement l'existence de ces poissons. Dès l'Antiquité, on leur attribuait une double identité. Ils étaient craints pour leurs décharges électriques difficilement explicables, mais on les utilisait pour calmer les douleurs ou pour soigner certaines maladies. On avait remarqué que leurs décharges anesthésiaient la région touchée et même stimulaient violemment les nerfs des régions douloureuses ou paralysées. Chez les Grecs, la torpille était utilisée comme anesthésiant. Platon en parle longuement : Menon, un disciple de Socrate, compare son maître à un de ces poissons électriques car il considère qu'il l'ensorcelle et le rend totalement dévoué à ce qu'il lui dit, exactement comme le prédateur touché par la décharge électrique de la torpille.

Des médecins comme Dioscoride (40-90 av. J.-C.) utilisent les décharges de la torpille pour traiter rhumatismes ou maux de tête, et c'est ainsi que la goutte de l'empereur Claude était soignée (Debru, 2008). À la Renaissance, les médecins s'intéressent eux aussi aux torpilles. En 1671, Francesco Redi caractérise anatomiquement les organes à l'origine de ses décharges. Son disciple à l'Academia del Cimento de Florence, Stefano Lorenzini, publie en 1678 ses observations sur la torpille en affirmant qu'elle envoie des corpuscules capables de pénétrer la peau de l'expérimentateur, ce qui induit un choc terrible. On parle à cette époque d'esprits vitaux, entités mystérieuses initiées par le cerveau, circulant dans les nerfs et provoquant à la fois les sensations et les contractions musculaires (voir chapitre premier). En 1746, trois savants hollandais de la ville de Leyde créent le premier condensateur de l'histoire, dite « bouteille de Leyde » (voir chapitre premier). Ils ont découvert que les charges s'accumulaient sur les surfaces en vis-à-vis séparées par le verre et formaient un système diélectrique. Il apparaissait clairement que la bouteille de Leyde, une fois chargée, provoquait dans le corps des réponses semblables à celles des poissons électriques. Les travaux vont alors se multiplier.

John Walsh, scientifique britannique, démontre en 1772 à La Rochelle et l'île de Ré que les conducteurs électriques transmettent la décharge du poisson alors que les isolants comme le verre la suppriment. Il précise aussi que les deux extrémités de l'organe électrique de la torpille sont de natures électriques opposées. En 1773, John Hunter met en évidence dans une étude très fine la très forte innervation de l'organe électrique. Il en déduit que : « *La volonté de l'animal contrôle absolument le pouvoir électrique de son corps* ».

À la fin du XVIIIe siècle, à la suite des travaux de Galvani (voir chapitre premier), l'électricité devient un principe d'économie de la nature : l'électricité « animale » transmet l'influx nerveux. De nombreux savants, comme Joseph Priestley en Angleterre, conseillent et pratiquent l'application de décharges électriques pour traiter presque toutes les maladies : la paralysie, l'apoplexie, les atteintes sensorielles, les douleurs musculaires, les désordres menstruels et les maladies mentales...

Ce poisson fascine tout autant que l'électricité qu'il produit. La disposition même du muscle et de ses différents niveaux va inspirer le physicien italien Alessandro Volta qui, en construisant la première pile électrique, a plus ou moins imité l'anatomie de l'organe de la torpille. Il écrit en 1800 :

> « on sait par l'anatomie qui en a été faite, que l'organe électrique de la torpille et de l'anguille tremblante consiste en plusieurs colonnes membraneuses, remplies d'un bout à l'autre d'un grand nombre de lames ou pellicules, en forme de disques très minces, couchées les unes sur les autres, ou soutenues à de très petits intervalles, dans lesquels coule, comme il parait quelque humeur. »

L'italien Carlo Matteucci établit une relation entre les phénomènes électriques présents chez les torpilles et les travaux de Galvani sur le nerf et le muscle de grenouille. Il donne raison à Galvani contre Volta. Il confirme la présence d'une électricité animale au cours de la conduction nerveuse et de la contraction musculaire. Il découvre surtout la différence de potentiel entre l'intérieur et la surface du muscle au repos. Le chimiste suédois, Jons Jacob Berzélius, a décrit en 1817 la décharge électrique de la torpille comme un processus organique chimique. Ranvier, le grand histologiste français, fait en 1878 l'étude des lobes électriques et caractérise par l'acide osmique la composition des lames de l'organe.

Il faut attendre l'attribution du prix Nobel de Médecine et de Physiologie 1936 à Henry Dale et à Otto Loewi pour que la recherche sur les substances chimiques impliquées dans la transmission synaptique devienne une question majeure. Dans la première partie du XXe siècle on obéissait au principe du rasoir d'Ockham : il est inutile d'élaborer de nouvelles hypothèses tant que celles déjà énoncées suffisent. C'était bien le cas ici, on avait avec Galvani défini une électricité animale, capable d'expliquer non seulement la conduction dans les nerfs mais aussi l'activité dans les corps cellulaires. Pourquoi n'aurait-elle pas pu assurer le passage de l'influx nerveux d'un neurone à un autre ? C'est à cause de tels raisonnements que la transmission chimique eut tant de mal à se faire accepter. Pourtant Dale, en collaboration avec Loewi, montre que l'acétylcholine est bien le médiateur libéré par le système nerveux parasympathique. Il restait bien des questions à résoudre et les scientifiques demeuraient sceptiques (Chang, Gaddum, 1933). Deux questions paraissaient surtout insurmontables. Comment le message pouvait-il passer aussi vite à travers une synapse ? Le phénomène paraissait impossible à expliquer par une substance chimique. Comment la substance présente, si elle existait réellement, pouvait-elle être très vite dégradée pour cesser d'agir ? L'utilisation de la torpille comme modèle animal expérimental va permettre de répondre à ces deux questions fondamentales (Bennett, 1970).

On avait bien établi que l'organe électrique de la torpille se présentait comme une énorme jonction neuromusculaire, elle représentait un modèle tout à fait approprié pour connaître le fonctionnement des synapses et leurs différents mécanismes chimiques. C'est grâce aux travaux de trois chercheurs, un Français, Alfred Fessard, neurophysiologiste, et à deux Allemands, David Nachmansohn, biochimiste, et Whilhelm Sigmund Feldberg, neuropharmacologiste, que cette question va être progressivement résolue. Tous les trois ont travaillé en 1939 à la station Marine d'Arcachon. Les torpilles y sont récoltées tous les automnes. Nachmansohn avait trouvé l'enzyme qui détruisait l'ACh, l'acétylcholine estérase, transformant respectivement l'acétylcholine en choline et en acétate (Nachmansohn, 1959).

Son rôle est essentiel car il permet à la synapse de retourner très vite à un état de repos après la libération du neurotransmetteur, et donc de pouvoir à nouveau fonctionner rapidement. Dès qu'une impulsion nerveuse arrive sur la terminaison, elle libère de l'ACh qui induit une réponse post-synaptique et est aussitôt détruite par l'enzyme. Nachmansohn trouve cet enzyme à très fortes concentrations dans la torpille et en caractérise les différentes propriétés sur l'organe électrique de ce poisson. Feldberg et Fessard (1942) ont fait une étude détaillée de l'organe en montrant qu'on y trouvait 40-100 microgrammes d'ACh par gramme de tissus frais. Si on en stimule électriquement les nerfs, on n'obtient pas de libération d'ACh. Mais si on réalise la même expérience en présence d'ésérine – une substance qui empêche la destruction d'ACh – on trouve alors la molécule dans le liquide de perfusion. L'ésérine qui inhibe l'action de la cholinestérase va très rapidement induire une fatigue et l'organe électrique ne sera plus actif. Les poissons électriques vont être d'ailleurs à cette époque l'objet d'une étude particulière afin de comprendre la cinétique de ces décharges et leurs rôles dans le comportement (Albe-Fessard, 1996).

De nombreuses expériences ont confirmé que l'acétylcholine est bien le neurotransmetteur du système parasympathique et de la jonction neuromusculaire. Dans le laboratoire de V. P. Whittaker, Maurice Israel apprend à isoler les terminaisons nerveuses, les synaptosomes, et à doser l'acétylcholine par son action sur le muscle dorsal de sangsue. C'est à partir de l'organe électrique de torpille qu'il arrive à obtenir une fraction pure de vésicules synaptiques associée à un pic d'acétylcholine (140 nano moles par gramme de synpatosomes). Ce résultat confirme biochimiquement la théorie quantique de la libération de l'acétylcholine qui propose une libération des molécules de neurotransmetteurs contenus dans les vésicules de l'élément présynaptique, lors de la transmission nerveuse. Zimmerman et Wittaker apportent un argument direct en faveur de la libération vésiculaire en montrant que l'acétylcholine de la fraction vésiculaire des terminaisons de l'organe électrique est diminuée après une stimulation électrique prolongée (Whittaker, 1998). À partir de ce moment, l'approche des mécanismes moléculaires liés à la synthèse, la libération et les effets post-synaptiques de l'acétylcholine va être réalisée en routine. Jean-Pierre Changeux (1981), médaille d'or du CNRS 1992, et ses collaborateurs vont faire progresser, de façon remarquable, les connaissances sur l'organisation moléculaire des récepteurs à l'ACh (Devillers-Thiery *et al.* 1983, Changeux 1981).

La cellule de Mauthner

Seuls quelques scientifiques connaissent cette cellule, mais tout le monde, sans le savoir, a un jour observé les conséquences de sa mise en jeu. Si quand on regarde un aquarium et qu'aucun poisson n'est proche, par habitude ou par envie, il n'est pas rare que l'on tape sur la vitre, comme pour les appeler. En fait, ce geste brusque, cette onde produite, stimule cette cellule géante du tronc cérébral des poissons dont le rôle est d'induire un comportement de fuite. Cette cellule a été décrite pour la première fois, par Ludwig Mauthner, un anatomiste et ophtalmologiste autrichien qui n'avait pas encore 19 ans et qui avait été ébloui par la beauté et la taille des fibres et des énormes cellules présentes dans la partie haute de la moelle épinière des poissons. Ces neurones, en forme de croissant sont disposés de chaque côté à la même place dans le tronc cérébral de tous les poissons et des larves de batraciens. Ils reçoivent des afférences du nerf auditif VIII (huitième paire de nerf crânien) qui font synapses avec ce neurone.

Ces deux cellules ont a été l'objet d'études extrêmement poussées depuis près de soixante ans. Les circuits qui sous-tendent une réponse très stéréotypée en forme de coup de queue sont mis en jeu par les récepteurs localisés dans le saccule vestibulaire. Ces derniers sont sensibles aux mouvements d'eau provoqués par différents stimuli, le plus souvent par l'arrivée d'un prédateur. Une telle stimulation provoque la transmission de messages nerveux qui arrivent jusqu'à la cellule de Mauthner. Cette cellule nerveuse possède des prolongements qui s'articulent sur les motoneurones de la moelle épinière. Le très faible nombre de synapses empruntées par l'information nerveuse jusqu'à son aboutissement au niveau de la jonction neuromusculaire favorise la vitesse et assure une fuite immédiate. Chaque cellule de Mauthner ne projette que de l'autre côté de la moelle épinière. Un réseau local d'interneurones inhibe l'activité de celle des deux cellules qui n'est pas stimulée. Ainsi tout concourt à une fuite en direction opposée à la stimulation ce qui automatiquement éloignera le poisson de l'ennemi.

Si le circuit nerveux mis en jeu est relativement simple, la cellule de Mauthner est en fait très complexe. Une étude très fine a permis de reconstruire la topographie des différentes synapses excitatrices fonctionnant avec le glutamate comme neurotransmetteur, des synapses peptidergiques et des synapses inhibitrices contenant des substances comme le GABA et la Glycine dont on connaît maintenant les effets inhibiteurs puissants sur la transmission du message nerveux. Il a même pu être montré qu'une synapse excitatrice est le plus souvent associée à une synapse électrique (Pereda, Faber, 1996). Si on enregistre l'effet d'une stimulation sensorielle, la réponse obtenue au niveau de la cellule de Mauthner est d'abord due au couplage, puis à la mise en jeu de la synapse chimique. Il y a une interaction étroite entre les deux, comme si leur présence mutuelle permettait d'utiliser l'avantage apporté par chacune des structures. On a également montré que ces synapses étaient capables d'apprendre (LTP : *Long term potentiation*), c'est-à-dire qu'une stimulation à haute fréquence générait une réponse de plus longue durée qu'une stimulation à basse fréquence. On parle dans ce cas d'un effet potentialisateur qui impliquerait la mise en jeu d'une synapse fonctionnant au glutamate avec fixation du neurotransmetteur sur un récepteur spécifique de type NMDA.

Les interneurones inhibiteurs glycinergiques qui contactent le corps cellulaire de la cellule de Mauthner comprennent deux populations différentes : i) les cellules commissurales mise en jeu directement par le nerf vestibulaire inhibent simultanément les deux cellules de Mauthner et, ii) les neurones du réseau collatéral récurrent, à activité oscillante et qui contrôlent la cellule de Mauthner ipsilatérale. Leur activité peut être augmentée à la suite de stimulations à haute fréquence (PLT). Des synapses inhibitrices induites par la tétanisation des afférences primaires sont aussi capables d'être facilitées. Une population de neurones inhibiteurs « latents », normalement au repos, a été également identifiée. Leurs synapses deviennent actives lors de la PLT inhibitrice. Elles constitueraient un groupe d'appoint utilisé uniquement après conditionnement.

On comprend que cette cellule unique soit devenue un modèle remarquable d'étude : elle démontre une très grande complexité de fonctionnement et une très grande adaptabilité (Korn et Faber, 2005). Le système nerveux apparaît ainsi comme un élément tout à fait cohérent et organisé mais capable de modifications extraordinaires. Henri Korn de l'institut Pasteur présentait ainsi cette cellule devant l'académie des Sciences :

> « La découverte singulière d'une interaction électrique par contiguïté entre la cellule de Mauthner et les fibres qui contrôlent son activité nous a permis d'élucider comment communiquent entre elles les cellules du système nerveux central... d'une façon générale, le caractère discontinu et probabiliste de la neuromédiation confère à la transmission synaptique une plasticité et une diversité de modes opératoires, une liberté que ne laissait pas entrevoir le concept établi d'arc réflexe. Répercutée le long de la chaîne neurale, qui cependant la contraint dans l'espace, cette propriété a une valeur adaptative essentielle. Elle assure, par exemple, l'aspect déroutant des modalités de la fuite qui rend difficile l'adoption d'une stratégie de capture par un prédateur. »

La nage de la lamproie

Les poissons allongés en forme de serpent comme la lamproie ou l'anguille se meuvent par des ondulations obtenues par des contractions musculaires alternées droite-gauche se dirigeant de l'avant vers l'arrière. Cette nage ondulante lente et continue est assurée essentiellement par les muscles de la queue. Les nageoires paires assurent la direction du déplacement. Le corps allongé et fuselé permet une meilleure pénétration dans l'eau. Les muscles de ces poissons diffèrent suivant leur utilisation. Les muscles rouges forment une couche périphérique plus ou moins importante, très irriguée et bien oxygénée, ils servent à la nage d'endurance. Lorsque les poissons nagent très rapidement, avec de vives accélérations pour capturer leurs proies, ils utilisent alors la grande masse de leurs muscles blancs, les plus puissants, peu irrigués et anaérobies, qui se fatiguent très vite.

La lamproie est un animal terrifiant. À la place de la bouche, une ventouse arrondie couverte de dents et des petits yeux inquiétants. Cet animal très primitif a divergé de la lignée évolutive des poissons, vers 450 millions d'années. Il fait partie du groupe des Agnathes (animal sans mâchoire inférieure) mais possède un plan d'organisation et des structures neuromusculaires comparables à celles de l'ensemble des vertébrés.

On la connaît surtout, en particulier dans la région de Bordeaux, pour ses qualités gustatives. C'est un animal parasite qui se fixe sur un autre poisson pour se faire véhiculer et se nourrir de son sang. Il remonte le fleuve pendant l'hiver pour se reproduire et terminer un cycle de 7 ans.

Sten Grillner du Karolinska Institute à Stockholm a caractérisé les mécanismes nerveux de sa nage (Grillner, 1996). Comprenant que l'étude de la locomotion chez les vertébrés supérieurs serait trop difficile et qu'une analyse des mécanismes cellulaires à l'origine du rythme, comme celle qu'on fait pour les invertébrés, serait impossible, il a eu l'idée d'utiliser un des plus simples modèles de vertébré, la lamproie. Cette préparation, tout à fait exceptionnelle pour le petit nombre de neurones qu'elle possède, offre également la possibilité d'isoler et de maintenir en vie des portions entières de moelle épinière, d'induire facilement un rythme locomoteur et de pouvoir visualiser l'activité électrique des neurones impliqués dans la nage par des enregistrements électro-physiologiques intracellulaires. Selon les préparations mises au point, on a pu étudier les réseaux spinaux isolés et les structures supraspinales qui déclenchent l'expression globale du comportement. La lamproie produit des mouvements ondulatoires latéraux le long du corps à une fréquence de 1 à 8 cycles par seconde. Dans la centaine de segments ou myotomes, des contractions alternées droites/gauches se produisent, dues à des muscles lents et rapides. La contraction de chaque myotome correspond à peu près à 40 % du cycle locomoteur et environ 40 % des segments d'un côté se contractent pendant que l'autre se relâche.

Depuis les études que fit Grillner de ce comportement dans les années 1980, on connaît bien les mécanismes cellulaires au niveau de la moelle épinière, les neurones sensoriels proprioceptifs et les différentes structures supérieures qui les contrôlent. Dans la moelle épinière, le réseau nerveux organisé dans chaque hémi-segment est composé de deux types d'interneurones, des cellules glutamatergiques excitatrices (EIN) et des glycinergiques inhibitrices (CCIN). Ce réseau est contrôlé par de nombreuses modulations exercées par les protéines G, en provenance de neurones monoaminergiques et peptidergiques. Dans la partie rostrale, il existe des neurones latéraux qui se trouvent régulièrement dépolarisés puis polarisés, en phase avec le cycle locomoteur. Les neurones du tronc cérébral initient et maintiennent la commande excitatrice du réseau à travers des récepteurs au glutamate de type NMDA et AMPA. On estime, dans chaque hémi-segment, le nombre de cellules à 500, parmi lesquelles à peu près 100 motoneurones, au moins une vingtaine de EIN, entre 5 à 9 CCIN et un nombre limité de neurones latéraux.

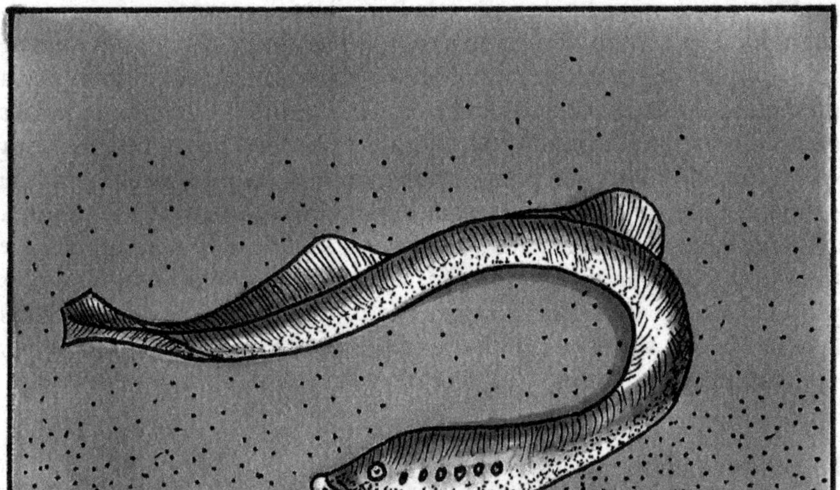

L'activité de ce réseau de nage peut être modulée par un plexus dense bilatéral localisé dans la région ventro-médiane de la moelle épinière. Il est composé de cellules à dopamine, à sérotonine et à tachykinine. La coordination des différents réseaux et le sens de la nage le long de la moelle épinière seraient dus à une différence de puissance entre les oscillateurs segmentaires. Au cours de la nage vers l'avant, la commande excitatrice sera plus puissante dans les segments rostraux. Pendant la nage arrière, les oscillateurs de la région caudale seraient les plus efficaces. L'interaction entre les réseaux segmentaires est assurée par les EINs, leurs axones s'étendant sur plusieurs segments caudalement comme rostralement. Dans le tronc cérébral, les faisceaux réticulo-spinaux avec leurs grosses cellules (neurones de Muller, 50 à 100 micromètres de diamètre, et la cellule de Mauthner), font synapse sur les réseaux locomoteurs par des structures mi-chimiques, mi-électriques. Une zone de déclenchement de la locomotion est également présente.

La plupart des résultats apportés par la lamproie ont été retrouvés pour l'ensemble des espèces de vertébrés, comme si au cours de l'évolution ce système très robuste s'était maintenu sans changement majeur (Orlovsky *et al.*, 1999). Chez les poissons, les batraciens, les serpents, les oiseaux ou les mammifères, les structures responsables de l'initiation de la locomotion, avec des réseaux médullaires, des boucles proprioceptives périphériques, des boucles centrales intégrant le cervelet et les centres déclencheurs du tronc cérébral, sont comparables à celle de la lamproie. On constate néanmoins que plus on monte dans l'échelle phylogénétique, plus les régions supérieures du cerveau contrôlent le rythme, dont l'expression devient finalement très liée, chez l'homme, aux processus cognitifs. Des travaux actuels analysent le passage de la nage à la marche chez le têtard de grenouille : on observe d'abord la nage seule, puis, dès la présence des quatre pattes, marche et nage coexistent. Les toutes jeunes grenouilles appréhendent la terre ferme mais vont peu à peu l'investir complètement. Lors de la métamorphose, les neurones de la moelle épinière se multiplient et vont former au niveau des membres les réseaux assurant la marche et le saut à l'air libre. Il semble qu'il y ait un passage progressif de la nage à la marche. Ces résultats démontrent que les propriétés fondamentales des mécanismes locomoteurs existent dans l'ensemble des vertébrés, de la lamproie aux formes les plus évoluées des mammifères.

Le poisson zèbre ou poisson pyjama

Le poisson zèbre, ou Danio (*Danio rerio*), surnommé également poisson pyjama, est devenu récemment un modèle de choix pour tous les chercheurs en génétique. De petite taille, il est très facile à élever et sa larve est totalement transparente. Si on le regarde au microscope, on le voit en entier avec ses différents organes en activité et ses deux grandes cellules de Mauthner. Originaire d'Inde, il mesure adulte de 30 à 60 millimètres de long. Il a deux paires de barbillons sous la bouche. Son corps argenté est orné de cinq bandes bleues horizontales sur les flancs. Le mâle est élancé, ses rayures tirent sur le jaune, la femelle beaucoup plus arrondie, ses rayures blanchâtres. Il est actuellement très utilisé en aquariophilie mais on le trouve de plus en plus en laboratoire.

La première importation de poissons zèbres aurait été réalisée en 1905 par un certain P. Matte-Lankwitz. L'habitat naturel du poisson est les rizières, les eaux stagnantes et les petits cours d'eau à lent débit. Il se nourrit principalement de vers, de petits crustacés et de larves d'insectes. Très robuste, il s'acclimate très facilement dans tout aquarium à une température de 18 à 24 °C. Ovipare, il se reproduit aisément.

La divergence des poissons et des mammifères remonte à environ 300 millions d'années. Les gènes impliqués dans l'organogenèse du poisson zèbre se trouvent souvent disposés dans des régions comparables à ceux présents dans les chromosomes humains où ils sont utilisés pour assurer les mêmes fonctions. Ce tout petit poisson sert à l'analyse de l'organogenèse, c'est-à-dire à la compréhension de la formation des organes. Grâce à lui, on peut comprendre les mécanismes génétiques de la formation du cœur, des cellules sanguines, des muscles, des reins, de l'intestin, des yeux et enfin du cerveau. De plus, le poisson zèbre constitue également un très bon modèle, tout comme la drosophile, pour étudier les pathologies humaines.

Il permet de compléter l'analyse des mécanismes circadiens faite chez la drosophile. F. Delaunay et son équipe ont analysé l'homologue du gène *Period 3* des mammifères (*Per 3*) chez le poisson zèbre (Delaunay, *et al.*, 2000). Dans cette étude, l'oscillation de l'expression de *Per 3* chez des embryons fécondés maintenus en condition de lumière constante montre que l'horloge embryonnaire est indépendante de l'heure de la fécondation. Les embryons possèdent bien une horloge circadienne transmise génétiquement et on a découvert dans les ovocytes une accumulation circadienne de l'ARN messager *Per 3*. La relation entre la phase de l'oscillation de l'expression de *Per 3* dans les ovocytes et les oscillations de ce gène dans les embryons est très étroite. Ces travaux prouvent l'existence d'une horloge circadienne fonctionnelle dans un embryon de vertébré due à une transmission directe de la mère.

Le chercheur français Emmanuel Mignot de la Stanford University a découvert en 1999 un gène responsable de la narcolepsie chez le chien. Cette maladie très invalidante touche aussi l'être humain, environ une personne sur 2000. Les patients atteints s'endorment brutalement à n'importe quel moment de la journée tout en souffrant d'insomnies. En fait, on a un passage direct de l'éveil au sommeil paradoxal sans phase de sommeil lent. Cette pathologie très mal connue aurait pour origine une mutation affectant, dans les neurones, un récepteur à une protéine, l'hypocrétine (ou hcrt), ou orexine. C'est un neurotransmetteur cérébral produit par des neurones localisés exclusivement dans l'hypothalamus latéral, mais qui projettent dans de nombreuses structures cérébrales, dont certains noyaux impliqués dans le contrôle du cycle veille / sommeil. Pour comprendre les mécanismes moléculaires impliqués, Mignot a pensé utiliser le poisson zèbre. Il écrit à ce propos : « *Cela permet d'étudier comment les animaux ont dormi tout au long de l'évolution. Nous pourrons alors comprendre pourquoi nous dormons...* »

On sait depuis Michel Jouvet, grand neurobiologiste Lyonnais, que le sommeil existe chez tous les vertébrés mais que le sommeil paradoxal se limite aux homéothermes (animaux dont la température corporelle est constante). Mignot a tenté d'empêcher les poissons zèbres de dormir. Lorsqu'ils commençaient à s'assoupir, un léger choc électrique dans l'aquarium les rendait à nouveau actifs. Sans enregistrement de l'activité électrique du cerveau comme on le pratique chez les mammifères, il n'est pas facile de définir précisément les états de vigilance des poissons. Mignot a considéré, ce qui a été admis par la communauté, que lorsque le poisson pyjama (quel nom prédestiné !) s'immobilisait sans bouger au fond de l'aquarium, il dormait... Si après une nuit sans dormir, il retrouve la lumière du jour, il semble ne pas du tout être gêné par la perte de sommeil. Mignot a alors analysé l'hypocrétine. Chez les mammifères, la mutation du récepteur de cette protéine provoque la narcolepsie, chez le poisson, c'est l'inverse. Les poissons zèbres génétiquement modifiés, ou chez qui l'activité de ce récepteur est empêchée, deviennent insomniaques... Les poissons n'utiliseraient pour dormir la nuit que le système à hypocrétine alors que les mammifères se serviraient surtout d'un mécanisme reposant sur la mélatonine et son contrôle par la lumière. Des résultats un peu différents avaient montré sur les larves que l'hypocrétine intervenait aussi bien la nuit que le jour. Les différences observées sont certainement liées au stade de développement de l'animal. Emmanuel Mignot en conclut que les mécanismes du sommeil ont subi une longue évolution et des adaptations diverses : « *Je suis persuadé que le système basé sur la mélatonine et son contrôle par la lumière a dû, à un certain moment, parvenir à une limite. À un certain moment de l'évolution, les animaux ont dû développer d'autres méthodes pour conserver leur état de veille.* »

Le niveau de vigilance des poissons serait donc beaucoup plus sensible à la lumière du jour. Ils ne deviennent actifs qu'en présence de lumière. Le système de régulation de la veille et du sommeil chez les mammifères serait en lien plus étroit avec le cycle de mélatonine, produite par l'épiphyse, réglant l'ensemble des processus impliqués dans le contrôle du niveau de vigilance. Nous pouvons être actifs même dans l'obscurité, et faire la sieste en plein jour ! Les poissons, eux aussi, auraient appris à faire la sieste durant la journée. Les deux mécanismes, celui de l'hypocrétine et celui de la mélatonine, agiraient donc de manière complémentaire et différemment selon les lignées...

Depuis quelques années, on cherchait à analyser sur des animaux vivants le rôle de certains organes de façon à les individualiser et les distinguer des autres tissus. Ces manipulations ont permis, dans différents laboratoires, de colorer électivement différentes parties du corps en intervenant sur leur génome. Une protéine nommée « la protéine fluorescente verte » (GFP, de l'anglais « *Green Fluorescent Protein* »), issue d'une méduse, possède la propriété d'émettre une fluorescence verte. Elle a valu le prix Nobel de Chimie en 2008 au Japonais Osamu Shimomura et aux deux Américains Martin Chalfie et Roger Y. Tsien. Shimomura l'a isolée d'une méduse dans les années 1970. Martin Chalfie a ensuite été capable d'injecter le gène contenant la molécule de GFP dans des neurones impliqués dans la perception tactile du nématode *Caenorhabditis elegans* (voir chapitre II et son utilisation par Sidney Brenner) et, en 1994, de donner dans la revue *Science* l'image étrange d'un nématode coloré de deux traits longitudinaux luminescents correspondants aux neurones impliqués dans le toucher. Enfin Roger Tsein, développe des GFPs de teintes différentes. Grâce à lui, on peut colorer les neurones et marquer des protéines spécifiques. Cette sélection permet aux biologistes de suivre le devenir de plusieurs protéines en même temps, au sein de l'organisme entier en fonctionnement. Dès lors, les chercheurs peuvent connaître les interactions entre les protéines et mieux cerner leurs fonctions. Cette méthode s'est révélée d'une très grande efficacité et est très utilisée chez le poisson zèbre.

On imagine à l'avenir la puissance d'une telle technique qui permettra, en colorant la structure que l'on veut étudier, de savoir, comment un élément du système nerveux se met en place au cours du développement embryonnaire et post-natal, comment s'installent les différentes voies nerveuses qui en émergent ou qui projettent sur cette structure, en provenance d'autres réseaux de neurones... Mais cette approche en technicolor a ouvert aussi, pour certains, une nouvelle source de profit, sans avantage réel, tout en répandant sans aucun discernement dans la nature des organismes génétiquement modifiés

(OGM). Il y a quelques années, le docteur Gong Zhiyuan et ses collaborateurs de l'université de Singapour ont transféré sur le génome du poisson zèbre la GFP. À l'origine, ces poissons ont été produits pour servir d'indicateur de pollution. Ils changent de couleur, passant du vert au rouge, suivant la composition du milieu et la présence de tels ou tels produits toxiques. Mais ils sont d'une rare beauté. Comme la peau du poisson zèbre est translucide, ses organes scintillent en présence d'un faisceau de lumière ultraviolette... À Taïwan, c'est la frénésie. Tous les aquariophiles attendent, pour le Nouvel An chinois, le TK3, troisième génération du petit poisson zèbre devenu « *night pearl* », la « perle de la nuit »... Les animaleries en ont commandé des centaines. Cela ouvre la voie à la création d'autres poissons brillants sous la lumière d'une lampe à lumière noire ou de rayons ultraviolets. Cette commercialisation engendre une polémique sur les possibles dangers écologiques de telles manipulations du vivant. La Californie l'a interdit, de peur que les espèces transgéniques ne se répandent dans la nature et ne fassent disparaître les populations autochtones. L'Europe n'a encore rien décidé. Il est difficile de porter un jugement sur l'invasion de petits poissons décoratifs et les lois éthiques dans ce domaine demeurent très floues pour éditer des normes et des règles strictes pour ce qui n'est qu'un exemple, parmi bien d'autres, des possibilités offertes par la commercialisation de ces espèces transgéniques.

Les cerveaux de certains poissons servent la science. D'autres disparaissent du fait des intérêts marchands dans l'industrie de la pêche. Les populations de grands prédateurs, indicateur essentiel de la santé d'un écosystème, disparaissent à une vitesse extrêmement rapide... 90 % des grands poissons que nous consommons habituellement sont en grand danger, comme le thon, l'espadon, le cabillaud, le flétan, la raie. Depuis que la pêche est devenue industrielle, dans les années 1950, le secteur est dominé par de gigantesques navires équipés comme des usines flottantes qui pêchent bien au-delà de la capacité de renouvellement de la nature. On ne connaîtra bientôt des poissons que leurs filets surgelés ; seuls les chercheurs élèveront quelques spécimens dont ils étudieront les mécanismes nerveux !

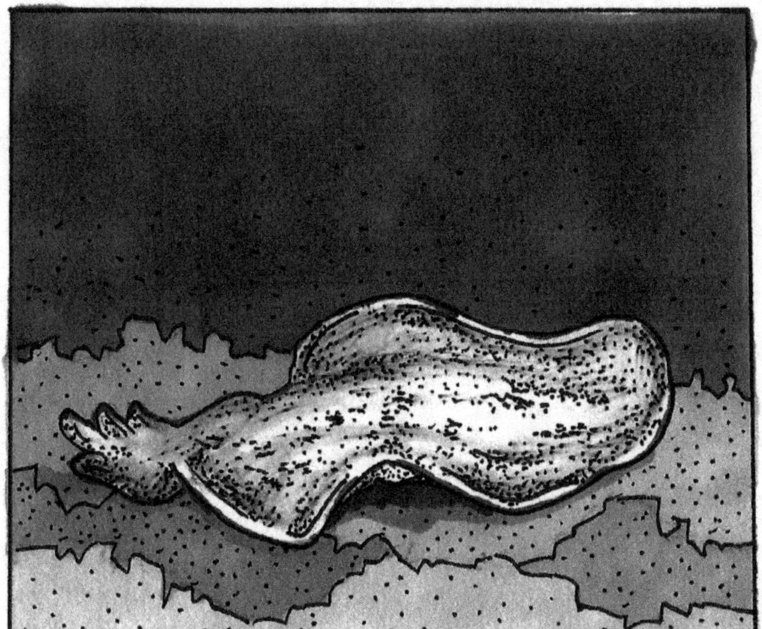

Chapitre 9

LES SOURIS ET LES RATS : « VEDETTES » DE LA NEUROBIOLOGIE CONTEMPORAINE

Les souris et les rats sont très familiers et peuvent déclencher les plus dramatiques zoophobies. Les rats sauvages sont vecteurs de maladies redoutables qui ont par le passé engendré de terribles épidémies... L'une des dernières fut la grande peste de Marseille en 1720 qui s'étendit sur toute la Provence et décima au moins la moitié des habitants de la cité phocéenne, soit plus de 40 000 personnes. Tout est venu d'un bateau, le *Grand Saint Antoine*, de retour de Syrie, chargé d'étoffes précieuses que les marchands de la ville avaient absolument besoin de vendre au plus vite. Bien que certains passagers montraient des symptômes de peste, il fallait éviter une quarantaine stricte. Les échevins de la ville placèrent l'équipage en « quarantaine douce » dans un dispensaire, le Lazaret, d'où l'on pouvait sortir des pièces de vêtements. Les premiers malades ont vraisemblablement tous été en contact avec ces fameuses étoffes. Albert Camus raconte en 1947 dans *La Peste* une épidémie similaire dans la ville d'Oran.

Ces souvenirs de notre passé nous marquent encore. Les souris et les rats sont des animaux qui, comme les mouches et les cafards, s'adaptent avec succès à toutes les bizarreries de notre civilisation. Ils occupent tous les espaces que nous leur laissons, toutes les morts au rat du monde n'y changeront rien...

Le rat domestique est un rat élevé en captivité. Petit et robuste, extrêmement prolifique, il s'oriente parfaitement dans un labyrinthe compliqué pour trouver sa nourriture. Il est le fruit de la sélection au sein d'élevages du Rat brun (*Rattus norvegicus*), de la famille des Muridés. Il existe de nombreuses souches de la lignée Wistar, ayant des caractéristiques et des comportements particuliers, créés par les laboratoires de recherche et répondant à des besoins spécifiques. Il existe ainsi des lignées avec différents « types » de rats suivant la couleur, le poil, les oreilles et les caractéristiques physiologiques. Le rat est connu pour son « intelligence », il serait plus juste de parler de ses capacités d'adaptation au milieu environnant. C'est un candidat idéal pour les tests comportementaux. Quant à la souris, son utilisation a explosé avec la mise au point des techniques transgéniques.

L'apport des méthodes expérimentales : de l'animal réflexe au rat « intelligent »

C'est à la fin du XIXe siècle que l'on a commencé à réaliser de véritables expériences scientifiques sur le comportement. Les pionniers sont des psychologues qui, abandonnant l'approche métaphysique ou littéraire de leur discipline, ont voulu se rapprocher de la biologie et du système nerveux (Nicolas, 2001). Après le philosophe et sociologue britannique Herbert Spencer et ses principes de psychologie (1855) après le physiologiste russe Ivan Sechenov et son cerveau réflexe (Sechenov, 1957), le psychologue américain William James propose dans *The Principle of Psychology* qu' : « *Un certain degré de physiologie cérébrale soit présupposée ou incluse en psychologie* ».

Il s'appuie sur les théories associationnistes de David Hume, Stuart Mill et Alexander Bain qui ont défini une « *psychology without soul* » (une psychologie sans âme). L'hypothèse dominante expliquant l'activité nerveuse correspond au fonctionnement réflexe (James, 2003 et chapitre II). Les physiologistes suivent les données apportées par l'automatisme de la flexion des pattes de grenouilles et extrapolent un tel fonctionnement pour l'être humain. En s'écartant de la pensée spiritualiste, les biologistes se rassurent avec un fonctionnement réductionniste entrée-sortie ou stimulus-réponse.

À cette époque, de nouvelles théories sur le fonctionnement psychique émergent. Elles concernent des scientifiques positivistes à la manière d'Auguste Comte. Nous laisserons de côté la psychanalyse de Freud qui ne s'intéresse qu'à l'humain pour analyser les autres approches dédiées aux grandes fonctions intellectuelles chez l'animal. Dans les premières expériences on a placé des animaux en cage pour les inciter à accomplir des tâches plus ou moins compliquées. Les premiers sujets animaux utilisés sont des chats, mais très vite les rats, parce que leur manipulation et leur élevage sont beaucoup plus aisés, vont devenir les cobayes privilégiés. À partir de simples manipulations animales, les expérimentateurs du XXe siècle ont fait progresser les concepts relatifs au fonctionnement cérébral.

Le psychologue E. L. Thorndike décrit en 1898 ce qu'il appelle « un test d'intelligence ». Il travaille sur des chats qu'il enferme dans une caisse en bois. Les animaux ont faim, et pour les inciter à sortir de leur cage, il place de la nourriture bien visible à l'extérieur, en général un poisson. Plusieurs dispositifs ont été mis au point, obligeant le chat à trouver la poulie, la tige ou la plaque qu'il faut pousser ou tirer pour ouvrir la cage. Il répète très régulièrement l'expérience. Au début, les chats mettent plusieurs minutes mais, à force de répétition, ils deviennent régulièrement plus rapides, ne mettant que quelques secondes quand ils ont compris la manœuvre... Thorndike réfute que ce soit un acte d'intelligence ou un phénomène dû à une association d'idées enchaînées. Il propose que l'amélioration des performances ne corresponde qu'à une suite d'essais/erreurs. Il explique que le chat possède de façon innée « des impulsions actives » qui font que lorsqu'il est placé dans la boîte, il réagit à un ensemble de sensations. La mise en commun de ces sensations va initier un acte moteur organisé. Il faut rappeler que Thorndike a le premier définit et quantifié un comportement, montré sa généralisation, son extinction, son renforcement... Ces expériences mettent en évidence que la réponse résulte de l'effet induit.

Ces travaux vont beaucoup influencer Shepherd Ivory Franz qui vient juste d'achever son doctorat à l'université de Columbia. Avec les boîtes à puzzles inventées par Thorndike, il teste les animaux avant et après avoir pratiqué des lésions cérébrales frontales. Il montre que les chats qui ont appris à ouvrir la cage ne sont plus capables de le faire après l'opération (1902). Il reprend les mêmes expérimentations sur des primates : après une lésion des lobes frontaux, le singe perd l'apprentissage acquis avant l'opération, bien que les habitudes anciennes de l'animal pour se nourrir soient conservées. Franz s'occupe peu de la plasticité cérébrale, il doute de l'existence d'un centre de la mémoire et pense plus à la présence de zones diffuses ou ces phénomènes seraient inscrits.

Karl Lashley, dès la fin de ses études en 1916 vient travailler avec Franz, sur des rats cette fois-ci. Le test consiste à discriminer des brillances dans un labyrinthe plus ou moins complexe. Dans le premier type d'épreuve, la destruction de la partie occipitale du cerveau fait disparaître l'apprentissage du trajet. Plus la lésion est étendue, plus le réapprentissage est difficile. Si la destruction cérébrale est réalisée avant les premiers tests, elle n'a aucun effet. Dans un second type d'épreuve, au contraire, la destruction retarde l'acquisition de l'apprentissage. Le grand intérêt des résultats de Lashley réside dans la qualité des tests, dans la quantification proposée et dans l'analyse statistique présentée. Il a résumé l'ensemble de ses expériences dans un livre publié en 1929, *Brain mechanisms and intelligence*. Lashley pense que l'apprentissage et le souvenir d'un labyrinthe ne dépendent d'aucune fonction sensorielle ni d'aucune trace confinée dans une région précise du cerveau. Cette approche qui fait intervenir le cerveau et ses différents centres est en complet désaccord avec la théorie à la mode de l'époque, surtout aux États-Unis, le behaviorisme (ou comportementalisme).

Le leader des behavioristes est, sans aucun doute, John Broadus Watson, un psychologue américain qui veut faire de la psychologie une science objective où l'étude des comportements observables doit être très rigoureuse. Pour lui, il n'est pas question d'ouvrir la boîte crânienne et d'opérer des lésions cérébrales dont l'étendue n'est pas reproductible d'une expérience à une autre. Il part de l'idée que le cerveau est une boîte noire. On ne peut que le stimuler et noter très rigoureusement la réponse qu'il induit. On s'attachera à analyser la réponse obtenue à la suite d'un stimulus bien défini. Selon Watson, tous les comportements sont le fruit de l'apprentissage (conditionnement). Il écrit en 1913 un manifeste où il proclame avec vigueur ses idées.

Les behavioristes vont devenir plus radicaux encore avec le psychologue américain Bhurrus Frederic Skinner, le plus empiriste des théoriciens de cette école, qui soutient que le comportement peut se structurer par l'utilisation des stimuli extérieurs. S'attachant à la notion de réflexe, il considère que tout dépend de deux éléments : le stimulus et la réponse, le but étant de préciser ce qui les lie. Skinner a été à l'origine du conditionnement opérant qui explique la façon dont les organismes, en agissant de façon aléatoire, n'utilisent pas de réflexes innés. Toute action, en déclenchant une réaction dans le milieu, induit en retour sur l'organisme une réponse qui le conditionne par renforcement. Skinner veut faire du behaviorisme une méthode empiriste fondamentale. Pour lui, les comportements d'un organisme se modifient en fonction de ses actions et des résultats obtenus : « *Nous devenons ce que nous faisons* ».

Skinner habitue un rat à rester dans une boîte et à s'y nourrir. Le rat commence par explorer ce lieu nouveau, à chercher de la nourriture en reniflant et en inspectant tous les recoins. Si, lorsque l'animal accroche par inadvertance un levier, une boulette de nourriture tombe dans la cage. Le rat continue à inspecter, à faire des repérages. S'il appuie une nouvelle fois sur le levier en obtenant une nouvelle boulette, il comprend peu à peu que ce n'est pas un hasard et se comporte comme les chats de Thorndike. Il commence à appuyer plus souvent sur le levier et, finalement, fait le lien entre cette action précise et l'obtention de la nourriture. C'est un système de renforcement positif. Cet apprentissage « skinnerien » peut induire deux conséquences opposées : le renforcement ou la punition. Dans le cas du renforcement, le rat cherche, en réalisant la même action, à obtenir la même réponse. En cas de punition, il évite de répéter le même comportement. Skinner s'oppose au conditionnement classique où un stimulus entraîne une réponse sans envisager sérieusement les conséquences. Il prône le conditionnement opérant où les réponses, régulièrement produites, renforcent un type d'effet par la manipulation des contingences. Cette notion intègre la réaction de l'animal au sein d'un cadre explicatif mécaniste. Skinner a voulu étendre cette théorie au comportement de l'espèce humaine en expliquant que les réponses données par le rat sont seulement plus simples (Skinner, 2008). Un tel conditionnement est pour lui à la base de bien des apprentissages chez l'homme.

Lashley s'oppose lui aussi aux théories basées sur les réflexes, en particulier celles que Pavlov avait proposées avec les réflexes conditionnés. Le Russe, prix Nobel de Médecine et de Physiologie en 1904 pour ses travaux sur la digestion, soutient le concept d'une organisation interne cérébrale avec une association étroite entre le stimulus conditionnel et le stimulus premier, inconditionnel. Il émet l'hypothèse qu'entre les deux, il existe une relation excitatrice irradiante entre les régions du cortex associées à de nombreuses réactions inhibitrices. Suivant la localisation des sensations dans le cerveau, leurs relations se font plus ou moins bien. Il postule que l'aire la plus importante agit plus facilement sur l'autre. La répétition de l'expérience favorise la mise en place de nouvelles connexions. Il semble se rapprocher du concept de drainage par énoncé W. James. L'idée sous-jacente est que, lorsqu'un stimulus suit plusieurs fois la même voie, il peut par sa seule présence et sa répétition, entraîner l'association à un autre stimulus. Cette école s'est ensuite enfermée dans cette approche « réflexe » qui ne l'a pas amené très loin.

Lashley reprend dans ses interprétations le principe « d'équipotentialité » déjà proposé par le médecin, poète et naturaliste suisse Albert Haller qui soutenait que toutes les fonctions psychiques nécessitaient l'intégrité du cerveau et qu'il n'y avait pas de lieux particuliers pour chacune d'elles. Lashley parle lui de « la loi d'action de masse » qui propose une relation entre une certaine quantité de cortex et les possibilités d'apprentissage. Il soutient que les plus hauts niveaux d'intégration dans le système associatif correspondent à une fonction dynamique du système cérébral dans sa totalité. Dans ses travaux, il oppose les processus nerveux spécifiques aux systèmes généraux intégratifs, les systèmes sensori-moteurs à ceux de la mémoire. Il sépare les phénomènes d'intensité de ceux qui contrôlent l'orientation spatiale. De même, le cortex moteur organise la distribution spatiale des divers groupes musculaires mais ne contrôle pas l'intensité des mouvements réalisés. Lashley défend l'utilisation du rat comme animal d'expérience, les résultats obtenus sur cet animal sont pour lui transférables au singe, voire à l'homme.

Ses travaux ont eu une grande répercussion car ils démontraient la difficulté d'étudier les fonctions supérieures tout en posant bien les différents problèmes à aborder lorsque l'on s'intéressait aux questions psychiques. Il a été un précurseur de la plasticité cérébrale et a permis de s'éloigner de l'approche trop rigide et câblée qu'apportaient les données de l'école sherringtonienne.

Une autre théorie émerge aussi à cette époque, venant d'Allemagne et prônée par Max Wertheimer, Wolfgang Köhler Kurt Koffka et Kurt Lewin, qui migrent tous au États-Unis à la montée du nazisme. Ils étaient unanimement opposés à la parcellisation des éléments en psychologie, contre l'associationnisme et la psychologie behavioriste. Un des ouvrages les plus célèbres est celui de Köhler, *Gestalt Psychology,* publié en 1929 et traduit plus tard en français. Dès le premier chapitre qui s'intitule « Discussion du behaviorisme », c'est une attaque en règle contre ce courant de pensée : « *Le behavioriste ne déteste pas d'ajouter que l'attachement à l'introspection est, en général étroitement lié à un parti philosophique. Quoi qu'il en soit, le concept de l'expérience directe, dans son éloignement du monde de la physique se rapproche des notions d'esprit et d'âme.* » Plus loin, il s'oppose à l'idée des behavioristes qui, dans leur désir d'approche rigoureuse, espèrent aborder la psychologie comme on le fait de la physique : « *Le behavioriste est dans l'erreur lorsqu'il affirme que l'observation d'expérience directe est dénuée de valeur scientifique, en ce qu'elle englobe dans un seul système et l'observateur et le fait observé.* ».

La « forme » (ou *gestalt*) doit être considérée comme le cadre mental par lequel le psychisme humain appréhende le monde et son environnement. Le behaviorisme pour ce courant de pensée est « *très parcellaire* » : il décompose les données en éléments pour pouvoir mieux les étudier. La *gestalt* au contraire considère le tout, elle est « holiste ». Sa devise se résume en une phrase lapidaire : « *Le tout est plus que la somme des parties.* »

Le sujet qui réfléchit est premier par rapport à l'objet pensé. Si on observe une scène – un paysage par exemple – l'œil ne repère pas en premier les détails. Il saisit d'abord les formes les plus évidentes, un arbre, une maison, une route avant de s'intéresser à certaines particularités de la scène. La pensée s'exprimerait d'abord par une saisie globale d'un objet, on ne voit pas les détails d'une fleur, les pétales bleus, les étamines jaunes, la tige et les feuilles vertes. On dit d'abord « c'est une fleur ». Si pour le behaviorisme l'expérience et l'apprentissage sont le fondement premier de la connaissance, pour la *gestalt*, l'activité organisatrice de la pensée est l'essentiel. La réflexion n'est pas la somme des *stimuli* reçus ; elle les organise et les « met en forme ». La psychologie de la forme n'est pas qu'une théorie de la perception, son approche est beaucoup plus large. Elle s'applique aussi à la mémoire. L'évocation des souvenirs est réorganisée en fonction de schémas fondamentaux selon des formes cohérentes ; la *gestalt* est aussi à l'œuvre dans l'intuition, ce type d'intelligence rapide et presque inconsciente qui fait appel, nous dit

Köhler, à une perception globale plutôt qu'au raisonnement déductif. On la retrouve autant dans le sens esthétique que dans les découvertes scientifiques. Cette théorie a eu une influence certaine pour contrecarrer le behaviorisme, elle a replacé le comportement dans une perspective beaucoup plus intégrative et centraliste.

Il faut évoquer maintenant l'un des chercheurs les plus attachants et les plus influents du domaine, le Canadien Donald Olding Hebb. Très influent non seulement en psychologie mais aussi en neurosciences, son opposition au behaviorisme radical qui régnait à l'époque lui a fait dégager des principes nouveaux qui conduiront plus tard à la pensée cognitiviste. Après une enfance passée en Nouvelle-Écosse, Hebb étudie à l'université Dalhousie jusqu'en 1925 puis enseigne au Québec. Il mène en parallèle des études supérieures de psychologie (*graduate studies*) à l'université Mc Gill à Montréal. Il se méfie du conditionnement pavlovien, suit la critique que Lashley adresse à la réflexologie et se sent attiré par la *gestalt* de Köhler. Il prépare sa thèse à Harvard sous la direction de Lashley sur la privation sensorielle pendant le développement et ses effets sur la perception de la luminosité chez le rat.

En 1936, il travaille à Montréal, avec le grand neurochirurgien Wilder Penfield, le père de « l'homoncule moteur et sensoriel », sur l'effet des lésions cérébrales en rapport avec l'intelligence et le comportement. À l'université Queens, Hebb a mis au point différents tests d'intelligence sur l'homme et l'animal, en particulier le labyrinthe de « Hebb-Williams » (Brown, Milner, 2003) en contribuant à la réalisation d'un analogue du « Stanford-Binet ». Hebb en a conclu que, dans ce domaine, l'expérience joue un rôle fondamental. Il soulignera par la suite qu'un comportement est conjointement déterminé par l'hérédité et par le milieu. En 1942, il revient chez Lashley qui est cette fois-ci au *Yerkes Laboratory of Primate Biology* pour étudier les émotions chez le chimpanzé.

De retour à Mc Gill comme professeur de psychologie, il publie en 1948 son fameux livre, *The Organization of Behavior : A Neuropsychological Theory*. Il y défend une conception biologique de la psychologie, en étroite relation avec l'étude du système nerveux, et y expose ses idées fondamentales sur l'apprentissage et les associations entre neurones. Il soutient une psychologie physiologique. Le principe de base défendu par Hebb s'explique ainsi : les relations entre les neurones, si elles sont fonctionnelles et utilisées très régulièrement, deviennent d'autant plus efficaces qu'il y a une corrélation très étroite entre l'activité pré-synaptique et post-synaptique. Dans les termes propres de Hebb : « *Quand un axone de la cellule A est suffisamment proche pour exciter la cellule B de façon répétitive ou persistante, il se produit un processus de croissance ou un changement métabolique tel que l'efficacité de A, en tant que cellule excitant B s'en trouve augmentée.* » (Hebb, 1949).

En neurosciences, cette proposition est fondamentale. Elle constitue un principe majeur des mécanismes de l'apprentissage (Brown, Milner, 2003). Cette « *synapse de Hebb* » comme on dit aujourd'hui, ne sera vérifiée électro-physiologiquement que 25 ans plus tard, en 1973, avec les travaux de Tim Bliss, Terje Lomo et A.R. Gradner-Medwin sur l'hippocampe. Dans deux articles de 1973 dans le *J. Physiol.* ces auteurs ont démontré, chez le lapin, qu'une stimulation de fréquence de 10-15 cycles par seconde, pendant plusieurs secondes, suffit à augmenter, pendant au moins 30 minutes et jusqu'à 10 heures, la réponse excitatrice dans des cellules post-synaptiques. Ayant analysé la transmission synaptique dans l'aire des cellules dentées à la suite de la stimulation des fibres de la voie perforante, ils montrent sur préparations aiguës dans un premier article, et sur préparations chroniques dans un second, que les champs de potentiels enregistrés sont augmentés très longtemps après la stimulation. Trois phénomènes sont enregistrés, une plus grande amplitude, une diminution du temps de latence de la réponse et un nombre accru d'unités mises en jeu. Ils concluent à une augmentation de la transmission chimique, à un accroissement du nombre de terminaisons stimulées et à un accroissement de la terminaison post-synaptique.

La potentialisation à long terme (PLT ou LTP en Anglais) est considérée comme la première explication, au niveau des neurones, des phénomènes de mémoire. L'organisation même de cette réponse s'est précisée peu à peu. Elle est confirmée sur des tranches de système nerveux maintenues en survie (Schwartzkroin, Wester, 1975). Au début des années 1980, l'importance des acides aminés est démontrée, en particulier les récepteurs au glutamate de type NMDA ; enfin le rôle essentiel de l'entrée de calcium au niveau post-synaptique est confirmé par Lynch et son équipe. Cette ouverture de canaux ioniques tend par ailleurs à augmenter durablement la puissance des canaux ioniques associés à d'autres récepteurs : récepteurs au glutamate de type AMPA, renforçant la synapse à long terme. On a aussi découvert l'effet inverse : une activité pré-synaptique forte qui n'entraîne pas d'activité sur le neurone post-synaptique, mais qui a pour effet, au contraire, de désactiver la synapse. C'est le mécanisme de dépression à long terme (LTD) qui se met en place lorsqu'une stimulation synaptique n'est pas suivie par une dépolarisation de l'élément post-synaptique. On l'obtient aisément en stimulant cette préparation à une fréquence faible, par exemple à 1 par seconde.

Si différents mammifères ont été utilisés pour ces expériences, le rat puis la souris vont devenir les plus sollicités. Au milieu du XXe siècle, le chat restait l'animal de choix pour les expériences d'électrophysiologie sur les centres nerveux, du fait d'un cerveau plus ou moins sphérique permettant des repérages stéréotaxiques sûrs. Il est abandonné peu à peu, pour différentes raisons. Les problèmes éthiques ont largement joué. C'est le rat qui servira de substitution, il est beaucoup mieux connu au niveau pharmacologique. Les travaux sur cet animal ont été innombrables, il ne serait pas utile ici de les rapporter tous. Ils ont touché toutes les fonctions, de la simple réponse motrice réflexe aux phénomènes de stress, de mémorisation et aux mécanismes corticaux complexes.

Nous prendrons simplement deux exemples significatifs, pour montrer tout l'intérêt des données obtenues chez les rongeurs.

La première expérience concerne le système de « récompense » du cerveau, analysé par Olds et Milner (1954) en plaçant dans une cage munie d'un levier des rats auxquels ils ont implanté des électrodes au niveau de l'aire tegmentale ventrale. Dès 1952, le psychologue américain James Olds, de l'université Mc Gill, fait sa recherche en doctorat auprès de Peter Milner, élève de Hebb. Olds stimule directement le cerveau des rats suivant différents protocoles, afin d'analyser les réponses

obtenues. Il cherchait à trouver un centre impliqué dans le contrôle de la vigilance, c'est-à-dire à caractériser l'état d'activité des animaux en espérant trouver une région qui les calmerait ou les rendrait plus actif. Il la situait à l'arrière de l'hypothalamus. L'expérience se poursuivit convenablement, l'ensemble des animaux stimulés avait, après stimulation, tendance à rester dans des endroits où l'on ne faisait pas de stimulations... Un rat pourtant était différent et recherchait les chocs électriques.

Olds ne comprit pas au départ cette attitude et pensa qu'il fallait ignorer cette bête atypique... À tout hasard, il augmenta l'intensité des stimulations, espérant qu'elle réagirait à nouveau comme les autres. Mais plus les chocs étaient violents, plus le rat semblait rechercher la stimulation. Olds découvrit que l'électrode n'était pas à la place prévue mais qu'elle se trouvait dans une zone du cerveau que l'on nommera plus tard « aire septale », et que l'on associera aux centres cérébraux du plaisir. Si on reprenait tous les cahiers d'expériences, on serait étonné du nombre d'électrodes mal placées qui ont par hasard fait progresser les connaissances !

Olds et Milner décidèrent alors de mettre dans la cage des rats avec des électrodes implantées dont la stimulation pouvait être commandée directement par la pression sur un levier. Les résultats furent impressionnants. Les rats apprenaient rapidement à appuyer sur le levier, certains s'administraient une centaine de chocs à la minute et l'intensité des décharges ne faisait qu'accroître le phénomène, certains chocs étant tellement puissants qu'ils propulsaient les animaux contre les parois de la cage. Inexorablement, ils revenaient vers le levier. Cette expérience fut reprise de nombreuses fois et démontra à chaque fois une attirance irrésistible vers une répétition de la stimulation.... Pris par le sommeil, les rats s'assoupissent quelques instants mais s'autostimulent dès le réveil. Devenus complètement obsessionnels, ils ne se nourrissent plus et finissent par mourir.

On en a conclu que cet appui sur le levier devait induire dans le cerveau une réaction de plaisir, et les deux chercheurs ont constaté qu'après une phase d'apprentissage (auto-renforcement) particulièrement rapide, la fréquence d'auto-administration pouvait dépasser le nombre de 100 par minute, toute autre réaction était abandonnée. Le comportement ne s'arrête qu'avec l'épuisement physique, ce qui est une spécificité de l'auto-stimulation par rapport au conditionnement opérant traditionnel.

Les structures anatomiques induisant ce plaisir se trouvent dans le mésencéphale, notamment l'aire tegmentale ventrale avec des neurones à l'origine de voies dopaminergiques, mais aussi un peu partout dans le cerveau, dans l'hypothalamus, le septum, certaines zones du thalamus, l'amygdale ou le cortex frontal. Des travaux ultérieurs ont montré que la décharge des voies dopaminergiques dans le noyau accumbens est liée à la sensation de plaisir et à l'orgasme. À l'inverse, d'autres zones cérébrales, les régions médianes de l'hypothalamus et du mésencéphale, les régions antérieures de l'hippocampe et du gyrus cingulaire, le cervelet... provoquent un renforcement négatif également très puissant et représentent le système aversif, sous-tendant les comportements d'arrêt et de fuite. L'autostimulation a pu être observée chez de très nombreuses autres espèces comme le singe, le chat, le pigeon, le marsouin et même le poisson rouge...

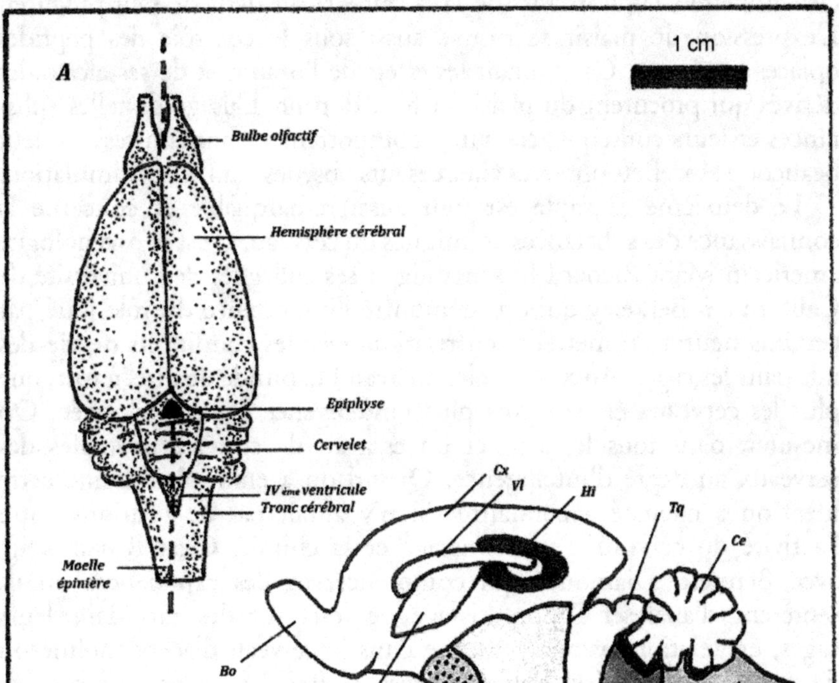

Anatomie du cerveau de rat. A : anatomie externe. B : coupe sagittale médiane. Cx : cortex cérébral, Vl : ventricule latéral, Hi : hippocampe, Tq : tubercules quadrijumeaux, Ce : cervelet, Me : moelle épinière, Tc : tronc cérébral, Th : thalamus, Hy : hypothalamus, St : striatum, Bo, bulbe olfactif. Echelle : 1 centimètre.

Les travaux de Roy Wise à la fin du siècle dernier, font jouer à la dopamine le rôle de « neurotransmetteur du plaisir ». L'injection de neuroleptiques, molécules qui bloquent l'action de la dopamine, supprime l'auto-stimulation. Bien que les influences dopaminergiques ne soient certainement pas les seules impliquées dans les mécanismes induisant le plaisir, la dopamine joue sûrement un rôle essentiel. L'analyse des types de récepteurs liés à la dopamine libérée doit permettre de comprendre les mécanismes intimes qui président aux comportements d'addiction, d'accoutumance et de dépendance à certaines drogues (Wise, 1980). On a identifié cinq types de récepteurs à la dopamine dans le système nerveux humain, D1 à D5. Le récepteur D3 serait surtout impliqué dans la dépendance. L'activation du récepteur D1 serait associée aux effets euphorisants de la cocaïne et au désir de s'en procurer. L'expression du plaisir se trouve aussi sous le contrôle des peptides opiacés cérébraux. On connaît les effets de l'opium et de ses alcaloïdes dérivés qui procurent du plaisir et font dormir. L'usage de telles substances et leurs conséquences sur le comportement humain ressemblent beaucoup aux effets observés chez ces rats obsédés par l'auto-stimulation.

Le deuxième exemple est tout aussi remarquable et concerne la connaissance des substances chimiques du cerveau. C'est le psychologue américain Mark Richard Rosenzweig et ses collègues de l'université de Californie à Berkeley qui ont démontré l'importance du rôle joué par certains neurotransmetteurs en relation avec les conditions de vie des rats dans les cages. Au XIXe siècle, on avait l'habitude de dire, à tort, que plus les cerveaux étaient gros plus l'intelligence était développée. On mesurait dans tous les sens et on essayait de corréler les tailles des cerveaux au degré d'intelligence. Quand on a enfin abandonné cette idée, on a cherché à connaître s'il n'y aurait pas de relations entre l'activité du cerveau, l'apprentissage et sa chimie. C'est Rosenzweig, avec Bennett, Diamond, qui commencèrent des expériences où ils tentèrent d'analyser l'apprentissage de tests sur des rats dans leurs cages, en relation avec la présence dans le cerveau d'acétylcholine ou de son enzyme, l'acétylcholine estérase. C'était à cette époque la substance la mieux connue et on avait déjà une idée de son action au niveau synaptique. Ils ont rapidement remarqué que la concentration d'ACh était d'autant plus élevée dans différentes régions du cerveau que les animaux résolvaient les problèmes posés. Ils ont alors utilisé six tests différents de plus ou moins grandes difficultés. Les groupes non entraînés présentaient des concentrations en ACh beaucoup plus faibles. À la lumière de ces résultats, ils eurent l'idée d'utiliser deux groupes d'animaux immergés dans deux environnements différents : l'un était installé dans une cage toute simple, en environnement appauvri, où ils ne pouvaient pas faire grand-chose, l'autre dans un milieu enrichi, avec des objets à escalader ou manipuler, des roues... C'est Hebb qui avait eu cette idée, car il avait constaté que les rats élevés à la maison par ses enfants se portaient beaucoup mieux que ceux du laboratoire.

Les résultats furent surprenants : ils constatèrent un accroissement frappant de la masse et de l'épaisseur du cortex cérébral, ainsi que des changements importants dans la teneur en AChE, pour les rats en environnement enrichi. Il y avait non seulement eu une activité synaptique beaucoup plus intense chez les rats actifs mais aussi une augmentation du nombre des cellules. Ces transformations s'observaient aussi bien chez des animaux adultes que chez les jeunes. Ainsi, les animaux qui jouissent ainsi d'une vie active ont un cerveau plus lourd et certaines structures cérébrales plus épaisses et une concentration plus élevée en neurotransmetteurs. Les connexions entre les neurones sont plus nombreuses, avec davantage de ramifications sur les axones, et le nombre des synapses est significativement augmenté. Ces animaux, s'ils sont utilisés dans des tests d'apprentissage, retiennent plus facilement les tâches proposées, ils se repèrent beaucoup mieux dans un labyrinthe. Ces expériences montrent de façon tout à fait évidente une relation entre des activités comportementales et des substrats neuroniques (Rosenzweig *et al.*, 1998).

Ce type d'expérience a eu des conséquences très importantes dans trois domaines. Pendant des années on a refusé de croire à une prolifération cellulaire chez l'adulte. Le dogme disait que le nombre de neurones dans le cerveau était immuablement fixé à la naissance. Beaucoup de travaux ont été nécessaires pour revenir sur cette idée. L'existence d'une neurogenèse chez l'adulte ne sera véritablement admise que lorsqu'une technique capable de caractériser sans contestation la présence de cellules nouvelles dans les différents lieux du système nerveux sera mise au point. C'est le cas avec l'incorporation de thymidine tritiée ou de 5-bromo-2'-deoxyuridine (BrDU) qui identifie une activité mitotique et ainsi démontre la présence de neurones en train de se diviser.

Dès 1962, Joseph Altman et Gopal Das du Massachusetts Institute of Technology (MIT) rapportent chez le rat adulte la naissance de nouvelles cellules dans des régions primitives du cerveau comme le système olfactif, le gyrus dentelé ou encore l'hippocampe, sans cependant qu'on sache véritablement s'il s'agit de neurones ou de cellules gliales. Les expériences se succèdent durant les deux dernières décennies du XXe siècle, avant que ce nouveau concept soit unanimement accepté (Altman, Das, 1965).

En 1999, Gould confirme que l'importance de la neurogenèse dépend du degré de stimulation cognitive que l'environnement apporte à l'animal (Gould *et al.*, 1999). Ainsi, un environnement enrichi favoriserait la neurogenèse quand un environnement appauvri la diminuerait. De même, des rats interagissant socialement présentent davantage de nouveaux neurones que des rats isolés en cage individuelle. Gould va encore plus loin et affirme que de nouveaux neurones sont produits dans trois régions du néocortex du macaque adulte : le cortex préfrontal, temporal inférieur et pariétal postérieur, régions impliquées dans des fonctions cognitives supérieures comme la prise de décision, la mémoire à court terme, la reconnaissance des visages, la position des objets dans l'espace, etc. L'idée que même les parties les plus récentes du cerveau puissent générer de nouveaux neurones ouvre de nouvelles perspectives dans le traitement des maladies dégénératives chez l'homme comme la maladie d'Alzheimer ou de Parkinson.

Des chercheurs français (Trouche *et al.*, 2009) viennent de montrer que les neurones qui naissent dans le cerveau de souris adultes favorisent la mémorisation des informations préalablement acquises. Leurs travaux confirment que les neurones se développent dans le cerveau tout au long de la vie. Le cerveau des mammifères produit de nouveaux neurones, notamment dans le gyrus denté de l'hippocampe, une région cérébrale essentielle dans les processus d'apprentissage et de mémorisation. Différentes études avaient montré que ces nouveaux neurones sont capables d'intégrer les circuits de l'hippocampe où ils contribueraient à certaines formes d'apprentissage et de mémoire. Ici, les chercheurs ont regardé si les nouveaux neurones du gyrus denté participaient à la mémorisation à long terme d'informations spatiales. Des souris ont été entraînées à nager dans une piscine où la seule possibilité d'échapper à l'eau consistait à monter sur une plateforme cachée sous la surface (plateforme en piscine de Morris) ; elles devaient mémoriser l'emplacement de cette plate-forme invisible à l'aide des repères visuels et spatiaux situés dans l'environnement.

Les chercheurs ont mis en évidence que, parmi les nouveaux neurones qui survivent grâce à cet apprentissage, certains sont spécifiquement recrutés lorsque la souris rappelle le souvenir de l'information apprise. En effet, lorsque l'animal est replacé dans la piscine un mois plus tard, une grande partie des nouveaux neurones est activée, mais cette activation est plus faible lorsque l'animal est confronté à une situation nouvelle et inconnue.

Une autre conséquence des données acquises par Rosenzweig concerne des aspects plus psychologiques en relation étroite avec le domaine de l'éducation chez l'humain. Ces travaux ont constitué la base théorique du programme américain *Head Start* pour les enfants de milieux défavorisés, qui visait l'augmentation des capacités d'apprentissage et du degré de scolarisation d'enfants difficiles ; il n'a pas donné les résultats escomptés. L'American Psychological Association a reconnu officiellement que *American Psychologis, Environmental complexity, cerebral change and behavior* de Mark Richard Rosenzweig (1966) était l'un des textes les plus novateurs de la psychologie expérimentale au XXe siècle. Dans ce cas encore, l'observation d'un rat dans une cage a eu des conséquences tout à fait inattendues !

Bruno Will *et al.* (2004) ont pratiqué chez des rats nouveaux nés, un jour après la naissance, une ablation bilatérale du cortex visuel. Si ces animaux sont élevés dans un milieu enrichi pendant plusieurs mois, lorsqu'on leur fait subir un test d'apprentissage, leurs performances sont très proches d'adultes non opérés ; ce n'est pas le cas chez ceux maintenus dans un élevage standard (Brailowsky *al.*., 1991).

De la génétique de la souris au contrôle du sexe

Les souris sont aujourd'hui les animaux les plus utilisés dans les laboratoires pour les possibilités qu'elles offrent dans l'étude des mécanismes génétiques. Pour comprendre comment elles ont pris cette place, il faut revenir à la découverte des chromosomes, les structures porteuses de l'hérédité. Depuis l'époque de Balbiani, on a pu caractériser tous les chromosomes et montrer qu'ils étaient en nombre fixe suivant les espèces et présents dans toutes les cellules. Ils ne sont néanmoins visibles que lorsque les cellules se divisent (voir chapitre VII). La drosophile en possède 8, le pigeon, 16, la poule, 78, la souris, 40, le chimpanzé, 48 et l'espèce humaine, 46. Le nombre de chromosomes n'est en rien impliqué dans la place de chacune de ces espèces dans l'échelle phylogénétique. Ils se présentent toujours par paires. Dans une paire, les chromosomes sont identiques sauf pour les chromosomes sexuels : les femelles ont deux chromosomes X, les mâles un chromosome X, et un chromosome Y. Chaque cellule sexuelle, ovule ou spermatozoïde, ne contient qu'un chromosome sexuel, qui va s'assembler, au moment de la fécondation, pour redonner un ensemble pair. De très nombreuses maladies sont liées aux chromosomes sexuels dont l'hémophilie et le daltonisme. Un homme porteur du Xh ou Xd est toujours atteint par la maladie, alors qu'une femme n'est que porteuse, mais peut la transmettre à ses descendants.

On a pu étudier l'ensemble des chromosomes en faisant leur géographie, c'est-à-dire en repérant la position des différents gènes sur chacune des branches. La totalité des gènes se retrouve dans chacune des cellules de l'organisme. Les gènes comprennent des parties de remplissage au rôle complexe, les introns et des parties nécessaires à la fabrication des protéines, les exons. Les chromosomes sont composés d'acide désoxyribonucléique (ADN) associé à quatre bases : adénine, guanine, cytosine, thymine. La Britannique Rosalind Elsie Franklin avait vu par radiographie aux rayons X l'organisation de la molécule, mais c'est Watson et Francis Crick qui, en proposant dans la revue *Nature,* le 25 avril 1953, la formation en double hélice, ont ramassé tous les lauriers. Les gènes, sont un « morceau » de l'ADN contenu dans le noyau des cellules, et portent le plan de fabrication des protéines. Ils sont placés le long des chromosomes et occupent des places bien caractéristiques. Presque tous les gènes humains possèdent des équivalents chez les souris et l'étude du fonctionnement des gènes chez la souris permet souvent de comprendre le rôle du gène dans les conditions physiologiques et pathologiques dans l'espèce humaine (P. Roubertoux, 2004).

Pour expliquer comment et quels gènes contrôlent les mécanismes cellulaires et moléculaires du vivant, on a voulu savoir ce qui se passait lorsqu'un gène « fonctionne mal » ou est absent. Ces études ont d'abord été réalisées grâce à des mutants naturels ou provoqués par l'utilisation de produits chimiques ou ionisants. Par une stratégie de mutagenèse, l'Allemande Christiane Nüsslein-Volhardt, et les deux Américains Edward Lewis et Eric Francis Wieshaus ont démontré l'implication des gènes du complexe *Hox* dans le développement embryonnaire précoce de la drosophile. Ils ont obtenu pour ce travail pionnier le prix Nobel de Médecine en 1995. Néanmoins, ces techniques de mutagenèse « aléatoires » ne s'appliquent pas facilement car on ne peut contrôler les mutations produites, la recherche de mutants par criblage est longue, et les mutations obtenues ne sont que l'expression d'un gène en partie altéré. Il est ainsi difficile de savoir si l'effet observé est dû à l'absence de la protéine, à son expression défectueuse ou à la présence d'une protéine modifiée.

Un grand progrès a été réalisé avec la mise en œuvre d'une mutagenèse dirigée permettant la réalisation de souris transgéniques. Le travail est très délicat et nécessite une mise au point longue et difficile. Il faut d'abord créer un vecteur porteur du gène de remplacement, puis l'introduire dans des cellules souches pluripotentes embryonnaires (ES). Le choix de cellules souches pluripotentes, c'est-à-dire contribuant à la formation de l'embryon mais aussi des gamètes, permet de transmettre la modification génétique à la descendance. On sélectionne alors un clone de cellules ES ayant reçu le vecteur par recombinaison homologue. Au cours de la deuxième étape, on va fabriquer des animaux génétiquement modifiés en injectant quelques cellules ES dans la cavité embryonnaire de souris. Ces cellules vont s'intégrer naturellement à la masse cellulaire interne de l'animal en développement. Les embryons à cellules ES sont alors réimplantés dans des mères porteuses. À la naissance, ces souris ont des tissus en partie modifiés. Il faut alors sélectionner parmi ces individus mosaïques ceux dont les cellules de la lignée germinale dérivent de cellules ES, qui sont seuls capables de transmettre le gène neutre à leur descendance.

La troisième étape consiste en un croisement entre ces souris et des souris « sauvages » (sans gène modifié). Au cours de la dernière étape, on croise ces souris hétérozygotes entre elles pour obtenir (dans une proportion de 25 %) des souris homozygotes, possédant deux copies du gène invalidé (et donc, logiquement, aucune copie du gène fonctionnel). En résumé, l'invalidation d'un gène par « knock-out » (KO) consiste à le remplacer, dans le génome de l'organisme, par un gène neutre. Il existe une variante à cette méthode, le « knock-in » (KI) qui permet l'ablation, non pas de tout le gène mais d'un de ses exons. Il est aussi possible, par des techniques différentes, de remplacer un fragment de gène, ou seulement d'exon, par un autre fragment, portant, celui-là des informations génétiques différentes.

Le prix Nobel de Médecine et de Physiologie 2007 a été attribué à deux Américains, Mario Capecchi et Oliver Smithies, et à un Britannique, Martin Evans, pour des travaux sur la mise au point de cette technique de mutagenèse dirigée. Ils ont permis de créer plus de 4 000 souris génétiquement modifiées reproduisant des modèles de pathologies humaines. À ce jour, plus de 10 000 gènes de souris, environ la moitié du génome des mammifères, ont donné lieu à des KO.

Leurs découvertes « *sont à présent appliquées quasiment dans tous les domaines de la biomédecine – de la recherche fondamentale au développement de nouvelles thérapies* » a indiqué le comité Nobel.

La réalisation de souris transgéniques sert d'abord à comprendre le fonctionnement physiologique d'un individu, les mécanismes impliqués dans ses activités motrices, la transmission et l'intégration des messages sensoriels, le développement de ses activités psychiques. Pour comprendre les pathologies, on introduit chez la souris un gène humain malade pour bien caractériser l'effet obtenu. Ceci peut se manifester par des phénotypes très marqués, facilement identifiables, tels que de graves altérations du développement embryonnaire, des malformations, une stérilité, des dérèglements physiologiques. Toutefois, dans de nombreux cas, les effets sont plus délicats à déceler, pour de nombreuses raisons : il est possible que l'absence du produit du gène (la protéine codée par ce gène) soit compensée par l'activation d'autres voies de régulation physiologique. Il est aussi possible que le gène soit redondant.

En génétique, le vers *coenorhabditis*, la drosophile *drosophila melanogaster* et le poisson zèbre Danio (*Danio rerio*), constituent déjà d'excellents modèles pour analyser certains mécanismes moléculaires. Avec la souris, beaucoup plus proche de l'homme, les déficits étudiés peuvent permettre de comprendre les processus métaboliques et les mécanismes de contrôle des fonctions physiologiques et psychiques. Le modèle souris se prête également bien aux études concernant les origines génétiques des pathologies humaines. Reprenons le cas de maladie d'Alzheimer. Hsiao et ses collaborateurs (1996) ont réalisé des souris transgéniques où un des gènes humains codant l'APP695 – la protéine beta-amyloïde – a été introduit. À trois mois, lorsqu'elles sont adultes, ces souris apprennent et mémorisent l'espace normalement. Vers neuf-dix mois, elles présentent des altérations comportementales importantes, révélées lors des tests en labyrinthe... En même temps que les modifications du comportement, les chercheurs ont noté la présence de nombreuses plaques contenant des dépôts d'amyloïdes. Mais la question était de savoir si les déficits observés résultent de la présence de protéines amyloïdes ou leur sont simplement corrélés.

La trisomie 21 (un chromosome 21 surnuméraire) est la première cause de retard mental héréditaire, avec 1/1 000 cas. Elle n'a été mise en évidence qu'en 1958 par les docteurs Raymond Turpin, Jérôme Lejeune et Marthe Gautier (syndrome de Down des Anglo-Saxons, mais en fait décrite quelques années auparavant par le grand médecin français Jean Esquirol 1772-1840). La présence de ce chromosome 21 supplémentaire induit chez les personnes atteintes des traits caractéristiques, en général une diminution du tonus musculaire (hypotonie) et une déficience mentale, variables d'un individu à l'autre. Il semble qu'une région particulière du chromosome soit plus particulièrement sensible à ces désordres mentaux. Chez la souris, l'équivalent du chromosome 21 est le chromosome 16. L'équipe de P. Roubertoux a montré sur des souris que la région DRC1 (*Down Minimal Chromosomal Region-1*) est essentielle. Elle a exploré les performances cognitives de souris où cette région est surexprimée et a montré qu'elles réagissent beaucoup moins bien dans une piscine de Morris. Les tests d'apprentissages sont très mal retenus (Chabert *et al.*, 2004).

Le syndrome de l'X fragile, dû essentiellement à une mauvaise répétition des bases dans la molécule d'ADN, touche 1/8 000 de la population. Cette pathologie se caractérise par des troubles graves du comportement démontrant un retard dans le développement mental pouvant aller jusqu'à l'autisme. Hayashi et son groupe (MIT et Riken Institute) ont pensé que ce déficit provenait de la présence d'une enzyme qui perturbe l'activité entre les neurones du cerveau, la PAK (*p 21-*

activated kinase). Pour le prouver, ils ont, dans un premier temps, modifié génétiquement un groupe de souris en leur induisant le syndrome de l'X fragile. Ces souris transgéniques souffrent ainsi de symptômes analogues à ceux des enfants atteints avec une hyperactivité motrice sans contrôle, un manque évident d'attention, des relations sociales limitées. Ces mêmes souris ont alors été croisées avec un autre groupe de souris modifiées génétiquement de manière, cette fois-ci, à inhiber l'enzyme PAK. Les souris nées de ce croisement ont montré que l'inhibition de l'enzyme PAK avait permis de restaurer la communication entre les neurones, en corrigeant par la même occasion leurs troubles comportementaux (Hayashi *et al.*, 2007).

Les exemples de souris transgéniques impliquées dans une pathologie sont courants, le nombre d'expériences réalisées colossal. Un autre domaine a donné récemment des résultats spectaculaires : l'olfaction.

Les structures sensibles aux molécules odorantes et qui stimulent les structures olfactives sont diverses (voir chapitre III). Deux systèmes principaux y participent. Le premier est composé de neurorécepteurs distribués en une couche épithéliale située dans les fosses nasales, d'où l'influx se dirige dans le bulbe olfactif. Les neurones olfactifs, qui possèdent le même type de récepteurs, se regroupent dans un même glomérule où ils font synapse avec des cellules mitrales. Chaque glomérule compte en moyenne 25 000 jonctions et il y a entre 1 000 et 2 000 glomérules dans le bulbe olfactif. L'influx nerveux quitte alors les cellules mitrales pour se diriger vers l'encéphale *via* le tractus olfactif. Deux voies se dessinent alors. La première prend son origine au niveau du bulbe olfactif pour se diriger vers le cortex olfactif qui regroupe le cortex piriforme et le cortex entorhinal. On peut noter une ressemblance évidente avec le circuit de la drosophile (chapitre VII). On vient de montrer que les sensations olfactives, entre l'humain et la souris, empruntent des circuits de neurones tout à fait similaires. Mandairon et ses collaborateurs (2009) ont comparé leurs préférences olfactives en réponse à une série d'odeurs. Confrontés à une même odeur, hommes et souris réagissent-ils de la même manière ? Dans le cas de la souris, l'intérêt pour une odeur a été mesuré par le temps passé à l'explorer. Les sujets humains ont, eux, classé les odeurs des plus désagréables aux plus agréables. Les hommes et les souris sont attirés ou repoussés par les mêmes odeurs. Par exemple, le géraniol, odeur d'une fleur, est une des préférées pour les deux espèces alors que le guaïacol, associé à une odeur de brûlé, est très peu apprécié dans les deux cas. Il y aurait donc entre certains mammifères une conservation des préférences olfactives. Ce jugement d'appétence ou de répulsion paraît associé à la structure même de la molécule odorante. Ainsi, les mécanismes neuroniques mis en jeu pour une préférence olfactive se situeraient aux niveaux les plus bas de traitement de l'information sensorielle, c'est-à-dire dès la fixation de la molécule sur le récepteur sensoriel. La souris, comme la plupart des humains, apprécie l'odeur du gruyère.

Le deuxième système mis en jeu dans l'olfaction est constitué par l'organe voméronasal (ou OVN). Nommé aussi, en 1813, organe de Jacobson, du nom de son découvreur, le médecin danois Ludvig Jacobson, il est situé sous la surface intérieure du nez. Cet organe, le seul à être indispensable dans la détection des phéromones sexuelles, fonctionne très tôt, dès le stade fœtal. La grande question, pas encore tranchée, concerne sa présence chez l'homme. Certains avancent qu'il n'est que vestigial mais qu'il intervient dans la perception des phéromones émises par l'aréole du sein de la mère, est la seule partie du corps maternel en contact direct et répétitif avec le nez du bébé. Pour d'autres, il n'existe pas chez l'humain mais est en revanche très développé chez les rongeurs (Dulac, 2000). Des expériences réalisées sur des reptiles, des rats et des hamsters, ont démontré que, si l'on coupe le nerf du bulbe olfactif, les animaux continuent à faire leur cour et à copuler. En revanche la section du nerf voméronasal rend les animaux indifférents aux femelles en chaleur. Sur des souris, Catherine Dulac, de l'université d'Harvard, a observé en 2002 que la capacité à détecter les phéromones dépendait d'un gène appelé Trpc2 (Dulac, Kimchi, 2007). Des souris mâles privées de ce gène n'agressent pas les autres mâles et courtisent indifféremment mâles et les femelles. Par la suite, elle a montré que des femelles privées de Trpc2 changent de comportement et adoptent certaines réactions sexuelles spécifiques des mâles, et cela tant vis-à-vis des autres mâles que des femelles. De plus, ces femelles modifiées défendent et allaitent moins leurs petits que les femelles normales. Pour confirmer ces données, Dulac a procédé à l'ablation chirurgicale de l'organe voméronasal chez des femelles adultes sans priver l'animal du gène Trpc2. Le résultat a été évident : les souris lésées adoptent des comportements sexuels typiques des mâles, comme les femelles mutantes (Kimchi *et al.*, 2007).

À la suite de ces manipulations, Dulac pense que le comportement sexuel masculin des souris doit être présent dans le cerveau des femelles, mais qu'il est inhibé par les phéromones de l'organe voméronasal. Les phéromones activeraient ainsi le comportement féminin, caractérisé par une attitude calme et tranquille. Le cerveau des souris n'aurait donc pas de sexe puisque sa structure serait, au départ, la même pour toutes, le comportement sexuel se différenciant par des substances et des signaux secondaires et périphériques. Ne cherchons pas à extrapoler pour l'homme, on ne peut encore rien dire sur le VNO...

Les vibrisses chez le rat et la souris

Les vibrisses sont des organes sensoriels propres à certains animaux, dont les mammifères. Ce sont des poils démesurés, des sortes de soies rigides ou moustaches, sensibles aux vibrations, plantées sur le museau de part et d'autre des narines. Chez le chat et les autres félins, ces vibrisses répondent aux vibrations de l'air et sont un atout essentiel pour connaître l'environnement. Elles permettent la détection de tout objet en mouvement passant à proximité. On dit même qu'elles lui permettent de prévoir les événements, sentir un tremblement de terre, un orage, l'arrivée d'une tempête... Chez le rat, elles suppléent leur mauvaise vision. Lors de l'exploration nocturne, des contractions du muscle papillaire déplacent les vibrisses à l'unisson à une cadence de 5 à 8 Hz. Ces mouvements sont induits par les commandes motrices du noyau facial qui provoquent la contraction du muscle papillaire. Ce muscle tire la base du follicule vers l'arrière et la vibrisse pivote vers l'avant (protraction), le conus servant de point de pivot. Le mouvement de retour (rétraction) est assuré par la viscoélasticité du tissu. Les mécanismes neuronaux impliqués dans ces mouvements rythmiques continuent même chez des animaux décérébrés. Ils auraient pour origine un pacemaker situé dans le tronc cérébral dont le cortex cérébral modulerait l'amplitude et la fréquence.

Le nombre et l'organisation des vibrisses sur le museau du rat sont parfaitement connus. On en compte près de 35 de chaque côté des joues disposées en rangées (A, B, C, D, E) et en arcs (1, 2, 3...). Ce sont de véritables leviers dont les déflexions induisent des compressions et des étirements enregistrés par trois récepteurs différents : des cellules de Merkel, des récepteurs lanciformes et des terminaisons réticulées. Des déplacements de seulement 25 micromètres suffisent pour les mettre en jeu. Chaque vibrisse est innervée par un filet nerveux de près de 200 fibres myélinisées (*deep vibrissal nerve*). Elles connectent des cellules du ganglion trigéminal avec un axone en T qui se termine centralement dans le tronc cérébral. Elles répondent de façon phasique ou tonique au déplacement des vibrisses et la plupart montrent une préférence directionnelle.

Chacune d'elles active des neurones localisés dans une zone particulière du cortex S1 identifiée comme une partie cylindrique ressemblant à un tonneau ou tonnelet (« *barrel* » en anglais). On retrouve au niveau du cortex S1 l'organisation des vibrisses avec les mêmes cinq rangées horizontales (A à E) et une rangée verticale de 4 tonneaux (alpha, bêta, gamma et delta). Un tonneau est donc un ensemble de neurones du cortex activés par le toucher d'une seule vibrisse. La disposition des tonneaux reproduit la disposition des vibrisses L'importance de la représentation corticale des différentes parties du corps varie beaucoup d'une espèce à l'autre. Elle dépend de l'animal et de l'utilisation des différentes structures périphériques. Chez les rats ou les souris, les vibrisses sont largement représentées au niveau du cortex somato-sensoriel S1 alors que les doigts des pattes le sont peu. Chez l'homme, la main qui est sans cesse active est représentée par une aire très importante. Les neurones sensitifs issus des vibrisses connectent des neurones du thalamus qui ensuite projettent sur le cortex, essentiellement dans la couche 4, au niveau des tonneaux, organisation composée par un

« mur » dense en corps cellulaires (1 000 à 2 600) et un centre riche en afférences issues du thalamus.

Cette préparation est particulièrement attirante pour les chercheurs. Depuis les années 1970 et 1980, le circuit neuronique des vibrisses jusqu'au cerveau somesthésique a été étudié de façon intensive. Des données nouvelles sont publiées à la fois sur le fonctionnement de l'organe sensoriel tactile identifié, sur le codage sensoriel lié au mouvement des récepteurs, sur la plasticité des voies et des centres, sur le fonctionnement de la région sensorielle tactile du cerveau en relation avec les colonnes corticales... C'est sûrement actuellement un des modèles les plus utilisés et les plus originaux pour connaître les phénomènes de plasticité. Elle sert dès maintenant dans les classes de première, pour expliquer les phénomènes de modulation cérébrale. Des expériences de lésions des vibrisses ont confirmé la frappante similarité entre leur topologie sur le museau et l'organisation du cortex cérébral sensitif. Si on rase les moustaches d'une jeune souris à la naissance, du seul côté droit, et que l'on compare cinquante jours après avec le cortex de souris témoins, on observe que le cortex témoin est identique à celui de l'hémisphère droit de la souris traitée. La modification de la zone sensorielle périphérique droite a produit en revanche une très grande perturbation au niveau de l'architecture de l'hémisphère contra-latéral (hémisphère gauche). Il n'y a pas de tonneaux là où il n'y a pas de vibrisses. L'adulte n'a pas développé l'aire corticale habituellement réservée à leur projection. La surface occupée par cette zone sans tonneaux est plus petite que la région occupée par les tonneaux correspondants dans un champ normal de tonneaux (Garnier, Ternaux, 2009).

Au niveau de la recherche fondamentale, ce modèle est sûrement l'un des plus instructifs. Il permet de suivre de façon précise le trajet nerveux de la structure sensorielle externe de la vibrisse jusqu'à l'intégration corticale. Les informations suivent la voie afférente avec les trois neurones, le premier relais dans le ganglion du trijumeau, le second dans le thalamus et le troisième au niveau du cortex. La manipulation d'organes sensoriels périphériques a été réalisée chez des souris très jeunes, alors que le cortex cérébral est encore relativement immature et se met en place. On a pu mettre en évidence l'un des éléments de la famille *Hox*, le gène *Hoxa2* qui intervient dans le noyau sensoriel trigéminal en permettant l'établissement de la carte des vibrisses. En son absence, les fibres sensorielles ne s'arrêtent pas au niveau du pont mais se développent de façon anarchique vers le cervelet. De même, au niveau du cortex, il n'y a aucune cartographie des vibrisses. Ce gène intervient aussi de façon plus tardive en contrôlant la distribution des projections des fibres au niveau thalamique. Ces travaux (Oury et Rijli, 2007) confirment l'importance de cette famille de gènes dans le développement et la mise en place des réseaux nerveux.

Une intervention expérimentale réalisée à un stade très précoce donne des réponses plus prononcées, car irréversibles, les lésions corticales sont alors permanentes. Chez l'adulte l'effet est moins clair. Les altérations de l'organe périphérique changent la vitesse de développement assurant la mise en place des champs des tonneaux (couche 4). La destruction des vibrisses perturberait le développement embryonnaire et fœtal qui assure la formation des tonneaux en affectant la prolifération des cellules assurant leurs mises en place ou en produisant une perte de neurones qui produira une mort cellulaire anormale (Bureau *et al.*, 2008).

On a habitué des rats à estimer la largeur d'un orifice en utilisant leurs vibrisses. On dispose devant eux des trous de différente largeur et on montre qu'ils apprennent très vite à distinguer les différents diamètres. Si par la suite on enlève systématiquement les moustaches, la performance chute avec le nombre de vibrisses enlevées, ce qui montre que l'animal sait parfaitement intégrer l'activité globale et qu'il en fait une parfaite synthèse. Il ne semble pas cependant que chaque vibrisse joue un rôle particulier mais que c'est l'ensemble qui est efficace (Jadhav *et al.*, 2009). Si on fait des lésions au niveau du cortex en tonneau, on abolit la discrimination. Si on sectionne le nerf facial qui induit les mouvements des vibrisses, on ne change pas la performance, ce qui prouve que leurs mouvements ne sont pas indispensables dans la discrimination (Krupa *et al.*, 2001). Pourtant on a essayé de préciser le rôle de ces mouvements de vibrisses. Les rats ont été entraînés à ne conserver qu'une seule vibrisse de chaque côté, afin de voir comment chroniquement elles activaient le cortex. Les activités des moustaches ont été enregistrées, elles semblent atteindre seulement une petite population de centaines de neurones et favorisent la synchronisation de l'activité corticale (chapitre suivant). L'étude détaillée des différentes couches du cortex sensoriel a été réalisée. Les messages arrivent dans la couche 4 à tonnelets et dans la couche L 5A. Ils projettent alors dans la couche L 2/3. Ces circuits sont parfaitement organisés avec une géométrie comprenant de très nombreux recouvrements dendritiques (Kock, Sackmann, 2009).

Des travaux récents ont cherché à comprendre l'interaction, chez un animal éveillé, entre l'activité sensorielle et motrice (Bruno *et al.*, 2009). Grâce à la technique de l'imagerie optique qui permet de visualiser l'activité à la surface du cortex à l'aide de colorants sensibles au voltage, on peut suivre la dynamique spatio-temporelle de l'activité corticale avec une résolution temporelle de l'ordre de la milliseconde et une résolution spatiale de quelques dizaines de microns. Cette méthode utilisée chez des souris éveillées dont on filmait le comportement et les mouvements des vibrisses pour le corréler à l'activité corticale, a permis de démontrer que les réponses du cortex somato-sensoriel primaire dépendent fortement du comportement de la souris. Si la souris est au repos, calme et se déplace peu, la stimulation d'une vibrisse induit une activité étalée sur le cortex. Si elle se déplace activement, la réponse à une même stimulation des vibrisses est beaucoup plus limitée... Pour mieux comprendre ces interactions sensori-motrices, le cortex sensoriel primaire et le cortex moteur ont été enregistrés. Dans ce cas, la déflection d'une seule vibrisse induit une première réponse dans le cortex sensoriel primaire et moins de 10 ms plus tard, une deuxième dans le cortex moteur mais, là encore, l'envahissement de l'information sensorielle dépend de l'activité de l'animal.

Enfin, essayant de répéter l'expérience de la LTP chez la souris, on a pu démontrer des effets à long terme. Mégevand et son équipe ont enregistré l'activité du cortex sous forme de potentiels évoqués dans différentes régions de la surface du cortex (Mégevand *et al.*, 2009). Dans ce cas, la souris est anesthésiée en position fixe et les vibrisses sont stimulées à intervalles réguliers. Par la suite, pendant 10 minutes, on stimule mécaniquement et rythmiquement à 8 Hz l'ensemble des vibrisses regroupées. Le potentiel évoqué suivant est beaucoup plus ample et cette facilitation persiste au moins 90 minutes. Cet accroissement se retrouve dans les couches 4, 2 et 3 du cortex sensoriel mais est diminué dans le cortex moteur. Il y aurait un effet persistant dans le cortex moteur qui se trouve confirmé si on compare les résultats obtenus chez des animaux élevés dans un milieu appauvri ou enrichi. Dans ce dernier cas la facilitation est nettement accrue.

Ce modèle de moustaches des rongeurs n'a pas attiré que les neurobiologistes. Il a aussi intéressé les informaticiens et les roboticiens. Il existe un projet international Biotact (*Biomimetic technology for vibrissal active touch*), formé d'un consortium de laboratoires de recherches des États-Unis, d'Europe et d'Israël qui s'intéresse de très près à ce modèle animal. De nombreuses applications inspirées des vibrisses devraient permettre d'aboutir à un traitement de l'information plus efficace. Les robots conçus selon ce principe pourront être utilisés pour les travaux sur l'intelligence artificielle, en incorporant certaines des caractéristiques d'un vrai cerveau. À l'Artificial Intelligence Lab de l'université de Zurich, les chercheurs ont doté un robot mobile d'une belle paire de moustaches prélevées sur un rat. Chaque poil a été collé sur la surface d'un microphone à condensateur et constitue un senseur à lui tout seul.

Les données sont expédiées à un banal ordinateur. Un tel capteur peut-il reconnaître une surface au toucher ? La vibration du poil qui glisse sur une surface produit des signaux différents selon la rugosité de l'objet effleuré. Pour que ce sens du toucher fonctionne correctement, il faut que l'animal se déplace et tienne compte de ce mouvement. Cette analyse multi-sensorielle passionne les scientifiques, roboticiens et biologistes, car elle est au cœur du projet « *Amouse* », du programme européen IST (Information Society Technologies). Le but de l'expérience est de comprendre l'interaction entre les informations visuelles et tactiles. L'idée est d'imiter les animaux, au moins dans leurs comportements les plus simples, notamment dans le cadre de l'exploration de l'environnement. Derrière les capteurs, la cybernétique utilise les réseaux neuronaux formels, ce mode de programmation inspiré des systèmes nerveux animaux et capable de comportements non prévus au départ. En France, le laboratoire Animatlab poursuit le même chemin, notamment avec Psykharpax, un rat artificiel. Les Japonais, s'intéressent davantage aux robots anthropoïdes. Mais les deux voies sont complémentaires et destinées, un jour, à se rencontrer.

L'hippocampe, un GPS dans le cerveau

L'hippocampe, ou corne d'Ammon, est une structure bilatérale interne du cerveau, disposée symétriquement, elle doit son nom à sa forme enroulée, semblable à celle de l'hippocampe ou des ammonites. Elle a longtemps été ignorée bien qu'elle fasse partie du système limbique, ensemble impliqué dans les émotions. Repliée sur elle-même, elle est située dans le lobe temporal sur sa face médiane. C'est le Danois P. Andersen qui, le premier, dans les années 1960, a décrit l'organisation de cette remarquable structure en la considérant comme deux éléments en forme de U inversés : le gyrus denté et la corne d'Ammon. Sur la base de différences morphologiques et de ses connexions synaptiques, la corne d'Ammon est subdivisée en trois régions : corne d'Ammon 1 ou CA1, CA2 et CA3. Le cortex est ainsi très structuré avec ses cinq couches cellulaires. Les principaux neurones de l'hippocampe sont une porte d'entrée qui transmet un flux d'informations unidirectionnelles capables d'envahir tout le cortex. Andersen décrit en 1971 les principales voies excitatrices de l'hippocampe organisées de manière lamellaire le long de quatre groupes de neurones et perpendiculairement à l'axe principal de l'hippocampe. L'organisation histologique a fait de cette région un modèle d'analyse du fonctionnement neuronique grâce à des enregistrements extra et intracellulaires des différents types de neurones qui la composent. Du fait d'une structure histologique que l'on retrouve à chaque expérience, on connaît l'endroit que l'on étudie. Cette préparation est une des plus analysées, que ce soit sur des animaux chroniques avec des électrodes à demeure ou sur des préparations *in vitro*, sur des tranches fraîchement disséquées, ou encore sur des cultures organotypiques.

En 1973 de Tim Bliss, Terje Lomo et A.R. Gradner-Medwin ont été à l'origine du phénomène de potentiation à long terme. Deux ans plus tôt, O'Keefe et Dostrovky à l'University College de Londres avaient observé un autre phénomène en enregistrant en chronique l'hippocampe dorsal du rat. L'article ne fait que quatre pages, il va pourtant ouvrir un champ passionnant et nouveau du fonctionnement cérébral. Ils ont repéré des neurones, le plus souvent silencieux et qui ne déchargent que lorsque la tête de l'animal est située dans certains lieux précis de l'environnement. Ces cellules seraient donc impliquées dans le traitement des informations spatiales (O'Keefe, 1976). En 1978, O'Keefe et L. Nadel décrivent l'hippocampe comme l'organe de la mémoire spatiale grâce à la présence de cartes précises (1978).

En étudiant plus en détail les caractéristiques des activités des neurones de l'hippocampe chez des rats chroniques, ils établissent que les cellules ne sont pas mises en jeu par l'orientation ou la direction de l'animal, mais par le lieu où il se trouve. Ces auteurs proposent que chacun de ces neurones représente un endroit particulier de l'espace, d'où le nom qu'ils leur ont donné, « cellules de lieu », pour préciser que leur décharge est liée à la position de l'animal dans l'espace. Ces cellules sont des neurones pyramidaux localisés au niveau des couches cellulaires CA1 et CA3/4. De telles cellules ont aussi été retrouvées dans l'hippocampe ventral. En réalisant des lésions dans l'hippocampe, O'Keefe et Nadel ont observé des déficits démontrant que l'animal est incapable de se repérer dans l'espace. Ils considèrent ces neurones comme le support neuronal de la mémoire spatiale reposant sur le codage exocentrique, indépendant de la position du sujet mais dépendant des relations spatiales entre les lieux.

Les expériences réalisées aujourd'hui nécessitent des rats chroniques avec sur le crâne un système de plot à multi-microélectrodes implantées dans l'hippocampe. Ainsi équipé, l'animal se déplace aisément dans un environnement spatial expérimental. Les signaux électriques provenant des neurones de l'hippocampe sont amplifiés, puis traités par des programmes informatiques qui permettent de calculer leur fréquence en fonction de la position de l'animal dans l'environnement. Les cellules de lieu représentent environ 50 % du million de neurones pyramidaux qui constituent la principale classe de cellules dans l'hippocampe. Le champ d'activité de chacune – soit la zone de l'environnement dans laquelle leur décharge est intense –peut être de forme et de taille variées, couvrant de 10 % à 50 % de l'environnement exploré. Ces champs d'activité sont établis en quelques minutes dans un environnement nouveau et, une fois cartographiés, peuvent persister pendant des semaines. Leur position est sous la dépendance des indices visuels de l'environnement que l'on a disposé, que ce soient des cubes, des carrés ou des rectangles de couleur. Si on fait tourner ces objets, on induit une rotation correspondante de la position des champs d'activité. Cependant, la disparition des indices visuels n'entraîne pas la disparition immédiate des champs d'activité, elle persiste pendant plusieurs dizaines de minutes. Cette conservation temporaire des caractéristiques de la décharge neuronale reposerait sur l'utilisation additionnelle d'informations d'origine vestibulaire et proprioceptive liées aux mouvements de l'animal. Elle ferait aussi intervenir des informations tactiles et olfactives permettant la correction des erreurs inhérentes aux calculs de position issus des seules informations de mouvement.

Dans un laboratoire de la State University à New York, en 1985, Jim Ranck découvre, lui aussi un peu par hasard, une autre population de neurones aux propriétés complémentaires de celles des cellules de lieu et il les nomme « cellules d'orientation ». Elles ne s'activent que lorsque la tête de l'animal prend une orientation spécifique, indépendamment de la position du rat dans l'espace. Chacune exprime une décharge maximale pour une direction de la tête donnée. Comme avec les cellules de lieu, la direction de décharge préférentielle des cellules d'orientation est contrôlée par les indices visuels, mais reste stable un certain temps lorsque ces indices sont retirés : les informations de mouvements de l'animal sont donc intégrées. La similarité des propriétés des cellules de lieu et des cellules d'orientation, ainsi que leur complémentarité en termes de signal de sortie laissent penser que ces deux populations de neurones pourraient faire partie d'un même réseau fonctionnel.

Bruno Poucet et son équipe ont montré que si on modifie le cadre familier du rat, ses cellules de lieu réagissent de manière différente dans deux régions de l'hippocampe (Alvernhe *et al.*, 2008). Il semblerait que certaines de ces cellules « enregistrent » l'environnement dans son ensemble, tandis que d'autres se concentreraient plus sur un lieu précis.

« *Les cellules de lieu sont la plupart du temps "silencieuses"* » explique Bruno Poucet dans une interview donnée au journal du CNRS. « *Puis, quand l'animal se trouve en certains endroits, l'activité devient intense. Alice Alvernhe, doctorante dans notre équipe, a voulu voir comment l'hippocampe du rongeur réagit quand on enlève une barrière dans le labyrinthe dans lequel il se déplace habituellement.* »

Le cerveau de l'animal est pour cela doté de fines électrodes, qui visent deux parties de l'hippocampe baptisées CA1 et CA3. Un traitement des signaux isole l'activité individuelle de chacun des neurones. « *Quand l'animal fait face à un nouveau chemin, l'activité des cellules de lieu change considérablement. Ce qui est nouveau, c'est d'observer que dans la région CA3, ces cellules réagissent aussi quand l'animal s'est éloigné de la zone modifiée, ce qui n'est pas le cas des cellules de CA1.* »

Une différence de comportement cellulaire qui laisse penser que la région CA3 reflète plus que le lieu précis où se trouve l'animal, elle serait le siège d'une représentation globale de l'environnement. Pour Poucet, cette découverte n'est pas si inattendue : « *CA3 est connue pour fonctionner de manière auto-associative : une sollicitation de quelques neurones y active un réseau de cellules. Un peu comme la madeleine de Proust : une seule odeur suffit à évoquer un épisode de l'enfance. Dans CA3, le remaniement d'un lieu connu produit une modification en profondeur de la représentation de l'ensemble de l'environnement.* » Au contraire, dans CA1, les cellules de lieu tempèrent ce comportement en mémorisant uniquement ce qui a été modifié localement.

L'hippocampe est bien lié aux phénomènes de mémorisation. Que peut-on dire de l'hippocampe chez les primates et en particulier chez l'homme ? La situation n'est pas tout à fait comparable. Chez le singe, on trouve des cellules de lieu similaires à celles observées chez le rat, mais qui seraient plus sensibles à l'emplacement vers lequel l'animal porte son attention qu'à celui où il se trouve réellement.

Chez l'homme, les progrès accomplis en imagerie cérébrale fonctionnelle ont permis de confirmer le rôle de l'hippocampe dans l'orientation et dans la mémoire spatiale. Des résultats tout à fait originaux ont été obtenus grâce aux chauffeurs de taxi londoniens. Pour obtenir l'autorisation de conduire les volumineux cabs britanniques, il faut passer un examen et démontrer une excellente connaissance du réseau routier de la ville. Le professeur Eleanor Maguire, de l'University College de Londres, a constaté que les chauffeurs de taxi londonien qui apprennent les 250 000 rues de la capitale anglaise ont une activité plus importante au niveau du cortex médian préfrontal quand le client donne l'adresse à laquelle il veut se rendre (Maguire *et al.*, 2006). Simultanément, trois types de neurones se mettent au travail : ceux qui indiquent au chauffeur où il se trouve, ceux qui font office de compas pour montrer la direction à prendre et ceux, enfin, qui renseignent sur la distance déjà parcourue.

Ceci prouve de façon évidente que, plus une structure nerveuse est utilisée, plus les neurones multiplient leurs synapses, leurs prolongements et cette plasticité du cerveau induit une neurogenèse importante. Ainsi, on observe une activation spécifique de l'hippocampe droit chez les chauffeurs de taxi à qui l'on demande d'imaginer leur déplacement alors que leur activité cérébrale est examinée par tomographie par émission de positons. Chez l'homme, l'hippocampe fournirait à chaque souvenir un cadre spatial capable de contribuer à la construction de la mémoire autobiographique de l'individu.

Depuis plus de quinze ans, le « géo-positionnement par satellite » (GPS) est utilisé en routine. Combien d'automobilistes seraient aujourd'hui pris au dépourvu si on les privait de cet outil ! L'hippocampe est un véritable GPS et nous permet de nous retrouver quand nous recherchons notre chemin, avec un avantage supplémentaire : il est un lieu d'emmagasinement de mémoire, il repère et il apprend en même temps !

Rats et souris sont nos animaux d'expérience privilégiés et sont de plus en plus utilisés en laboratoire. Ils intéressent peu les censeurs des sociétés protectrices des animaux, même les plus sévères et les plus rigoureuses... Ces petites bêtes sont un peu à la croisée des chemins. *A priori* peu comparable à l'être humain, vecteurs de maladies, on a peu de scrupule à les utiliser, les disséquer, faire des tranches de leurs cerveaux... Et pourtant, ils sont tout proches de nous et nous apprennent beaucoup sur nos propres mécanismes cérébraux. Le rat sert surtout aux études comportementales, les souris manipulées génétiquement permettent l'observation sur un animal entier de processus moléculaires particulièrement subtils. Scientifiquement, ce sont sûrement les animaux que l'on connaît le mieux, certains font cependant remarquer que les mécanismes détectés chez ces rongeurs sont quelquefois difficilement transposables à l'homme...

IV

AUX RACINES DE LA PENSÉE

Chapitre 10

DE L'ŒUF DE POULE AUX CHANTS DES OISEAUX...

Ils tournoient dans l'air, ébauchent des arabesques qui se font et se défont pour se reconstruire plus loin, au gré des vents... Ils ont conquis les airs. Leurs yeux balayent un champ visuel de parfois plus de 180 degrés. Nombreux sont ceux qui ont essayé de les imiter, ou de saisir sur la pellicule leurs premiers instants hors du sol... Étienne Jules Marey, physiologiste et photographe, professeur au Collège de France, était fasciné par l'harmonie de leurs mouvements. Son invention du « fusil photographique », capable d'enregistrer douze images à la seconde sur une même plaque sensible, la durée d'exposition pour chacune d'elle n'étant que de 1/720e de seconde, est restée célèbre. L'appareil, inspiré du revolver photographique de l'astronome Jansen et de la jumelle de Nicoud, lui a permis d'analyser les différentes trajectoires au cours d'un vol d'oiseaux. On raconte que ce « fou chasseur » qui pointait son fusil vers le ciel semblait très heureux de tirer sans jamais faire une seule victime intrigua beaucoup.

Mais les oiseaux ne volent pas tous, certains ne font que se dandiner, d'autres nagent avec grande habileté. Le film de Luc Jacquet *La marche de l'empereur* (2005) a mis à l'honneur les manchots empereurs, qui, par milliers, se dandinent par tous les temps, même les plus exécrables, pour rejoindre leur lieu privilégié d'accouplement et de ponte. Ces rangées interminables, étirées sur la glace et la neige des déserts blancs de l'Antarctique, nous renvoient notre image. Ils nous fascinent, et fascinent les chercheurs comme Yvon le Maho, membre de l'Académie des Sciences, qui a consacré toute sa carrière à l'étude de la physiologie de ces animaux, exposés aux conditions climatiques les plus extrêmes (Le Maho, 2002).

On dirait même qu'ils ont de l'humour quand certains, pour rompre l'enchantement majestueux du défilé impérial, sortent inopinément du rang pour une glissade sur la glace, digne de clowns ! Ces animaux, regroupés en colonies, poussent des cris qui semblent incohérents. Pierre Jouventin (CNRS, Montpellier) a cherché à comprendre comment un petit retrouvait ses parents au milieu de colonies de milliers d'oiseaux marins ? Chacun des individus a un chant différent avec des fréquences particulières (Jouventin, 2002). Les sons graves méritent seuls l'attention. Chaque complainte, qui dure 5 secondes, est découpée par des silences et des variations dans l'intensité sonore. Cette mélodie hachée constitue une sorte de « code-barres » spécifique, elle provient de deux sources sonores, à la différence des humains, et le décalage entre ces deux voix représente un signal distinctif complémentaire. Ainsi les conjoints se reconnaissent entre eux, et les poussins reconnaissent leurs deux parents.

Le mythe de l'œuf de poule, le développement du poulet et de ses chimères

De l'œuf ou de la poule, qui est le premier ? Un œuf donne une poule, une poule pond un œuf. Qui a été le premier, il y a des milliers d'années ? L'œuf ou la poule ? Si c'est l'œuf, d'où vient la ponte ? Si c'est la poule, ne vient-elle pas d'un œuf ? L'évolution peut expliquer facilement cette énigme : le matériel génétique n'évolue pas durant la vie d'un organisme vivant. Le premier oiseau à devenir poule a dû d'abord exister en tant qu'embryon à l'intérieur d'un œuf. La première poule a certainement été générée par l'accouplement d'ancêtres très proches et la fécondation de leurs gamètes s'est accompagnée de modifications du matériel génétique assurant la naissance d'une nouvelle espèce : la poule.

En fait ce paradoxe repose bien des questions qui intriguent dans l'évolution. Comment se fait le passage d'une espèce à une autre ? On répond classiquement par des mutations successives. En schématisant, on dirait que les poules sont les descendantes des dinosaures et qu'il a fallu des centaines de milliers d'années pour arriver à ce volatile familier. Grâce au hasard, tout a été, petit à petit, transformé, par à-coups. Puis les hommes s'y sont mis, imitant la nature par une série de croisements volontaires entre espèces possédant des caractéristiques spécifiques. Ces hybridations ont permis de multiplier les lignées, pour produire des œufs plus gros et plus nutritifs.

Dans la saga de l'évolution, les reptiles peuvent être considérés comme des poissons sortis peu à peu de l'eau. Cette transition du milieu marin au milieu terrestre a généré, pour un temps, des créatures monstrueuses que le paléontologue a pu identifier comme fossiles dans de la faune du Cambrien. Le *Cathaymyrus*, un petit animal discret, l'une des créatures en apparence les plus anodines de la faune cambrienne... mais probablement notre ancêtre à tous, a fait l'objet d'une attention toute particulière de la part des scientifiques (Janvier, 2002). Avant que s'épanouissent des invertébrés aux formes extravagantes, de petits animaux rudimentaires vivaient dans l'eau des océans. Ils n'étaient certainement pas les premiers, car des organismes multicellulaires indifférenciés peuplaient déjà les océans depuis plusieurs centaines de milliers d'années. S'agissait-il de véritables animaux ou juste d'ensembles de cellules identiques, constituant, d'un point de vue strictement biologique, un véritable œuf ? En détachant l'une de leurs cellules, ces agglomérats pouvaient en générer de nouveaux, après multiplication. Arrivée à maturité, un processus cellulaire de division est mis en jeu. La cellule se coupe en deux et les deux moitiés obtenues sont des copies exactes de la cellule initiale. Cette présentation schématique est beaucoup trop rapide et l'évolution n'a pas été linéaire ; elle s'est faite dans tous les sens, en ligne droite, en zigzag, rapide par moments, extrêmement lente à d'autres... Quoi qu'il en soit, elle a été !

En 2009, nous avons fêté le deux centième anniversaire de la *Philosophie zoologique*, ouvrage où Jean-Baptiste de Monet de Lamarck développe sa théorie transformiste. Charles Darwin naît la même année. À trois siècles de distance, deux découvertes fondamentales vont bouleverser notre conception de l'Univers, et de la place que nous y occupons, et susciter de nombreuses et violentes querelles : l'héliocentrisme de Copernic et l'évolution biologique de Darwin. Copernic expliqua que la Terre tourne autour du Soleil, comme les autres planètes, et qu'elle n'était pas le centre du monde. Avec Darwin, l'homme n'est plus au centre de la création, il n'est que le résultat d'une longue évolution animale.

Si l'œuf de poule a été très tôt un sujet d'étude, les travaux d'Alexis Carrel ont ouvert un champ totalement nouveau. Médecin, expatrié aux États-Unis, il obtient le prix Nobel de Médecine et de Physiologie en 1912 pour ses travaux sur la chirurgie thoracique et sur la culture des tissus. Il a été un pionnier dans le domaine de la transplantation d'organes. Une de ses expériences marqua son époque : il fait vivre *in vitro* un cœur de poulet dans un liquide nutritif, et ce, pendant plusieurs décennies, âge canonique que n'atteint jamais aucun gallinacé. Cette expérience, digne d'un film de science-fiction, ouvre la voie à la conservation d'organes vivants susceptibles d'être utilisés pour des greffes.

L'œuf de poule se développe en trois semaines. Après la fécondation, le futur poussin commence sa croissance, bien avant la ponte. Protégé extérieurement par des annexes embryonnaires composées du blanc de l'œuf, il se nourrit régulièrement de réserves constituées par le jaune. Quand l'œuf est pondu, l'embryon en est au stade « blastoderme », c'est-à-dire qu'il a l'aspect d'un petit disque plat de cellules situé à la surface du jaune et fixé à la face interne de la membrane vitelline. S'il est couvé, il peut se développer, et passe au stade « gastrula », caractérisé par trois couches repliées de cellules. La première, l'ectoderme, est à l'origine du système nerveux et des organes des sens, d'une partie des yeux, des appareils auditif et olfactif, de l'épiderme de la peau et de ses divers accessoires, plumes, poils, griffes. Le second feuillet cellulaire, le mésoderme, permet le développement des muscles et le troisième, l'endoderme, est à l'origine du tube digestif. Vingt heures après le début de la couvaison, les cellules se divisent toujours et forment dans la partie dorsale du corps des paires de segments, les somites. Cette structuration de l'architecture du corps est appelée « métamérisation » : le corps se divise régulièrement et s'organise, comme le font à ce stade tous les

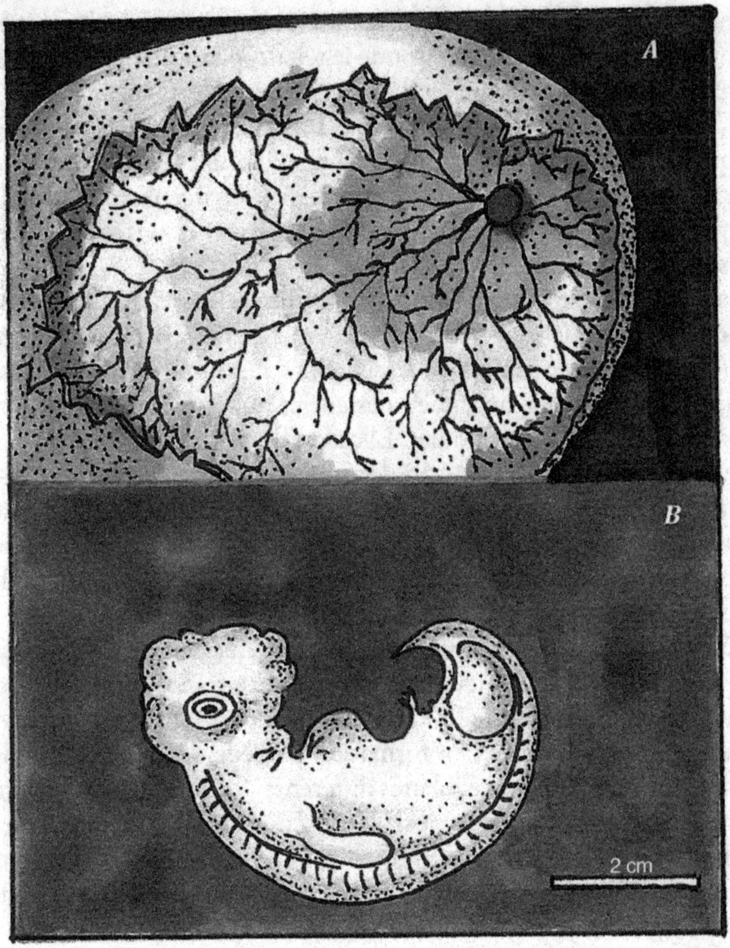

Œuf de poule fécondé et embryon de poulet. A : œuf de poule 24 heures après fécondation. Stade du blastoderme avant la gastrulation. B : embryon de poulet après 80 heures d'incubation. On distingue parfaitement bien les somites, les ébauches des pattes et des ailes, la tête, le cerveau, la moelle épinière et les yeux.

vertébrés. Autour des 25ᵉ et 26ᵉ heures, le soulèvement céphalique s'accompagne de la formation du tube digestif antérieur. Le système nerveux situé dans la partie dorsale de l'embryon forme tout d'abord une gouttière qui se referme, donnant un tube qui va s'épaissir. La partie antérieure enfle et forme une cavité interne qui se divise en trois vésicules, le proencéphale, le mésencéphale et le rhombencéphale. Les vésicules céphaliques donnent naissance à cinq parties distinctes vers la 85e heure, la partie antérieure donne le télencéphale et le diencéphale, et la partie postérieure forme le métencéphale et le myélencéphale. Les yeux, issus du diencéphale, sont déjà bien développés. Cette division marque déjà les grandes régions cérébrales, le télencéphale donnera le cortex, le mésencéphale le tronc cérébral, le métencéphale, le cervelet et le myélencéphale, le bulbe rachidien. Chez tous les vertébrés la neurogenèse s'effectue de la même façon.

La connaissance du développement embryonnaire chez les oiseaux a beaucoup progressé grâce aux travaux de Nicole le Douarin, membre de l'Académie des Sciences. Elle cherchait à comprendre comment se comportait une cellule au milieu des autres et a utilisé deux organismes très proches : la caille et le poulet. Elle a greffé des cellules d'embryons de caille dans des embryons de poulet, pour comprendre comment évoluaient ces cellules étrangères. Elle a ainsi créé des chimères viables comme, par exemple, des poulets avec des ailes de cailles... L'intérêt du modèle vient de la possibilité de reconnaître les cellules de caille au milieu de celles du poulet : elles possèdent dans leurs noyaux un très gros nucléole alors qu'il est habituellement minuscule. Grâce à ce marquage biologique, Nicole Le Douarin a montré l'importance primordiale de la crête neurale (Le Douarin, 2000). Cette structure transitoire qui se situe au-dessus du tube nerveux en formation possède des cellules à l'origine d'une multitude de types cellulaires différents. Elle donne non seulement les structures de la tête mais aussi le système nerveux périphérique, les ganglions rachidiens et sympathiques... Le développement du système nerveux se fait progressivement, mais est fonctionnel dès la naissance.

L'embryon de poulet commence à avoir des mouvements spontanés dus à l'activité des premiers neurones actifs dès le troisième jour embryonnaire (E3). On observe différents types de mouvements avec le plus souvent des co-contractions de muscles antagonistes. Au milieu de la vie embryonnaire, vers le jour E10, les différents membres se sont individualisés et on peut noter des alternances de contractions des muscles fléchisseurs et extenseurs. Si on enregistre directement sur la moelle épinière, on observe de très nombreuses activités spontanées qui ne semblent correspondre à aucun mouvement précis. On retrouve aussi au niveau supérieur, dans l'hippocampe comme dans la rétine, de telles ondes dépolarisantes. Ces premières activités, alors que le système nerveux est encore très immature, correspondraient à une mise en route des premières voies nerveuses, une sorte de « rodage » qui permettrait de faire fonctionner les premières synapses, de mettre en contact les premières informations sensorielles avec les structures centrales.

Il a été possible d'isoler dès les premiers jours embryonnaires le système nerveux et d'étudier son activité électrique, ct ainsi de démontrer que ce système possède une activité autogène dès son identification. Il s'organise seul suivant un plan de croissance interne. Cette idée, aujourd'hui admise par tous les scientifiques, ne l'était pas il y a un siècle quand on croyait que le système nerveux ne présentait aucune activité propre et ne devenait véritablement actif que lorsque les informations sensorielles pouvaient être intégrées au niveau central. Cette idée, développée dans les siècles passés par tous les sensualistes et tous les associationnistes anglais, est aujourd'hui obsolète.

La grande différence entre les espèces précoces comme l'oiseau et les espèces à développement tardif comme le rat se situe à la naissance (Clarac *et al.*, 2004). Le poussin est, dès la sortie de l'œuf qu'il provoque en cassant la coquille avec son bec, capable de se tenir sur ses deux pattes et de marcher. Certes, il y a des améliorations dans les jours suivants, mais dès la naissance il peut suivre sa mère. Le poulet présente rapidement un mouvement d'oscillation de la tête lorsqu'il marche. Ces oscillations très caractéristiques lui permettent d'avoir une vision stabilisée qu'il régule suivant sa vitesse de marche. On a prouvé leur importance en plaçant les poulets sur un tapis roulant. Si le tapis est immobile, il n'y a pas de mouvements de tête, lorsqu'il se met en route, l'animal commence à osciller et ce mouvement suit la vitesse du tapis.

On retrouve cette précocité de développement chez tous les mammifères ongulés. Chez les rongeurs, la vie post-natale est beaucoup plus longue car, à la naissance, l'embryon reste lové près de sa mère et ne sait que ramper pour attraper une tétine. Il lui faut au moins quinze jours pour véritablement marcher et plus de trois semaines pour devenir adulte.

La découverte des facteurs de croissance.

Les facteurs de croissance sont des protéines de petit poids moléculaire (6-30 kDa – kilo-dalton, unité de masse des molécules). Comme leur nom l'indique, ils contrôlent la croissance cellulaire. Ils ont également été nommés « facteurs trophiques ». Ils jouent surtout un rôle durant le développement embryonnaire et la période périnatale. Leurs effets s'estompent rapidement et ils disparaissent quasi totalement chez l'adulte. Ils contrôlent les mécanismes de prolifération cellulaire et interviennent aussi dans les processus d'inhibition de la multiplication cellulaire lors du développement des organismes. Ces premiers messagers de la maturation embryonnaire agissent sur l'activation de récepteurs spécifiques localisés dans les membranes cellulaires. La liaison de la molécule trophique avec son récepteur permet la fabrication d'un second messager, la molécule intracellulaire, dont l'activation déclenche à son tour une suite de réactions chimiques qui induit la synthèse d'une protéine régulatrice facilitant ou ralentissant le fonctionnement cellulaire. Cette protéine se fixe sur les gènes impliqués dans la division et la différenciation cellulaire. Ainsi, les facteurs de croissance contrôlent très précisément la synthèse de nouveaux tissus mais aussi leur croissance, leur réparation quand l'organisme subit une lésion. À la différence de la sécrétion endocrine et des hormones produites à distance du tissu effecteur, la plupart des facteurs de croissance agissent sur des cellules proches (on parle de sécrétion « paracrine »), et leur concentration plasmatique est très faible. Certaines cellules sont même capables de posséder les récepteurs des facteurs de croissance qu'elles produisent, il s'agit de sécrétion autocrine. Les facteurs de croissance sont véhiculés par le sérum, ce qui explique la nécessité d'utiliser une concentration de sérum dans les milieux de culture cellulaire si l'on souhaite développer des cellules viables pendant plusieurs semaines. Les cellules cancéreuses qui produisent elles-mêmes *in vitro* leurs facteurs de croissance sont capables de se développer en absence de sérum.

Pour écrire l'histoire de ces facteurs, il faut remonter aux travaux de Viktor Hamburger sur le développement de l'embryon de poulet et à sa collaboration dans les années 1950 avec Rita Levi-Montalcini et avec Stanley Cohen. Rita Lévi-Montalcini a résumé cette épopée lors de l'obtention de son prix Nobel en 1986. Ce récit démontre une fois de plus comment les idées et les concepts de l'époque ont évolué aux travers des aléas d'une période très troublée. Partant de simples processus du développement, ces auteurs aboutissent à la mise en évidence des facteurs neurotrophiques qui, en favorisant la survie et la régénération des neurones, jouent un rôle capital dans la régulation de l'expression des gènes.

Rita Levi-Montalcini étudie la médecine à Turin jusqu'en 1936, avec une spécialisation en neurologie et en psychiatrie. En 1938, deux ans après l'obtention de son doctorat en médecine, elle est suspendue de ses fonctions universitaires à cause des lois antisémites de l'Italie mussolinienne, elle s'exile à Bruxelles. À la suite de l'invasion allemande de la Belgique, elle retourne à Turin et installe un laboratoire dans sa chambre et dans la cuisine de sa maison de campagne. Elle est aidée dans son travail par son maître, un autre anatomiste italien, Giuseppe Levi, évadé de Belgique. Durant les derniers mois de la guerre, elle pratique de la médecine d'urgence en soignant des réfugiés dans l'Italie du Sud.

Elle poursuit cependant un travail histologique sur la différenciation et le développement des neurones moteurs de la moelle épinière et des neurones sensitifs des ganglions rachidiens. Elle s'intéresse à la croissance des centres nerveux quand on les prive expérimentalement, à une période précoce du développement embryonnaire, des tissus cibles périphériques qu'ils doivent innerver. Elle ampute le bourgeon d'un membre après trois jours d'incubation. Les spécimens sont ensuite sacrifiés entre le lendemain de l'opération et la fin de la période d'incubation. Colorés par la méthode argentique, presque tous les neurones moteurs et la plupart des cellules nerveuses sensitives des ganglions supposés innerver le membre amputé dégénèrent. Ce résultat révèle le rôle des cibles périphériques dans la croissance des neurones moteurs et sensitifs.

En 1934, Viktor Hamburger avait réalisé des expériences similaires chez l'embryon de poulet. Une semaine après l'opération, Hamburger décrit une forte diminution des structures dans la colonne motrice et dans les ganglions rachidiens destinés à l'innervation du membre amputé. Selon lui, l'absence d'un facteur d'induction normalement libéré par les tissus périphériques empêchait la différentiation des cellules nerveuses. Tous deux pensaient à un facteur trophique libéré par les tissus périphériques nécessaire à la survie de ces neurones. Levi-Montalcini décide d'aller travailler à Saint-Louis chez Hamburger. Dès 1947, elle décrit minutieusement les processus de migration et de dégénérescence frappant les populations neuronales dans les phases initiales. Elle donne une nouvelle interprétation du développement nerveux et montre que les différentes phases de la neurogenèse sont les mêmes dans les différentes espèces, ce qui fait penser que l'expression de ces processus a une origine génétique.

En 1948, un élève d'Hamburger, Elmer Bueker, poursuit l'étude des mécanismes de régulation de la différenciation des cellules nerveuses chez les embryons de poulet, mais avec des cellules cancéreuses. Après huit jours d'incubation, les ganglions sensitifs proches de la tumeur sont plus développés que ceux qui innervent le membre du côté opposé. Bueker conforte l'hypothèse première de son maître : la différenciation est d'origine périphérique. En 1950, Levi Montalcini réalise à nouveau les expériences de greffes intra-embryonnaires de Bueker. La tumeur semble envahie de faisceaux de fibres nerveuses provenant des ganglions, mais surtout, les faisceaux de fibres qui émergent de ces ganglions se répandent dans les viscères, transpercent les vaisseaux sanguins et pénètrent dans les veines. La tumeur semble donc libérer autour d'elle un facteur de nature humorale pouvant accélérer les processus de différenciation des cellules nerveuses tout en stimulant la croissance anarchique des fibres. La nature humorale du facteur était prouvée par des expériences de greffes extra-embryonnaires. Des tumeurs peuvent-elles changer le parcours de fibres nerveuses ?

Levi-Montalcini se rend chez Carlos Chagas Filho à l'Institut de Biophysique de Rio de Janeiro en septembre 1952 pour apprendre les cultures. Elle suppose l'existence d'un facteur de croissance produit par des cellules particulièrement actives. En maintenant les cultures de ganglions plus longtemps, 3 jours par exemple, les fibres s'orientent vers le tissu néoplasique, ce qui renforce l'hypothèse d'un effet neurotrophique. Rita revient à St Louis dans un « *état d'esprit qui lui permet de rechercher la nature du facteur de croissance libéré par la tumeur* » (Levy-Montalcini, *Éloge de l'imperfection*).

Toujours avec Hamburger et surtout avec Stanley Cohen, un jeune biochimiste, elle confirme les résultats de Rio et elle s'attaque à l'isolement de la fraction tumorale active à partir des tumeurs embryonnaires. Ils aboutissent à l'extraction de fractions nucléoprotéiques possédant l'activité biologique de la tumeur, baptisée « *Nerve Growth Factor* » (NGF). Cohen produira du NGF purifié mais aussi un antisérum anti-NGF. Dans le milieu des années 1960, la production quantitative du NGF augmente dans les laboratoires européens et américains et la compétition s'intensifie. En 1961 Levi-Montalcini revient à Rome à « *l'Instituto di Sanità* » et poursuit l'étude des effets neurotrophiques du NGF *in vitro* et *in vivo* et de son transport rétrograde. L'étude des processus intracellulaires résultant de l'action du NGF apporte de très nombreuses données sur les mécanismes moléculaires impliqués dans le développement des neurones (Privat, 1974). Ses travaux posent une question générale sur le développement des êtres vivants : est-ce l'environnement ou les processus génétiques qui détermine la maturation des populations neuronales, de leurs connexions et du parcours de leurs fibres nerveuses ? Elle obtient en 1986 le prix Nobel de Médecine et Physiologie avec Stanley Cohen, il est tout à fait dommage que Hamburger n'y ait pas été associé.

Les oies de Lorenz

Au cours d'un séjour en Angleterre, nous avons visité plusieurs laboratoires essayant de comprendre les mécanismes de la locomotion, car les questions relatives au vol des oiseaux nous intriguaient. Nous avions pris rendez-vous avec un chercheur en zoologie qui, très occupé par le tournage d'un film, avait accepté de nous recevoir devant son domicile de 12 heures à 12 heures 30. La réputation du chercheur et le plaisir de le rencontrer nous avaient fait accepter cette heure et ce lieu original. Arrivés en avance, nous avons remarqué une voiture rouge aux pare-chocs rouillés. Au milieu du coffre arrière largement ouvert trônait une caméra fixée sur des pieds maintenus par des ficelles multicolores. Un petit homme s'agitait autour, accompagné d'une belle oie cendrée. Il nous a fait comprendre qu'il était particulièrement angoissé car il allait tenter une expérience préparée depuis plus de trois ans.

> « Vous connaissez les oies de Lorenz ? » *demanda-t-il.* – « Naturellement l'empreinte ! » – « Exact !, Je veux filmer l'envol de Camillia, c'est ma copine. »

Certains oiseaux fixent leur attachement, à la naissance, sur un être vivant ou même sur un leurre et cette empreinte est irréversible ; l'animal suivra toute sa vie cette « mère » qu'il a adoptée. Ce comportement particulier avait été mis en évidence chez les oies par le célèbre Konrad Lorenz. Nous le savions, mais voir là cette très belle oie qui suivait notre chercheur pas à pas, sans s'en éloigner d'un pouce, nous laissait interdit ! C'était comme si un fil mystérieux les reliait l'un à l'autre. Il nous a alors expliqué qu'il voulait filmer l'envol d'une oie et qu'il n'avait rien trouvé de mieux que de s'en attacher une.

Son idée était de la faire voler derrière la voiture et de filmer la séquence. L'oiseau ferait tout pour rattraper la voiture et devrait voler si elle accélérait. Il pourrait ensuite analyser les séquences recueillies et comprendre comment après un temps de course l'animal change de régime de locomotion.

Il nous demanda de tenir l'oie pendant qu'il démarrait la voiture. Elle se mit à marcher doucement, puis agrandit sa foulée, pressa ses mouvements. Quand la voiture fut loin, l'oie battit des ailes et s'éleva au-dessus de l'automobile. C'était grandiose et émouvant...

Notre ami avait eu sa séquence et ses efforts étaient récompensés... Les réalisateurs des films comme *L'envolée sauvage* ou *Le peuple migrateur* ont dû mettre au point de telles stratégies.

Lorenz né en 1903 à Vienne, a été dans son adolescence très marqué par la lecture des travaux de Darwin sur l'évolution. Grand naturaliste, c'était un zoologiste passionné pour l'étude du comportement animal. Vivant à la campagne, il observe les animaux dans leur milieu naturel, les recueille et les élève. On dit qu'en 1927, il s'occupe d'un jeune choucas baptisé Tschok, qui ne le quitte plus. Lorenz s'étonne qu'il ne veuille pas rejoindre ses congénères, alors il en élève d'autres et remarque le même comportement. Il retrouve la même attitude chez les oies cendrées. Il comprendra que dès l'éclosion l'oisillon identifie la première chose qu'il voit bouger, oiseau ou homme, comme étant sa mère. Ce phénomène de « fixation », de marque en mémoire du nouveau-né, Lorenz lui donne le nom d'« empreinte ». C'est une relation d'attachement caractérisée par

un lien affectif envers le sujet ou l'objet, dont la présence entraîne un bien-être et l'absence des réactions de détresse.

Pour Lorenz, ce phénomène n'est pas un véritable apprentissage, car il ne peut avoir lieu que pendant un temps très bref, une période critique. Si on laisse un petit oiseau qui vient de naître isolé pendant au moins deux jours, l'empreinte devient impossible. En revanche, si elle a lieu, elle est irréversible. On pense aujourd'hui que l'empreinte est quand même une sorte d'apprentissage, avec mise en place d'une représentation interne du modèle familier. L'empreinte est-elle présente chez l'homme ? On sait que le bébé nouveau-né développe une relation fusionnelle avec sa mère, il la reconnaît à l'odeur, et inversement. Mais est-ce une empreinte ? Ce phénomène a été observé depuis chez de très nombreux animaux et a fait l'objet d'études très variées. L'attachement à l'homme est présent chez les mammifères marins élevés en bassin de démonstration. Il peut même être indélébile et avoir des conséquences dramatiques. Ainsi, le célèbre Orque mâle, Keiko, née en 1977 et capturée en Islande, a été en 1992 la vedette du film *Sauvez Willy*. Le 7 janvier 1997 on le relâche dans l'océan pour satisfaire le public qui réclamait sa liberté ! Il n'a pu reprendre la vie sauvage et revenait toujours dans son enclos à la nuit tombée. Relâché dans un fjord de Norvège, il y est mort, à 27 ans.

Lorenz, en s'intéressant à l'instinct qui, d'habitude, définit l'inné, a caractérisé un apprentissage, indiscutablement acquis (Lorenz, 2007). Avec d'autres comportementalistes comme Tinbergen et Von Frisch, ils se sont opposés aux théories de Pavlov comme à celles des behavioristes qui considéraient que tout dans l'être humain est construit de l'extérieur par voie de conditionnement. Ils obtinrent le prix Nobel de Médecine et de Physiologie en 1973. Ils ont démontré que les habitudes animales sont dans l'ensemble innées, c'est-à-dire déterminées et contrôlées par les gènes. Cette théorie se rapprochait des concepts du néo-darwinisme. Qu'en est-il des comportements chez les humains ? Pour Lorenz, nos instincts restent à l'état d'ébauche, nous sommes des animaux inadaptés. Pessimiste, il opposait la détermination de l'instinct chez l'animal à l'indétermination de la conscience chez l'homme, il voyait dans cet état une des grandes difficultés de notre existence. Est-ce cette angoisse et ce pessimisme qui lui ont fait prendre malheureusement parti pour les nazis ? Dans un article publié en 1940, il développe le concept de « *l'auto-domestication* » de l'homme du fait de la pression de sélection de l'homme par l'homme qui a conduit à une forme de dégénérescence de l'espèce humaine dont les plus touchées sont les races occidentales... Ce grand scientifique a eu ses heures noires !

On a pu, depuis les travaux de Lorenz, trouver dans le cerveau des régions impliquées dans ce phénomène. C'est essentiellement le travail de deux éthologistes anglais, Patrick P. G. Bateson et Gabriel Horn qui ont étudié l'empreinte chez le poussin domestique (Bateson *et al.*, 1972,). En analysant le métabolisme cérébral avec de la leucine ou de l'uracile radioactif, des marqueurs de l'activité de la synthèse de protéines, ils ont montré que l'on marquait sélectivement une région particulière dans le toit du cerveau. Il s'agit de l'hyper striatum médian, intermédiaire et ventral (l'IHVM).

La destruction sélective de cette zone cérébrale empêche les effets de l'entraînement du jeune poussin avec un stimulus. Une empreinte de 6 h suffit pour voir apparaître des modifications au niveau synaptique. Il se produit un accroissement des zones réceptrices post-synaptiques de l'IHVM. Ce phénomène n'apparaît que du côté gauche, le cerveau du poussin est déjà latéralisé à la naissance. Cette zone particulière stocke ainsi l'information. Il a même pu être précisé que si on sépare ceux qui apprennent bien de ceux qui apprennent avec difficulté, le marqueur du gène Fos est bien plus abondant chez les bons sujets que chez ceux les autres. Il s'agit donc bien de mécanismes de mémorisation et non pas d'une quelconque activité sensori-motrice (Horn, 2004).

Le chant des oiseaux

Les oiseaux, des « têtes de linotte » ? Certainement pas... Par rapport à leur taille, ils ont le cerveau le plus développé après les mammifères. La richesse de leurs comportements le démontre tous les jours. Si l'on prend la poule et son regard stupide comme modèle de cette classe, évidemment, l'activité cognitive paraît limitée. Mais la poule ne peut être érigée en modèle de l'ensemble des oiseaux, et l'étude de leurs chants démontre au contraire de grandes capacités cognitives.. Tous les oiseaux ne sont pas chanteurs : sur les 23 ordres, seuls trois apprennent à chanter, les passereaux, les oiseaux mouches et les perroquets, mais ces trois ordres comprennent plus d'espèces que toutes les autres réunies. Les oiseaux qui chantent émettent soit des cris, soit des vocalises propres à leur espèce. Les études du chant ont été très nombreuses car elles posent des problèmes fondamentaux, comme les processus de mémorisation et d'apprentissage, les relations inné-acquis ou les aspects communs avec le langage humain. Les travaux réalisés dans ce domaine ont porté sur des espèces spécifiques.

Le nom de pinson est un terme commun qui correspond à deux espèces communes en Europe, mais aussi à plusieurs *Fringillidae* et passereaux. Le mâle au plumage multicolore porte sur sa tête un capuchon gris, ses joues et son poitrail sont rose orangé et son dos roux. Ses ailes ont des barres blanches. Les pinsons européens, très bons chanteurs, participent à des concours de chants. Ne dit-on pas *Gai* ou *joyeux comme un pinson !* Les plus communs sont le pinson des arbres, (*Fringilla coelebs*, en anglais, *chaffinch*) et le pinson du Nord (*Fringilla montifringilla, Brambling*) qui occupe la Scandinavie et la Sibérie mais migre en hiver en l'Allemagne et le Sud de l'Europe.

Le diamant mandarin (*Taeniopygia guttata, Zebra finch*) est bien étudié en neurobiologie. De petite taille, 8 à 12 cm pour un poids de 15 g, il habitait autrefois les steppes de l'Australie. La plus commune des lignées est grise avec un bec rouge rayé de blanc. Il s'élève très facilement et sa maturité sexuelle ne dépasse pas 90 jours après l'éclosion. Seuls les mâles chantent, et leur plumage diffère de celui des femelles. Leur chant stéréotypé est reconnu par les congénères.

L'étourneau sansonnet (*Sturnus vulgaris, European Starling*) est un passereau de la famille des sturnidés. Originaire d'Eurasie, on le retrouve partout, il s'adapte bien aux villes actuelles où on le trouve souvent en bandes de milliers d'individus. Ils s'abattent sur un arbre d'une place dans un bruit assourdissant et laisse après leur départ de nombreuses déjections. Le chant des mâles varie d'un individu à l'autre, et permet aux femelles de choisir leur partenaire sexuel. C'est un pépiement gazouillant très aigu, entrecoupé de sifflements.

De nombreux oiseaux, comme le rouge-gorge (*Erithacus rubecula, European Robin*), vivent en solitaire pendant l'automne et l'hiver, mâle et femelle restant sur leur territoire l'hiver en continuant de chanter. Ils voient dans l'obscurité et restent actifs même la nuit. Le rouge-gorge est un animal très familier, on le rencontre dans les jardins des villes et des villages. À la belle saison, ils vont chanter dans les forêts ou les sous-bois. Si on trouve un nid, on peut avoir la chance d'apercevoir des petits avec un bec immensément ouvert attendant la nourriture. Leur nom est impropre, la magnifique tache sur le poitrail est orangée, teintée de marron, mais jamais rouge !

En fonction des caractéristiques de l'apprentissage du chant, on peut distinguer deux types d'oiseaux (Nottebohm *et al.*, 1976). Certains, comme les pigeons ramiers, ont une mélodie simple qui ne change pas s'ils deviennent sourds ou si on les élève seuls. En revanche, le canari, le diamant mandarin et le bruant à gorge blanche développent un chant qui n'existe qu'au contact du chant des congénères. Seuls les mâles chantent, et l'acquisition du chant comprend différentes étapes : (1) Un oiseau modèle, appelé aussi tuteur, donne le chant en exemple et le présente. (2) Pendant un temps plus ou moins long, le jeune essaie de bien chanter mais ses réponses restent très éloignées de la mélodie du tuteur. (3) Le chant, après de très nombreuses répétitions, se fixe et est retenu de façon permanente.

Le pinson mâle apprend son chant en écoutant les parents. Il lui faut à peu près dix mois pour acquérir deux à six thèmes différents, qu'il conserve toute sa vie. Au printemps, pendant deux semaines, les premières vocalisations sont des gazouillis (« *chirp* ») de sollicitation. Ensuite apparaît le pré-chant (« *subsong* ») qui est un gazouillis incohérent et compliqué. Ce pré-chant disparaît en automne et reprend en février. Il se transforme progressivement en chant structuré avec des notes et des séquences caractéristiques du chant de l'adulte, composé en plusieurs phrases, en général de une à six. Elles sont fixées pour toute la vie de l'animal. Ce n'est que lorsqu'il arrive à maturité sexuelle, à 90 jours, que le chant est celui de l'adulte (Margoliash, 2001).

Si on rend les oiseaux sourds pendant le second stade (le pré-chant), avant qu'ils n'aient appris à produire le chant définitif, ils sont très perturbés. Élevés sans information acoustique, ils développent un chant anormal. Si un oiseau est exposé à des chants synthétiques où l'on trouve des notes provenant à la fois des chants de sa propre espèce et d'une autre, il n'imitera que le chant de sa propre espèce (Marler, 1970, 1991). On observe donc une préférence innée pour le chant de sa propre espèce mais le milieu joue un rôle essentiel dans l'apprentissage des différentes mélodies. Après l'âge de dix mois, le pinson ne peut plus enrichir son répertoire. La période critique est liée à la présence d'hormone mâle : si on castre les jeunes, on empêche l'apparition du chant et on repousse la fin de la période critique. Avec injection de testostérone, le chant stable apparaît.

Les mêmes effets sont observés chez l'étourneau : les jeunes en contact uniquement avec des adultes apprendront un chant pauvre, il leur faut un tuteur. Et des jeunes, élevés entre eux sans jamais avoir entendu d'adultes, produisent un chant totalement aberrant. Tous les niveaux peuvent se trouver chez les oiseaux, depuis l'absence complète d'effet de l'expérience jusqu'à une imitation totale des adultes et des modalités très complexes d'apprentissages (Gentner *et al.*, 2006).

L'apprentissage chez les oiseaux varie d'une espèce à une autre (Griesser, 2008). Ce système, sensible aux différentes pressions sélectives du milieu, dépend du rôle du chant. Chez les espèces qui délimitent un territoire, comme le pinson, le fait d'apprendre le chant des voisins permet de se repérer et de bien délimiter son aire d'activité. Chez des espèces sans territoire marqué, comme le diamant mandarin, le chant permet de trouver des partenaires sexuels. Le coucou, animal qui occupe le nid d'autres oiseaux, développe le chant de son espèce seul, il n'a pas besoin de parents.

Le cerveau des oiseaux a soulevé bien des questions dans le passé. Du fait d'un cortex très limité formé d'une simple couche superficielle de neurones, on considérait ces animaux comme peu évolués. Jarvis (2007) affirme au contraire que les prétendues régions « primitives » du cerveau des oiseaux sont en fait des aires complexes très élaborées, qui contrôlent le traitement sensoriel, les commandes motrices et sensori-motrices comme le fait le néocortex des mammifères. Ce cerveau comprend en revanche un très large corps strié (ou *striatum*) qui régit les comportements instinctifs et un imposant cervelet qui coordonne les mouvements. L'hyperstriatum, ou corps strié supérieur, est la partie qui semble intervenir dans les activités cognitives et le bourrelet sagittal, protubérance de l'hyperstriatum, joue un rôle dans l'apprentissage. Il doit intervenir surtout durant les périodes de vol afin de maintenir l'équilibre nécessaire. Le lobe optique, relativement développé, démontre l'importance de la vision pour la plupart des oiseaux.

Chez les oiseaux, l'organe du chant est la syrinx, une structure située à la base de la trachée. Elle correspond à l'aménagement du confluent des deux bronches avec la trachée-artère. Constituée de replis membraneux, elle occupe le débouché de chaque bronche complété d'une membrane impaire, le *pessulus.* Ces membranes prennent appui sur du cartilage et forment les cordes vocales que l'air fait vibrer. La paroi de la syrinx comprend de puissants muscles circulaires et obliques, qui en se contractant, font varier le passage de l'air. Les sons variés produits peuvent encore être modulés par la langue. Au cours de la reproduction, le volume de la syrinx du mâle devient considérable, ce qui augmente le nombre et la durée des chants produits, surtout par expiration. L'air est accumulé dans un sac aérien voisin de la syrinx et communiquant avec les deux bronches. Aussi l'animal ressemble un peu, quand il chante, à un Écossais jouant de la cornemuse. L'intégrité du sac aérien est indispensable, s'il est lésé l'oiseau ne peut plus chanter.

Cet ensemble de la syrynx est un système musculo-tendino-cartilagineux, innervé par deux grands nerfs, les pneumogastriques et les grands hypoglosses. Ces derniers commandent les muscles de la langue de la syrinx. Des études ont montré que le nerf gauche joue un rôle essentiel. S'il est sectionné, le chant s'arrête. Mais la section du nerf droit n'induit aucune perturbation. Si la section du nerf gauche est faite avant l'apparition du chant chez un jeune, il n'y aura pas de conséquences. Le nerf droit commande le chant à sa place. Cette suppléance a lieu dans le cerveau. Le nerf grand hypoglosse est en effet en rapport direct avec la moitié gauche du cerveau, qui a un rôle capital dans la commande du chant.

Au niveau du système nerveux central, cinq noyaux sont fondamentaux pour assurer le chant (Nottebohm, 1995).

– L'hyperstriatum ventro-caudal (HVC) situé dans la partie supérieure du cerveau. Ses neurones présentent des réponses auditives très sélectives pour les paramètres acoustiques propres au chant de l'oiseau (*Bird's Own Song* ou BOS). Le HVC (*High Vocal Center*) joue le rôle d'interface entre le traitement des informations auditives et la production du chant.

– Le noyau magnocellulaire latéral du neostriatum antérieur (LMAN) est la zone neuronale qui semble la plus impliquée dans la qualité du chant émis. Si cette région est lésée du 20e au 60e jour après l'éclosion du mâle du diamant mandarin, l'oiseau émet un chant anormal. Des lésions dans la même région, mais chez l'adulte, au-delà de 60 jours, n'ont que peu d'effets sur le chant déjà appris, et aucune conséquence observable au-delà de la maturité sexuelle (90 jours après l'éclosion). Le LMAN transmet le code du chant primaire vers le noyau robuste de l'archistriatum (RA). Cette transmission utilise le chant du tuteur (le père) pour stimuler le circuit du HVC-RA. C'est

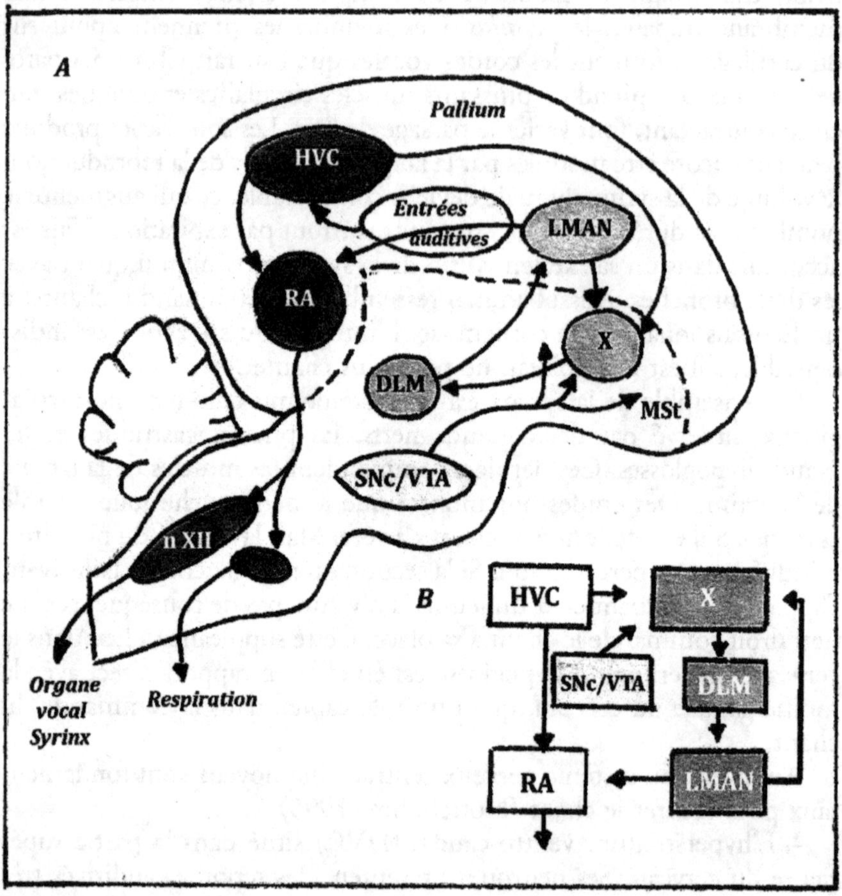

Circuits cérébraux impliqués dans le chant des oiseaux. A : Les neurones impliqués sont organisés en deux voies majeures. Les entrées auditives projettent sur le noyau HVC. Une voie motrice descendante projette sur le noyau de l'arcopallium (RA), puis sur le noyau de l'hypoglosse (nXIIts), au niveau du tronc cérébral. Les neurones issus de ce noyau innervent l'organe vocal ou syrinx et les centres respiratoires. Cette voie est essentielle dans la production du son. Un second circuit innerve l'aire X du striatum médian (MSt). Les neurones de l'aire X se projettent sur le noyau DLM du thalamus qui innerve le nidopallium (LMAN). LMAN exerce un rétrocontrôle sur la voie motrice, via RA. Les neurones à dopamine de la substancianigra (SNC/VTA) projettent massivement sur l'aire X. B : schéma récapitulatif des interactions entre noyaux impliqués dans le chant.

grâce à cet ensemble que le chant émis par le jeune correspond au chant du tuteur. Récemment, une protéine a été découverte, la synelfine, qui résulte de l'expression d'un gène et qui est produite au niveau des noyaux du chant, notamment dans le LMAN.

– L'aire X du locus parolfactorium est une zone particulièrement importante chez les mâles et vestigiale chez la femelle. Cette aire est indispensable pour l'apprentissage vocal.

Enfin deux éléments de la sortie motrice sont également impliqués au niveau central : le premier, le RA, noyau robustus de l'archi-striatum qui reçoit directement les informations du HVC, le deuxième, le noyau moteur du nerf XII, l'hypoglosse, qui non seulement commande la langue mais aussi les muscles de la syrinx. La destruction du RA altère gravement le chant. Le circuit de l'apprentissage du chant relie la zone HVC au RA par l'intermédiaire des zones X, DLM, et LMAN. Ce circuit forme une boucle récursive (un processus est dit récursif lorsque ce qui en sort revient influencer ce qui l'engendre). Ainsi le chant influence ce qui l'élabore. Une altération de cette voie affecte la qualité de la modulation, mais pas son émission. Le HVC (*High Vocal Center*) joue le rôle d'interface entre le traitement des informations auditives et la production du chant. Des travaux de Yu et de Margoliash (1996) suggèrent que HVC est responsable de l'ordre correct des syllabes dans une chanson, alors que le RA assure l'ordonnancement approprié de la structure sub-syllabique (les notes dans une syllabe). Il semblerait que dans une expérimentation sur le cerveau, où les connexions LMAN-RA demeurent présentes mais avec un fonctionnement altéré, il y aurait moins de détérioration dans la structure de la syllabe que dans la structure des notes.

Si chez certaines espèces le chant est établi à vie, le canari mâle en change et en apprend un nouveau après chaque saison de reproduction. Au printemps, il y a une véritable neurogenèse dans deux zones particulières du cerveau. Des neurones originaires du HVC, centre vocal supérieur 4 fois plus gros chez le mâle que chez la femelle, et de l'IHVM, impliqué dans l'empreinte, poussent vers le RA qui commande la syrinx.

Les hormones jouent naturellement un rôle capital dans le chant. Les cellules des différentes structures cérébrales impliquées accumulent de la testostérone, l'hormone mâle, ou ses métabolites durant le chant. Cette émission semble liée au comportement sexuel. La testostérone, en stimulant la syrinx, accroît son volume chez le mâle. La castration supprime le chant, et si on donne de la testostérone à une femelle, elle se met à chanter. La testostérone agit aussi sur le cerveau du mâle. Elle rend les centres du chant plus volumineux et elle stimule les neurones qui se ramifient davantage. Nottebohm (1981, 2002) a étudié en détail les changements de taille des différentes structures qui, soit par multiplication cellulaire, soit par accroissement des arborisations dendritiques, permet une meilleure mémorisation de phrases musicales et leur enrichissement. Ainsi, le chant, suivant sa complexité, traduit un certain niveau de cognition. Pendant la mue, le chant disparaît, le taux de testostérone et le poids des testicules diminuent. Il existe aussi une grande activité thyroïdienne. En septembre, lorsque cette activité diminue fortement, le chant reprend, mais il n'atteint toute sa force qu'au printemps suivant, lorsque s'élève, à nouveau, le taux de testostérone.

Le sommeil intervient dans l'apprentissage des chants. Il se divise en deux stades, le sommeil lent, le plus important, et le sommeil paradoxal, qui apparaît par phases brèves, sans doute liées aux rêves (chapitre 11). Il est dit « paradoxal » car cet état d'atonie générale du corps avec une activité motrice inexistante sauf quelques petits mouvements aux extrémités, les clonies, va de pair avec une activité cérébrale très intense et des mouvements oculaires. Le sommeil lent, lui, ralentit les activités cérébrales.

Les activités cérébrales d'un oiseau ont été enregistrées alors qu'il écoutait, ou non, l'enregistrement de son propre chant, et selon qu'il était, ou non, en phase de sommeil paradoxal. Un oiseau éveillé ne réagit pas à son enregistrement. En revanche, lorsqu'il est endormi, il reproduit à l'identique, au niveau cérébral, le trajet suivi pour émettre les syllabes, mais sans émission de son. En fait, durant le sommeil, les neurones cérébraux rejouent l'activité complexe produite pendant la journée. Ce stockage et cette répétition intérieure semblent aider les oiseaux adultes à entretenir les copies précises de leurs chansons et favorisent l'apprentissage du chant chez les jeunes oiseaux. La phase de sommeil paradoxal semble encore plus passionnante car les neurones redonneraient spontanément les mêmes modèles de production de chant complexes mais avec des changements de tempos, comme si l'animal voulait corriger ce qu'il apprend. L'oiseau stockerait la production de chant « modèle » et le relirait pendant la nuit. Il peut rejouer et renforcer le modèle pendant son sommeil (Margoliash, 2005).

Les recherches actuelles menées sur le chant d'oiseau ont aussi été très influencées par les développements de la génétique et de la biologie moléculaire. Un gène appelé *Zenk* joue un rôle essentiel dans l'apprentissage et la mémorisation du chant chez le pinson et les autres passereaux de la famille des fringillidés. Mello et Clayton (1994), ont étudié l'activité du gène Zenk sur plusieurs oiseaux. Ils ont noté qu'il intervient non seulement dans les régions du cerveau connues pour contrôler le chant, mais aussi dans d'autres circuits qui expliquent la façon dont les oiseaux apprennent les chants de leurs congénères, élaborent le leur et distinguent entre leurs voisins, évitant ainsi divers rivaux territoriaux. Son induction est marquée dans une zone limitée du télencéphale avec l'arrivée d'une stimulation auditive, elle est augmentée si les oiseaux entendent le chant de leur propre espèce. Si on compare l'activité génétique d'un canari et d'un diamant mandarin, on remarque dans les deux cas une participation génomique dans la reconnaissance des chants, la discrimination et les associations auditives, mais aussi dans les noyaux moteurs produisant le chant. On a montré le rôle de ces gènes au cours des migrations. Des neurobiologistes viennent de découvrir une zone spécialisée dans la vision nocturne dans le cerveau des oiseaux chanteurs migrant la nuit. Les chercheurs estiment que cette région pourrait permettre aux oiseaux de se diriger avec les étoiles et de « voir » le champ magnétique terrestre grâce à des molécules photoréceptrices dont la sensibilité est modulée par l'intensité du champ. Pour migrer avec succès sur des milliers de kilomètres dans l'obscurité, certaines espèces doivent voir où elles volent. Des découvertes récentes par l'équipe de Jarvis ont démontré que leur système de vision possédait des molécules spécialisées ayant pour fonction de transformer l'information magnétique en données visuelles (Mouritsen *et al.*, 2005). Ils ont étudié deux espèces migrant de nuit, la fauvette des jardins (*Sylvia borin*) et le merle noir (*Turdus merula*) et comparé leurs résultats avec ceux obtenus chez deux oiseaux chanteurs sédentaires, le diamant mandarin (*Taeniopygia guttata*) et le serin domestique (*Serinus sp.*).

En utilisant une cage cylindrique transparente, ils ont tout d'abord accoutumé les oiseaux à un éclairage équivalent à celui d'un clair de lune. Ils ont ensuite attendu que les oiseaux soient totalement calmes pour que leur activité cérébrale liée au mouvement disparaisse. Ils ont prélevé les cerveaux et étudié leur structure à la recherche de l'expression de deux gènes appelés ZENK et le c-fos, révélateurs de l'activité d'une région particulière. Ils ont constaté que les espèces migrant la nuit montrent une forte activité dans un groupe cellulaire situé à proximité de ceux impliqués dans la vision. Cet ensemble cellulaire, appelé « cluster N », n'est pas actif en journée. Chez les oiseaux sédentaires, le cluster N n'est pas mis en jeu, même lorsqu'ils sont éclairés par la lumière d'un clair de lune.

Pour savoir si cet ensemble joue un rôle dans la vision nocturne, on a couvert les yeux des espèces chanteuses migrant de nuit, et noté que cela réduit nettement l'activité des gènes ZENK et c-fos. Pour Jarvis, ce résultat confirme que, chez les oiseaux migrant la nuit, une région du cerveau joue un rôle dans la vision nocturne. Les chercheurs pensent que cette région pourrait être impliquée dans le traitement et l'intégration des informations issues du champ magnétique terrestre et de la vision des étoiles. Elle serait ainsi à l'origine des remarquables capacités de navigation nocturne que possèdent certains migrateurs.

Un autre gène a été retrouvé chez les oiseaux chanteurs, associé au langage chez l'homme. Depuis plusieurs dizaines d'années, une famille, les K.E., montrait des désordres complexes du langage. Faraneh Vargha-Khadem, avec son équipe (Lai *et al.*, 2001), révéla que les membres de ces familles obtiennent des résultats bien en dessous de la moyenne aux tests d'intelligence. Par ailleurs, bien que les personnes affectées aient des problèmes dans l'émission des sons nécessaires au langage articulé, leur désordre ne peut être ramené à un problème de contrôle moteur de la phonation (mouvements de la bouche et de la langue). Ils présentent aussi des troubles d'identifications des sons de base (phonèmes) de la conversation, de la signification des phrases, de l'appréciation de la grammaire (syntaxe) ou d'autres particularités du langage. Le déficit aurait pour origine une anomalie d'un petit segment du chromosome 7 qu'ils nommèrent SPCH1.

Ils ont attribué le désordre à un gène FOXP2 qui doit intervenir au cours du développement normal des circuits du cerveau impliqués dans le langage et la parole. Le déficit ne viendrait pas de la destruction, du fait d'une mutation, d'un circuit indispensable. FOXP2 appartient à une famille de gènes qui codent pour des facteurs de transcription (protéines qui déclenchent la copie des gènes dans les ARN messagers), nécessaire au développement embryonnaire. Les adultes affectés de la famille K.E. ont appris à compenser leur difficulté à générer des structures linguistiques complexes en mémorisant les formes entières et en suivant très précisément les règles apprises en thérapie du langage. Ces stratégies, ajoutées à d'autres, leur ont permis de converser convenablement. Sebastian Haesler, de l'Institut Max Planck de génétique moléculaire (Allemagne), et son équipe ont caractérisé la présence de FoxP2 chez des oiseaux chantant ou non. Ils l'ont retrouvé avec une séquence codant pour une protéine identique à 98 % à celle de l'homme. En revanche, aucun des oiseaux étudiés n'a présenté la mutation humaine si caractéristique. FoxP2 est exprimé dans l'encéphale antérieur de tous les oiseaux, préférentiellement au niveau du striatum, dans la région des noyaux gris de la base, justement affectée chez les patients humains atteints du trouble du langage lié au gène. Chez les oiseaux chanteurs, le noyau appelé « Aire X » est indispensable à l'apprentissage vocal et son expression est soumise à des variations dans le temps qui correspondent à des périodes décisives de la vie des petits : par exemple quand le diamant mandarin apprend à imiter un air ou lorsque les canaris adultes modifient leur refrain. Par ailleurs, des lésions de l'Aire X chez le diamant mandarin au cours de son apprentissage conduisent à l'âge adulte à une production sonore plus adaptable. Ainsi FoxP2 agirait comme répresseur de la transcription dans le cerveau, en modulant la stabilité neuronale de l'Aire X.

Dans une étude récente, ce même groupe, en diminuant l'activité de FoxP2 induit un chant incomplet et perturbé (Haesler *et al.*, 2007). Des mutations de FoxP2 produisent une « dyspraxie » au cours du développement chez l'homme. Utilisant un lentivirus associé à un ARN interférent qui va réduire les niveaux de FoxP2 dans la zone X pendant la période de développement du chant, l'imitation du chant du tuteur est imprécise et incomplète. Un tel déficit persiste chez l'adulte. Cela démontre à la fois l'importance de la zone X dans le développement et l'importance de FoxP2 dans l'apprentissage d'une telle activité.

La présence du gène FoxP2 dans les cerveaux d'oiseaux, de reptiles et de mammifères ainsi que sa grande conservation fait penser que ce gène plutôt que de simplement permettre l'apprentissage vocal pourrait être un ancien facteur de transcription impliqué dans la formation de l'architecture cérébrale, peut-être *via* la sélection et la limitation de certaines lignées de neurones. Le gène aurait ainsi créé un environnement favorable à l'évolution de l'apprentissage du langage sous l'action d'autres facteurs.

La structuration compliquée de certains chants suggère une relation avec la parole humaine. Si on pense aux perroquets, cela paraît normal. Le plus célèbre d'entre eux a été Alex (1976-2007), un perroquet gris étudié pendant plus de 20 ans par la psychologue animalière Irene Pepperberg. Il disposait d'un vocabulaire d'environ 800 mots et semblait comprendre ce qu'il disait. De plus, il avait appris l'alphabet, était capable de compter des objets et semblait reconnaître 7 couleurs différentes. On avait tendance à penser qu'il comprenait la notion de zéro.

Les mainates sont d'autres célèbres oiseaux parleurs. Ils appartiennent à la famille des sturnidés qui comptent 114 espèces dans le monde, dont trois vivent en Europe. Le mainate imite peut-être plus aisément encore que le perroquet la voix humaine, divers bruits familiers ainsi que des mélodies entières. On dit qu'il répète les mots de façon plus claire et distincte : il apprend aisément à parler si l'apprentissage commence lorsque l'oiseau est jeune. Il peut ainsi siffler des airs de musique, rire et même éternuer comme un humain. Le timbre de sa voix reste pourtant assez criard.

Les parallèles entre la parole humaine et le chant d'oiseau se fondent notamment sur l'importance des premières expériences et sur les similitudes des mécanismes nerveux qui contrôlent la production des sons. Chez certains oiseaux, le système nerveux de régulation présente une grande similitude avec celui de l'être humain : le système de production des sons et l'innervation motrice se ressemblent. Pourtant, actuellement, personne ne pense que, sur le plan évolutif, le chant des oiseaux soit un précurseur de la parole humaine. On suppose plutôt qu'il fournit une analogie intéressante, utile en tant qu'outil expérimental (Marler, 1970).

Chapitre 11

LE CHAT : UN CERVEAU RÊVEUR POUR « NEUROSCIENTISTE »

« Quand je réveille mon chat, il a l'air
reconnaissant de celui à qui l'on donne
l'occasion de se rendormir ».
Michel Audiard

Le chat domestique, *Felis silvestris catus,* est un mammifère carnivore de la famille des félidés. Aujourd'hui, une cinquantaine de races différentes sont reconnues par les instances de certification. Principal animal de compagnie de l'homme, il a laissé son empreinte dans la culture populaire et artistique tant au travers de proverbes et d'expressions populaires que de représentations littéraires, picturales, musicales.

Felis silvestris catus, domestiqué par l'homme, est une sous-espèce du chat sauvage, *Felis silvestris*, dont il a vraisemblablement divergé il y a 130 000 ans. On date les premières domestications vers 8 000 à 10 000 ans au Néolithique, dans le Croissant fertile, époque où se développent la culture des céréales et l'engrangement de réserves alimentaires susceptibles d'être attaqués par les rongeurs. Le chat devient alors un auxiliaire utile pour préserver la nourriture.

Vénéré par les Égyptiens qui le baptisèrent « gardien du sommeil » à cause de sa grande sensibilité aux alertes sonores les plus faibles, il est par la suite diabolisé en Europe médiévale et ne retrouva ses lettres de noblesse qu'au XVIIIe siècle. Baptisé « *mine* » dans la langue populaire gallo-romaine, il est dès 1560 nommé « *minet* » ou « *minette* » en fonction de son sexe. L'expression « *dès potron-minet* » (de « bon matin ») vient certainement de là : le chat, bien que gros dormeur, se lève tôt et va chercher son *paître*, c'est-à-dire sa pâture, sa nourriture... Le chat mâle castré est un « *matou* ». Il est aussi souvent nommé *« mistigri »* de *« misti »* pour adroit et *« gris »* pour la couleur. En argot, le chat est un « *greffier* », mot dont l'origine est encore discutée, lié aux griffes ou encore à la fourrure de certains individus qui présente un plastron blanc rappelant le rabat blanc sur la robe noire des greffiers, portée jusqu'au XIXe siècle.

Prédateur crépusculaire, le chat possède des sens très développés. Il perçoit certainement son environnement de façon différente de l'homme et on lui a parfois prêté des pouvoirs surnaturels, des précognitions et des prémonitions lui permettant de détecter, bien avant l'homme, des phénomènes naturels comme les orages, les tempêtes, les cyclones, les tremblements de terre ou les éruptions volcaniques. Ces capacités particulières sont certainement liées aux capacités exceptionnelles du chat. Il a par exemple un spectre auditif beaucoup plus large que celui des humains, lui permettant, entre autre, de percevoir des vibrations qui pour nous sont des infra et des ultrasons. Alors que l'oreille humaine est limitée à la détection de signaux auditifs de fréquence maximale de 20 000 hertz, son oreille peut détecter jusqu'à 50 000 hertz. Le pavillon de son oreille en cornet est équipé de 27 muscles, ce qui permet une orientation indépendante de chaque oreille, favorisant une localisation très précise des sources sonores.

Le champ de vision du chat est aussi plus étendu que celui des humains. L'angle de vision binoculaire est de 130°, pour un champ de vision total de 287° contre seulement 180° chez l'homme. Équipé d'un système pupillaire extrêmement sensible, l'œil de chat, avec sa pupille étroite en pleine lumière qui se dilate en un cercle parfait dans la pénombre, confère une vision nocturne plus performante que la nôtre.

Son système vestibulaire qui contrôle l'équilibre est également particulièrement développé. Son sens de l'équilibre est sans commune mesure avec l'ensemble des autres mammifères. Qui n'a vu un chat passer en équilibre sur une table sans rien casser ? Un chat déséquilibré peut tomber de plusieurs mètres et se retourner pour retomber au sol sur ses pattes.

Notre chat domestique a besoin de sommeil. En moyenne, il dort de 12 à 18 heures par jour et reste éveillé de 8 à 12 heures, dont une partie de la nuit, propice aux activités de chasse. Cette caractéristique en a fait dès le début du XXe siècle un animal emblématique pour l'étude des mécanismes cérébraux impliqués dans le contrôle du niveau de vigilance et dans l'alternance des cycles de sommeil.

Le cerveau de chat : un modèle de choix pour l'approche stéréotaxique du fonctionnement cérébral

À la fin du XIXe et au début du XXe siècle, les progrès dans la compréhension des mécanismes cérébraux résultent en grande partie de séries expérimentales chez l'animal où l'on observe les effets de lésions ou de stimulations électriques de zones particulières du cerveau (Clarke, Dewhurst, 1984). C'est en utilisant ces méthodes expérimentales que sont tracées les grandes voies nerveuses motrices ou sensitives au sein du tissu cérébral (Brazier, 1988). Ces méthodes tout à fait adéquates d'un

point de vue théorique demeurent cependant particulièrement imprécises et difficilement reproductibles, car on ne sait pas quels types de lésions peuvent faire les instruments chirurgicaux utilisés pour léser sélectivement une région, comme on ne sait pas où la pointe d'une électrode est réellement localisée dans le tissu nerveux. Dans ces conditions, les interprétations liées aux conséquences de ces manœuvres demeuraient parfois tout à fait hasardeuses. Les neuroanatomistes qui tentaient de colorer certains noyaux centraux ou certaines cellules nerveuses pour les mettre en évidence sous le microscope après fixation du tissu et réalisation de coupes fines se heurtaient aux mêmes limites.

Comme le soulignait Max Neuburger dans son histoire de la médecine publiée en 1906, la médecine devait faire un effort de précision pour trouver un point d'intersection adéquat entre empirisme et spéculation. Pierre Flourens, dès 1823, signalait ce grand problème d'imprécision quand on expérimentait sur le cerveau. Au cours du XIXe siècle l'exploration de la surface corticale du cerveau vivant devint chose commune et habituelle mais on ne put mettre en lumière de manière convaincante les effets de lésions ou de stimulations sous la surface corticale avant la mise en œuvre des techniques utilisant les coordonnées tridimensionnelles des structures cérébrales. Le développement des techniques stéréotaxiques allait faire disparaître l'imprécision des premières tentatives de cartographie cérébrale (Clarac, Ternaux, 2008).

L'idée originelle d'une surface de cerveau non excitable ou d'une réponse en masse lors d'une stimulation, base de la théorie holistique défendue par Flourens, allait d'abord être battue en brèche par les conclusions de Paul Broca, qui après l'autopsie, en 1861, de son patient, Monsieur Le Borgne, qui ne répondait aux questions posées que par la syllabe « tan », avait mis en évidence l'existence d'une aire spécifique du langage au niveau du cortex temporal gauche. La présence d'aires corticales spécifiques de chaque modalité sensitive et motrice est confirmée par les résultats de deux jeunes Allemands, Eduard Hitzig et Gustav Théodore Fritsch qui découvrirent sur le cortex du cerveau du chien une zone dont la stimulation électrique provoquait des contractions musculaires sur le côté opposé du corps (Clarke et Jacyna, 1987). Ils pouvaient dissocier la mise en jeu de la patte antérieure ou de la patte postérieure. Hitzig continue le travail et obtient des résultats similaires avec le singe. Ces premières données sur la localisation des centres moteurs cérébraux suscitent un intérêt croissant dans la communauté scientifique, en particulier au sein d'un groupe de neurologistes et de chirurgiens basé à Londres à la fin du XIXe siècle. David Ferrier, qui exerce ses activités au National Hospital de Queen Square, confirme et développe des résultats obtenus par Hitzig chez le singe et se permet, avec beaucoup d'audace, de tracer une cartographie corticale motrice de l'homme en extrapolant les résultats acquis chez le singe. La véritable première investigation systématique de la surface corticale est réalisée par deux autres médecins neurologues du National Hospital : Victor Horsley et son associé Charles Beevor. Tous deux ont rassemblé sur une grille millimétrique les points silencieux et ceux, postérieurs et antérieurs au sillon central, qui provoquaient lors de la stimulation électrique focalisée, une contraction controlatérale des muscles d'un orang-outan.

Sir Victor Horsley, anobli à l'âge de 45 ans, était un neurochirurgien talentueux et un expérimentateur hors pair. Il fut l'un des premiers à réussir des ablations de tumeurs de la moelle épinière et à formuler l'hypothèse que la réalisation des mouvements volontaires nécessitait l'intégrité de la voie corticospinale et des voies extrapyramidale (Tan, Black, 2002). En 1891, il est invité à faire une « Croonian lecture », l'une des plus prestigieuses conférences scientifiques de Grande Bretagne. Dans sa présentation intitulée « À propos du système nerveux des

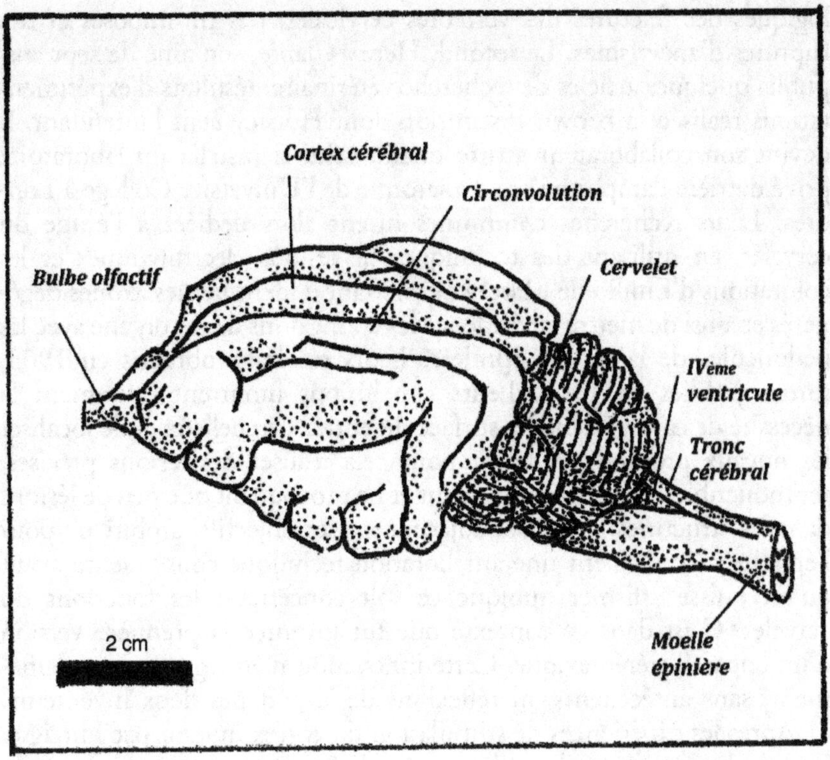

Anatomie du cerveau de chat.

mammifères, ses fonctions et ses localisations déterminées par stimulations électriques », il revendique être le premier à avoir déterminé, en utilisant la stimulation électrique, la localisation et l'estimation quantitative des messages afférents et efférents issus des centres nerveux en activité. Cette conférence est suivie un an plus tard de la publication d'un texte consacré aux relations topographiques à la surface du crâne et du cortex cérébral. Dans cet article, Horsley montre, graphiques détaillés à l'appui, les changements observés à la surface du cortex cérébral humain au cours du développement, du fœtus de quelques mois jusqu'à l'adulte et le vieillard âgé de 111 ans. Cette publication comporte également des représentations graphiques de la surface corticale du singe et marque une avancée remarquable dans la description des aires motrices cérébrales.

Au cours de sa carrière professionnelle ce brillant neurochirurgien et chercheur fut accompagné dans ses travaux par deux collaborateurs de valeur. Le premier Geoffroy Jefferson s'est intéressé aux effets neurologiques des fractures des vertèbres cervicales, des thromboses et des ruptures d'anévrismes. Le second, Henry Clarke, son aîné de sept ans, publia quelques articles de recherche vétérinaire, résultats d'expérimentations réalisées à Brown Institution dont Horsley était l'intendant. Il devint son collaborateur attitré quand celui-ci installa un laboratoire privé derrière l'amphithéâtre d'anatomie de l'University College à Londres. Leurs recherches communes furent alors dédiées à l'étude du cervelet, en utilisant des techniques de lésions électrolytiques et les colorations d'Emilio de Marchi permettant d'identifier les axones dégénérés et ainsi de mettre en évidence les connexions de cet organe avec les pédoncules de la moelle épinière. Leurs résultats, obtenus en 1903, furent publiés en 1905. Leurs conclusions montrent clairement la nécessité de cartographier la surface du cortex cérébelleux et de localiser les noyaux profonds. Il fallait pour cela réaliser des lésions précises, reproductibles, limitées en un point et ne provoquant que peu de lésions dans les structures nerveuses adjacentes. Ces objectifs, ambitieux pour l'époque, nécessitaient une amélioration technique conséquente avant qu'on puisse affirmer quoique ce soit concernant les fonctions du cervelet. C'est dans ce contexte que fut inventée la première version d'un appareil stéréotaxique. Cette innovation n'émergea pas soudainement, sans antécédents, ni réflexions de la part des deux inventeurs.

Après les expériences de stimulation du cortex moteur par Hitzig et Fritsch, les sections et les ablations localisées de structures centrales du cerveau devinrent des outils précieux dans l'arsenal technologique des neurobiologistes. Il s'agissait d'une part de corréler les données des cartographies anatomiques avec la fonction musculaire et d'autre part de tracer les voies nerveuses responsables de cette fonction. Pour ce faire, de fines lames, uniques ou en paires, montées, insérées sur un support équipé d'un pignon micrométrique, étaient dans un premier temps insérées dans le tissu cérébral à des profondeurs prédéterminées. D'autres modèles furent développés par la suite, en particulier par Frederich Trendelenburg, célèbre pour de nombreuses contributions techniques en médecine et en chirurgie. Il a ainsi mis au point le myelotome, un cadre portant un couteau pouvant pivoter dans tous les plans et dont le manche se projetait sur une feuille de laiton portant un pochoir correspondant à la lésion à effectuer. Grâce au tracé du contour de la lésion, il devenait possible de les reproduire. Parallèlement, Carl Ludwig construisait un système à deux coordonnées permettant le guidage d'une aiguille pour la stimulation électrique du tissu nerveux.

Atteint d'une pneumonie et condamné à des périodes de repos prolongées, Robert Clarke allait apporter la solution aux problèmes de précision et de reproductibilité des expériences de lésions et de stimulation. Son idée consistait à construire un instrument basé sur les principes géométriques d'un système à trois dimensions. Ce projet, approuvé et encouragé par Horsley, a conduit à la construction d'un cadre rectangulaire stéréotaxique. Cette réalisation prend corps avec l'aide de James Swift, mécanicien de la société Palmer and Company à Londres qui fabriquait déjà pour les hôpitaux et les laboratoires des pompes à respiration artificielle. Cette invention a été décrite pour la première fois dans un article signé Horsley et Clarke, en 1906.

En dehors de ses qualités de précision, l'appareil stéréotaxique de Horsley et Clarke présente la possibilité, avec des électrodes supportées et guidées sur un portoir spécifique, d'appliquer des stimulations électriques du tissu nerveux en surface ou en profondeur et d'étudier leurs effets. Il est possible ensuite, avec la même électrode, de réaliser des lésions électrolytiques aux mêmes sites. Son utilisation au niveau du cervelet montre de façon rigoureuse que les seuls centres moteurs efférents du cervelet concernent les mouvements de la tête et des yeux. Le cortex cérébelleux est relativement peu excitable et correspond essentiellement à une aire de réception des modalités sensorielles.

En 1908, Horsley et Clarke publient un article complet qui décrit les possibilités offertes par l'appareil stéréotaxique. Des améliorations ont été apportées au niveau des portoirs d'électrodes, des adaptations consenties pour aborder l'étude du cerveau de chat et de singe, des instruments mis au point pour réaliser des coupes séries de 1 à 2 millimètres de cerveaux congelés des deux espèces. À l'aide de ces outils, des séries de coupes frontales, sagittales et horizontales sont réalisées, photographiées et une grille millimétrique est appliquée sur les coupes pour déterminer les coordonnées tridimensionnelles de chaque structure cérébrale. Horsley et Clarke, avec leur appareil stéréotaxique, testent, chez le chat et le singe, différentes techniques de lésions, utilisant l'étincelle ou le courant continu. Ils évaluent, pour chaque type de lésion effectuée, l'étendue des zones nécrosées.

Une nouvelle ère s'ouvre pour l'étude du cerveau, mais il faut attendre les années 1950 pour que l'appareil soit utilisé de façon courante. Il est considéré, dans le domaine de la physiologie nerveuse, comme l'équivalent du microscope de van Leeuwenhoek ou du télescope de Galilée dans le domaine de l'astronomie. Une invention de taille qui contribue de façon majeure au progrès des connaissances sur le cerveau et qui est, au milieu du XXe siècle, adaptée pour les petits animaux comme le rat et la souris et pour l'homme à des fins neurochirurgicales et thérapeutiques. Au XIXe siècle, si on veut travailler sur un mammifère, on utilise essentiellement des chiens. Cependant, ces animaux de grosse taille sont peu utilisés par les neurophysiologistes qui, dans les années 1940 à 1980, leur préfèrent le chat et sa tête sphérique, forme très utile pour atteindre une structure profonde avec précision. Les autres mammifères ont des cerveaux beaucoup plus allongés, qui varient beaucoup plus avec la taille de l'animal. À partir des années 1980, le chat est délaissé pour différentes raisons, éthiques certainement, mais aussi de coût, les félins sont difficiles à élever et les spécimens de plus en plus cher. Le rat a l'avantage d'être de mieux en mieux connu aux niveaux pharmacologique et comportemental (Cooper *et al.*, 1991). Lorsque le chat est l'animal d'expérience, il est utilisé dans tous les domaines, pour connaître l'ensemble des voies sensorielles, des récepteurs périphériques aux régions cérébrales. En stimulant une entrée, on recueille dans les régions spécifiques un potentiel évoqué caractéristique. On établit les voies motrices partant des différentes aires identifiées pour caractériser les réponses médullaires et la mise en jeu des différents noyaux moteurs. On recherche sur des chats chroniques l'intervention des zones associatives dans des comportements plus ou moins complexes. Nous ne considérerons ici que l'évolution du sommeil, une des fonctions dominantes chez le chat.

Le chat : animal emblématique pour l'étude des mécanismes cérébraux du contrôle de la vigilance

Avec les débuts de l'électrophysiologie qui permet l'enregistrement de l'activité électrique de neurones de différentes régions du cerveau, la mise au point de techniques de lésions contrôlées, les progrès réalisés grâce aux appareils stéréotaxiques qui localisent des structures nerveuses intracérébrales, le développement des techniques neuroanatomiques généré par les travaux princeps de Golgi et de Cajal, la première moitié du XXe siècle s'inscrit dans l'histoire de la neurophysiologie comme une période d'avancée remarquable dans la compréhension des mécanismes cérébraux. La seconde moitié du siècle est elle aussi tout à fait exceptionnelle, grâce à deux phénomènes qui se complètent : la création des neurosciences, approche synthétique de toutes les sciences du cerveau et le développement de sciences nouvelles comme la génétique, la biologie moléculaire, l'informatique..., apportant au domaine de la neurobiologie les outils indispensables à une approche pluridisciplinaire. Il se crée une véritable rupture vis-à-vis des travaux passés, un nouvel élan est donné aux travaux sur le système nerveux. La construction d'outils technologiques de plus en plus performants pour connaître le cerveau, pour explorer les voies nerveuses, pour comprendre les grands principes de la transmission des informations entre neurones, pour détecter les substances chimiques et leurs récepteurs impliqués dans les mécanismes intimes de la communication synaptique, outre la possibilité plus récente de simuler et de modéliser avec les ordinateurs les activités cérébrales, de maintenir en culture des neurones embryonnaires, rien de tout cela n'a supprimé l'utilisation des animaux comme modèles expérimentaux. Si de nouveaux venus, comme la drosophile, les vers comme *Caenorhabditis elegans,* les rats et les souris de lignées continues ou les rongeurs génétiquement modifiés, ont enrichi le bestiaire des neurobiologistes, les mammifères traditionnellement utilisés dans la recherche neurobiologique n'ont pas cessé d'apporter des connaissances nouvelles. C'est en particulier le cas du chat, utilisé pour comprendre les mécanismes cérébraux à l'origine de la régulation des cycles de la veille et du sommeil.

L'aventure dans ce domaine débute dans les années 1920, avec les travaux de Hans Berger. Ce neuropsychiatre allemand invente l'électroencéphalogramme et mesure en 1926, pour la première fois, l'activité électrique du cortex cérébral chez l'homme. Cette technique, qui consiste à recueillir sur le scalp les signaux électriques émis par les populations de neurones localisées dans les différentes couches corticales, qu'il s'agisse de l'homme ou de l'animal, montre que les différents niveaux de vigilance s'accompagnent d'une activité électrique cérébrale de nature différente. L'état de veille se traduit par une activité de faible amplitude et de fréquence élevée, et la fermeture des yeux induit un changement immédiat de la fréquence des signaux sous forme d'un rythme spécifique nommé « rythme alpha ». L'endormissement du sujet ou de l'animal entraîne des modifications du tracé électroencéphalographique, caractérisé par des signaux de plus grande amplitude et de fréquence plus faible que pendant l'éveil, avec l'apparition de fuseau et d'ondes lentes caractéristiques d'un sommeil nommé « sommeil lent ». Les changements de l'état de conscience, affirme Berger, s'accompagnent bien de modifications de l'activité électrique du cerveau, il ne s'agit pas d'artefacts. Cette invention, qui apporte aujourd'hui encore des informations précieuses dans le diagnostic des maladies du système nerveux central et dans la localisation des traumatismes cérébraux accidentels, va à l'époque ouvrir des pistes nouvelles pour explorer le domaine complexe de la neurophysiologie du sommeil. En effet, le début du siècle véhicule de nombreuses théories complémentaires ou totalement opposées quant à la régulation du niveau de vigilance. Formulées dans une série d'articles scientifiques, elles peuvent être synthétisées en deux catégories principales. La première défend l'hypothèse que le sommeil est un phénomène passif qui correspond au relâchement de l'excitation d'un centre cérébral dédié à la veille.

Selon la deuxième, le sommeil serait dû, au contraire, à l'intervention de mécanismes actifs au sein du cerveau.

En 1929, Constantin Von Economo apporte quelques précisions quant à l'implication des centres hypothalamiques dans la genèse du sommeil lent. Ses observations anatomo-cliniques montrent que des encéphalites, qui induisent un sommeil irréversible et un état comateux, s'accompagnent dans la plupart des cas de lésions au niveau de l'hypothalamus postérieur, suggérant que cette région pourrait contenir le centre de la veille. Von Economo observe également que certaines maladies sont susceptibles d'induire des insomnies prolongées (agrypnies) qui entraînent la mort. L'analyse histologique post-mortem des cerveaux de ces patients révèle des lésions spécifiques de l'hypothalamus antérieur. Cette région serait donc un véritable centre du sommeil. Une dizaine d'années plus tard, Walter Rudolf Hess, physiologiste suisse prix Nobel de Médecine et de Physiologie en 1949, met à profit les avancées technologiques de Horsley et Clarke pour confirmer et compléter, chez l'animal, les données acquises par Von Economo chez l'homme. Les lésions spécifiques des différentes zones de l'hypothalamus, postérieur et antérieur, chez le chat, entraînent respectivement l'apparition du sommeil et de l'éveil.

En 1944, Hess met au point grâce à l'appareil stéréotaxique l'implantation sous anesthésie d'électrodes de stimulation dans différentes régions du diencéphale. Ces animaux implantés, dits « chroniques » dans le jargon des neurobiologistes, peuvent être testés un grand nombre de fois et les effets des stimulations cérébrales peuvent être étudiés et analysés sur un grand nombre d'expériences. La stimulation de l'hypothalamus postérieur déclenche l'éveil de l'animal, celle de l'hypothalamus antérieur déclenche, dans la plupart des cas, le sommeil. Les résultats de Hess sont attestés par une série de films qui montrent de façon spectaculaire que la stimulation électrique avec des électrodes en place dans certaines régions du diencéphale suscite aussitôt chez le chat, pris du besoin de dormir, une installation appropriée et en endormissement rapide, persistant après la fin de la stimulation. Ce stade demeure néanmoins fragile car le réveil est facilement provoqué par la présentation de stimuli naturels comme des odeurs de lait ou de viande. Malgré les interprétations de Hess, décrivant l'existence de deux centres hypothalamiques l'un responsable de la veille et l'autre du sommeil et formulant l'hypothèse que ces deux régions puissent s'inter-inhiber, les discussions relatives à cette organisation et à son rôle fonctionnel demeurent très actives. Le courant galvanique utilisé par Hess possède-t-il des propriétés excitantes, comme cela paraît probable, ou plutôt des qualités paralysantes ? Agit-on sur des centres de veille, de vigilance, ou sur des centres proprement inhibiteurs ?

Ces concepts fonctionnels évoluent avec les travaux de Frédéric Bremer, dont la carrière de chercheur est entièrement consacrée à la compréhension des mécanismes cérébraux impliqués dans le contrôle du niveau de vigilance. Dans la période 1935-1938, il met au point une préparation baptisée « encéphale isolé », qui consiste à sectionner, sous anesthésie, la moelle épinière du chat au niveau des premières vertèbres cervicales. L'encéphale est donc ainsi isolé de la moelle épinière. L'enregistrement électroencéphalographique de la veille et du sommeil montre clairement que les chats encéphale isolé présentent des proportions équivalentes d'éveil et de sommeil, comparés à des animaux dont la moelle est intacte. Bremer développe par la suite une préparation « cerveau isolé » qui consiste à sectionner le tissu nerveux entre les tubercules quadrijumeaux (section inter-colliculaire), en avant du tronc cérébral. Cette préparation, à l'inverse de l'encéphale isolé, ne fluctue plus entre veille et sommeil, mais présente un sommeil permanent (Bremer, 1935, 1936). Les résultats qualitatifs et quantitatifs obtenus par Bremer avec ces deux préparations, le conduisent à suggérer les mécanismes suivants : le sommeil résulte d'une déafférentation sensorielle puisque la section intercolliculaire a pour conséquence d'éliminer artificiellement toutes les informations véhiculées par les nerfs sensitifs à destination du cortex cérébral. Selon Bremer, pour un cerveau intact, les afférences sensorielles sont nécessaires pour maintenir un tonus cortical qui caractérise la veille et le concept de centres nerveux responsables de la veille et du sommeil au sein de l'encéphale n'a plus raison d'être.

Cette conception va être remise en question par les travaux expérimentaux de D.B Lindsey réalisés en 1949. Compte tenu des observations de Bremer, la lésion bilatérale des voies sensorielles au niveau du mésencéphale du cerveau de chat devrait induire un sommeil plus ou moins important. Les expériences de ce type, renouvelées un grand nombre de fois, ont été sans effet sur les quantités de sommeil. La situation du cerveau isolé de Bremer ne put être reproduite qu'en réalisant une lésion bilatérale de la formation réticulée mésencéphalique qui provoque une augmentation significative du sommeil.

Dans la même lignée, les travaux expérimentaux de Horace Magoun et de Guiseppe Moruzzi, réalisés en 1949 aux États-Unis, relancent l'hypothèse de l'existence d'un centre dédié à l'éveil au niveau du tronc cérébral. La stimulation électrique de la réticulée mésencéphalique du chat s'accompagne d'une réaction d'arrêt. L'enregistrement de l'électro-oculogramme permet de mettre en évidence l'induction de mouvements oculaires de grande amplitude et l'observation de la pupille de l'animal montre clairement le passage d'une pupille étroite en fuseau (myosis) à une pupille dilatée circulaire, caractéristique d'un éveil intense (mydriase). Dans ce contexte, la formation réticulée mésencéphalique semble être un centre d'éveil. Elle reçoit des informations multiples des diverses afférences sensorielles. C'est une région de convergence des informations sensorielles, d'origine somatique ou végétative. On parle alors de système activateur ascendant capable d'induire un éveil cortical lors de sa mise en jeu. La stimulation de cette région du tronc cérébral augmente les activités réflexes médullaires, ainsi que le tonus postural. La formation réticulée possède donc une action « dynamogénique » car elle favorise l'activation corticale et la motricité (Moruzzi, Magoun, 1949).

Parallèlement à la mise en évidence d'un centre bulbaire responsable de l'éveil, le chat constitue aussi un modèle de choix pour caractériser des régions cérébrales impliquées dans l'induction et le maintien des stades du sommeil lent. Le thalamus est identifié comme une structure nerveuse impliquée dans la genèse des fuseaux et des ondes lentes corticales caractéristiques du sommeil lent. Des voies nerveuses spécifiques sont tracées entre la formation réticulée mésencéphalique et les noyaux non spécifiques du thalamus, suggérant que l'éveil pourrait être lié à une activation du thalamus, empêchant la formation des ondes lentes et des fuseaux caractéristiques du sommeil lent.

Dès les années 1950, les hypothèses relatives à la régulation du niveau de vigilance se révèlent beaucoup plus complexes. Les sections médiopontiques chez le chat montrent leurs effets sur l'augmentation de la veille, indiquant vraisemblablement l'existence d'un centre dédié au sommeil lent dans le bulbe postérieur. L'induction du sommeil lent est obtenue par stimulation du cortex préoptique, une région cérébrale recevant de nombreuses projections des neurones thalamiques. Par ailleurs, toujours chez le chat en préparation encéphale isolé, l'induction de phases de sommeil lent est observée lors de la dilatation des sinus carotidiens ou de la stimulation électrique bilatérale des nerfs vago-aortiques. Les fibres nerveuses mises en jeu lors de cette stimulation se projettent sur le noyau du faisceau solitaire dont la destruction électrolytique provoque un éveil cortical et comportemental. Un nouveau centre du sommeil était découvert.

Nos chats dormeurs sont aussi acteurs d'autres découvertes et d'avancées conceptuelles dans le domaine des mécanismes de régulation du niveau de vigilance. Dans les années 1960, les travaux princeps en anatomie fonctionnelle de Falck et Hillarp, neurobiologistes suédois, ouvrent un champ d'étude qui se révèle comme une révolution dans les connaissances sur le cerveau. Si la première partie du XXe siècle a permis de caractériser les propriétés électriques des neurones, les mécanismes de transmission des messages nerveux dans les axones et les mécanismes de réception au niveau des dendrites, de valider la notion de transmission chimique formulée avec les expériences princeps de Loewi et de Dale, la possibilité de voir les neurotransmetteurs dans le système nerveux central suscite un foisonnement de travaux dans le domaine de la neuroanatomie, de la neurochimie fondamentale et fonctionnelle. Falck et Hillarp, avec la mise au point d'une technique permettant de visualiser sur des sections fines de tissu cérébral les neurones contenant des amines comme la sérotonine, la dopamine ou la noradrénaline, cartographient dans l'ensemble du cerveau de chat les réseaux de neurones capables de synthétiser ces substances. La cartographie des neurones contenant la sérotonine révèle qu'ils sont localisés dans le tronc cérébral, au niveau de la ligne médiane, dans une série de noyaux (groupes de corps cellulaires de cellules nerveuses) distribués le long du bulbe rachidien (noyaux du raphé).

Michel Jouvet, médecin et chercheur à Lyon, montre que la destruction sélective de ces neurones à sérotonine provoque une augmentation significative des quantités d'éveil. Ces résultats, confirmés par une destruction sélective à l'aide d'outils pharmacologiques, semblaient suggérer que la sérotonine était le médiateur du sommeil.

L'idée que la sérotonine à elle seule puisse être considérée comme le neurotransmetteur responsable du sommeil lent, est vite abandonnée, car les découvertes effectuées par l'équipe de Michel Jouvet montrent rapidement que la régulation du niveau de vigilance implique la mise en jeu non pas d'une, mais de plusieurs substances : amines, acétylcholine, peptides, hormones... La neurophysiologie du sommeil se révèle de plus en plus délicate du fait de l'implication d'un grand nombre de structures cérébrales et des interactions multiples entre neurones synthétisant des neurotransmetteurs différents. Le schéma général d'organisation des réseaux de neurones impliqués dans l'éveil et le sommeil n'est certainement pas encore complet aujourd'hui.

Si l'intégrité des systèmes sérotoninergiques semble indispensable pour le maintien du sommeil lent, les systèmes noradrénergiques du locus coeruleus, localisés en avant du tronc cérébral, régulent l'éveil cortical et comportemental. Ces deux systèmes interconnectés s'inhibent mutuellement et génèrent des fluctuations du niveau de vigilance se traduisant par des alternances de phases de veille et de sommeil lent, comme l'a observé Bremer avec le chat en préparation encéphale isolé (Jouvet, Pujol, 1972).

La régulation indolaminergique joue certainement un rôle majeur dans la régulation du niveau de vigilance. Les mécanismes neuronaux qui président à ce contrôle ont été finement étudiés, en particulier chez le chat en préparation chronique, en utilisant différentes méthodes d'investigation allant de la neuroanatomie en histofluorescence ou en immunofluorescence (marquage des neurones à l'aide d'anticorps dirigés contre les neurotransmetteurs ou leurs enzymes de synthèse), de la pharmacologie, du dosage des neurotransmetteurs, ou l'approche électrophysiologique avec les enregistrements polygraphiques du sommeil (électroencéphalogramme, électro-oculogramme, tonus musculaire, enregistrements profonds des relais visuels thalamiques...). Les structures nerveuses impliquées ont été localisées et leurs interrelations ont été étudiées.

L'acétylcholine (ACh), l'histamine, des peptides comme le « Vaso Intestinal Peptide » (VIP) ou la substance P, le monoxyde d'azote (NO), un neurotransmetteur libéré sous forme gazeuse au niveau du tissu cérébral, des facteurs hypnogènes circulants, ont également été identifiés comme des éléments régulateurs du niveau de vigilance.

En quelques décennies, les hypothèses de l'existence de deux centres spécifiques responsables de la veille et du sommeil se sont transformées en un concept d'organisation en réseaux où les éléments constitutifs sont en interactions permanentes. Cette organisation, véritable patchwork neuronique, est construite sur le mode d'une architecture câblée, respectant les grandes voies nerveuses qui connectent les différentes régions cérébrales concernées, mais son fonctionnement est aussi contrôlé par un système flou impliquant de nombreuses molécules dont l'origine résulte à la fois de la production par les neurones eux-mêmes, les cellules gliales qui les entourent ou encore d'un apport exogène dans le milieu extracellulaire via la circulation (Ungerstedt, 1971).

Même si le rat et la souris ont depuis quelques décennies avantageusement remplacé le chat, avec des possibilités d'investigation du sommeil sur différentes souches présentant des comportements différents, ou son analyse chez des animaux transgéniques présentant une invalidation ou une surexpression de gènes d'intérêt, nos « matous dormeurs » ont apporté beaucoup dans un domaine où la recherche neurobiologique n'a pas encore percé tous les mystères. Le rêve et son expression au cours du sommeil suscitent encore de nombreuses interrogations quant aux mécanismes cérébraux qui président à son installation.

À quoi rêvent nos minets et nos minettes ? Neurobiologie et fonction onirique

Comprendre le long sommeil du chat, son oisiveté, sa paresse, caractéristiques génériques qui marquent d'un trait commun l'ensemble des félins, nécessite d'observer finement, avec l'œil averti de l'éthologie, les comportements quotidiens de l'animal. Chasseur solitaire, tout comme le roi lion, sa productivité en termes de proie n'est pas des plus brillantes puisque ses succès de chasse se limiteraient à un trophée pour six tentatives. Les longues attentes qui demandent une attention soutenue, les courses folles, les bonds, les sauts parfois démesurés pour agripper la proie au collet, implique une dépense énergétique qui dépasse de loin la moyenne estimée pour les mammifères de tout poil. La nourriture est rare et précieuse et de longues périodes de jeûne s'écoulent généralement entre deux prises. Pour ménager leur budget énergétique et rétablir une balance homéostasique équilibrée, les félins s'accordent de longues périodes de repos et de sommeil, garantes de faibles dépenses énergétiques.

Ces comportements, en partie effacés par la domestication, résultent de l'expression de son génome. Le chat est « programmé » pour alterner des phases de sommeil et de veille intense, ces dernières étant dédiées à la chasse. L'observation du chat en train de dormir donne tout à la fois l'impression d'un sommeil profond mais fragile, vulnérable au moindre changement de l'environnement. Le félin, grand chasseur, peut lui aussi se transformer en proie. Alors, il faut dormir en restant vigilant !

Le chat rêve-t-il, comme l'homme ? Vaste question, posée depuis l'Antiquité, et qui reste sans réponse jusqu'au milieu du XXe siècle. D'un point de vue épistémologique, le rêve s'est toujours inscrit entre la psychanalyse et les neurosciences. Dans la tradition philosophique issue des réflexions des médecins et des penseurs de l'Antiquité, le rêve est considéré comme une expression mentale aux origines très variées, résultant tour à tour d'un traitement psychique des messages des dieux, du corps, de la santé et des maladies, ou encore des désirs ou de la sexualité. La preuve d'un support biologique du rêve a été apportée si récemment qu'il demeure aujourd'hui encore impossible de concilier les conceptions apportées par les biologistes et celles qui concernent les fonctions psychiques, étayées au XIXe siècle par la psychanalyse. Les conceptions freudiennes relatives aux fonctions du rêve, considéré comme « le gardien du sommeil », expression d'un désir refoulé ne mettant pas en péril les vertus du sommeil, ne sont pas restées intactes dans la confrontation avec les neurosciences. Cette confrontation a particulièrement marqué la seconde moitié de notre XXe siècle.

Après les travaux de Hans Berger et la découverte des changements de l'activité électrique corticale en fonction des niveaux de vigilance du sujet, qu'il s'agisse de l'homme ou du chat, plusieurs physiologistes ont consacré leur carrière de recherche à l'étude du sommeil. C'est le cas de Nathaniel Kleitman, professeur de physiologie à l'université de Chicago, le premier à aborder le sommeil sous l'angle des rythmes biologiques. Il est le créateur du concept de cycle de base de repos et d'activité (« *basic rest-activity cycle* ») et l'un des premiers à s'intéresser aux fondements biologiques du rêve. En combinant la pratique de l'interrogatoire des sujets et les techniques d'enregistrements mises au point par Hans Berger, il tente vainement de corréler la description du rêve avec un éventuel pattern d'activité électrique corticale qui lui serait spécifique. En 1937, Alfred Lee Loomis a distingué les différents programmes

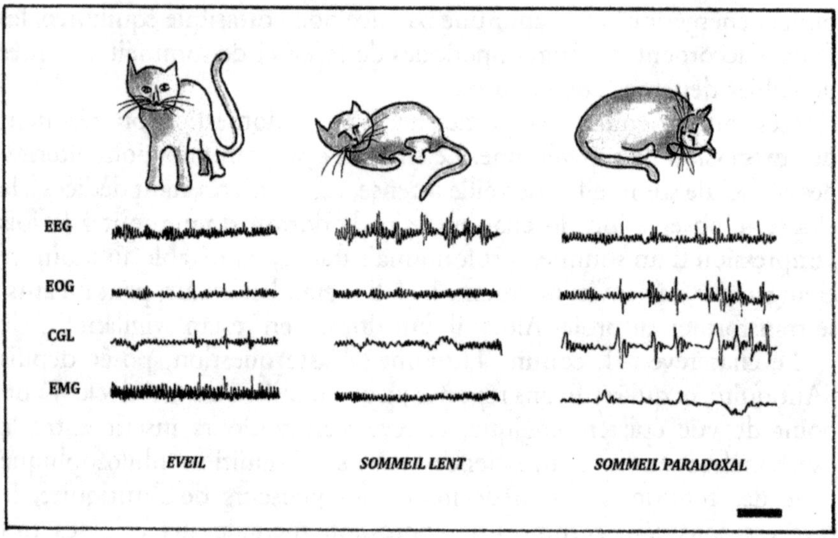

Stades de sommeil chez le chat. EEG : électroencéphalogramme (cortex moteur). EOG : électro-oculogramme (enregistrement des mouvements oculaires). CGL : activité électrique du corps genouillé latéral (relais thalamique des afférences visuelles).EMG : enregistrement de l'activité musculaire (muscles de la nuque). Le sommeil lent est caractérisé par une activité corticale de grande amplitude et de fréquence relativement lente (fuseaux et ondes lentes du sommeil lent et profond), le tonus musculaire diminue. Pendant le sommeil paradoxal (sommeil de rêve) on observe une activité électrique corticale comparable à celle de la veille. Des mouvements oculaires intenses et des bouffées d'activité au niveau du CGL, synchrones des mouvements oculaires, sont détectées. Le tonus musculaire est totalement inhibé au cours du sommeil paradoxal.

d'activité électrique corticale au cours du sommeil. Il construit ainsi une classification et fait l'hypothèse que le rêve est associé à un stade de sommeil léger, dont le tracé électrocorticographique est caractérisé par des signaux de faible voltage et de fréquence relativement élevée.

Les progrès concernant la caractérisation du rêve pendant le sommeil vont venir avec les techniques permettant d'enregistrer les mouvements oculaires. En 1953, dans le laboratoire de Kleitman, avec le développement de l'électro-oculographie, Eugen Aserinsky met en évidence l'existence d'une organisation périodique de l'activité oculaire de sommeil faisant apparaître un nouveau type de mouvements oculaires, caractérisés par des phénomènes électriques rapides et parfois en saccades, se distinguant très nettement des activités lentes précédemment observées. En réveillant les sujets au cours de ces phases de mouvements oculaires rapides et en les interrogeant sur leurs rêves, Aserinsky put établir une bonne corrélation entre ces mouvements oculaires typiques et les souvenirs des rêves (Aserinsky, Kleitman, 1955). L'association de ces phénomènes psychiques avec des modifications végétatives comme les activités cardio-respiratoires, l'a amené à faire de ces phénomènes l'expression d'un niveau particulier d'activité corticale correspondant au rêve. Les travaux d'Aserinsky ont été complétés par William Dement, élève de Kleitman qui a découvert l'existence d'une organisation d'un patron électroencéphalographique particulier, caractérisé par une activité électrique de bas voltage et de fréquence élevée avec absence de fuseaux et d'ondes lentes. En 1957, Kleitman et Dement proposent une nouvelle classification des stades de sommeil avec quatre stades de profondeurs croissantes se succédant de manière cyclique (Dement, Kleitman, 1957). Le stade 1 est associé aux mouvements oculaires rapides.

Si Aserinsky avait bien mis en évidence un stade de sommeil nouveau baptisé « *Rapid Eyes movements sleep* » (REM sleep), les interprétations de Kleitman et Dement placent le rêve comme un niveau de conscience émergeant dans un continuum allant de la légèreté à la profondeur, et non comme un troisième état de vigilance, totalement distinct du sommeil lent et de l'éveil. Le rêve, associé à une activité électrique corticale de faible amplitude, avec ses mouvements oculaires rapides, semble être plus proche de l'éveil, comme si le sujet rêveur observait une scène réelle. Le rêve de Dement demeure un sommeil léger. Cette conception n'a pas été sans attiser quelques controverses majeures. Dans le contexte de la psychanalyse américaine de l'époque, Dement aborde également les questions liées à la fonction du rêve. Les outils de la neurophysiologie en permettaient alors une approche plus objective. L'état psychique des sujets a-t-il des conséquences sur la qualité du rêve et sur l'organisation des périodes d'expression ? La théorie freudienne du rêve comme expression d'un désir refoulé s'accorde-t-elle à la conception du rêve comme allégement du sommeil ? Dement tente de répondre à ces questions en privant de sommeil des sujets humains et des animaux. Les résultats obtenus sont indécis et leurs interprétations sujettes à controverses. La privation de sommeil pendant des durées importantes entraîne des modifications physiologiques qui ne s'accompagnent pas de l'installation d'un état psychotique. Ces privations de sommeil sont suivies par des rebonds spectaculaires de sommeil lent et de sommeil à mouvements oculaires rapides, comme si le sommeil était indispensable à l'équilibre physiologique. Quel rôle joue le rêve dans cette récupération ? Une question qui demeure encore aujourd'hui sans réponse formelle.

C'est avec le chat que les recherches dans le domaine du rêve évoluent de façon décisive à l'orée des années 1960. Michel Jouvet, dans la tradition d'une approche expérimentale et dans la lignée des préceptes de Claude Bernard et l'influence indéniable de la méthode d'expérimentation chronique développée par Ivan Pavlov permettant une étude à long terme des réactions et des comportements animaux, a développé chez le chat chronique une série d'expériences s'inspirant des résultats précédemment obtenus par Frédéric Bremer avec la préparation encéphale isolé et ceux de Magoun et Moruzzi, relatifs à l'existence d'un centre d'éveil, localisé au niveau de la formation réticulée mésencéphalique.

Les premiers travaux de Michel Jouvet ont permis d'établir que le sommeil lent est le résultat d'une inhibition active exercée par le cortex cérébral sur les neurones de la formation réticulée mésencéphalique. L'ablation du cortex cérébral, couplée à l'enregistrement des structures sous corticales et à l'enregistrement de l'activité électrique musculaire permet à Michel Jouvet, en 1959, de mettre en évidence l'existence d'une phase de sommeil qu'il nommera « phase paradoxale » du fait de son tracé électroencéphalographique identique à celui de l'éveil, accompagné d'une atonie musculaire totale. L'activité électrique corticale de faible amplitude et de fréquence élevée trouve sa source dans le tronc cérébral et elle se retrouve dans le cortex chez des chats où l'ablation de l'écorce cérébrale n'est pas totale. L'atonie musculaire est le témoin d'un processus d'inhibition qui se traduit également par l'élévation du seuil d'éveil à un stimulus auditif. Michel Jouvet et François Michel, auteurs de cette expérience princeps, affirment que cette « phase paradoxale » n'est pas, comme le pensaient Kleitman et Dement, un stade intermédiaire ente la veille et le sommeil, mais un stade de sommeil plus profond, paradoxal puisqu'il présente un tracé d'éveil accompagné de phénomènes végétatifs et somatiques du sommeil profond. Le sommeil paradoxal est bien un troisième état de vigilance et non un nouveau niveau de conscience, puisqu'on le retrouve chez le nouveau-né ou le comateux chronique dépourvu de conscience (Jouvet, Michel, 1960).

Dans les années 1970, en utilisant les techniques de lésions et de stimulation chez le chat chronique, couplées avec des dosages biochimiques des amines cérébrales, Jouvet et ses élèves décryptent les mécanismes intimes qui sous-tendent l'apparition du sommeil paradoxal. Les noyaux responsables au niveau du tronc cérébral sont localisés et leur contenu en monoamines, en particulier en sérotonine, est identifié. Ces résultats, étayés par de nombreux arguments convergents, donnent lieu à la formulation d'une hypothèse sur le déterminisme monoaminergique du sommeil paradoxal, un concept qui demeure encore en partie vrai de nos jours. Sauf exception pathologique, le sommeil paradoxal, auquel Jouvet associe le rêve, ne peut prendre place dans le cycle veille-sommeil que si une quantité seuil de sommeil lent n'a pas été préalablement observée. Dans ces conditions, chez le chat, le sommeil profond caractérisé au niveau cortical par un tracé de grande amplitude avec des fuseaux et des ondes lentes est suivi d'une courte période transitoire nommée sommeil phasique à ondes lentes où les activités corticales de grande amplitude sont accompagnées d'une diminution du tonus musculaire et de l'apparition de mouvement oculaires rapides. Cette phase transitoire annonce le sommeil paradoxal, marqué par un changement brutal de l'activité électrique corticale, avec une faible amplitude et une fréquence élevée, une atonie musculaire complète, des mouvements oculaires rapides en saccades synchrones, d'activité électriques de type pointe au niveau du pont, du premier relais thalamique des afférences visuelles : le noyau géniculo-latéral et du cortex visuel occipital (pointes ponto-géniculo-occipitale ou PGO).

Cette phase de sommeil paradoxal, substrat biologique du rêve, ne peut échapper à l'œil averti des amoureux du chat domestique. Le chat dort comme détaché du monde, son museau enfoncé au creux de ses pattes avant, toutes griffes rétractées. Il vient de s'enfoncer au plus profond de son sommeil. Ses muscles ont perdu toute tension caractéristique du chasseur aux aguets, ils sont flasques, comme muets. Seuls, sous les paupières, les globes oculaires s'agitent en saccades comme entraînés par des forces invisibles... De temps à autre quelques brefs sursauts involontaires soulèvent son pelage en courtes vaguelettes...

Les activités phasiques du sommeil paradoxal ont longuement été étudiées par les élèves de Michel Jouvet. L'origine et la nature des pointes ponto géniculo-occipitale ont été précisées, sans qu'on puisse réellement conclure quant à leur rôle physiologique dans le sommeil paradoxal. Plusieurs hypothèses ont été néanmoins formulées dont celle, ô combien séduisante, de messager du contenu des rêves pour un décryptage au niveau des neurones corticaux de l'aire occipitale. La connaissance des structures responsables de l'inhibition du tonus musculaire au cours du sommeil paradoxal est acquise dans les années 1970, avec la mise en évidence de l'influence inhibitrice du noyau locus coeruleus sur l'activité des neurones moteurs de la moelle épinière.

En levant cette inhibition par des expériences de lésion électrolytique ou pharmacologique du locus coeruleus, Jouvet obtient des chats chroniques dont le sommeil paradoxal est dépourvu d'atonie musculaire, c'est-à-dire des animaux capables de vivre leurs rêves. Dans ces conditions, il observe l'apparition de comportements et d'attitudes tout à fait identifiables et stéréotypées, comme des postures d'affût, de prédation, d'attaque, de peur, de rage, de défense... sans jamais déceler de comportement de nature sexuelle. Jouvet parle de « comportements oniriques ».

Avec son approche expérimentale chez le chat, Jouvet a donc replacé le rêve sur le terrain de la biologie (Jouvet, 1992). Sa théorie du sommeil paradoxal comme deuxième état de sommeil et troisième état de vigilance n'est pas immédiatement acceptée et comprise par tous. Bremer, Kleitman, Eccles, éminents neurobiologistes, et bien d'autres, ne peuvent concevoir qu'un phénomène aussi particulier et étrange que le rêve puisse être désigné par le terme « sommeil ». Dans les conceptions prédominantes de l'époque, le mot « sommeil » n'est pas pertinent pour désigner un événement aussi singulier. Michel Jouvet s'engage dans la recherche des indices permettant d'établir les fonctions biologiques soutenues par le sommeil paradoxal. Systématiquement, il développe une démarche pluridisciplinaire mettant en œuvre à la fois la neurophysiologie expérimentale, la neurochimie, les approches phylogénétique et ontogénétique. La théorie mono-aminergique du sommeil est particulièrement développée, établissant un tableau d'ensemble bien défini tant sur le plan neuro-anatomique que neurochimique. Ainsi, dans les années 1980, les mécanismes aminergiques sous-tendant l'expression des différentes phases de sommeil, y compris du sommeil paradoxal, sont établis.

Même si la théorie aminergique du sommeil demeure incontestable, la découverte dans les années 1980 de la co-localisation des neuropeptides et des neurotransmetteurs dans un même neurone pose de nouvelles questions quant au rôle de ces peptides sur la genèse et le maintien du sommeil.

L'évolution du sommeil au cours de l'ontogenèse et de la phylogenèse a été essentiellement étudiée par Danièle Jouvet-Mounier en utilisant une approche expérimentale comparée des états de vigilance chez le chat, le rat et le cobaye.

En 1960, Danièle Jouvet-Mounier montre, chez le chaton, que dès les premières heures après la naissance, l'observation visuelle du comportement permet de distinguer les trois états de vigilance : l'éveil, le sommeil agité et le sommeil calme. Après un éveil de courte durée, au cours duquel l'animal tète ou se déplace de façon maladroite, un épisode de sommeil agité, nommé « sommeil sismique » est observé avec de nombreux sursauts et des mouvements oculaires visibles sous les paupières soudées. Après plusieurs minutes, les sursauts cessent et l'animal est alors calme pendant plusieurs minutes, puis les sursauts réapparaissent. Les enregistrements polygraphiques des chatons nouveau-nés montrent que le sommeil agité s'accompagne d'une atonie musculaire interrompue par les sursauts. Les mouvements oculaires ne peuvent être enregistrés qu'à partir du troisième jour postnatal. L'activité électrique corticale est constituée de quelques fuseaux de faible amplitude séparés par une activité de très faible amplitude. Celle-ci ne présente aucune variation entre les trois stades de sommeil (Jouvet-Mounier, 1968).

L'activité corticale se différencie au cours de la deuxième semaine postnatale. L'électroencéphalogramme présente alors, pendant le « sommeil sismique », une activité rapide associée à un rythme thêta d'abord en fuseaux puis régulier, alors que l'activité corticale d'éveil n'est pas différente de celle du sommeil calme. Les ondes lentes qui caractérisent le sommeil calme apparaissent au cours de la troisième semaine postnatale et l'activité rapide de faible amplitude, spécifique de l'éveil est la dernière à se mettre en place. Au cours de ces premières semaines de maturation du chaton, le sommeil agité représente 90 % du sommeil total et 50 % du temps d'enregistrement.

L'observation du sommeil chez le raton, plus immature que le chaton à la naissance, apporte le même type d'évolution avec une plus grande proportion de sommeil agité à la naissance. À l'inverse, le cobaye, espèce nidifuge dont les jeunes quittent le nid peu après la mise bas, présente à la naissance une durée de sommeil agité très proche de celle de l'adulte et inférieure à celle des espèces nidicoles où les jeunes sont élevés au sein du nid. Ces résultats montrent clairement que la quantité de sommeil agité à la naissance dépend de façon étroite de l'état de maturation du cerveau.

En affinant les enregistrements, Danièle Jouvet-Mounier montre que les épisodes de sommeil agité, associant des mouvements oculaires rapides à l'atonie musculaire, sont tout à fait semblables à ceux du sommeil paradoxal de l'adulte. La prépondérance du sommeil paradoxal au début de la vie pose des questions quant au rôle fonctionnel de ce stade.

L'approche phylogénétique du sommeil paradoxal, réalisée chez le chat, le chien, l'agneau, le rat, la souris et le singe, montre que ce stade de sommeil est caractéristique de l'ensemble des mammifères, y compris les mammifères marins comme le dauphin et la baleine qui ne dorment que sur un « seul hémisphère cérébral », l'un étant en sommeil lent, l'autre éveillé. À quelques exceptions près et pour des raisons liés à l'environnement, comme l'absence d'atonie musculaire chez les singes arboricoles, menacés par les prédateurs carnivores, tous les mammifères présentent des phases de sommeil paradoxal accompagnées par des mouvements oculaires rapides et une atonie musculaire.

Les travaux de Marcel Klein (1962) ont permis de mettre en évidence les caractéristiques du sommeil chez la poule. Le sommeil calme associé à des ondes lentes de grande amplitude est semblable à celui des mammifères. Le sommeil paradoxal est également présent mais plus difficile à observer car les épisodes sont brefs et peu fréquents chez l'adulte. Un véritable zoo a été déployé pour étudier le sommeil chez différentes espèces. Tortues, pythons, crocodiles, caïmans, tatous, hérissons, taupes, musaraignes, furets, dauphins, baleines, ornithorynques, truites, marsupiaux, babouins, chimpanzés, gibbons...ont été tour à tour étudiés dans différents laboratoires.

L'essentiel de ces études pionnières de l'évolution phylogénétique se résume à l'apparition du sommeil paradoxal chez les animaux à sang chaud, les oiseaux et les mammifères. Les ondes lentes, associées au sommeil calme, sont uniquement présentes chez les animaux qui possèdent un néocortex, comme les mammifères, ou un équivalent comme le toit optique des oiseaux. La présence du néocortex s'accompagne du développement important des structures pontiques où se situent les réseaux neuronaux responsables du sommeil paradoxal. Le sommeil est plus court chez les animaux chassés que chez les chasseurs. Cependant, l'existence d'un terrier protégé pour certaines espèces chassées entraîne des durées de sommeil voisines de celles constatées chez les chasseurs.

L'ensemble des données acquises par l'approche onto et phylogénétique est à la source des théories qui font jouer au sommeil paradoxal un rôle dans l'expression génétique *in utero* qui participe à la construction et à la maturation des réseaux neuronaux et à l'expression, dès les stades précoces, de comportements qui caractériseront l'espèce à son stade adulte. La survenue du sommeil paradoxal de façon périodique aurait aussi comme vertu de s'opposer aux effets de l'activité de la phase diurne sur le système nerveux et de permettre la conservation des caractéristiques génétiques. Dans ce contexte, Jouvet a aussi proposé que la phase de sommeil paradoxal puisse contribuer à la reprogrammation génétique des comportements de base de l'espèce. Pour vérifier cette hypothèse, il a cherché à voir si la privation de sommeil paradoxal entraînait des modifications comportementales observables. Cette expérience s'est révélée vaine.

Une alternative serait que le sommeil paradoxal puisse jouer un rôle dans la conservation de certains traits individuels, jouant le rôle d'arbitre entre les déterminismes génétiques et les influences épigénétiques impliquées dans la maturation du système nerveux.

Même si l'assimilation du sommeil paradoxal au rêve a été très fréquemment contestée, les travaux de l'école de Jouvet ont ouvert de nouveaux horizons dans l'étude du sommeil et du rêve. Aujourd'hui, des travaux récents ont mis en évidence la présence d'activité mentale au cours du sommeil lent, phase au cours de laquelle une activité onirique a été parfois observée, des activations d'aires corticales semblables à celles observées au cours du sommeil paradoxal ont été observées par imagerie en résonance nucléaire (IRM). Les sciences du rêve ouvrent aujourd'hui de nouvelles pistes et nos félins compagnons n'ont peut-être pas fini de nous aider (Debru, 2006).

« Le chat ? Un rêveur dont la philosophie est dormir et laisser dormir », *Saki.*

Chapitre 12

LE CERVEAU DU SINGE... SI PROCHE

Qui n'a pas observé un singe dans un zoo et n'a pas été impressionné par son regard perdu ? Qui n'a pas été intrigué par ces gestes précis mais maladroits rappelant ceux d'un petit d'homme ? Les reportages animaliers sont légions, sur les plateaux d'Abyssinie, dans les forêts profondes d'Afrique centrale ou d'Indonésie... Les macaques des neiges du Japon se baignent dans les eaux chaudes des thermes de Shiga Kogen. Ils reposent dans un bain de vapeur alors que la glace envahit leurs moustaches... Leurs troupes sont parfois sages, parfois affolées et bruyantes, ou brutales comme celles des babouins qui se sentent attaquées.

Singes et humanité, un difficile dialogue

Les singes sont une énigme pour l'homme, si proches de nous et si différents. L'homme a obstinément essayé d'établir une séparation définitive entre cet animal velu et chaotique et sa propre humanité. Pour mieux conquérir et dominer la nature, il s'est voulu seul dans sa réussite biologique. Les religions ont créé un monde où l'homme est au centre d'une nature qu'il domine totalement. Descartes parle d'animaux-machines, mais l'homme, lui aussi, est une machine... ne lui en déplaise ! Linné, dans son grand effort d'organiser le monde vivant, animal et végétal, publie en 1735 l'ouvrage qui allait l'immortaliser, le *Systema naturae*. Il y expose une classification rigoureuse des trois règnes de la nature qu'il scinde en classes, ordres, genres et espèces. Pour les espèces supérieures, il crée la classe des primates, divisée en quatre genres : *Homo* (l'homme), *Simia* (les singes), *Lemur* (les lémuriens), et *Vespertilio* (les chauves-souris). L'homme n'est qu'un être vivant parmi les mammifères. Les espèces qui vivent aujourd'hui, pense Linné, sont identiques à celles de l'origine du monde. Aucune n'a disparu, aucune n'est apparue. Linné est créationniste et fixiste, Dieu et la Bible occupent une place centrale dans sa vision du monde. Fils de pasteur, il est convaincu d'avoir été élu par Dieu pour retrouver l'ordre de la Création : « *Deus creavit, Linnaeus disposuit* », telle est sa devise.

La révolution darwinienne, précédée par le transformisme de Lamarck, bouscule tout cela... C'est lors de son fameux voyage sur le

Beagle qu'il prend conscience que le monde évolue. Il ose à peine se l'avouer, c'est ce qu'il dit dans une lettre du 11 janvier 1844 au botaniste célèbre et ami indéfectible, J. D. Hooker :

> « J'ai décidé de rassembler aveuglément toutes les sortes de faits susceptibles de se rapporter d'une façon ou d'une autre à ce que sont les espèces. J'ai lu quantité de livres d'agriculture et d'horticulture, et n'ai pas cessé de rassembler des faits. Finalement, quelques lueurs sont apparues, et je suis presque convaincu, contrairement à mon opinion de départ, que les espèces (j'ai l'impression d'avouer un meurtre) ne sont pas immuables. Le ciel me préserve des inepties de Lamarck, de sa tendance à la progression et des adaptations dues à la volonté continue des animaux, etc. mais les conclusions auxquelles je suis conduit ne diffèrent pas grandement des siennes, bien que les agents de la modification soient entièrement différents. »

Après avoir accumulé une masse énorme de documents, il réfléchit pendant plus de vingt ans pour élaborer une théorie qui le choque lui-même. Il la publie, forcé et poussé par Alfred Russel Wallace qui, naturaliste, géographe, explorateur, anthropologue et biologiste britannique, partagea les mêmes concepts que lui. *L'Origine des Espèces* paraît le 24 novembre 1859. Les 1 250 exemplaires du premier tirage sont vendus le premier jour. Quel scandale ! S'il y a évolution, d'où venons-nous ? Des singes ? Oser imaginer que l'on possède la même origine que cette bête ignoble ! Les caricatures fleurissent, qui représentent Darwin avec une tête simiesque. Le 30 juin 1860 au musée de l'université d'Oxford a lieu un débat resté fameux sur ce que certains considèrent comme une hérésie. Darwin, malade, ne vient pas. S'opposent Thomas Henry Huxley, le biologiste, à l'évêque Samuel Wilberforce. L'intervention de l'archevêque est aujourd'hui oubliée, mais celle d'Huxley est restée en mémoire : « *Je n'ai pas honte d'avoir un singe comme ancêtre mais j'aurai grandement honte si je connaissais quelqu'un qui use de subterfuges pour nier la vérité !* »

Malgré les réactions violentes de la communauté scientifique et de l'opinion publique, Darwin continue ses travaux et confirme ses premières conclusions. En 1863, il publie *Evidence as to Man's Place in Nature (La Place de l'homme dans la nature)*, ouvrage dans lequel il souligne la parenté organique (structure osseuse et nerveuse) des singes anthropoïdes avec les hommes. Son travail scientifique se fonde avant tout sur l'anatomie comparée. Il continue sur le même thème et publie en 1871, *L'ascendance de l'homme et la sélection naturelle*, démontrant qu'il y a une certaine continuité entre l'homme et l'animal. Dans le premier temps de sa démonstration, il établit la liste des phénomènes de ressemblance qui, selon lui, rendent indiscutables les liens entre la constitution anatomophysiologique de l'homme et celle des autres membres du groupe des vertébrés. Il va plus loin encore quand il publie en 1872 *L'expression des émotions chez l'homme et chez les animaux*. Les animaux présentent les mêmes réactions émotives que les hommes : ils se mettent en colère, sont heureux ou effrayés, pleurent.... Il compare les réactions de son fils Doodie à celles du chien de la famille ou à celles des singes des zoos. L'homme est bien intégré dans le monde animal.

Les philosophes vont par la suite défendre une rupture fondamentale entre l'humanité et la nature : même si les ressemblances sont frappantes, à partir du moment où il y a pensée réfléchie, les relations sont d'un autre niveau. Que nous dit la biologie ? Il y a bien une différence. Génétiquement, elle est infime, 1,5 % de gènes différents, pas de différences anatomiques évidentes ; un plus grand développement du cerveau, surtout vers l'avant avec une protubérance de l'aire préfrontale, là où nous réagissons de la façon la plus intime, siège vraisemblable de la pensée réfléchie.

Les positions idéologiques sont souvent très tranchées. Les philosophes insistent surtout sur la séparation alors que les biologistes tentent le rapprochement.

Lors de nos études secondaires, notre professeur de philosophie nous expliquait que ce qui distinguait l'homme du singe était l'utilisation d'un outil ou le comportement du détour. Nous savons aujourd'hui que l'on peut trouver ces deux comportements chez bien des animaux. Le Gypaète barbu pyrénéen utilise la pesanteur pour briser des os et en manger la moelle. Les singes aussi sont de grands manipulateurs, ils utilisent toute sorte d'objets qu'ils trouvent autour d'eux : des pailles pour attraper des termites, des pierres pour attaquer ou des branches pour saisir quelque chose qui leur échappe. On a pendant longtemps cherché comment l'*Homo sapiens* avait peu à peu dominé l'outil, l'avait façonné pour une utilisation de plus en plus efficace. L'équipe d'archéologues dirigée par Julio Mercader de l'université de Calgary au Canada travaillant sur trois sites de la forêt de Taï en Côte d'Ivoire a trouvé à dix mètres de profondeur des pierres utilisées par des singes comme percuteurs. Les outils sont trop gros pour avoir été utilisés par nos ancêtres et la façon dont a été faite la taille des pierres ainsi que les restes d'amidon trouvés autour contredisent une origine humaine. D'ailleurs, les chimpanzés sont toujours dans la région et continuent d'utiliser les mêmes types de pierres comme percuteurs pour consommer des noix. Comme les humains, les singes, ont au cours de leur évolution utilisé et fait évoluer l'outil, même si c'est en moindre proportion. On doit parler, pour les singes, d'une véritable culture sur plus de 43 000 ans (Mercader, 2007).

Le stade du miroir est, chez l'enfant de 7-8 mois, la première étape vers une conscience de soi. Il va progressivement identifier son corps et prendre conscience que c'est lui qu'il voit dans le miroir, car il attend une réaction de son reflet. Pour les psychologues, cette étape a une grande valeur symbolique car c'est une première prise de conscience visible. Un test simple le vérifie : chez un enfant de plus de deux ans, il suffit de faire une marque colorée sur la joue, et il veut la toucher sur son visage tout en vérifiant la même partie dans le reflet. Plusieurs études ont été menées sur plusieurs familles de singes et ont confirmé que les plus évolués prenaient eux aussi conscience de leur image. C'est plus long, mais il y arrive. Les dauphins et les éléphants en sont aussi capables.

Les travaux réalisés sur les comportements ces dernières décennies ont tous confirmé l'habileté et la richesse des activités des primates. Les singes peuvent catégoriser des objets, c'est-à-dire les reconnaître et les identifier. Vauclair et son équipe ont comparé des sujets humains et des babouins dans une tâche d'apprentissage où il fallait successivement retenir deux associations différentes d'objets. Si les humains, grâce sans doute à une attention très aiguë, n'ont aucun problème à retenir les catégories successives, les singes ont beaucoup plus de mal et, s'ils enregistrent bien la première présentation, ne se souviennent en voyant la seconde que les différences d'avec la première (Fagot *et al.*, 1998).

Aujourd'hui, on considère certes qu'il y a une différence entre l'homme et le grand singe mais il est évident qu'on a sous-évalué chez ces derniers, la variété de leurs attitudes et la richesse de leur vie sociale. Le débat bat son plein... Ont été publiés coup sur coup : en 2006, *Le singe en nous* de Frans de Waal, *La fin de l'exception humaine*, de Jean-Marie Schaeffer ; en 2007 et en 2009 *L'animal est-il une personne ?* et *Les surdoués du monde animal* d'Yves Christen et *Homme et animal, la question des frontières*, un débat dirigé par Valérie Casmos, Frank Cézilli, Pierre Guenancia et Jean-Pierre Sylvestre et plus récemment encore *L'homme est-il un grand singe politique ?* de Pascal Picq.

Frans de Waal primatologue au Yerkes Center à Atlanta dit que « *Nous ne descendons pas du singe, nous sommes des singes* ». Son laboratoire donne directement sur des troupes de singes qui vivent en semi-liberté. Il étudie leurs comportements depuis plus de 20 ans. Les observations et analyses de son dernier livre sont principalement centrées sur les bonobos et les chimpanzés. Les deux espèces sont les plus proches génétiquement parlant de l'*Homo sapiens*. L'observation de ces primates en milieu naturel ou en captivité montre de nombreux comportements que l'on attribue généralement à l'homme. Il retrouve chez eux certaines de nos réactions affectives, de nos réponses agressives et même un don de soi, de l'empathie, qui nous était jusqu'à maintenant réservés.

Il faut bien se rendre à l'évidence que les singes, ou tout au moins les plus évolués d'entre eux, sont presque de notre famille. Ils étaient là avant nous, et nous avons divergé il n'y a pas si longtemps. Ils nous renvoient une partie de nous-mêmes...

Peut-on néanmoins expérimenter sur eux ? Par le passé, on n'a pas pris les précautions nécessaires, on ne savait pas ce que l'on a pu vérifier aujourd'hui. Disons donc immédiatement que, si le singe est animal d'expérience, il doit être traité à part. Mais ne répondons pas tout de suite à la question cruciale de son utilisation. Faisons plutôt le bilan de l'apport scientifique des études déjà réalisées. Depuis qu'il sert pour les expériences sur le cerveau, les données obtenues ne sont-elles que des confirmations de résultats déjà offerts par des espèces plus simples dans l'échelle évolutive ? Où sont-elles particulières et éclairent-elles d'un jour nouveau le fonctionnement humain ?

Les singes et les neurosciences, l'indispensable animal d'expérience

Les premiers travaux expérimentaux réalisés sur les singes ont été entourés du peu de respect que l'on portait alors à cet animal. Originaire de l'Asie du Sud, le singe Rhésus a été utilisé au début pour des recherches sur les groupes sanguins. C'est Karl Landsteiner et Alex Wiener qui, en 1939, ont découvert le groupe rhésus. Ils cherchaient au départ à mettre en évidence une communauté antigénique entre le singe et l'homme, par immunisation d'un animal afin d'obtenir un sérum test. Ils ont commencé par immuniser un lapin avec des érythrocytes de singe, et à tester le sérum de lapin ainsi obtenu sur des globules rouges humains. Ils ont constaté que ces derniers s'agglutinaient ou non avec ce sérum de lapin, qui contient des anticorps dit anti-rhésus. Ce même sérum donne deux types de réaction d'agglutination avec les érythrocytes de 85 % environ des sujets testés et pas d'agglutination pour les 15 % restants. On parle alors de sujets rhésus positif (Rh +) ou de rhésus négatif (Rh –).

Avant d'envoyer des hommes dans l'espace, la NASA a utilisé des macaques, pionniers mais à quel prix, de la conquête de l'espace ; on les a tous nommés Albert. Le 11 juin 1948, Albert I a été lancé depuis le Nouveau-Mexique dans un engin construit à partir de V2 allemands. Cinq lancements successifs ont été réalisés avec la « série Albert » entre 1948 et 1950. Avec des souris, ils ont servi à étudier les accélérations de départ ainsi que l'impact sur l'organisme des vols suborbitaux. Albert I, II et IV sont morts lors de l'impact au sol, au retour des fusées.

En janvier 2000, le rhésus est devenu le premier primate cloné. Un an plus tard, naissait ANDi, le premier primate transgénique ; il portait des gènes étrangers venant d'une méduse. Bien des données acquises sur le comportement sauvage du macaque rhésus viennent d'une colonie fondée sur l'île de Cayo Santiago par le Centre de recherche caribéen sur les primates de l'université de Porto Rico (B. Thierry, 2000). Il n'y a aucun prédateur sur cette île, et la présence humaine n'y est autorisée que pour les recherches scientifiques. N'oublions pas que les primates et les macaques sont en danger, l'homme par sa seule présence et la destruction systématique de la nature met en danger leur survie. La plupart des macaques ne peuvent se passer des forêts où ils vivent. Partout où on brûle des arbres pour les remplacer par des cultures, on tue les macaques. S'ils n'ont plus rien à manger, ils s'attaquent aux cultures et les hommes les en chassent.

Les singes ont fait faire et font faire aux neurosciences des progrès tout à fait exceptionnels, que ce soit au niveau de la connaissance des activités des neurones cérébraux ou mieux encore, au niveau des relations entre les approches électrophysiologiques et comportementales, ce qui permet, par comparaison, d'avoir des idées beaucoup plus précises sur le fonctionnement de notre propre cerveau. Parmi les différentes espèces, le macaque est le plus utilisé en électrophysiologie pour sa relative facilité être gardé en captivité. Pour les expériences de comportement, on utilise plus volontiers des babouins, animaux forts et robustes qui occupent les savanes africaines ou des espèces de plus petites tailles comme les singes écureuils à la tête surlignée de gris. Enfin, parmi les lémuriens qui vivent essentiellement à Madagascar, on étudie beaucoup un animal pas plus gros qu'un petit chat, purement nocturne : le microcèbe, dont les yeux lui mangent le visage. Il est particulièrement approprié pour aborder les dégénérescences nerveuses et la maladie l'Alzheimer, car il possède des lésions cérébrales caractéristiques analogues à celles du cerveau de l'homme. Les grosses espèces comme les chimpanzés ou les gorilles ne sont utilisées qu'exceptionnellement pour des observations comportementales.

La connaissance de l'écorce cérébrale ou du néocortex a été surtout due à des travaux expérimentaux réalisés chez le chat et le singe. Il est constitué de six couches empilées de neurones aux fonctions différentes, sur une épaisseur de 2 mm qui recouvre la surface de l'encéphale. Les messages sensoriels qui arrivent sur des aires bien délimitées, l'aire somesthésique (cortex pariétal), l'aire visuelle (cortex occipital), l'aire auditive (cortex temporal), sont organisées de façon somatotopique, c'est-à-dire des zones où les messages issus des récepteurs périphériques sont représentés point par point. Ces aires reçoivent les projections des noyaux relais thalamiques spécifiques. À côté de ce cerveau afférent, existe un cerveau de sortie comprenant l'ensemble des voies motrices qui vont commander l'ensemble des mouvements du corps. Cette aire située dans la région frontale est en avant du sillon central et de la région somesthésique. Grâce aux travaux de Vernon Mountcastle dans les années 1950, il est apparu que le cortex possède une organisation verticale « en colonnes » (Mountcastle, 1977). Hubel et Wiesel entre 1959 et 1962 en ont décrit, chez le chat, les différents neurones visuels avec des cellules simples et complexes (Hubel, Wiesel, 1961).

Une colonne corticale est un cylindre de cortex (2-3 mm d'épaisseur) d'environ 300 microns de diamètre. À l'intérieur de cette colonne, les neurones sont activés par le même type de récepteurs correspondant à une même zone du corps. Il existe donc un certain degré de traitement de l'information dans chaque colonne corticale. Certains neurones du cortex primaire sont capables de détecter la direction du stimulus dans le champ récepteur. Ils captent aussi l'intensité du stimulus qui est fonction de l'intensité de la stimulation du champ récepteur périphérique. La colonne est l'unité fonctionnelle de base du cortex cérébral. Le cortex sensitif (aire 1, 2 et 3) correspond à la juxtaposition d'innombrables colonnes corticales qui constituent la carte somatotopique du corps en arrière du sillon central, la scissure de Rolando (c'est « *l'homonculus sensitif* » décrit pour la première fois par le neurologue américain Wilder Penfield). Il existe de façon complémentaire un « *homunculus moteur* » dans la circonvolution frontale ascendante, composé de grands neurones pyramidaux, dits cellules de Betz, qui sont le point de départ des axones de la voie pyramidale. Cette partie du cortex est l'aire numéro 4. Tout au long de cette aire on trouve une représentation d'un corps humain très déformé avec une face et des mains énormes : notre corps n'est pas uniformément représenté dans notre cerveau. Des régions sont à la fois beaucoup plus sensibles et beaucoup mieux équipées pour intervenir. Les membres inférieurs et le dos sont peu sensibles, c'est ce qui oppose l'agilité de nos mains, de notre pouce, très largement contrôlés au niveau de notre cortex, et la maladresse de nos pieds qui n'ont qu'une toute petite zone d'action ! Les autres aires sont dites schématiquement associatives et permettent l'intégration de tous les messages reçus. Quand on regarde un paysage, les informations visuelles, auditives, olfactives, tactiles s'il y en a, sont intégrées par des canaux différents ; la synthèse de toutes ces informations ne se fait que dans le cerveau. Une telle organisation existe surtout chez les mammifères qui ont un cerveau plissé avec des circonvolutions comme le chat, et particulièrement le singe où l'on retrouve une organisation ainsi parcellisée. La grande différence avec les humains se situe au niveau des régions frontales extrêmement développées chez nous, ce qui nous donne un front droit.

Les travaux d'Edward Vaugan Evarts et de son groupe ont marqué une étape importante dans la connaissance de l'activité cérébrale. Formé à Harvard jusqu'en 1948 avec K. Lashley, il dirige au NIMH de Bethesda (National Institute of Medical Health) la section de Physiologie avant de devenir le directeur du laboratoire de Neurophysiologie. Au départ, il réalise des ablations variées de différentes régions du cortex suivant les principes de Lashley. À 36 ans, il enregistre sur le cortex du chat et du singe des cellules corticales au cours d'états de veille ou de sommeil. Par la suite, il enregistre des neurones du cortex moteur sur des singes chroniques entraînés à déplacer le bras, fléchir ou étendre le poignet en réponse à un signal lumineux. La réponse est unique et permet de corréler la décharge unitaire au mouvement réalisé. Les très fines électrodes insérées dans le cortex moteur enregistrent l'activité des plus gros neurones, ceux de la couche 5, au départ du faisceau pyramidal (Evarts, 1965).

Il démontre ainsi que la décharge corticale commence environ 100 ms. après le signal lumineux et 60 à 80 ms avant le mouvement qu'il caractérise en enregistrant les muscles impliqués par l'électromyogramme (EMG). Certains neurones accroissent leurs activités avec la force, d'autres avec le maintien de cette force. Ces travaux ont eu un très grand retentissement. Dans son livre de 1984, *Neurophysiological Approaches of Higher Brain functions*, écrit avec Shinoda et Wise, il résume toutes les avancées qu'ont pu apporter les enregistrements corticaux unitaires sur des animaux chroniques entraînés. Jusque-là, on ne connaissait que l'activité globale enregistrée par électroencéphalographie. Ces travaux ont été le point de départ de très nombreuses études chez le singe qui se sont étendues à tout le cortex avec l'enregistrement d'une seule cellule corticale.

Hiroshi Asanuma, en enregistrant les cellules pyramidales du cortex moteur, démontre qu'elles sont aussi mises en jeu par des retours sensoriels, des afférences cutanées ou proprioceptives. Il apparaît même que les messages cutanés facilitent les neurones qui induisent un mouvement là où se situe la partie tactile. Les afférences proprioceptives, mises en jeu par l'étirement du muscle, provoquent, par l'intermédiaire de la cellule pyramidale, la contraction du muscle étiré qui s'oppose à son allongement. Ce véritable réflexe transcortical d'une latence de 40 à 50 ms illustre l'organisation sensori-motrice proprioceptive des cellules pyramidales en stabilisant la position des segments. Si on coupe les racines dorsales au niveau thoracique ou lombaire, ce qui supprime les contrôles proprioceptifs, l'activité corticale est certes toujours présente mais à une fréquence beaucoup plus basse et surtout beaucoup moins bien organisée. Ceci confirme bien qu'un mouvement est initié au niveau du cerveau, on dit aujourd'hui que c'est au niveau de l'aire motrice supplémentaire, mais que sa réalisation nécessite l'ensemble des messages sensoriel périphérique (Asanuma *et al.* 1980).

Ainsi pendant plus de trente ans, de très nombreuses cellules corticales des différentes régions sensorielles comme des régions motrices ont été étudiées par enregistrement simple. Un très grand progrès a été réalisé quand, dans les années 1990, il a été possible, grâce à des systèmes multi-électrodes, d'enregistrer plusieurs neurones à la fois.

Les travaux actuels utilisent des techniques sophistiquées et leurs interprétations posent des questions fondamentales sur la façon dont fonctionnent les réseaux de neurones du cortex pour assurer l'expression de comportements adaptés. Au cours de cette dernière décennie, on a acquis l'idée que quelles que soient les activités considérées, le cerveau fonctionne de façon distribuée, c'est-à-dire que bien des réseaux neuroniques agissent en parallèle. Pendant trop longtemps, on a cru que le système nerveux fonctionnait de façon linéaire, un peu comme des lignes de chemin de fer avec un départ et une arrivée. On était fier de définir un câblage avec des voies strictes et rigides. On sait aujourd'hui que ces réseaux interviennent en boucle et en parallèle. Le fonctionnement distribué des réseaux de neurones qui siègent dans différentes aires cérébrales pour induire une action psychique donnée implique la mise en jeu d'autres réseaux qui participent à leur élaboration en sous-tendant d'autres fonctions psychiques comme l'attention sélective, la catégorisation ou la mémorisation... Elles font également intervenir des circuits neuroniques qui préparent la mise en place de certains actes moteurs. Une des questions fondamentales qui reste à résoudre est comment l'ensemble de ces régions spécialisées et distribuées coopèrent entre elles pour assurer la réalisation d'un acte cognitif complexe.

Le chercheur allemand Wolf Singer est depuis de longues années le leader d'une théorie expliquant que les structures actives du cerveau interagissent suivant la tache par synchronisation rythmique de leur activité neuronale (Singer, 1993). Ainsi des assemblées de neurones associées en réseau se lient par moments suivant des connexions réciproques au sein d'une même aire ou entre neurones d'aires voisines. Une expérience réalisée par A. Riehle chez le singe a très bien expliqué une telle activation.

Le singe est assis sur une chaise expérimentale et regarde un écran d'ordinateur. Simultanément, on enregistre plusieurs neurones du cortex moteur ainsi que l'électromyogramme des muscles de l'avant-bras. Le but est de comprendre comment sont activés les neurones corticaux au cours de la planification et de l'exécution du mouvement. Sur l'écran, le singe voit d'abord un cercle de couleur. Il doit alors prendre en main un manipulateur placé devant lui. C'est le début de la phase préparatoire. Il sait qu'il va avoir à projeter sa main dans la direction de la cible localisée sur l'écran mais il doit attendre un signal, l'attente pouvant être de quatre durées différentes, 600, 900, 1 200 et 1 500 millisecondes. Pendant l'apprentissage, on utilise également, mais au hasard, ces quatre valeurs. Lorsque le cercle qui était vide apparaît plein, le singe doit lâcher le manipulateur et pointer au plus vite son bras pour atteindre la cible. Dans ce cas, et dans ce cas seulement, il est récompensé par d'un jus sucré. Ce qui est intéressant à étudier ici, c'est la phase préparatoire qui, si la cible est touchée, se termine par une gratification. Le singe sait qu'il doit répondre après une attente plus ou moins longue. En analysant l'enregistrement des neurones corticaux, on remarque qu'ils déchargent très régulièrement avec différentes fréquences. Si on compare la réponse des différents neurones en analysant leur activité de l'un à l'autre, on remarque que par moment ils sont liés à moins de 5 millisecondes près. Au début de l'expérience, quand le singe n'a pas encore compris qu'il allait y avoir différentes durées avec des temps bien précis, on ne remarque pas de liaisons particulières. En revanche, quand le singe a bien appris la tâche, après de multiples répétitions, on observe très peu de temps avant les quatre valeurs de temps un synchronisme significatif qui montre que le singe se prépare à agir suivant une anticipation précise. Cette expérience, comme celles qui l'ont suivie, montre que le synchronisme des décharges entre différents neurones corticaux représente une indication d'un fonctionnement cognitif lié sans doute à la prise de conscience ou à l'attention (Rielhe *et al.*, 1997)

À côté de ces synchronisations localisées et de durée limitée, il existe des synchronisations à distance où des aires éloignées comme celles qui interviennent dans des fonctions cognitives complexes (Varela *et al.*, 1991). Ces activités synchronisées ou désynchronisées d'assemblées de neurones constitueraient la modalité fonctionnelle de base permettant respectivement d'intégrer ou de distribuer des informations dans le cerveau lorsqu'on accomplit une tâche donnée. Chez l'animal, des synchronisations rythmiques dans la bande de fréquence beta-gamma (20-100 Hz) ont été rapportées entre cellules répondant spécifiquement au même objet. Ces travaux qui en général concernent le système visuel révèlent l'importance des synchronisations neuronales dans l'intégration perceptive. De tels mécanismes seraient par ailleurs modulés par des processus attentionnels. Ces résultats ont été confirmés chez l'homme en analysant les signaux de l'électroencéphalogramme (EEG) ou de magnétoencéphalographie (MEG) ou encore les signaux EEG intracérébraux. Certaines synchronisations et désynchronisations entre électrodes distantes sur le scalp seraient liées à des processus d'interactions perceptuo-motrices. Comment expliquer la mise en place de tels mécanismes de synchronisation ? Tout simplement grâce à l'intervention de réseaux d'interneurones inhibiteurs connectés mutuellement par des synapses électriques. Il existerait ainsi dans le néocortex cinq types de réseaux différents composés de neurones produisant du GABA couplés entre eux qui favoriseraient l'action synchronisée entre neurones tout en contrôlant aussi précisément que possible l'activation des cellules pyramidales entre elles. De telles synapses électriques pourraient également jouer un rôle prépondérant dans la genèse des oscillations observées au niveau de l'hippocampe. Il est clair aujourd'hui qu'on connaît encore mal le codage des réseaux de neurones, tout au moins on sait qu'il existe.

Les « cellules miroirs » et les relations sociales

L'analyse de l'activité des neurones du cortex a apporté toutes sortes de réponses. Certaines ont même paru très complexes et difficilement interprétables. Dans les années 1990, au laboratoire de Giacomo Rizzolatti à Parme, un de ses élèves a enregistré des cellules corticales de l'aire F5 du cerveau d'un singe macaque. Il a un audiophone qui permet de transformer l'activité électrique en son et ainsi d'écouter la décharge produite par le neurone. Cette cellule répond lorsque l'expérimentateur donne une petite boulette de viande à l'animal qui lui-même envoie le bras et capture la nourriture. Il voit sur l'écran une série de potentiels d'action et entend simultanément une rafale crépitante. Il a noté sur son cahier d'expérience le résultat mais il tenait à relier plus précisément le geste induit à l'activité corticale. Avant de tester à nouveau l'animal, il a repris la planchette de bois pour replacer une boulette devant l'animal et a avancé le bras pour la mieux disposer. Quelle fut sa surprise d'entendre un franc crépitement de la même cellule ! Il a cru s'être trompé. Le neurone ne pouvait pas avoir répondu, le singe n'avait fait aucun geste. De peur de s'être trompé et de devoir trouver un autre neurone, il refait l'expérience initiale, qui donne le résultat escompté. Il oublie le premier incident. Mais quelques minutes plus tard, il reprend devant le singe une nouvelle boulette, la cellule crépite... agacé de ne pas comprendre, il décide de laisser l'animal tranquille.

Cette énigme est rapidement résolue par Rizzolatti et son groupe. Ce type de neurone répond aussi bien aux propres mouvements de préhension du singe qu'aux mêmes mouvements réalisés par l'expérimentateur ! Cette école venait de découvrir une classe de neurones prémoteurs que l'on a dénommé « *neurones miroir* », des neurones qui sont activés en miroir par l'action de l'animal comme par la même action reproduite devant lui. Rizzolatti a montré par la suite que ces neurones miroir F5 sont activés même si la fin de l'action est cachée. Certains d'entre eux, que l'on nomme « les neurones miroir audio-visuels », peuvent être déclenchés non seulement par l'observation du mouvement, mais aussi par le son que produit cette action. Enfin une population de neurones miroir, en relation avec l'exécution des activités buccales, semble en rapport étroit avec des objets à saisir, à mordre ou à lécher. Parmi ces derniers, certains sont actifs durant la réalisation de mimiques faciales communicatives exécutées par l'expérimentateur en face du singe (Rizzolatti *et al.*, 1996).

Par des études comparables réalisées en imagerie, on a confirmé que ces neurones sont aussi présents chez l'homme. Durant l'observation de l'action, les aires pré-motrices et pariétales sont fortement activées. Ces aires, qui correspondent sans doute au système miroir décrit chez le singe, s'inscrivent de façon rigoureuse dans l'homoncule de Penfield. Des zones différentes sont activées selon que les mouvements observés concernent la main, la bouche ou les pieds. Le fait même que des zones identiques du cerveau s'activent lorsqu'on réalise une action et lorsqu'on la regarde, semble être un mécanisme de base de la communication entre animaux et entre humains. On peut dire que les neurones en miroir sont à la base de « la théorie de l'esprit ».

La zone où l'on a trouvé ces neurones est nommée F5 chez le singe et correspond à la zone de Broca chez l'homme. Nos cerveaux semblent avoir développé, au cours de l'évolution, un mécanisme fonctionnel fondamental qui nous assure une certaine vie sociale. Des études chez les grands singes démontrent qu'ils « parlent avec les mains » et que le geste précède la parole. On a même trouvé des différences entre les groupes de bonobos, comme si dans la gestuelle il pouvait exister une sorte de variation « culturelle ». Ce travail renforce l'hypothèse de l'origine manuelle du langage, qui repose déjà sur un faisceau d'arguments : les zones cérébrales activées par les gestes chez les singes sont les mêmes que celles du langage chez l'homme ; seuls les hominidés communiquent avec des gestes. L'émergence spontanée de langage des signes chez des humains privés de parole constitue également un exemple frappant.

Ces neurones semblent jouer un plus grand rôle encore dans la relation sociale en assurant une forme biologique à l'empathie, c'est-à-dire la représentation de l'esprit de l'autre, de son humeur et de ses intentions. Au moyen d'un état neuronal partagé, réalisé dans deux

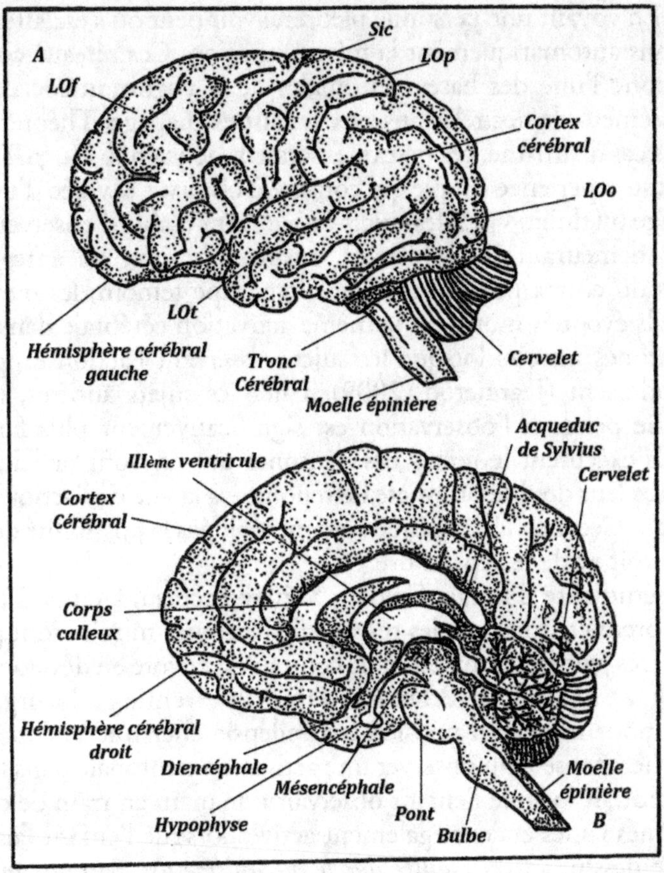

Anatomie du cerveau de l'homme. A : vue externe de l'hémisphère cérébral gauche. Lof : lobe frontal, Sic : scissure centrale, LOp : lobe pariétal, LOo : lobe occipital, Lot : lobe temporal. B : section sagittale médiane, structure interne et hémisphère droit.

corps différents qui obéissent néanmoins aux mêmes règles morpho-fonctionnelles, l'« autre » en face de moi devient un « autre moi ». Sans empathie, il ne peut y avoir de relations sociales. Notre cerveau servirait donc à comprendre l'autre, ses émotions, ses mouvements, sa manière d'agir ; on rejoint ainsi Spinoza qui liait les sentiments à l'action : « *L'affect est capacité d'agir* ».

Chez l'humain, les neurones miroirs nous feraient reproduire mentalement ce que font les autres, et nous permettraient de nous mettre à leur place. Ils permettraient d'expliquer la contagion du rire comme des peines. En voyant une personne pleurer, avoir peur ou s'esclaffer... nous ressentons automatiquement la même émotion. Ces réseaux constitueraient donc l'une des bases neuronales de la cognition sociale gérant l'établissement de nos relations avec les autres (Lepage, Théoret, 2010). Dans les cas d'autisme, ces neurones seraient déficients. Hugo Théoret a conçu une expérience simple qui consiste à observer la vidéo d'une main qui bouge un doigt. Chez les sujets qui doivent d'abord observer le geste tout en demeurant immobiles et, ensuite, l'imiter, on enregistre les activités du cortex prémoteur. Dans le groupe témoin, les mesures de potentiels évoqués montrent la même activation cérébrale dans la zone des neurones miroirs lorsque les sujets observent l'action et lorsqu'ils la reproduisent (Jeannerod, 2009). Chez les sujets autistes, l'activité neuronale pendant l'observation est significativement plus faible que lorsqu'ils exécutent le geste. Les neurones miroirs sont déficitaires, ils n'ont plus leur double propriété de répondre à la vue de l'action et à son exécution. Ceci expliquerait que l'enfant n'ait pas la possibilité de retenir ce qu'il voit et de le reproduire.

Une étudiante d'Hugo Théoret, Shirley Fecteau, a réussi à prouver, pour la première fois, que les réseaux de neurones miroirs sont présents chez les très jeunes enfants, dont le cerveau est encore en développement (Fecteau *et al.* 2005). Profitant d'une intervention chirurgicale au cerveau pour traiter un problème d'épilepsie chez une enfant de trois ans, la chercheuse a pu observer une activation neuronale dans le cortex sensorimoteur lorsque l'enfant observait une main en train de dessiner. Ces mêmes zones étaient également actives lorsque l'enfant faisait elle-même le dessin. « *Ceci montre que le mécanisme des neurones miroirs est actif dans le cerveau immature* », fait-elle remarquer. L'activation est toutefois plus réduite que celle observée chez les adultes, ce qui indique que ces réseaux, probablement en place dès la naissance, continuent leur maturation au cours des stades ultérieurs du développement.

Si on pousse un peu plus loin le raisonnement, on comprend que le cerveau humain n'est véritablement lui-même qu'à plusieurs. La vie solitaire n'est pas un phénomène biologique. Le cerveau doit dialoguer et partager... c'est toute une éthique qu'il faut envisager mais que nous ne développerons pas ici.

On sait aujourd'hui que le cerveau qui raisonne et le cerveau émotionnel fonctionnent simultanément. Dans le rapport avec autrui les deux modalités se mêlent. On retrouve le même schéma d'association dans un autre type de relation : la reconnaissance des visages. On sait maintenant, à la suite d'observations et d'analyses chez des patients présentant des lésions dans la partie inférieure et antérieure du lobe occipital, qu'ils sont incapables de reconnaître un visage même familier sans toutefois présenter un déficit visuel. Le singe nous a appris la complexité du cerveau.

Le singe aide à comprendre et à soigner les malades

Sa proximité avec l'être humain fait du singe un modèle expérimental exceptionnel pour mettre au point des protocoles thérapeutiques applicables à l'homme et qu'on n'ose pas tenter directement sur l'homme. Ce type d'expérimentation est aujourd'hui très fortement encadré par une législation contraignante qui prend en compte le respect et le « bien-être » de l'animal. Nous allons nous appuyer sur trois exemples montrant l'apport essentiel de cette démarche expérimentale.

Le premier concerne la découverte d'une pathologie chez le singe, l'épilepsie photosensible, qui a pu être ensuite confirmée chez l'humain. Le deuxième part d'une découverte chez le singe qui a permis une avancée chirurgicale déterminante pour une des maladies qui aujourd'hui touche le plus les populations âgées du monde occidental, la maladie de Parkinson. Le troisième décrit des essais réalisés sur le singe, et qui ne peuvent être réalisés que sur lui, pour mettre au point des robots capables de suppléer un corps plus ou moins défaillant comme essaient de le faire tous ceux qui travaillent dans le domaine « cerveau-machine ».

Robert Naquet dans les années 1950 travaille sur des babouins épileptiques. Il a raconté comment il avait découvert cette pathologie particulière où la crise est induite par un stimulus lumineux (Naquet, 1997). Il utilise des animaux d'Afrique fournis par un de ses amis, Berre, médecin militaire, devenu professeur à l'université de Dakar. Ce dernier lui suggère de réaliser un atlas stéréotaxique pour se faire une idée plus précise des différentes structures du cerveau. Naquet avait déjà noté que, dans certains cas, lorsqu'on bougeait une lumière devant les yeux d'un patient, l'électroencéphalographie décelait des pointes au niveau de son cortex occipital, ce qu'il avait aussi observé chez ses babouins. Les chercheurs du laboratoire étant sceptiques, il tente l'expérience sur un singe. Le stimulateur lumineux mis en marche, le singe déclenche une crise d'épilepsie. Il analyse systématiquement les dix singes de l'animalerie, et découvre que la lumière déclenche l'épilepsie de six d'entre eux. Les collègues demeurant méfiant, il part pour le Sénégal faire l'expérience à grande échelle, sur cent sujets. On déclenche devant eux une lumière intermittente et on vérifie la présence ou non d'une crise d'épilepsie. 60 à 66 % de la population fait des crises à la lumière, la même proportion que dans son laboratoire marseillais. Naquet écrit un article dans *Science*, pour présenter cette nouvelle pathologie, mais celui-ci est refusé : « *One hundred monkeys ! It makes no sense, you need one thousand* » lui répond-on.

Alfred Fessard, le père des neurosciences en France, reste lui aussi peu convaincu par cette épilepsie photo-induite jusqu'au jour où il change d'avis, ce qu'il explique ainsi à Naquet : « *Jusqu'à la semaine dernière, je ne croyais pas à votre affaire... Mais j'étais en voiture avec des amis près de Toulouse et voilà que la petite fille s'est mise à faire une crise d'épilepsie. Il y avait des arbres le long de la route, le soleil était bas, et elle a fait une crise. J'en ai conclu que votre épilepsie du singe existe puisque je l'ai vue chez l'homme...* »

Dans les années qui suivent, Naquet cherche à déterminer l'importance de cette épilepsie. Il constate que 60 % de la population de babouins de Casamance sont susceptibles d'exprimer l'épilepsie photosensible. En revanche, au Nord du Sénégal il n'y en a plus que 10 %. Toujours avec Berre, il envoie des membres de son laboratoire capturer des babouins. Dès qu'on les a attrapés on les stimule à la lumière puis on les endort pour leur faire une prise de sang pour essayer de localiser dans leur génotype la marque de cette sensibilité à la lumière. Malheureusement, rien n'a pu être mis en évidence. Naquet a par la suite dirigé le Laboratoire de Physiologie Nerveuse de Gif-sur-Yvette (L.P.N.) et étudié les processus neurochimiques de l'épilepsie photosensible.

Ces recherches ont eu des répercussions médicales. Les jeux électroniques pour enfant avec toutes sortes de couleurs, de flashs et de

rythmes visuels se développaient. On ne comprenait pas pourquoi certains déclenchaient des crises épileptiques en jouant. C'est Naquet qui a fourni l'explication. Par la suite, il a été violemment pris à parti par des adversaires de l'expérimentation animale, et s'il est connu du grand public, c'est surtout pour le vol des singes de son laboratoire de Gif-sur-Yvette par des militants anti-vivisectionnistes.

Le deuxième exemple concerne la maladie de Parkinson, nommée ainsi par Jean-Martin Charcot d'après le médecin, paléontologue et politique anglais, James Parkinson qui la décrit pour la première fois en 1817 dans *An Essay on the Shaking Palsy.* Il parle de *paralysis agitans* (paralysie tremblante). À Bordeaux, Bernard Bioulac, qui étudie depuis près de vingt ans l'activité motrice corticale et les centres sous-corticaux impliqués dans la maladie de Parkinson, met au point des singes qui, traités avec une substance pharmacologique (singes MPTP), présentent tous les symptômes du parkinsonisme avec bradykinésie, tremblement et une certaine rigidité posturale. Le MPTP est une toxine qui permet de détruire la substance noire et ses cellules dopaminergiques qui envoient leurs axones vers le striatum. En l'injectant à un singe on le transforme en un « parkinsonien ».

Cherchant à enregistrer ainsi qu'à stimuler ces régions des noyaux gris, les chercheurs s'intéressent au noyau caudé. Y a-t-il eu, dans les premières expériences une erreur de placement ? Il apparaît qu'une stimulation à haute fréquence avait fait cesser toute activité pathologique. Une vérification à l'autopsie démontre que l'électrode avait été placée dans un noyau encore mal connu, décrit pour la première fois au XIXe siècle par l'aliéniste et anatomiste Jules Bernard Luys : le noyau sous-thalamique. Ce travail publié en 1993 a ouvert une voie nouvelle d'étude (Benazzouz *et al.*, 1993).

Parallèlement, mais à Grenoble cette fois, Alim-Louis Benabid a focalisé ses travaux sur plusieurs pathologies neurologiques et mis au point une chirurgie stéréotaxique qui permet d'atteindre avec grande précision des noyaux dans la profondeur du cerveau. Au début de son travail, il étudie le thalamus et le pallidum. Mis au courant des travaux de l'école bordelaise, il s'intéresse au noyau sous-thalamique et transfère chez l'homme la technique mise en œuvre chez le singe. Dès les premiers essais sur des patients où toute pharmacologie était impuissante, il obtient, par inhibition des structures cérébrales profondes, la disparition des symptômes moteurs (tremblement, akinésie, rigidité) de la maladie. Cette intervention a une efficacité remarquable et constitue actuellement le traitement chirurgical le plus efficace contre la maladie de Parkinson (Limousin *et al.*, 1995). Alim-Louis Benabid élargit les indications de la stimulation électrique profonde à d'autres pathologies.

Aujourd'hui, la stimulation cérébrale profonde soulage d'autres troubles moteurs comme les dystonies, les dyskinésies, certaines formes de mouvements anormaux (chorée) et comme certaines pathologies relevant de troubles mentaux comme les TOC (trouble obsessionnel compulsif).

Le dernier exemple concerne le domaine « Cerveau-Machine ». À côté des recherches qui tentent de réparer les organes défaillants, des techniques nouvelles explorent la possibilité de remplacer des systèmes lésés par des substrats physiques comportant des circuits intégrés. Pendant très longtemps, le système nerveux semblait irréparable. Aujourd'hui, non seulement on tente de restaurer les parties détruites en utilisant des molécules nouvelles, mais des travaux dédiés à l'analyse du codage neuronal ont été à la base de la construction de robots capables de remplacer en partie une région déficiente. On analyse « le langage » du système nerveux en définissant des codes de fonctionnement comme nous l'avons vu dans la partie précédente.

La réhabilitation de certaines fonctions essentielles de la sensorialité ou de la motricité nécessite la réalisation de neuroprothèses. Elles ont pour but théorique de tenter de refermer une boucle qui a été perdue entre l'extraction des messages, le décodage et la remise en forme d'informations, l'encodage, toutes fonctions qui vont permettre de remplacer la commande défaillante. Les recherches actuelles mettent en évidence différents codages visuels, auditifs, tactiles et proposent des dispositifs plus ou moins sophistiqués de suppléance sensorielle. Les prothèses auditives sont actuellement sûrement les plus avancées et les plus performantes. Elles démontrent d'ailleurs qu'un message simple peut suffire à réorganiser ce capteur défaillant... De même au niveau de la motricité, on réalise des neuro-prothèses alimentées par différents types de signaux nerveux enregistrés soit en surface soit de façon invasive dans le cerveau (EEG, potentiels de champ) et dont le but est d'induire la commande de mouvements bien identifiés. Au niveau technologique, l'explosion des méthodes d'exploration par les différents types d'imagerie, le développement des enregistrements multi-unitaires, la miniaturisation de l'appareillage qui permet d'implanter des systèmes multi-électrodes même sur des souris transgéniques, la puissance des méthodes de traitement informatique, l'efficacité des systèmes en robotique font envisager de suppléer très efficacement le fonctionnement nerveux.

Là encore le singe va être d'un immense secours ; l'idée aujourd'hui est simple et repose sur une observation fondamentale. Un paraplégique par exemple, s'il est incapable de mouvoir ses membres, a un cerveau qui fonctionne tout à fait normalement. S'il imagine une action, il induit une activité neuronique assez proche de celle d'un sujet qui réaliserait le même mouvement. Cette observation, d'un point de vue conceptuel, permet d'utiliser cette activité cérébrale pour réaliser une prothèse capable d'induire l'exécution du mouvement. Il apparaît possible, tout au moins théoriquement, de capter la pensée du patient d'injecter son message sur un système informatique qui, le transformant, commandera un robot qui réalisera l'action. Idéalement, une personne complètement immobilisée serait capable par la seule évocation d'un désir de réaliser tout mouvement nécessaire. Pour réaliser ce projet qui il y a quelques années aurait paru de la science-fiction pure et simple, il faut pouvoir capter la pensée, le moyen le plus accessible étant d'enregistrer des neurones dans le cerveau. On a l'avantage de connaître le lieu à l'origine des mouvements, l'aire motrice, on connaît la région qui commande le bras, celle qui contrôle la face, les jambes...

Depuis plusieurs années, on est capable d'implanter en routine des systèmes d'électrodes capables de recueillir l'activité de 50 à 500 neurones (30 à 50 chez la souris, 100 chez le rat, 300 à 500 chez le singe rhésus et 50 chez un parkinsonien). On a pu maintenir dans le cerveau des plots d'électrodes pendant plusieurs mois et même plusieurs années. Par la suite, la grande question est d'utiliser ces activités enregistrées et de traduire leurs effets pour commander un robot. Cela n'est possible qu'à la suite d'un apprentissage long et répété. Le singe est là encore le modèle le plus intéressant. Miguel Nicolelis, neurobiologiste au centre médical de l'université de Duke (États-Unis), a mis au point depuis deux ans un système ingénieux sur deux singes implantés l'un de 96 et l'autre de 320 électrodes dans les lobes frontaux et pariétaux. Ces deux zones contrôlent les mouvements musculaires. Armés d'une manette de jeux, ces animaux doivent déplacer sur un écran vidéo une petite balle vers sa cible. Pendant ces activités, les très fines électrodes transmettent des informations traduites en langage informatique qui déplacent un bras mécanique articulé, lui-même relié à l'écran. Ce premier pas est complété par un phénomène plus prodigieux encore. Si on prive les singes de la manette de jeu, après un moment d'étonnement, ils se rendent compte que la pensée, à elle seule, suffit pour induire le déplacement du bras ! Ainsi, par la seule idée de mouvement, les singes, tout en restant immobiles, font bouger la balle sur l'écran et le bras mécanique vers une cible. Les progrès technologiques ne doivent cependant pas faire oublier les difficultés psychiques propres à chaque individu. Il n'est pas du tout sûr qu'un patient supporte les prothèses particulièrement lourdes qu'on lui prépare. Dans ce domaine par exemple, il semble que l'utilisation d'ondes cérébrales beaucoup plus faciles à capter comme les ondes EEGs ou même l'onde P300 des potentiels évoqués corticaux soit, à l'avenir, d'une utilisation beaucoup plus prometteuse pour soulager bien des malades (Nicolelis, Lebedev, 2009).

Il faudra franchir quatre étapes : la première, obtenir un enregistrement fidèle, de longue durée, d'un grand nombre de neurones dans diverses régions du cerveau sans léser le tissu nerveux alentour. La deuxième, la transformation de ces signaux en algorithmes capables de commander un système artificiel à multiples degrés de libertés. La troisième, la mise au point d'un apprentissage permettant d'adapter la prothèse à l'activité électrique cérébrale. La dernière, permettre au patient de commander la prothèse par sa propre pensée. Actuellement on expérimente sur le singe des systèmes très prometteurs.

Grâce à ces essais, l'étude chez l'homme a déjà commencé avec l'équipe de J. P. Donoghue. Matthew Nagle, joueur de football américain devenu tétraplégique le 3 juillet 2001, est paralysé du cou jusqu'aux pieds. Assisté par une machine pour respirer, il est la première personne à utiliser une interface neuronale pour restaurer ses capacités motrices perdues. La société Cyberkinetics, en collaboration avec le professeur John Donoghue du département des neurosciences de l'université Brown dans l'État de Rhode Island, a construit l'interface nommée *« Brain Gate »* en 2003. Nagle a accepté de participer aux essais cliniques de BrainGate. Le système a été implanté le 22 juin 2004 par un neurochirurgien nommé Gerhrad Friesh. Le dispositif de 100 électrodes, pas plus gros qu'une pièce de monnaie et d'une épaisseur d'environ 1 millimètre, a été placé en surface du cerveau juste au niveau de la région motrice du bras et de la main dominante. Depuis qu'il a été implanté et à force d'apprentissage, le patient a réussi à télécommander la télévision ou l'éclairage et même à consulter son courriel. Il a aussi pu contrôler une prothèse externe de main qui permet l'ouverture et la fermeture des doigts (Hochberg *et al.*, 2006). Comme il avait été décidé avec la commission d'éthique, cet implant a été retiré un an après l'opération. Sans relation avec l'essai, Naggle est décédé à l'âge de 27 ans en 2007. Ce même groupe a aussi en 2005-2006 équipé John Sullivan, amputé des deux bras : il a reçu deux bras artificiels commandés à partir de l'activité musculaire captée au niveau de l'épaule, qu'il sait maintenant bien utiliser..

Après un accident de moto qui lui avait fait perdre son bras gauche, Claudia Mitchell a reçu en 2007 un bras artificiel qui lui permet de refaire tous les mouvements qu'elle réalisait autrefois. Ces exemples, encore rares, montrent qu'à partir du moment où on est capable de détecter un signal nerveux et de l'interpréter pour commander un robot, tous les espoirs sont permis.

Nous voilà au terme de ce survol rapide sur l'utilisation de singes comme animal d'expérience. Nous arrivons à un paradoxe. D'un côté, tout nous confirme notre parenté évidente avec les singes, en particulier les bonobos, d'un autre, les expériences réalisées ont fait faire des pas de géants à la science, surtout aux sciences cognitives. Aux vues de ces faits, il paraît raisonnable de proposer que de ces expériences continuent, elles portent trop d'espoir en elles, mais il est nécessaire qu'elles soient parfaitement élaborées et encadrées. Souvent, l'homme sert aussi à l'expérience, mais il est volontaire. Les précautions doivent être très rigoureuses, leurs utilisations limitées et après l'accord d'un comité d'éthique... Dans des laboratoires sélectionnés et choisis pour leur savoir-faire, elles doivent être poursuivies.

Épilogue

« DES HOMMES ET DES BÊTES »

« L'homme est une corde tendue
entre l'animal et le Surhomme »
Frédéric Nietzsche

Ce voyage dans le monde animal, dans le buisson touffu de la phylogenèse, a bien confirmé à quel point la variété des êtres vivants a contribué aux connaissances neurobiologiques et a permis, tout au moins en partie, de comprendre le fonctionnement de notre propre cerveau. Force est de constater que l'ensemble des données acquises chez les diverses espèces, invertébrés, vertébrés, vers ronds ou crabes géants, reptiles, oiseaux, poissons, mammifères de tout poil, qu'ils aient des cerveaux qui pèsent quelques grammes ou des centaines, qu'ils aient que des milliers, des millions ou même des milliards de cellules... tous recèlent des traits génériques immuablement conservés tout au long de l'évolution. Le tissu nerveux est unique et composé de cellules excitables (Ramon-y-Cajal, 1972) – les neurones – et de cellules gliales, responsables des échanges nutritionnels et des propriétés mécaniques du tissu nerveux. Ce couple cellulaire est indissociable, ils constituent les éléments de base de la construction et du fonctionnement cérébral (Kimelbeerg, Norenberg, 1989).

Relations Homme-Animal

L'ensemble des données acquises chez l'animal qu'il s'agisse des mécanismes impliqués dans le transfert de l'information d'un neurone à un autre, de la transmission des potentiels électriques le long des axones ou de l'existence au niveau synaptique de neurotransmetteurs nécessaires à la transmission chimique, s'est révélé applicable au cerveau humain. Excepté certaines formes du langage, l'inconscient, encore à peine effleuré, et les mécanismes psychologiques les plus complexes de la pensée qui ne peuvent être explorés que chez le sujet humain, toutes les connaissances acquises sur le système nerveux, sa morphologie, son anatomie, son fonctionnement, l'ont été par l'exploration du cerveau animal.

Voilà un témoignage probant de la conservation des caractères acquis tout au long de la phylogenèse. Darwin avait raison. L'homme est bien un animal, mais il n'est pas que cela, ce serait trop simple (Churchland, 1999).

Les relations entre l'animal et l'homme sont profondément ancrées dans l'histoire. Dès le début, *homo sapiens* a voulu asseoir son autorité. Les premiers contacts rapprochés commencent sans doute il y a plus de 12 000 ans avec la première domestication, celle du cheval sauvage. L'homme réalise ses premières cultures et devient sédentaire. Les animaux deviennent des serviteurs, qu'on améliore pour les rendre plus serviles encore. Le chien, subtilement sélectionné par croisements successifs, devient le compagnon de chasse, le gardien, mais aussi l'ami. D'autres espèces, poulets, canards, oies, lapins, cochons, moutons et bœufs sont domestiquées, engraissées, abêties, pour le plaisir de la table.

Darwin dans *L'origine des Espèces* oppose la sélection due à l'homme de la véritable sélection naturelle. Il insiste sur les avantages des principes naturels. : « *L'homme n'a qu'un but : choisir en vue de son propre avantage ; la nature, au contraire, choisit pour l'avantage de l'être lui-même. Elle donne plein exercice aux caractères qu'elle sélectionne et l'organisme est placé dans des conditions de vie qui lui convienne.* »

Cette relation dominante a été à l'origine de bien des drames et de multiples massacres.... Les prélèvements réalisés par les scientifiques à des fins expérimentales ne représentent qu'une infime part de l'exploitation du monde animal par l'homme. Si l'homme n'était qu'un animal, son espèce se serait inscrite dans une chaîne alimentaire où chaque individu, quelle que soit sa place dans la hiérarchie évolutive, serait consommateur ou consommé. Mais notre espèce occupe une position privilégiée où l'homme ne joue pas le jeu... Dans la grande histoire du monde, le plus souvent, il triche, a toutes les cartes en main et gagne à tous les coups ! Il pourrait pourtant, tout en menant le jeu, réviser ses règles et réinstaller les lois naturelles nécessaires au bon fonctionnement biologique.

Élaboration des principes éthiques nécessaires à l'expérimentalement animale

L'utilisation d'animaux comme modèles pour la connaissance des mécanismes de fonctionnement des êtres vivants ne se développe qu'à partir du XVIIe siècle. Avant, quelques savants présentent dans les théâtres d'anatomie de la Renaissance le corps humain, et découvrent, en disséquant des cadavres, les mystères des organes internes. La curiosité est de règle, on veut voir fonctionner des organes vivants, décrire leurs interactions réciproques et déterminer les grandes lois qui président à la vie. La sensibilité de l'époque n'est pas celle d'aujourd'hui, la dureté du monde, les souffrances quotidiennes font de la vivisection un acte qui n'émeut personne. Pour Descartes, l'animal n'est qu'une machine et n'a pas d'âme ! Des animaux ont été sacrifiés sur l'autel de la curiosité scientifique sans aucun respect pour les espèces étudiées. Au XIXe, le contexte est déjà différent. Si François Magendie disséquait sans émotion de jeunes chiots, Charles Bell ne supportait pas les vivisections et ne travaillait que sur des animaux moribonds. Mais c'est le premier qui a été le plus rigoureux dans ses expériences sur les racines spinales sensorielles et motrices, et ses travaux ont été au service d'une amélioration significative des pratiques médicales.

Cette démarche de médecine expérimentale, prônée par Claude Bernard, demeure encore un principe fondamental de la recherche en biologie (Bernard, 1865). Ces travaux expérimentaux s'effectuaient à l'abri de toute médiatisation et les cabinets de curiosités de l'époque n'avaient d'intérêt que pour certains intellectuels qui débattaient au sein des académies scientifiques.

Au XXe siècle tout change avec le développement des moyens de communication et une science devenue enfin rigoureuse. On va peu à peu parler des découvertes scientifiques dans les journaux, à la radio et à la télévision. C'est précisément au moment où, enfin, les expérimentalistes commencent à se soucier d'éthique que les mouvements antivivisectionnistes dressent des portraits parfaitement scandaleux de chercheurs sanguinaires, des caricatures indécentes de scientifiques « bourreaux ». Ces mouvements provoquent des procès publics où les chercheurs doivent se défendre comme de véritables criminels. Il est vrai qu'ils n'ont que lentement pris conscience de la nécessité de respecter l'animal et de concevoir des règles strictes pour expérimenter sur le vivant. Mais, sauf exception rarissime, leurs pratiques ont toujours inclus des procédures permettant d'éviter la souffrance.

Avec le progrès des connaissances, la médecine, les sciences vétérinaires et la chirurgie ont évolué, proposant des pratiques nouvelles, comme l'anesthésie locale ou générale, capables d'endiguer les douleurs. On était loin des premières expériences de Galvani qui sectionnaient des grenouilles vivantes et arrachaient leurs cœurs sans aucune précaution.

Force est de constater que les critiques adressées par les tenants de l'antivivisection s'adressent essentiellement aux expérimentateurs qui utilisent des mammifères dits supérieurs comme modèles expérimentaux. Les utilisateurs de chiens, de chat et de singes sont la cible de ces mouvements de revendication, alors que les scientifiques qui travaillent avec des escargots, des mouches, des poissons, des oiseaux et même des rats et des souris demeurent quasiment à l'abri de toute critique. Et pourtant, tous, comme le rappelle la Déclaration des Droits des animaux, possèdent un système nerveux et méritent respect.

Un rapport de la Communauté européenne de 2005 montre que les 14 premiers États membres ont utilisé plus de 10 000 000 d'animaux pour des expériences scientifiques. Les souris (51 %) et les rats (22 %) forment de très loin le plus gros contingent. Les animaux à sang froid comme les grenouilles, les insectes ou les mollusques ne dépassent pas 15 %, les carnivores ne représentent pas plus de 0,3 %, les primates moins de 0,1 %. Les études de biologie fondamentale pour mieux connaître le vivant utilisent 34 % de l'ensemble, les recherches sur le développement et le contrôle de qualité en médecine humaine et vétérinaire, 29 %, les essais toxicologiques 10 %, l'enseignement, la formation et le diagnostic des pathologies près de 5 %... Les animaux qui servent à l'étude générale des maladies animales ou humaines représentent 58 % des animaux utilisés en laboratoire.

À titre comparatif, les statistiques établies en 2008 montrent que 35 millions de bovins, 116 millions de porcs, 9 milliards de poulets, 69 millions de poules pondeuses, 271 millions de dindes sont abattus en une année pour la consommation alimentaire.

Comment réagit le public à l'expérimentation animale ? Peu d'études ont été réalisées. Un sondage effectué en France en décembre 2007 par l'institut LH2 et l'agence Beaufixe sur un échantillon de 1003 personnes est très révélateur et montre bien que l'opinion publique fait preuve d'une très grande sagesse. Une forte majorité des personnes interrogées se prononce pour l'expérimentation animale à des fins scientifiques ou médicales (56 %). La recherche pour les maladies graves les plus connues fait monter les pourcentages à 69 ou 77 %, en fonction des pathologies considérées.

La recherche dans le domaine de la biologie, l'expérimentation animale et l'expérimentation chez l'homme à finalité thérapeutique est aujourd'hui encadrée de façon formelle par une série de lois dont les décrets d'application comprennent l'ensemble des recommandations nécessaires à la mise en œuvre de bonnes pratiques. Les lois de bioéthiques, promulguées en France en 1994 et révisées de façon régulière en fonction des progrès des connaissances définissent avec précision les modalités de l'exercice de la recherche dans le domaine de la santé, posant les principes généraux concernant le respect du corps humain, l'étude des caractéristiques génétiques des personnes, la protection de l'espèce humaine et celle de l'embryon humain.

En ce qui concerne l'expérimentation animale, un certain nombre de textes officiels réglementent l'ensemble des dispositifs mis en place dans les laboratoires de recherches public et privée. La fourniture d'animaux de laboratoire est maintenant totalement contrôlée et strictement limitée à une production d'élevage. Les conditions d'hébergement des animaux au sein des animaleries des laboratoires doivent répondre à des normes internationales garantissant des conditions sanitaires drastiques, des espaces de vie homologués, des procédures de maintenance et d'euthanasie strictement contrôlées. L'hébergement d'animaux génétiquement modifiés doit répondre à des conditions encore plus draconiennes. Tout scientifique expérimentateur doit posséder une autorisation officielle du ministère de l'Agriculture, l'autorisant à manipuler des animaux. Il ne peut acquérir cette autorisation qu'après avoir effectué un stage de formation à l'expérimentation animale à la fois théorique et pratique (réglementation, zoologie, hygiène animale, anesthésie, chirurgie, soins vétérinaires, responsabilité juridique).

Cet ensemble de dispositions officielles apporte un progrès notable dans la gestion de l'expérimentation, dans le bien-être et le respect de l'animal de laboratoire, dans la protection juridique du chercheur en biologie. Des améliorations peuvent certainement être encore apportées à ces textes princeps qui demeurent inégaux d'une nation à une autre. L'Union européenne travaille en ce sens, mais une standardisation mondiale serait bienvenue. Le chemin est encore long pour aboutir à cette homogénéisation, tant les sensibilités nationales, fortement influencées par les habitudes, les coutumes et les principes religieux, sont très différentes d'un pays à un autre. En France par exemple, l'interdiction de l'utilisation des embryons humains surnuméraires issus de procréations médicalement assistées a limité pour un temps la recherche dans l'utilisation des cellules souches embryonnaires et de leurs éventuelles applications thérapeutiques.

Dans notre monde actuel, où l'émotion prend souvent le pas sur la rationalité réfléchie et pesée, on ne s'est jamais déclaré aussi sensible à la souffrance animale. Jamais la maltraitance des animaux, sauvages ou domestiques, n'a été aussi durement punie par la loi. L'adoption, en octobre 1978 par l'UNESCO d'une « Déclaration universelle des droits de l'animal » témoigne de cette évolution. Elle répond parfaitement aux principes que nous avons voulu promouvoir dans notre ouvrage. Dix articles construisent cette déclaration et son préambule stipule :

> « Considérant que la Vie est une, tous les êtres vivants ayant une origine commune et s'étant différenciés au cours de l'évolution des espèces, considérant que tout être vivant possède des droits naturels et que tout animal

doté d'un système nerveux possède des droits particuliers, considérant que le mépris, voire la simple méconnaissance des droits naturels provoque de graves atteintes à la Nature et conduisent l'homme à commettre des crimes envers les animaux, considérant que la coexistence des espèces dans le monde implique la reconnaissance par l'espèce humaine du droit à l'existence des autres espèces animales, considérant que le respect des animaux par l'homme est inséparable du respect des hommes entre eux, il est proclamé ce qui suit. Article premier : tous les animaux ont des droits égaux à l'existence dans le cadre des équilibres biologiques. Cette égalité n'occulte pas la diversité des espèces et des individus. Article 2 : toute vie animale à droit au respect... ».

L'avenir

Notre philosophie humaniste d'aujourd'hui nous dicte comme principe premier de respecter non seulement tous les êtres humains, hommes, femmes et enfants à égalité de droits, qu'ils viennent d'autres tribus, d'autres civilisations, d'autres nations mais aussi... le monde animal. Cette reconsidération globale du monde vivant sera essentielle à l'avenir, même si ceux dont le profit dépend aujourd'hui d'une vile exploitation, et même surexploitation, du monde en général sont loin d'y être sensible.

Si par son psychisme, l'espère humaine est une exception, son étoffe biologique est la même que celle de tous les autres vivants... Ainsi apparaît un nouveau dualisme entre l'homme et l'animal qui nous donne droits et devoirs (Damasio, 1999). Nous devons protéger l'animal et recréer les conditions de son épanouissement. Nous l'avons trop longtemps dominé, exploité, mené à notre guise, affaibli et abattu. Il est aujourd'hui temps de refonder un nouvel équilibre biologique.

Avec notre équipement cérébral sophistiqué, où la pensée peut être transcendée par la sphère émotionnelle, où les croyances peuvent largement prendre la place du rationnel, où les modes, les cultures, les contextes sociaux, politiques et économiques peuvent susciter bien des conflits, notre vision du monde animal a, tout au long de l'histoire de l'humanité, pris de multiples visages, de l'indifférence à la passion (Vincent, 1986). L'homme a souvent utilisé le monde biologique comme un jouet qu'il menait à sa guise. N'oublions pas que nous sommes un animal, mais un peu plus ou un peu moins suivant notre façon d'agir. Montaigne ne disait-il pas : « *Nous ne sommes ni au-dessus, ni au-dessous du reste : tout ce qui est sous le Ciel, dit le sage, court une loi et fortune pareille* ».

La place de l'animal dans notre monde contemporain est certainement à repenser. Même si des lois balisent aujourd'hui les règles de bonne conduite entre l'homme et lui, elles sont couramment bafouées, voire totalement ignorées.

Comparés à ceux des siècles derniers, les défis actuels ont une toute autre dimension. Nous sommes en face de problèmes planétaires qu'il va bien falloir résoudre si nous souhaitons préserver notre propre espèce. Les sciences et l'acquisition de connaissances nouvelles nous aideront certainement en partie à relever ces défis, mais notre sagesse sera essentiellement garante de notre succès. Avec nos cerveaux si évolués, nous sommes seuls capables de répondre et d'agir face aux menaces qui nous guettent. Changements climatiques, perte de biodiversité, raréfaction des sources d'énergies fossiles... autant de questions où nos cerveaux si sophistiqués et plastiques devraient nous aider à mettre en place des solutions durables pour l'ensemble des êtres vivants de notre planète.

Les années prochaines vont sûrement changer la donne même en biologie... L'homme devient de plus en plus lui-même sujet d'expérience. Dans les centres d'imagerie, c'est chez le sujet sain que l'on cherche à comprendre, non plus seulement les fonctionnements sensorimoteurs cérébraux de base, mais aussi les mécanismes intimes qui président aux contrôles des grandes fonctions psychologiques (Houdé *et al.*, 2002). L'analyse va encore plus loin puisque le psychisme et la sphère de l'inconscient peuvent aujourd'hui être explorés. Voilà l'œuvre de Freud aujourd'hui reanalysée (Buser 2005, Naccache 2006) ! L'animal d'expérience sera certainement moins utilisé, tout en demeurant un modèle de choix pour la neurogénétique et pour certaines expériences invasives. Les cultures de neurones, les tranches de cerveaux maintenues dans les conditions physiologiques et les modèles numériques seront demain des outils précieux d'investigation du cerveau (Horcholle-Bossavit, Tyc-Dumont, 2005).

Il est de notre devoir, et c'est en fait la justification ultime de cet ouvrage, de croire en l'avenir de l'humanité. Le règne animal émerveille par sa beauté et les petites bêtes que nous avons longtemps écrasées sans scrupule doivent retenir toute notre attention... La complicité, la solidarité, le destin commun que nous espérons, doit permettre d'avancer ensemble dans un monde peut-être de plus en plus difficile à vivre, aux enjeux de plus en plus délicats à atteindre, mais où l'homme et l'animal pourront rêver d'une réussite planétaire dont on ne peut imaginer actuellement que les toutes premières prémices.

Bibliographie

A.

Albe-Fessard D., (1996). Denise Albe-Fessard in *The history of neuroscience in autobiography*, L.R. Squire ed., Soc. of Neuroscienc, Washington D.C., p. 4-15.

Alexandrowicz J. S., (1951). « Muscle receptor organs in the abdomen of Homarus vulgaris and Palinurus argus », *Quart. J. Micr. Sci.*, 92, p. 163-199.

Altman J., Das G. D. (1965). « Autoradiographic and histological evidence of postnatal hippocampal neurogenesis in rats », *J. Comp. Neurol.*, 124, p. 319-335.

Alvernhe A., Van Cauter T., Save E., Poucet B., (2008). « Different CA1 and CA3 representations of novel routes in a shortcut situation », *J. of Neurosc.*, 28, p. 7324-7333.

Alving B. O., (1968). « Spontaneous activity in an isolated somata of Aplysia pacemaker neurons », *J. Gen. Physiol,*. 51, p. 29-45.

Amat J. M., Vincent J. D. (2000). *Pour une nouvelle physiologie du goût.* Odile Jacob. Paris.

Anstey M. L., Rogers S. M., Ott S. R., Burrows M., Simpson S. J. (2009). « Serotonin mediates behavioral gregarization underlying swarm formation in desert locusts », *Science* 323, p. 627-630.

Arvanitaki A., (1942). « Effects evoked in an axon by the activity of a contiguous one », *J. Neurophysiol.* 5, p. 89-108.

Arvanitaki A., Cardot H, (1941). « Les caractéristiques de l'activité rythmique ganglionnaire « spontanée » chez l'Aplysie », *C. R. Soc. Biol.* 135, p. 1207-1211.

Arvanitaki A., Chalazonitis N., Otsuka M., (1956). « Activité paroxystique du soma neuronique d'Aplysia sous l'effet de la strychnine. (Dérivation endosomique des potentiels) », *C. R. Acad. Sci.* 243 (3), p. 307-309.

Asanuma H., Larsen K., Yumiya H. (1980). « Peripheral input pathways to the monkey motor cortex », *Exp. Brain Res.*,38 (3), p. 349-55.

Aserinsky E., Kleitman N., (1955). « Two types of ocular motility occuring in sleep », *J. Appl. Physiol.*, 8, 1, 10.

Auluck P. K., Chan H. Y. C., Trojanowski J. Q., Lee V. M.-Y., Bonini N. M., (2002). « Chaperone Suppression of α-Synuclein Toxicity in a *Drosophila* Model for Parkinson's Disease », *Science* vol. 295, 5556, p. 865-868.

B.

Backwell P., Jennions M., (2004). « Coalition among male fiddler crabs », *Nature*, vol. 430, p. 417.

Bateson P. P. G., Horn G., Rose S. P. R. (1972). « Effects of early experience on regional incorporation of precursors into RNA and protein in the chick brain », *Br. Res.*, 39, p. 449-465.

Benazzouz A., Gross C. E., Feger J., T. Boraud T., Bioulac. B., (1993). « Reversal of rigidity and improvement in motor performance by subthalamic high frequency stimulation in MPTP-treated monkeys », *Eur. J. Neurosci.* 5, p. 382-389.

Bennett M. V. L., (1970). « Comparative physiology : Electric organs », *Ann. Rev. Physiol.* 32, p. 471-528.

Bentley M. G., Olive P. J. W., Last K., (1999). « Sexual Satellites, Moonlight and the Nuptial Dances of Worms : the Influence of the Moon on the Reproduction of Marine Animals », *Earth, Moon, and Planets,* 85-86, p. 67-84.

Bernard C, (1865). *Introduction à la médecine expérimentale*, Paris, Flammarion, nouvelle édition 1984.

Bilen J., Bonini N.M., (2005). « Drosophila as a model for human neurodegenerative disease », *Annu. Rev. Genet.*, 39, p. 153-171.

Bliss T. V. P., Lomo T, (1973). « Long-lasting potentiation of synaptic transmission in the dentate area of the anesthetized rabbit following stimulation of the perforant path », *J. Physiol.*, 232, p. 331-356.

Bliss T. V. P., Gardner A. R., (1973). « Long-lating potentiation of synaptic transmission in the dentate area of the unanaesthetized rabbit following stimulation of the perforant path », *J. Physiol.*, 232, p. 357-374.

Borelli G, (1680), *De motu animalium,* traduit par P. Maquet 1989, *On the movement of animals*, Heidelberg, Berlin, New-York, Springer Verlag.

Brailowsky S., Stein D. G., Will B., (1991). « Les dépannages du cerveau », *Pour la science*, Paris, Belin.

Brazier, M. A. B., (1959). « The historical development of neurophysiology », in *Handbook of Physiology*, vol.1, *Neurophysiology*, 1-58.

— (1984). *A History of Neurophysiology in the 17th and 18th Centuries : From Concept to Experiment,* New York, Raven Press.

— (1988). *A History of Neurophysiology in the 19th Century,* New York, Raven Press.

Bremer F., (1935). « Cerveau "isolé" et Physiologie du Sommeil », *C. R. Soc. Biol.* 118, p. 1235-1241.

— (1936). « Nouvelles recherches sur le mécanisme du sommeil », *C. R. Soc. Biol.* 122, p. 460-463.

Brenner S. (December 8, 2002). « Nobel Lecture : Nature's Gift to Science » (video & pdf). nobelprize.org. http://www.nobel.se :medecine :laureates/ 2002/brenner-lecture.html

Brown R., Milner P. M. (2003). « The legacy of Donald O. Hebb : more than the Hebb synapse », *Nat. Rev. Neurosci.* 4, p. 1013-1019.

Bruner J., Tauc L., (1966). « Long-lasting phenomena in the molluscan nervous system », *XX SEB Symposia*, Cambridge Univ. Press, p. 457-475.

Bruno R. M., Hahn T. T. G., Wallace D. J., de Kock C. P. J., Sakmann B., (2009). « Sensory experience alters specific branches of individual cortico-cortical axons during development », *J. Neurosc.* 29(10), p. 3172-3181.

Bruning B., Phillips B. L., Shine R., (2010). « Turgid female toads give males the slip : a new maechanism of female mate choice in the anura », *Biol. Lett.* (23) : 6(3) 322-324.

Bullock T. H., Horridge A., (1965). *The structure and function of the nervous system in invertebrates,* Vol. I, p. 798, Vol. II, p. 1719, Freeman, San Francisco.

Bureau I, Shepherd G. M., Svoboda K., (2008). « Circuit and plasticity defects in the developing somatosensory cortex of Fmr1 knock-out mice », *J. Neurosci.* 28, p. 5178-5188.

Burrows M., (1992). « Local circuits for the control of leg movements in an insect », *Trends Neurosci.* 15 (6), p. 226-232.

Burrows M., (2006). « Jumping performance of froghopper insects », *J. Exp. Biol.* 209, 4067-4621.

Buser P., (2005). *L'inconscient aux milles visages,* Paris, Odile Jacob.

C.

Canguilhem G, (1952). *La connaissance de la vie,* Paris, Hachette.

Canguilhem G, (1977). *La formation du concept de réflexe aux XVIIe et XVIIIe siècles.* Paris, Vrin.

Camos V., Cézilli F. Guenancia P., Sylvestre J. P., (2009). *Homme et animal, la question des frontières,* Paris, Quae.

Cassenaer S., Laurent G. (2007) « Hebbian STDP in mushroom bodies facilitates the synchronous flow of olfactory information in locusts » *Nature,* 448 (7154), p. 709-713.

Chabert C., Jamon M., Cherfouh A., Duquenne V., Smith D. J., Rubin E., Roubertoux P. L. (2004) « Functional analysis of genes implicated in Down syndrome : 1. Cognitive abilities in mice transpolygenic for Down Syndrome Chromosomal Region-1 (DCR-1) », *Behavior Genet.* 34(6), p.559-569.

Chabaud M. A. Isabel G., Kaiser L., Préat T., (2009). « Social facilitation of long-lasting memory retrieval in drosphila », *Current Biology,* 19, p. 1654-1659.

Chang H. C., Gaddum J.H. (1933). « Choline esters in tissue extracts » *J Physiol,* 79 (3), p. 255-285

Changeux J.P., (1981). « The acethylcholine receptor : An allosteric membrane protein », *Harvey Lectures,* p. 85-254.

Changeux J. P., (1983). *L'Homme neuronal,* Paris, Fayard, coll. « Le temps des Sciences ».

Chapouthier G., (2006). *Biologie de la mémoire,* Odile Jacob, Paris.

Christen Y., (2009). *L'animal est-il une personne ?,* Flammarion. Paris.

Christen Y., (2009). *Les surdoués du monde animal,* éditions du Rocher.

Churchland P. M., (1999). *Le cerveau. Moteur de la raison, siège de l'âme.* Edition française, A. Pelissier. Paris, Bruxelles, DeBoeck Université.

Clarac F., Pearlstein E., (2007). « Invertebrate preparations and their contribution to neurobiology in the second half of the 20th century » *Br. Res. Rev.,* 54, p. 113-161.

Clarac F., Ternaux J. P., (2008). *Encyclopédie historique des Neurosciences. Du neurone à l'émergence de la pensée*, Bruxelles, DeBoeck. Université.

Clarac F., Pearlstein E., Pflieger J. F., Vinay L., (2004). « The in vitro neonatal rat spinal cord preparation : a new insight into mammalian locomotor mechanisms. », *J. Comp. Physiol.*,190, 5, p. 343-357.

Clarke E., Dewhurst K., (1984). *Histoire illustrée de la fonction cérébrale*, Paris, Roger Dacosta.

Clarke R. H., Horsley V., (1906). « On a method of investigating the deep ganglia and tracts of the central nervous system (cerebellum) ». *Br. Med. J.*, 2, p. 1799-1800.

Clarke E., Jacyna L. S., (1987). *Nineteenth-century origins of neuroscientific concepts*. Los Angeles, London, University of California Press, Berkeley.

Cobb M., (2002). « Exorcizing the animal spirits : Jan Swammerdam on nerve function », *Nat. Rev. Neurosc*, 3, p. 395-400.

Comas D., Petit F., Preat, T., (2004). « Drosphila long-term memory formation involves regulation cathepsin activity », *Nature*, 430, p. 460-463.

Cooper J. R., Bloom F. E., Roth R. H., (1991), *The biochemical Basis of Neuropharmacology*. 6th edition, New-York, Oxford, Oxford University Press.

Crick F. H., Watson D., (1953). « Molecular Structure of Nucleic Acids : A Structure for Deoxyribose Nucleic Acid », *Nature*, 171, p. 737-738.

D.

Daeschler E. B., Shubin N.H. Jenkins Jr F. A.(2006). « A Devonian tetrapod-like fish and the evolution of the tetrapod body plan ». *Nature*, 440 : p. 757-763.

Damasio, A. R., (1999). *Le Sentiment même de soi : corps, émotions, conscience*, Paris, Odile Jacob.

Daremberg C., (1854). *Oeuvres anatomiques, physiologiques et médicales de Galien*, tome I., Paris, Londres, Baillière, JB.

Darwin C. R., *L'Origine des espèces*, édition du Bicentenaire (6e édition [1872], dernier tirage revu par Darwin, 1876), traduction d'Aurélien Berra, sous la direction de Patrick Tort et la coordination de Michel Prum, Travaux de l'Institut Charles Darwin International, Genève, Champion (poche).

Darwin C. R., (1871). *The descent of man and selection in relation to sex*, London, John Murray, trad. fr. de J.-J. Moulinier 1872, *La descendance de l'homme et la sélection sexuelle*, Gallica.

Darwin C. R., (1872). *The expression of the emotions in man and animals*. London, éd., John Murray. 1st édition. Édition Française 2001 *L'Expression des émotions chez l'homme et chez les animaux*. Paris, Rivages, coll. « poche ».

Darwin C. R., (2009). *Charles Darwin. Origines, Lettres choisies 1825-1859*. Bayard Editions, Montrouge.(Texte original : « *origins selected letters of Charles Darwin* 1822-1859 ». Cambridge University press. Cambridge.).

Debru A., (2008). *Galien, L'anatomie des nerfs- L'anatomie des veines*. Paris, Les Belles lettres.

Debru C. (2006). *Neurophilosophie du rêve*. Deuxième édition augmentée, préface de Michel Jouvet. Paris, Hermann.

Delaunay F., Thisse C., Marchand O., Laudet V., Thisse B., (2000). « An inherited functional circadian clock in zebrafish embryos », *Science* 289, p. 297-300.

Dement W., Kleitman N., (1957).« The relation of eye movements during sleep to dream activity : an objective method for the study of dreaming », *J. Exp. Psychol.*, 53, 5, p. 339-346.

Descartes R, *Oeuvres complètes,* Paris, Gallimard, coll. « La Pléïade ».

Detrain C., Deneubourg J. L., (2009). « Ethologie et robotique : vers une gestion de précision des sociétés animales », In : *Éthologie appliquée aux comportements animaux et humains, questions de société* (Eds : A. Boissy M-H.Pham-Delègue & C. Baudoin, coord), chap. 9, p.139-148.

Devillers-Thiéry A., Giraudat J., Bentaboulet M., Changeux J.-P. (1983). « Complete mRNA coding sequence of the acetylcholine binding alpha subunit of Torpedo marmorata acetylcholine receptor : a model for the transmembrane organization of the polypeptide chain », *Proc. Natl. Acad. Sci. USA 80*, p. 2067-2071.

Didelot G., Molinari F., Tchénio P., Comas D., Mithiet E., Munnich A., Colleaux L., Preat T., (2006). « Tequilla, a neurotrypsin ortholog, regulates long-term memory formation in Drosophila », *Science* 313 : p. 851-853.

Donnerer J., Lembeck F., (2006). *The chemical Languages of the nervous system. History of scientists and substances,* Basel, Karger.

Dulac C., (2000). « Sensory coding of pheromone signals in mammals », *Neurobiol.*, 10, p.511-518.

Dulac C., Kimchi T., (2007). « Neural mechanisms underlying sex-specific behaviors in vertebrates », *Curr. Neurobiol. Opin.*, 17 : p. 675-683

Dupont J. C., (1999). *Histoire de la Neurotransmission,* Paris, Presses Universitaires de France.

E.

Eberhard, W.G., (2000). « Spider manipulation by a wasp larva. A parasitic wasp forces its host to weave a special web for its own ends », *Nature,* 406 (6793) : 255-256.

Eccles, J.C., (1975). « Under the spell of the synapse » In : Worden F. G., Swazey J. P., Adelman G. (Eds.), *The Neurosciences : Paths of Discovery I,* 2nd edition Birkauser, Boston,p. 158-179.

Edwards J. S., Huntford R. (1998). « Fridtjof Nansen From the neuron to the North Polar Sea (du neurone à la mer polaire du Nord) », *Endeavour,* 22, (2), p. 76-80.

Evarts E. V., (1965). « Relation of discharge frequency to conduction velocity in pyramidal neurons », *J. Neurophysiol.*, 28, p. 216-228.

Evarts E. V., Shinoda, Y., Wise, SP., (1984). *Neurophysiological approaches to higher brain functions,* J. Wiley and Son, New-York.

F.

Fabre J. H., (1920). *Souvenirs entomologiques,* X tomes, Paris, Librairie Delagrave.

von Frisch K., (1987). *Mémoires d'un biologiste : Le professeur des abeilles* [« Erinnerungen eines Biologen (Autobiographie) »], trad. Michel Martin et Jean-Paul Guiot, préface de Roger Darchen, Belin, Paris.

Faber T., Joerges J. and Menzel, R. (1999). « Associative learning modifies neural representations of odors in the insect brain », *Nature Neurosci*, 2, p. 74-78.
Fagot J., Kruschke J. K., Depy D., Vauclair J., (1998). « Associative learning in baboon (papio papio) and human (homo sapiens) : species differences in learned attention to visual features », *Anim. Cogn*, 1, p. 123-133.
Feany M. B., Bender W. W., (2000). « A Drosophila model of Parkinson's disease », *Nature*, 404(6776), p.394-398.
Fecteau S., Carmant L., Tremblay C., Robert M., Bouthiller A., Théoret H. (2004). « A motor resonance mechanism in children ? Evidence from subdural electrodes in a 36 month-old child », *Neuroreport* 15(17), p. 2625-7.
Feldberg W., Fessard A., (1942). « The cholinergic nature of the nerves to the electric organ of the *Torpedo* (*Torpedo marmorata*) », *J Physiol.*, 101(2), p. 200-216.
Fessard A., Monnier A. M. (1949). « Electrophysiologie », *Archives des Sciences Physiologiques*, III. CNRS, CNRS édition, Colloque tenu à Paris en 1949.
Fessard A., Monnier A. M., (1956). *Microphysiologie comparée des éléments excitables*, Colloque CNRS, 1955.
Franceschini N., (2004). « Visual guidance based on optic flow : a biorobotic approach ». *J. Physiol*, 98 (1-3), p. 281-292.
Freisen W. O., Pearce R. A. (1993). « Mechanisms of intersegmental coordination in leech locomotion », *Semin. Neurosci.* 5, p. 41-47,

G.

Gally, C., Bessereau, J-L., (2003). « C.elegans : des neurones et des gènes », *Medecine/Sciences*, 19 (6-7), p. 725-734.
Galons H, Oumata N, Meijer L., (2010).« Cyclin-dependent kinase inhibitors : a survey of recent patent literature », *Expert Opin Ther Pat*, 20 (3), p. 377-404.
Garnier M. C., Ternaux, M., (2009). « Document INRP sur les vibrisses de rats », http://www.inrp.fr/access/
Gasser H. S., Lapicque L, Desoille A, (1925). « Relation entre le degré d'hétérogénéité des nerfs & la complexité de leur courant d'action », *CR Soc Biol.*, 92, p. 9-10.
Gentner T. Q., Fenn K. M., Margoliash D., Nusbaum C., (2006). « Recursive syntactic pattern learning by songbirds », *Nature*, 440, p. 1204-1207.
Gerschenfeld, H. M., (1966). « Chemical transmitter in invertebrate nervous system », « Nervous and Hormonal Mechanisms of Integration » XX SEB Meeting, Cambridge the University, p. 299-323.
Gerschenfeld H. M., Ascher P, Tauc L, (1967). « Two different excitatory transmitters acting on a single Molluscan neurone », *Nature*, p. 358-359.
Giurfa M., Eichmann B., Menzel R., (1996). « Symmetry perception in an insect », *Nature*, 382, p. 458-461.
Giurfa M., Zhang S., Jenett A., Menzel R., Srinivasan M. V. (2001). « The concept of "sameness" and "difference" in an insect », *Nature*, 410, 930-933.
Gould S. J. (1989). *Wonderful Life : The Burgess Shale and the Nature of* History, W.W. Norton, New York, NY.
Gould E., Reeves A. J., Graziano M. S. A., Gross C. G., (1999). « Neurogenesis in the Neocortex of Adult Primates », *Science*. 286. (5439), p. 548-552.

Griesser M. (2008). « Referential calls signal predator behavior in a group-living bird species », *Current Biology*, 18, p. 69-73.

Grillner S. (1996).« Les circuits nerveux de la locomotion », *Pour la Science*, n° 221, p. 58-64.

H.

Haesler S., Rochefort C., Georgi B., Lisczneksi P., Osten P., Scharff C., (2007). « Incomplete and inaccurate vocal imitation after knockdown of *FoxP2* in songbird basal ganglia,nucleus area X », *PloS biology* 5(12), p. 2885-2895.

Hammer M., (1997). « The neural basis of associative reward learning in honeybees », *Trends Neurosci.* 20, p. 245-252.

Hebb D. O., (1949). *The organization of the behavior, A neuropsychological theory*, New York, Wiley.

Hayashi M. L, Rao B. S. K., Seo J-S., Choi H-S., Dolan B., Bridget M., Choi S-Y., Chattarji S., Tonegawa S., (2007). « Inhibition of p21-activated kinase rescues symptoms of fragile X syndrome in mice ». *Proc. Natl. Acad. Sci. USA*, 104 (27), p. 11489-11494.

Helmholtz H, (1850). « Note sur la vitesse de propagation de l'agent nerveux dans les nerfs rachidiens. », *C. R. Acad. Sci*, 30, p. 204-206.

Hestrin S, Galarreta M, (2005). « Electrical synapses define networks of neocortical GABAergic neurons. » *Trends Neurosci.*, 28, p. 6.

Hippocrate, (1994), *De l'Art médical*, Traduction de Littré, texte présenté par Gourevitch, D, Paris, Librairie générale française.

Hochberg L. R., Serruya M. D., Gerhard M., Friehs G. M., Mukand J. A., Maryam Saleh M., Caplan A. H., Branner A., David Chen D, Penn R. D., John P., Donoghue J. P., (2006). « Neuronal ensemble control of prosthetic devices by a human with tetraplegia » *Nature*, 442, 164-171.

Hodgkin, AL, Huxley, A.F, Katz, B, (1952). « Measurements of current voltage relations in the membrane of the giant axon of Loligo. », *J. Physiol.*, 116, p. 424-448.

Von Holst, E. (1973). *The behavioral physiology of animals and man : the collected papers of Erich Von Holst, Vol. 1* (R. Martin, Trans.). London : Mthuen. (Original work published 1937).

Horsley, V, (1909). « The function of the so-called motor area in the brain », *British Medical Journal*, 2, p. 125-132.

Horcholle-Bossavit G., Tyc-Dumont S, (2005). *Le neurone computationnel*, Paris, CNRS Editions.

Horn G., (2004). « Pathways of the past : The imprint of memory », *Nat. Rev. Neurosci*, 5, p. 108-120.

Houdé O, Mazoyer B, Tzourio-Mazoyer N, (2002). *Cerveau et psychologie*, Paris, Presse Universitaire de France.

Hsiao K., (1996).« Transgenic mice expressing Alzheimer amyloid precursor proteins », *Exp. Gerontology*, 33 (7-8)1998, p. 883-889.

Hubel, D. H., Wiesel, T. N., (1961). « Integrative action in the cat's lateral geniculate body. » *J. Physiol*, 155, p. 385-398.

Hughes G. M., Wiersma C. A. G., (1960). « The co-ordination of swimmeret movements in the crayfish, Procambarus clarkii (Girard) », *J. Exp. Biol.*, 37, 657-670.

Huxley T. H. (1880) *The crayfish, an introduction to the study of zoology*, New York : D. Appleton and Company. Réédité en 1973, par MIT Press, Cambridge, MA. Le texte est en ligne à « http://www.biology.ualberta.ca/palmer.hp/thh/crayfish.htm »

J.

Jadhav S. P., Wolfe J., Feldman D. E.,(2009). « Sparse temporal coding of elementary tactile features during active whisker sensation », *Nat. Neurosc.*, 12, p. 792-800.

James W. (2003). *Précis de psychologie*, Paris, Empêcheurs De Penser En Rond.

Janvier P., (2002). « Les premiers animaux », *Pour la Science*, 300 : p. 20-23.

Jarvis E. D., (2007). « Neural systems for vocal learning in birds and humans : a synopsis », *J. Ornithol.* 143, p. 35-44.

Jeannerod M, (1983). *Le cerveau-machine*, Paris, Fayard.

Jeannerod M (2009). *Le cerveau volontaire*, Paris, Odile jacob.

Joerges J., Kuttner A., Galizia C. G., *et al.* (1997). « Representations of odours and odour mixtures visualized in the honeybee brain », *Nature*, 387 : 285-8.

Jouventin P. (2002) « La signature vocale du manchot », *Science et Avenir Hors Série*, 129 : p. 14-19

Jouvet M., Michel F., (1960). « Sur les voies nerveuses responsables de l'activité rapide corticale au cours du sommeil physiologique, chez le Chat (phase paradoxale). » *C. R. Soc. Biol.*, 154, p. 995-998.

Jouvet M., Pujol J. F., (1972). « Role of monoamines in the regulation of alertness. Neurophysiological and biochemical study. » *Rev. Neurol.*, 127, p. 115-138.

Jouvet M., (1992). *Le sommeil et le rêve*, Paris, Odile Jacob.

Jouvet-Mounier D., (1968). « Ontogénèse des états de vigilance chez quelques mammifères », Thèse de sciences, Lyon, p.231.

K.

Kandel E. R., (1976). *Cellular basis of behavior*, San Francisco, WH. Freeman and Company.

Kandel E. R., (1979). *Behavioral biology of Aplysia*, San Francisco, WH. Freeman and Company.

Kandel E. R., (2003). « La biologie moléculaire de la mémoire : un dialogue entre gènes et synapses », *Medecine-Sciences*, 19, p. 625-633.

Kandel E. R., (2007). *À la recherche de la mémoire*, Paris, Odile Jacob.

Karlson P., Lüscher M., (1959). « Pheromone, a new term for a class of biologically active substance », *Nature* 183, p. 55-56.

Karlson P., Butenandt A., (1959). « Pheromones (ectohormones) in insects », *Annu Rev Entomol* 4 : p. 49-58.

Kicklighter C. E., Shabani S., Johnson P. M., Derby C. D., (2005). « Sea hares use novel antipredatory chemical defenses », *Curr Biol.*,15(6), p.549-54.

Kimchi T., Xu J., Dulac C., (2007). « A functional circuit underlying male sexual behaviour in the female mouse brain », *Nature*, 448, p. 1009-1015.
Kimelbeerg H., Norenberg M., (1989). « Les astrocytes », *Pour la Science*, n° 140, p. 78 - 89.
Knight D., Iliadi K., Charlton M. P., Atwood H. L., Boulianne G. L., (2007). « Presynaptic plasticity and associative learning are impaired in a *Drosophila* presenilin null mutant ». *Dev Neurobiology*, Volume 67 (12), p. 1598-1613.
Kock de C. P. J., Sackmann B., (2009). « Spiking in primary somatosensory cortex during natural whisking in awake head-restrained rats is cell-type specific ». *Proc. Natl. Acad. Sci. USA*, 106 (38), p. 16446-16450.
Köhler W, (1964). *Psychologie de la forme*, Paris, Gallimard.
Korn H., Faber, D. S., (2005). « The Mauthner cell half a century later : a neurobiological model for decision-making », *Neuron*, 47, p. 13-28.
Korogod S. M., Tyc-Dumont S., (2009). *Electrical Dynamics of the dendritic space*, WHSmith Editor.
Kravitz, E. A., Huber R., (2003). « Agression in invertebrate », *Curr. Opinion in Neurobiol*, 13, p. 736-743.
Kristan W. B., 2008. « Neuronal decision-making circuits », *Curr Biol.*, 18(19), p. 928-932.
Krupa D. J., Matell M. S., Brisben A. J., Oliveira L. M., and Nicolelis M. A. (2001). « Behavioral properties of the trigeminal somatosensory system in rats performing whisker-dependent tactile discriminations ». *J. Neurosci.*, 21, p. 5752-5763.
Kuffler S. W., Nicholls J. G., (1976). *From Neuron to Brain*, Sinauer Asociates, Inc. publishers. Sunderland Massachusetts.

L.

Lai C. S., Fisher S. E., Hurst J. A., Vargha-Khadem F., Monaco A. P., (2001). « A forkhead-domain gene is mutated in a severe speech and language disorder », *Nature*, 413 (6855), p. 519-23.
de Lamarck J. B., (1809), *Philosophie zoologique*, (2 volumes), Paris, Baillière.
Lashley K. S., (1929). *Brain mechanisms and intelligence*. Chicago, University of Chicago Press.
Laurent G., (1996) « Dynamical representation of odors by oscillating and evolving neural assemblies », *Trends Neurosci*,19, p. 489-496.
Lebedev M. A., Nicolelis M. A. L., (2006). « Brain machine interfaces : Past, present and future », *Trends Neurosci.*, 29, p. 536-546.
Le Douarin N. (2000). *Des chimères des clones et des gènes*, Paris, Odile Jacob.
Le Douarin N., (2007). *Les cellules souches, porteuses d'immortalité*, Paris, Odile Jacob.
Le Maho L., (2002). « Ecophysiology : Nature and function », *Nature* 416, p. 21.
Lent C. M., (1973). « Retzius Cells : Neuroeffectors Controlling Mucus Release by the Leech », *Science*, 16 Vol.(179), 4074, p. 693-696.
Lepage J. F., Théoret H., (2010). « Brain connectivity : finding a cause », *Curr. Biol.*, 26, 20(2), p. 66-7.
Llinas R. R., (1988). « The intrinsic electrophysiological properties of mammalian neurons : insight into central system function », *Science*, 242, p. 1654-1664.

Ledoux J., (2005). *Le cerveau émotionnel*, Paris, Odile Jacob.

Libersat F., Delago A., Gal R., (2009). « Manipulation of host behavior by parasitic insects and insect parasites », *Annu. Rev. Entomol.*, 54 :189-207.

Lievens J-C., Birman S., (2003). « La chorée de Huntington chez la drosophile et chez la souris : vers de nouvelles pistes thérapeuthiques ? », *Med. Sci.*, 19, p. 593-599.

Limousin P., Pollak P., Benazzouz A., Hoffman D., Le Bas J. F., Broussole E., Perret J. E., Benabid, A. L. (1995). « Effect of parkinsonian signs and symptoms of bilateral subthalamic nucleus stimulation », *Lancet*, 345, p. 91-95.

Lorenz K., (2007). *Evolution et modification du comportement*, Paris, Payot et Rivages.

M.

McConnell J. V., Jacobson A. L., Kimble D. P., (1959).« The effect of regeneration upon retention of a conditionned response in the Planarian », *J. Comp. Physiol., Psychol.*, 52, p. 1-5.

Maguire E. A., Woollett K., Spiers H. J., (2006), *Hippocampus*, 16(12), p. 1091-101.

Mandairon N., Poncelet J., Bensafi M., Didier A., (2009). « Humans and mice express similar olfactory preferences », *PLoS One*, 4(1) : p. 4209.

Margoliash D., (2001). « The song does not remain the same », *Science* 291, p. 2559-2561.

Margoliash D., (2005). « Song learning and sleep ». *Nat. Neurosc.*, 8 (5), p. 546-548.

Marler P., (1970). « A comparative approach to vocal learning : song development in white-crowned sparrow », *J. Comp. Physiol. Psychol.* 71, p. 1-25.

Marler P., (1991). « Song learning behavior : The interface with neuroethology », *Trends Neurosci.*, 14 (5), p. 199-206.

Martinoli A., Theraulaz G., Deneubourg J. L., (2002). « Quand les robots imitent la nature », *La Recherche*, 358, p. 56-62.

Marx C, (1969). « Le Neurone », in *Physiologie* Tome II, Kayser, C, Paris, Editions médicales Flammarion, p. 7-272.

Mégevand P., Troncoso E., Quairiaux C., Muller D., Michel C. M., Kiss J. Z. (2009). « Long-Term Plasticity in Mouse Sensorimotor Circuits after Rhythmic Whisker Stimulation », *J. Neurosci.*, 29(16), p 5326-5335.

Megnin, J. P., (1894). *La faune des cadavres : application de l'entomologie à la médecine légale*, G. Masson, Gauthier-Villars.

Mello C. V., Clayton D. F., (1994). « Song-induced ZENKgene expression in auditory pathways of songbird brain and its relation to the song control system », *J. Neurosci.*, 14, p. 6652-6666.

Menzel R., Leboulle G., Eisenhardt D., (2006). « Small Brains, Bright Minds », *Cell*, 124 (2), p. 237-239

Menzel R., Giurfa M., (2006). « Dimensions of Cognition in an Insect, the Honeybee », *Behav. Cogn. Neurosci. Rev.*, 5, p. 24-40.

Mercader J., Barton H., Gillespie J., Harris J., Kuhn S., Tyler R., Boesch C., (2007). « 4,300-year-old chimpanzee sites and the origins of percussive stone technology », *Proc. Natl. Acad. Sci. USA*,104(9), p. 3043-8.

Mery F., Pont J., Preat T., KaweckiT. J., (2007). « Experimental evolution of olfactory memory in drosophila melanogaster ». *Physiol. Bioch. Zool.*, 80 (4), p. 99-405.

Meulders H., (2001). *Von Helmholtz. Des lumières aux Neurosciences*, Paris, Odile Jacob.

Meyrand P., Simmers J., Moulins M., (1991). « Construction of a pattern-generating circuit with neurons of different networks », *Nature*, 351 (6321), p. 60-63.

Michelsen A., Andersen B. B., Storm J., Kirchner W. H., Lindauer M. (1992). « How honeybees perceive communication dances, studied by means of a mechanical model », *Behav. Ecol. Sociobiol.*, 30, p. 43-150.

Montaigne M., *Les Essais.* En ligne version intégrale. Le Trismégiste.

Moruzzi G, Magoun H. W, (1949). « Brain stem reticular formation and activation of the EEG. », *Electroenc. Clin. Neurophys.*, 1, p. 445-473.

Mountcastle V. B., (1997). « The column organization of the neocortex. » *Brain*, 120, p. 701-722.

Mouritsen H., Feenders G., Liedvogel M., Wada K., Jarvis E. D., (2005). « Night-vision brain area in migratory songbirds ». *Proc. Natl. Acad. Sci. USA*, 102 (23), p. 8339-8344.

N.

Naccache L, (2006). *Le Nouvel Inconscient*, Paris, Odile Jacob.

Nachmansohn D., (1959). « Chemical and molecular basis of nerve activity », New-York, Academic Press.

Naquet R., Interview par J.-F. Picard le 21 janvier 1997, site « Histoire de la recherche médicale dans la France du vingtième siècle », http://www.vjf.cnrs.fr/histrecmed/

Nicolas S., (2001). *Histoire de la psychologie*, Paris, Dunod.

Nicolelis M. A., Lebedev M. A., (2009). « Principles of neural ensemble physiology underlying the operation of brain-machine interfaces », *Nat. Rev. Neurosci.*,10(7), p.530-540

Nishimura I., Yang Y., Lu B., (2004). « PAR-1 kinase plays an initiator role in a temporall ordered phosphoryla tion process that confers Tau toxicity in Drosophila », *Cell*, 116, p. 671-682.

Nottebohm F., Stokes T. M., Leonard C. M., (1976). « Central control of song in the canary, *Serinus canarius* », *J. Comp. Neurol.* 165, p. 457-486.

Nottebohm F., (1981). « A brain for all seasons : Cyclical anatomical changes in song control nuclei of the canary brain », *Science*, 214, p. 1368-1370.

Nottebohm F., (1995). « The neural basis of birdsong », *PLoS Biology*, 3, p. 164.

Nottebohn F., (2002). « Neuronal replacement in adult brain », *Br. Res. Bull.*, 57, p. 737-749.

O.

Ochs S., (2004). *A history of nerve functions from animal spirits to molecular mechanisms*, New York, Cambridge University press.

O'Keefe J., Dostrovsky J., (1971). « The hippocampus as a spatial map. Preliminary evidence from unit activity in the freelymoving rat », *Brain Res.*, 34, p. 171-175.

O'Keefe J., (1976). « Place units in the hippocampus of the freely moving rat », *Exp Neurol*, 51, p. 78-109.

O'Keefe J., Nadel L., (1978). *The hippocampus as a cognitive map*, Oxford, Clarendon Press.

Olds J, Milner P, (1954). « Positive reinforcement produced by electrical stimulation of the septal area and other regions of rat brain », *J. Comp. Physiol. Psychol.*, 47, p. 419-427.

Orlovsky G. N., Deliagina T. G., Grillner S., (1999). *Neuronal control of locomotion. From mollusc to man.* Oxford, New-York, Oxford University Press.

Oury F., Rijli F., (2007). « Hoxa2, un gène clé pour la mise en place des circuits neuronaux sensoriels de la face », *Med. Sci.*, 3 (11), p. 247-249.

P.

Paillard J., Massion J., (1974). « Les comportements moteurs et les activités nerveuses programmées. » Congrès d'Aix en Provence (7 au 9 septembre 1973), *Brain Res.*, 71, p. 189-575.

Pascual A., Préat T. (2001). « Localization of long-term memory within the drosophila mushroom body », *Science* 294, p. 1115-1117.

Pereda A., Faber D. S., (1996) « Activity dependent short-term plasticity of intercellular coupling. » *J. Neurosci.*, 16, p. 983-992.

Perez-Orive J., Mazor O., Turner G. C., Cassenaer S., Wilson R. L. Laurent G., (2002). « Oscillations and sparsening of odor representations in the bushroom body », *Science* 297, p. 359-365.

Pflüger H. J., Duch C., Heidel E., (2004). « Neuromodulatory octopaminergic neurons and their functions during insect motor behavior », *Acta Biol. Hung.* 55 (1-4), p. 3-12.

Piccolino M., (2006). « Luigi Galvani's path to animal electricity (le cheminement de luigi Galvani vers l'électricité animale) », *C.R. Biol.*, 329 (5-6), p. 303-318.

Pinsker H., Kupfermann I., Castellucci V., Kandel E. R., (1970). « Habituation and dishabituation of the gill-withdrawal reflex in Aplysia », *Science* 167, p. 1740-1742.

Poirier J-P., (2005). *Ambroise Paré. Un urgentiste au XVIe siècle*, Paris, édition Flammarion, collection Pygmalion.

Ponton F., Lebarbenchon C., Lefèvre T., Biron D. G., Duneau D., Hughes D. P., Thomas F., (2006). « Parasitology : parasite survives predation on its host », *Nature*, 440 (7085), p. 756.

Privat A.(1974). « Le "Nerve growth factor" sort de l'impasse ». *La Recherche*, n° 43, p. 275-276.

R.

Ramon-y-Cajal S, (1972). *Histologie du Système nerveux de l'Homme et des vertébrés*, Traduction du Dr. L. Azoulay de 1909-1911, Paris, Maloine, 2e édition, Instituto Ramon y Cajal. Raycar, SA, Madrid.

Riehle A., Grün S ; Diesmann M., Aertsen A., (1997). « Spike synchronization and rate modulation differentially involved in motor cortical function », *Science*, 278, p. 1950-1953.

Riffell J. A., Lei H., Christensen T. A., Hildebrand J. G. (2009). « Characterization and coding of behaviorally significant odor mixtures », *Curr. Biol.*, 19, p. 335-340.

Riley J., Greggers U., Smith A. D., Reynolds D. R., Menzel R., (2005). « The flight paths of honeybees recruited by the waggle dance », *Nature*, 435, p. 205-207.

Rioult-Pedotti M. S., Friedman D., Donoghue J. P., (2000). « Learning-Induced LTP in Neocortex », *Science*, 290, 5491, p. 533-536

Rizzolatti G., Fadiga L., Gallese V., Fogassi L., (1996). « Premotor cortex and the recognition of motor actions », *Cog. Brain Res.*, 3, p. 131-141.

Roberts A., Bush B. M. H., (1981). *Neurones without impulses*, Cambridge, London, Cambridge University Press.

Rosenzweig, Leiman, Breedloove, (1998). *Psychobiologie*, traduction Française de Nicole Bonnaventure et Bruno Wild, *Neurosciences et Cognition*, DeBoeck Université.

Rostand J., (1953). *Instruire sur l'Homme*, Nice, Éditions La Diane Française..

Rostand J., (1958). *Bestiaire d'Amour*, Trémois P.-Y. (illustrateur), Paris, Editeur Robert Laffont.

Roubertoux P., (2004). *Existe-t-il des gènes du comportement ?*, Paris Odile Jacob.

S.

Sang T-K., Jackson G. R., (2005). « Drosophila models of neurodegenerative disease », *J. Am. Soc. for Exp. Neurotherapeuthics*, 2, p. 438-446.

Sang T.-K., Chang H. Y., Lawless G. M., Ratnaparkhi A., Mee L., Ackerson L. C., Maidment N. T., Krantz D. E., Jackson G. R. (2007). « A Drosophila model of mutant human parkin-induced toxicity demonstrates selective loss of dopaminergic neurons and dependence on cellular dopamine », *J. Neurosci.*, 27(5), p. 981-92.

Schaeffer, J.M., (2007). *La Fin de l'exception humaine*, Gallimard. Paris

Schwartzkroin P. A., Wester K., (1975). « Long-lasting falicitation of a synatic potential following tetanization in trhe in vitro hippocampal slice », *Br. Res.*, 89, p. 107-119.

Ségalat L., Néri C., (2003). « *C. elegans* comme modèle pour les pathologies dégénératives héréditaires humaines », *Med Sci (Paris)*, 19, p. 1218-25.

Sechenov I. M., (1957). *Oeuvres Philosophiques et Psychologiques choisies*, Moscou, édition en langues étrangères.

Selverston A., Moulins M., (1987). *The Stomatogastric Nervous System*, Springer Verlag, Heidelberg.

Sévigné Mme de, (1978). *Correspondance*, par Dûchene, R. (1973-1978), t. I, II et III, Paris, Gallimard « Bibliothèque de la Pléiade »,.

Singer W, (1993). « Synchronisation of cortical activity and its putative role in information processing and learning », *Annu. Rev. Physiol.*, 55, p. 349-374.

Skinner B. F., (2008). *Science et comportement humain*, revu et traduit par Rose-Marie Gonthier-Werren, In Press édition, 2e édition.

Spencer H., (1855). *The Principle of Psychology, London, Longman, Brown, Green and Longmans*, réédité en 1970, Farnborough, Hants, England par Gregg éd., International Publishers Limited Westmead.

Stent G. S., Kristan W. B. Jr, Friesen W. O., Ort C. A., Poon M., Calabrese R. L., (1978). « Neuronal generation of the leech swimming movement », *Science*, 200 (4348), p. 1348-57.

Stinnakre J., Tauc L., (1969). « Central neuronal response to activation of osmoreceptor in the osphradiumof Aplysia ». *J. Exp. Biol.*, 51, p. 347-361.

T.

Tan T. C., Black P. M.,(2002). « Sir Victor Horsley (1857-1916) : pioneer of neurological surgery », *Neurosurgery. Mar*, 50 (3), p. 607-611.

Tauc L., (1957). « Les divers modes d'activité du soma neuronique ganglionnaire de l'aplysie et de l'escargot », *Neurophysiologie comparée des éléments excitables.* Colloques Internationaux du CNRS, Paris, CNRS, p. 91-119.

Theraulaz G., Bonabeau E., (1995). « Coordination in distributed building », Science, 269, p. 686-688,.

Theraulaz G., Bonabeau E., Deneubourg J. L., (1998). « Les insectes ont-ils leur nid dans la tête ? », *La Recherche*, 313, p. 84-90.

Theraulaz G., Gautrais J., Camazine S., Deneubourg J. L. (2003). « The formation of spatial patterns in social insects : from simple behaviours to complex structures », *Phil. Trans. R. Soc. Lond. A* 361, p. 1-21.

Thierry B., (2000). « Les mécanismes morphogénétiques dans les organisations sociales des macaques », *Revue de Primatologie* 3, p 237-265.

Trouche S., Bontempi B., Roullet P., Rampon C., (2009). « Recruitment of adult-generated neurons into functional hippocampal networks contributes to updating and strengthening of spatial memeory », *Proc. Natl. Acad. Sci. USA*, 106(14), p. 5919-5924.

U.

Ungerstedt U., (1971). « Stereotaxic mapping of the monoamine pathways in the rat brain », *Acta Physiol.Scand. Suppl.* 367, p. 1-48.

V.

Varela F. J., Thompson E. and Rosch E. (1991), *The Embodied Mind : Cognitive Science and Human Experience*,Cambridge, MA : The MIT Press.

Vergriete J., (2007). « Les phéromones humaines ont-elles un intérêt pratique en sexologie ? », *Sexologies*, 16, (1), p. 15-21.

Vié J. S. (2008). *Le jour où l'abeille disparaîtra...*, Paris, Editions Arthaud, groupe Flammarion,.

Vincent J. D., (1986). *La biologie des passions*, Paris, Odile Jacob.

Vincent J. D., (2007). *Voyage extraordinaire au centre du cerveau*, Paris, Odile Jacob.

Volta A., (1800). « Lettre à Philosophical transactions of the Royal Society of London », part I. 31p. écrite en Français.

W.

de Waal F., (2006). *Le singe en nous*, traduction de Marie-France de Paloméra, Paris, Fayard.

Watson J., (1913), « Psychology as the behaviorist views it », *Psychol. Rev.*, 20, p. 158-177.D.

Watson J. D., Crick F. H.C. (1953). « A Structure for Deoxyribose Nucleic Acid », *Nature* 171, p. 737-738.

Webb D. M., Zhang J., (2005). « FoxP2, Song-Learning Birds and Vocal-Learning Mammals », *J. Heredity* 96(3), p. 212-216 ;

Wendler G, (1974). « The influence of proprioceptive feedback on locust flight coordination », *J. Comp. Physiol.*, 88, p. 173-200.

Whittaker V. P., (1998). Arcachon and cholinergic transmission. *J. Physiol.*, 92, p. 53-57.

Will B., Galani R., Kelche C., Rosenzweig M. R., (2004). « Recovery from brain injury in animals : Relative efficacy of environmental enrichment, physical exercise or formal training (1990-2002) ». *Prog. Neurobiol.*, 72(3), p. 167-182.

Wilson D. M., (1961). « The central nervous control of flight in a locust », *J. Exp. Biol.*, 38, p. 471-490.

Wilson D. M., Wyman, R. J., (1965). « Motor output patterns during random and rhythmic stimulation of locust thoracic ganglia », *Biophys. J.*, 5, p. 121-143.

Wilson E. O., (1963). « Pheromones », *Scientific American*, 208, p. 100-114.

Wise R, (1980). « The dopamine synapse and the notion of "pleasure center" in the brain. » *Trends Neurosci.*, (3), avril, p. 91-95.

Wittmann C. W., Wszolek M. F., Shulman J. M., Salvaterra P. M., Lewis J., Hutton M., Feany M. B., (2001). « Tauopathy in drosophila : Neurodegeneration without neurofibrillary tangles », *Science*, 293, p.711-714.

XYZ.

http//www.ampere.cnrs.fr/parcourspedagogique/zoom/galvanivolta/eloge/index.php

Young J. Z., (1975). « Sources of discoveries in neuroscience. », In Worden F. G., Swazey J. P., Adelman G., *The Neurosciences : Paths of Discovery*, 2nd edition. Boston, Birkauser, 1992, p. 15-48.

Yu A. C., Margoliash D., (1996). « Temporal hierarchical control of singing in birds », *Science* 273. p.1871-1875.

Achevé d'imprimer en décembre 2012 par

ISI PRINT
15 rue Francis de Pressensé
93210 La Plaine Saint Denis

Dépôt légal mars 2012

Imprimé en France